Dipl.-Phys. Dr. Günter Jobs

Grundwissen Qualitätsmanagement

Qualitätslehre in der beruflichen Bildung

6., überarbeitete Auflage

ISBN 978-3-88264-716-7

FELDHAUS VERLAG GmbH & Co. KG
Postfach 73 02 40
22122 Hamburg
Telefon +49 40 679430-0
Fax +49 40 67943030
post@feldhaus-verlag.de
www.feldhaus-verlag.de

Satz und Gestaltung: FELDHAUS VERLAG, Hamburg
Umschlaggestaltung: Reinhardt Kommunikation, Hamburg
Druck und Verarbeitung: WERTDRUCK, Hamburg

Bibliografische Information der Deutschen Nationalbibliothek
Die Deutsche Nationalbibliothek verzeichnet diese Publikation in der Deutschen Nationalbibliographie; detaillierte bibliografische Daten sind im Internet über http://dnb.d-nb.de abrufbar.

Vorwort

Qualitätsmanagement ist Bestandteil vieler Weiterbildungssparten. Was vor einiger Zeit noch auf Messen, Prüfen und Veranlassen beschränkt war, ist heutzutage ein komplexes Gebilde, ohne das Produktion und Dienstleistungen nicht mehr auskommen. Dieses Fachbuch soll von der Theorie über die Praxis und die Werkzeuge bis hin zur zwischenmenschlichen Konfliktbewältigung und besonderer Aspekte im Handwerk möglichst umfassende Grundlagen anbieten – und dies speziell für die berufliche Bildung mit ihren definierten Lernzielen.

Im ersten Teil werden die theoretischen Grundlagen aufgezeigt. Angefangen vom Begriff der Qualität wird geschildert, wie sich das Qualitätsverständnis bis heute entwickelt hat. Es wird erklärt, was man unter dem Begriff »Total Quality Management« (TQM) versteht. Eingegangen wird auf die Bedeutung der Kundenorientierung. Ein für die Unternehmen wichtiges Thema ist weiter die Frage, inwieweit Qualitätsmanagement der Inanspruchnahme aus Produkthaftung vorbeugen kann.

Der zweite Teil befasst sich mit der praktischen Umsetzung der theoretischen Qualitätsmanagementkonzepte. Wie also können die Grundsätze des Total Quality Managements im Unternehmen verwirklicht werden? Wenn auch die Vorgehensweise für jedes Unternehmen individuell ist, so gibt es doch aus der Erfahrung heraus »Bausteine«, die ein Unternehmen auswählen und nutzen kann. Besonders hervorgehoben werden das Beschwerdemanagement und die immer wichtiger werdenden Modelle zur Sicherung von Dienstleistungsqualität.

Der dritte Teil beschreibt »Handwerkszeuge« im Qualitätsmanagement. Die Abschnitte gehen auf einfache und anspruchsvolle Instrumente ein und erläutern die verschiedenen Methoden. Diese Methoden haben sich in der Qualitätslehre nach und nach entwickelt und auch bewährt. Solche Werkzeuge sollten im Unternehmen bekannt sein und auch beherrscht werden. Sie sind Voraussetzung für die tägliche Arbeit, wenn die Geschäftsführung z. B. das Total Quality Management als Prinzip der Unternehmensführung verfolgen und umsetzen will.

Man hat bei Qualitätsmanagementaufgaben oft keine optimale Strategie, wie mit Konflikten umzugehen ist; insbesondere wird versäumt, Konflikte konstruktiv anzugehen. Dieser vierte Teil soll daher Kenntnisse vermitteln und Hilfestellung geben – und Wege der Konflikthandhabung für die Praxis aufzeigen. Er deckt Mechanismen auf, die bei Konflikten abspulen, und beschreibt die Kenntnisse und möglichen Werkzeuge, um Konflikte besser zu verstehen und damit bewusster angehen und bewältigen zu können.

Der fünfte Teil geht auf die besondere Problematik des Qualitätsmanagements im Handwerk ein. Es werden Qualitätsgrundsätze näher betrachtet, die für das Handwerk von zentraler Bedeutung sind. Der Aufbau eines Qualitätsmanagementsystems in einem Handwerksbetrieb wird beispielhaft dargestellt. Es werden die Prüfungen beschrieben, die in einem Handwerksbetrieb eingeführt und beherrscht werden sollen.

Die vorliegende 6. Auflage wurde gründlich überarbeitet und auf den neuesten Stand gebracht. So wurde das Buch angepasst, da die Normen der International Organisation for Standardization ISO turnusmäßig alle fünf Jahre auf ihre Beständigkeit und Aktualität geprüft werden. Im Jahr 2021 war nach einer weltweiten Anwenderbefragung knapp beschlossen worden, die Norm DIN EN ISO 9001:2015 weiterhin unverändert wirksam zu lassen. Demgegenüber hat die EUROPEAN FOUNDATION FOR QUALITY MANAGEMENT (EFQM) ein geändertes EFQM-Modell für unternehmensweites Qualitätsmanagement (TQM) veröffentlicht. Dieses Modell ist nicht mehr eine Weiterführung der Normenmindestforderungen zur sogenannten »Excellence«, sondern ein von den Normen abgekoppelter Handlungsrahmen für Unternehmensführungen geworden. Außerdem wurden die gesetzlichen Vorgaben zur Produkthaftung im Jahr 2022 geändert.

Zum Schluss noch eine Anmerkung: Aus Gründen der besseren Lesbarkeit wird bei Personenbezeichnungen und personenbezogenen Hauptwörtern im Buch meist die männliche Form verwendet. Die verkürzte Sprachform hat allein redaktionelle Gründe – selbstverständlich sind alle geschlechtlichen Identitäten gemeint und mögen sich bitte angesprochen fühlen.

Günter Jobs

Inhaltsverzeichnis

Teil 1
Qualitätsmanagement – Theorie

Die heutige Auffassung eines unternehmensweiten und ganzheitlichen Qualitätsmanagements »TQM« fordert eine besondere Weise, ein Unternehmen zu gestalten und zu führen. Das Verstehen der theoretischen Grundlagen zum Qualitätsmanagement ist dabei Voraussetzung zum Umsetzen der vielen Einzelaspekte eines ganzheitlichen Qualitätsmanagements.

Es wird einleitend gezeigt, wie problembehaftet der Begriff Qualität ist. Die fachliche Definition wird vorgestellt und vom emotionsbehafteten Alltagsbegriff »Qualität« abgegrenzt. Die geschichtliche Chronologie des Qualitätsmanagements zeigt, warum die Qualitätslehre heute gerade so ausgeprägt ist und nicht anders.

Das ganzheitliche Qualitätsmanagement beruht heute auf neun theoretischen Grundsätzen. Die Kenntnis dieser Grundsätze ist sehr wichtig, weil sie die Qualitätslehre in ihrer Gesamtheit beschreiben und das theoretische Gerüst für ein Qualitätsmanagementsystem in der Praxis bilden. Die Grundsätze sind immer wieder der »rote Faden« für alle weiteren Ausführungen.

Einer dieser neun Grundsätze ist die Kundenorientierung. Was man konkret unter »Kundenorientierung« versteht und welche Konsequenzen sich hieraus z. B. in Form der »internen Kunden-Lieferantenbeziehung« ergeben, ist Gegenstand eines Abschnittes.

Die Inhalte der Fachbegriffe wie »Qualitätsmanagement« und »Qualitätsmanagementsystem« sind wichtig zum Verständnis der Qualitätslehre und werden ausführlich erklärt.

Die Mittel, mit denen die abstrakten Qualitätsmanagementkonzepte den Menschen nähergebracht werden können, sind vereinfachende Modelle. Als bekanntestes und am meisten verbreitetes Modell gilt die Normenreihe DIN EN ISO 9000–9004. Die Norm 9001 beschreibt Mindestanforderungen an Qualitätsmanagementsysteme und beruht auf sieben der neun theoretischen Grundsätze des Qualitätsmanagements. Dieses Normenmodell wird deshalb in seinen unterschiedlichen Facetten eingehend vorgestellt:

- Ursprünge und Entwicklung der Normenreihe
- Das zugrundeliegende Prozessmodell
- Normenanforderungen
- Umweltmanagementsysteme
- Qualitätsaudits
- Zertifizierung

Die Unternehmen sind zunehmend gezwungen, unterschiedliche Managementsysteme zu integrieren. Sie müssen und werden Qualitätsmanagement, Umweltmanagement, Arbeitssicherheitsmanagement, Risikomanagement und Sozialmanagement zu einem gemeinsamen Managementsystem vereinen.

Mit der Revision der Normen im Jahr 2015 haben die Normenverfasser der ISO-Organisation die verschiedenen Normen für Managementsysteme auf eine einheitliche Struktur der Abschnitte und der Begriffe gebracht. Diese aus 10 Abschnitten bestehende Gliederung wurde »High Level Structure« benannt.

Es gibt neben den Normen konkurrierende anspruchsvollere Qualitätspreismodelle, die an Bedeutung gewinnen. So wird das Qualitätspreismodell »EFQM-Modell« vorgestellt, das auf Selbstbewertung aufbaut und sehr stark die Umbrüche und Megatrends der Zukunft im Blick hat.

Das EFQM-Modell wurde im Jahr 2019 völlig neu gestaltet und 2020 verabschiedet. Das ganzheitliche Qualitätsmanagement (TQM) sollte klarer und einfacher dargelegt werden. Auf eine Benennung von theoretischen Grundsätzen verzichtete man. Stattdessen formulierte man sieben Kriterien, die sich aus den abstrakten Grundsätzen ergeben. Diese Kriterien sind praxisnäher und formulieren einen unabhängigen Handlungsrahmen des »Managens« vor dem Hintergrund der sich gerade verändernden Welt.

Zum Abschluss des theoretischen Abschnitts werden Aspekte der Produkthaftung und die Problematik der Qualitätskosten angesprochen.

1.1 Was ist »Qualität«?

Lernziele:
- sich den Begriff Qualität mit seinen Facetten bewusst machen
- die wissenschaftliche Definition des Begriffes wiedergeben können

1.1.1 Qualität in der Alltagssprache

Qualität ist ein schillernder Begriff. Der Begriff hat sehr unterschiedliche Sichtweisen und Interpretationen. Bis heute ist es nicht gelungen, eine einheitliche allgemein akzeptierte Auffassung zu erreichen. Die Menschen verbinden mit dem Begriff »Qualität« zum Beispiel Folgendes:

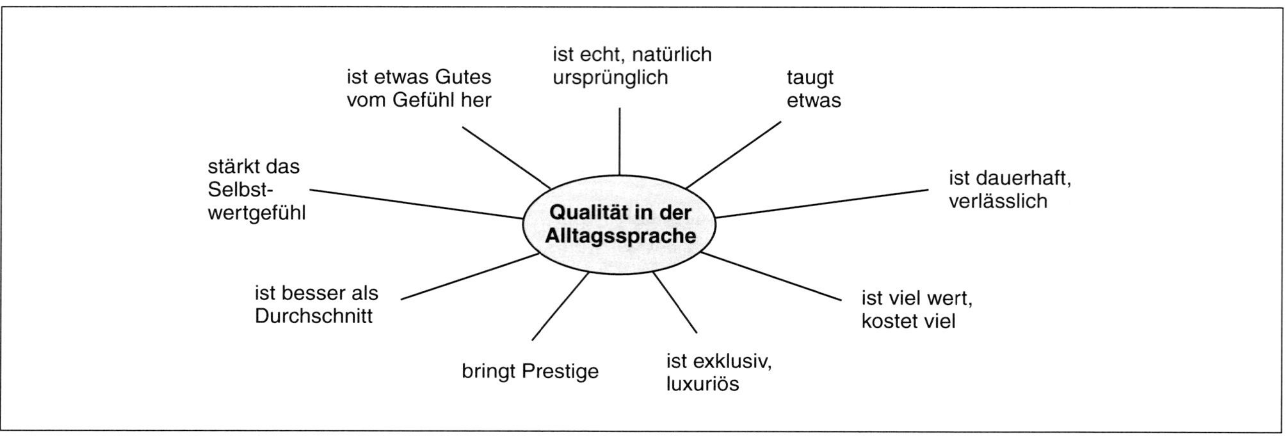

Abbildung 1-1: Auffassung von Qualität in der Alltagssprache

Danach ist Qualität gefühlsbetont. Qualität ist mehrdeutig. Qualität hat sehr viel mit Emotion und Gefühl zu tun. Noch mehrdeutiger wird es, weil wir mit Qualität auch unser Anspruchsniveau bezeichnen: die Klasse, zum Beispiel »5-Sterne-Hotel«. Ein Auto hat »Qualität«, weil es viele Zusatzfunktionen hat.

Ein Beispiel für Anspruchsniveau und Qualität:

Ein Gast übernachtet in einem 5-Sterne-Hotel. Er findet wie erwartet ein großes Zimmer und Telefon, Fernseher, Klimaanlage und Minibar auf dem Zimmer. Dennoch ärgert er sich. Er muss an der Rezeption länger warten, weil der Angestellte ein ausgiebiges Telefongespräch führt. Die Klimaanlage im Zimmer macht Geräusche, und unser Gast stellt später fest, dass die Dusche nicht gut abläuft. Alles in Allem fühlt er sich nicht sehr gut betreut.

Ein anderes Mal übernachtet unser Reisender in einem einfacheren 2-Sterne-Hotel. Dort ist das Zimmer zwar klein, es gibt keine Minibar, sondern nur ein Radio. Aber die Angestellten sind überaus freundlich und herzlich. Das Ambiente stimmt, und als er auch hier feststellt, dass der Fernseher nicht gut funktioniert, kommt eine Angestellte sofort aufs Zimmer, um den Fehler zu beheben. Sie stellt fest, dass es nur ein Bedienungsfehler des Gastes war. Dennoch bringt sie als Entschuldigung für die Unannehmlichkeit einen kleinen Obstkorb mit.

Dieses zweite Hotel erfüllt ein geringeres Anspruchsniveau, hat aber eindeutig die bessere Qualität vorzuweisen.

1.1.2 Die fünf Ansätze für Qualität nach D. A. Garvin

Es gab in der Vergangenheit viele kontroverse Diskussionen über den Begriff »Qualität«.

David A. Garvin[1], ein Dozent an der Harvard University, USA, hat 1984 den Qualitätsbegriff versucht, in seiner Vielfältigkeit zu beschreiben.

Garvin vertritt die Auffassung, dass fünf unterschiedliche Ansätze für Qualität betrachtet werden müssen.

[1] Garvin, D. A.: What does Product Quality really mean? Sloan Management Review, 66 (1984)1, 25–43

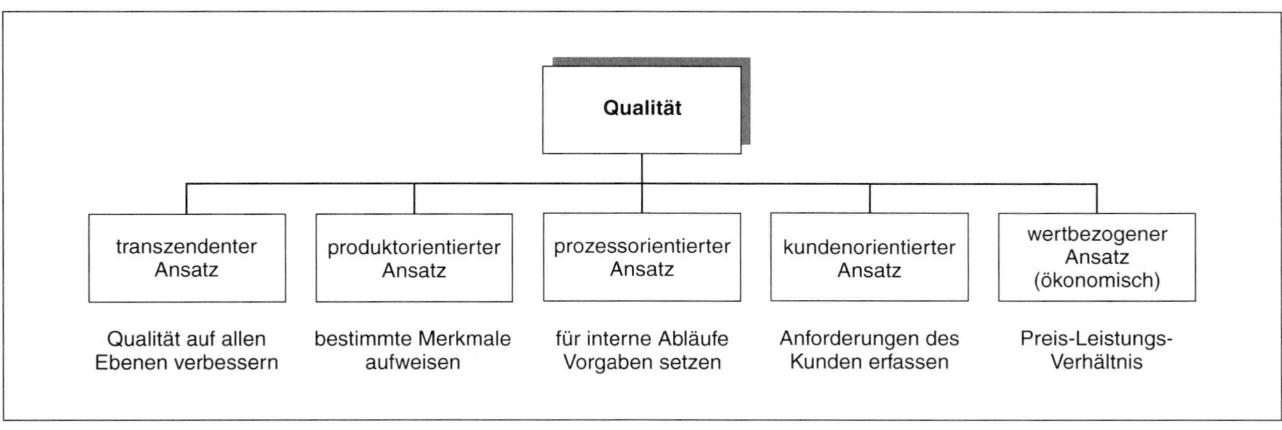

Abbildung 1-2: Ansätze zur Kategorisierung der Qualitätsanforderungen

transzendent[2]: absolute Qualität, Qualität ist das »Perfekte«, Qualität ist »Das Beste vom Besten«, Qualität lässt sich nicht messen. Der Begriff ist in diesem Sinne engelsgleich, Qualität eines Produktes heißt: völlig fehlerfrei zu sein.

produktorientiert: Qualität ist präzise messbar anhand der Merkmale des Produktes. Die Anzahl und Ausprägung der Eigenschaften des Produktes bestimmen seine Qualität.

prozessorientiert: Qualität ist die Einhaltung von Spezifikationen, Betrachtungsschwerpunkt sind die Prozesse, die beherrscht und fähig sein müssen. Wenn die Prozesse fehlerfrei sind, kann man davon ausgehen, dass auch das Produkt als Ergebnis fehlerfrei ist. Dies ist eine der heutigen zentralen Sichtweisen der Qualitätslehre.

kundenorientiert: Qualität wird aus Sicht des Marktes und des Kunden festgelegt und ist damit subjektiv. Kunden haben unterschiedliche Bedürfnisse und Erwartungen an ein Produkt. Ob ein Produkt »Qualität« hat, hängt von der Wahrnehmung ab, die wiederum sehr individuell geprägt ist.

wertorientiert: es wird ein Bezug zwischen dem ökonomischen Wert (Preis) und der Qualität hergestellt. Qualität zeichnet sich als Preis/Leistungsverhältnis aus. Etwas, was sehr teuer ist, hat Qualität – und umgekehrt.

Alle fünf Teilqualitäten bestehen nach Garvin nebeneinander. Ein Teil von Garvins Betrachtungsperspektiven wurde in heutige Definitionen übernommen.

1.1.3 Die genormte Definition für Qualität

In der Norm DIN EN ISO 9000[3] ist ein allgemeiner Qualitätsbegriff definiert. Er unterscheidet sich erheblich von den Qualitätsbegriffen der Alltagssprache. Er entspricht am ehesten dem kundenorientierten Ansatz von A. Garvin.

Definition (DIN EN ISO 9000)

Qualität: Grad, in dem ein Satz inhärenter[4] Merkmale eines Objekts Anforderungen erfüllt

Diese Definition erscheint sehr abstrakt und ist kaum verstehbar. Sie enthält fünf Aussagen zur Qualität:

Aussage 1: »... Anforderungen erfüllen«

Es wird vorausgesetzt, dass Anforderungen vorhanden sind – entweder formulierte oder erwartete Anforderungen. Qualität wird ausschließlich an den Anforderungen bewertet. Qualität ist damit immer ein Vergleich, inwieweit das Ergebnis die Anforderungen der Zielgruppe erfüllt. Der frühere Begriff »Kundenanforderungen« ist bewusst aus der Definition gestrichen worden, weil man Anforderungen aller »interessierten Interessensgruppen« und nicht nur der »Kunden« des Unternehmens einschließen will.

Aussage 2: »...Merkmale eines Objekts ...«

Das Wort »Merkmale« steht bewusst in der Mehrzahl (Plural). Qualität setzt sich demnach aus mehreren Merkmalen zusammen. Es sind stets mehrere Merkmale, die die Qualität prägen. Der Begriff »Objekt« wurde im Jahr 2015 neu hinzugefügt und ebenfalls in der Norm definiert:

---

[2] transzendent: wörtlich »übersinnlich, die Grenzen der Erfahrung überschreitend«

[3] DIN EN ISO 9000:2015

[4] inhärent: fest anhaftend, innewohnend, fest zugehörig (ein inhärentes Merkmal ist ein »ständiges« Merkmal des Produkts)

Ein Objekt kann laut DIN EN ISO 9000

- materiell sein (ein Teil, ein Gerät, eine Person, eine komplette Organisation, z. B. eine Firma),
- immateriell sein (eine Dienstleistung, ein Prozess, eine Tätigkeit),
- imaginär sein (etwas Vorstellbares, was es in der Wirklichkeit nicht gibt, z. B. eine Märchenfigur).

Aussage 3: »... ein Satz ...«

Das Wort »Satz« betont die Vollständigkeit der Merkmale. Zum Vergleich: ein Satz Spielkarten bedeutet zum Beispiel, dass das Kartenspiel komplett ist.

Aussage 4: »... inhärente ...«

inhärent kann übersetzt werden mit »innewohnend« oder »fest anhaftend«. Merkmale müssen dem Produkt oder der Dienstleistung innewohnen. Sie müssen fest mit dem Produkt in Zusammenhang stehen und kennzeichnend für das Produkt sein. Das Gegenteil von »innewohnend« wird als »zugeordnet« bezeichnet.

Aussage 5: »... Grad ...«

Mit dem Wort »Grad« wird die Messbarkeit der Merkmale betont und gefordert. Den Grad der Erfüllung eines Qualitätsmerkmales kann ich nur angeben, wenn ich das jeweilige Merkmal messen kann.

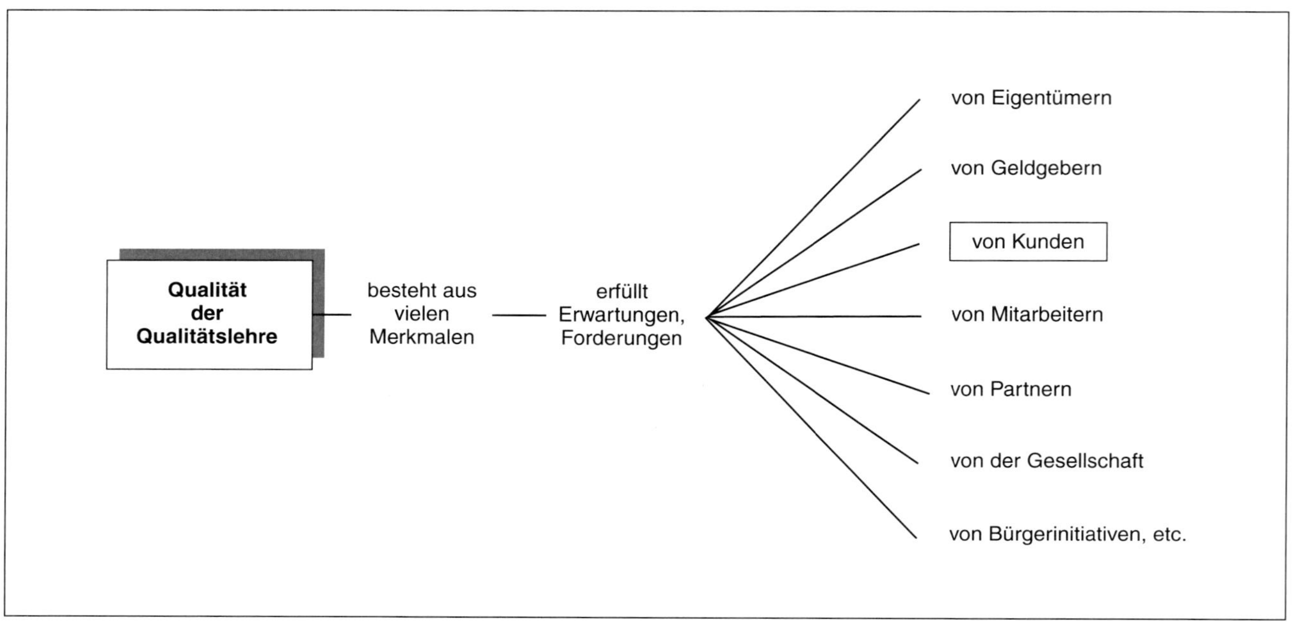

Abbildung 1-3: Inhalt des Normbegriffs für Qualität nach DIN EN ISO 9000

Exkurs: Ist der Preis eines Produktes ein Qualitätsmerkmal?

Ein Ansatz von Garvin im vorangegangenen Kapitel ist der wertorientierte Qualitätsansatz.

Danach existiert ein Bezug zwischen dem ökonomischen Wert und der Qualität eines Produktes. Dies entspricht auch unserer alltäglichen Erfahrung und scheint plausibel. Eine Uhr der Fa. Rolex hat »Qualität«, weil sie zu den teuersten zählt. Ein Diamant ist selten und äußerst wertvoll. Ein Diamantring ist teuer und hat deshalb auch höchste Qualität.

Eine Streitfrage ist häufig, ob Preis und Termin eines Produktes tatsächlich Qualitätsmerkmale darstellen.

Nach der heutigen Normung des Begriffes »Qualität« in der DIN EN ISO 9000 müssen Qualitätsmerkmale inhärent sein. Sie müssen sich auf fest innewohnende Eigenschaften beziehen.

Das heißt aber, dass ein Preis demnach kein Qualitätsmerkmal sein kann. Denn der Preis stellt keine fest innewohnende Eigenschaft eines Produktes oder einer Dienstleistung dar. Vielmehr ist der Preis dem Produkt nur zugeordnet und stets das Ergebnis eines gesonderten Bewertungsvorganges. Er kann beliebig stündlich geändert werden.

Zum Beispiel kann eine seltene Sammlerbriefmarke in einem Schaufensterladen eines Geschäftes für 1000 € ausgezeichnet sein. Die Briefmarke ist in einem Fachkatalog mit 1100 € bewertet. Das Geschäft reduziert den Preis der Marke beim Verkauf auf 920 €.

Aus der Sicht des Unternehmens sind Qualität, Preis und Termin unabhängige und eigenständige Größen.

Das Spannungsviereck

Es gibt ein Spannungsfeld zwischen den Größen: Qualität, Preis und Termin. Hinzu kommt die lieferbare Menge als vierte Größe. Die vier Kriterien können als »Spannungsviereck« dargestellt werden. Sie müssen aus der Sicht des Kunden ausgewogen sein.

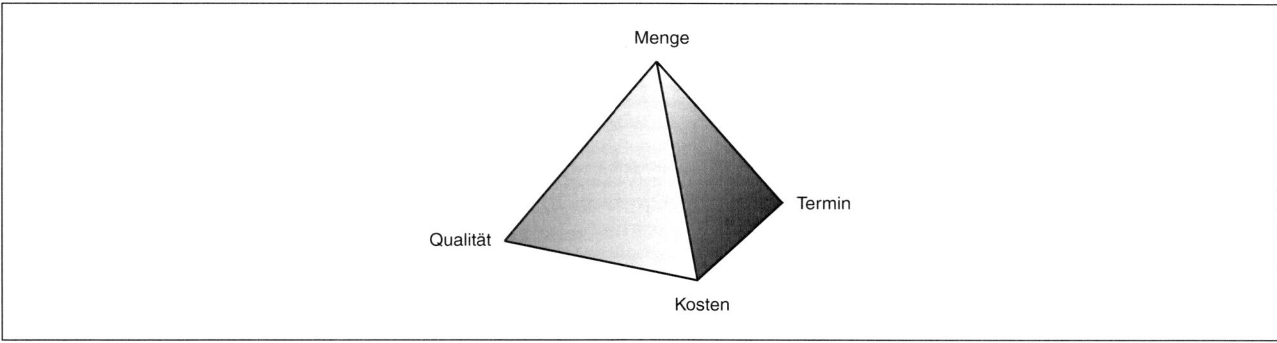

Abbildung 1-4; Das magische Viereck: Qualität – Kosten – Termin – Menge

Wenn eine dieser vier Größen die Kundenerwartungen nicht erfüllt, ist ein Kunde unzufrieden. Es nützt nichts, wenn das Produkt alle erwarteten Qualitätsmerkmale erfüllt, das Produkt aber nicht zum richtigen Zeitpunkt geliefert werden kann oder in der Wahrnehmung des Kunden zu teuer ist, oder wenn der Kunde nicht die gewünschte Menge erhält.

1.1.4 Das KANO-Modell der Qualitätskategorien

Noriaki Kano[5], ein japanischer Ingenieur und Wissenschaftler, hatte 1984 ein interessantes Modell zur Beschreibung von Qualitätsanforderungen veröffentlicht.

Kano geht davon aus, dass nicht alle Qualitätsmerkmale die Kundenzufriedenheit in dem selbem Maße erhöhen. Er definierte drei Kategorien von Qualitätsmerkmalen. Er unterscheidet in Grundqualität, in Leistungsqualität und in Begeisterungsqualität oder – wie er es formulierte – in Grunderwartungen, Leistungsanforderungen und Begeisterungsmerkmale aus Kundensicht.

• **Grundqualität oder Grunderwartungen** Selbstverständlich und unausgesprochen	Selbstverständliche Produkteigenschaften oder Leistungen, die der Kunde stillschweigend voraussetzt	*Vorhandensein schafft noch keine Kundenzufriedenheit, Abwesenheit schafft Unzufriedenheit*
• **Leistungsqualität oder Leistungsanforderungen** ausgesprochene (z. B. in Marktforschungen)	Produkteigenschaften oder Leistungen, die der Kunde als Erwartung ausspricht und die er als Unterscheidungskriterien für Kaufentscheidungen heranzieht	*Vorhandensein schafft Kundenzufriedenheit, Abwesenheit schafft Unzufriedenheit*
• **Begeisterungsqualität oder Begeisterungsmerkmale** unbekannt und deshalb auch unausgesprochen	Produkteigenschaften oder Leistungen, die der Kunde nicht kennt und nicht erwartet	*Der Kunde ist freudig überrascht, Vorhandensein schafft Begeisterung*

Grundqualität umfasst diejenigen Eigenschaften, die der Kunde schlichtweg voraussetzt und erwartet. Sie müssen auf jeden Fall erfüllt werden und sie tragen nicht zur Kundenzufriedenheit bei. Der Kunde erwartet sie als Selbstverständlichkeit. Das Fehlen dieser Merkmale erzeugt Unzufriedenheit und Ärger.

[5] Kano, Noriaki: Attractive Quality and Must-be Quality, in: Hinshitsu, Journal of the Japanese Society for Quality Control, 14 (1984), S. 39

Leistungsqualität umfasst diejenigen Eigenschaften, die der Kunde gegenüber dem Anbieter äußert und mit ihm vereinbart. Kano sah diese Qualitätsmerkmale in einem linearen Verhältnis zur Kundenzufriedenheit. Jedes Merkmal, das die Forderungen erfüllt, trägt gleichermaßen zu einem Teil zur Zufriedenheit bei, sein Fehlen führt zu einem gleichen Teil an Unzufriedenheit.

Die dritte Qualitätskategorie ist die Begeisterungsqualität. Hiermit meint Kano diejenigen Eigenschaften oder Merkmale, die der Kunde gar nicht kennt und folglich auch nicht erwartet. Sobald der Kunde diese Merkmale jedoch wahrnimmt, ist er von ihnen sehr angetan, weil sie seine Bedürfnisse erfüllen. Er ist von diesen Merkmalen begeistert.

Kanos These ist, dass nur Begeisterungsqualitätsmerkmale zu einer hohen Kundenzufriedenheit führen.

Kano stellte seine Qualitätskategorien grafisch in einem Diagramm dar. Auf der waagerechten Achse führt er den Erfüllungsgrad der Qualitätsmerkmale auf, so wie der Kunde ihn empfindet. Auf der senkrechten Achse stellt er den Zufriedenheitsgrad des Kunden dar.

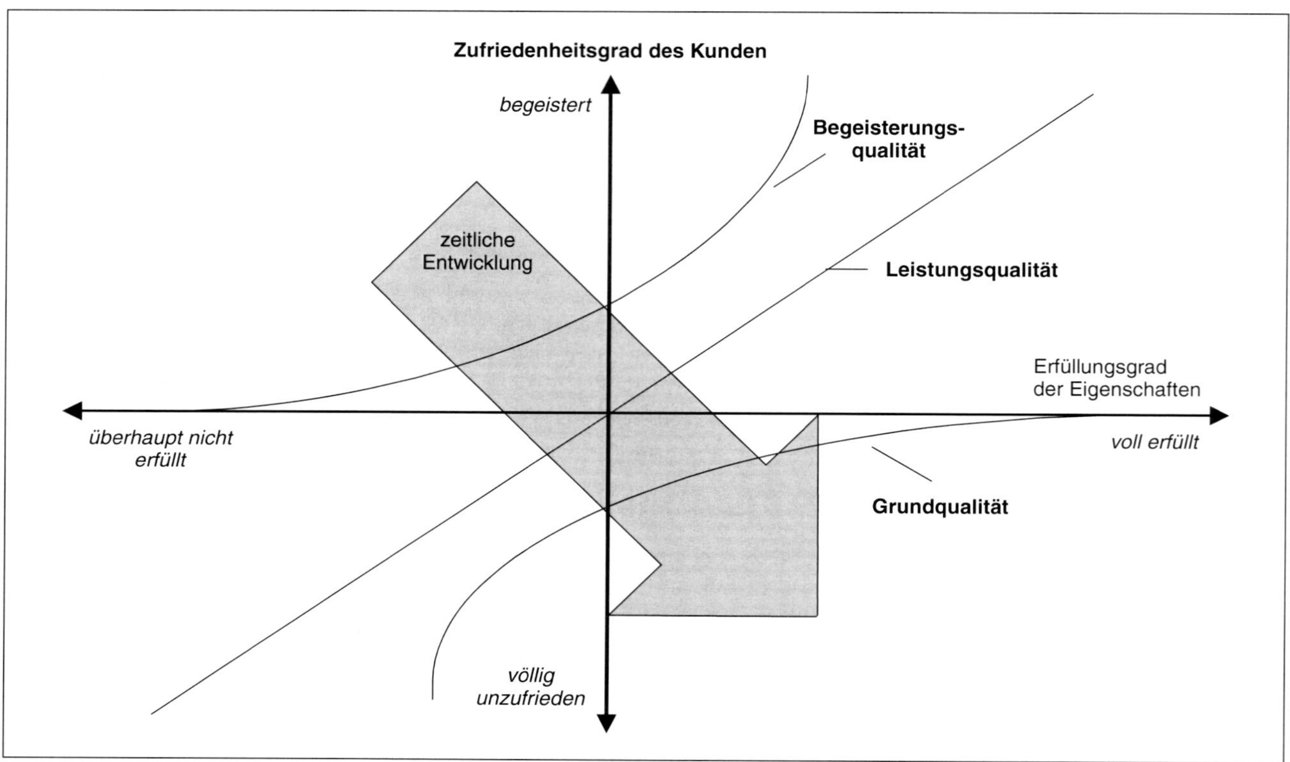

Abbildung 1-5: Kano- Modell der Qualitätskategorien

Bemerkenswert am »Kano-Modell« ist der Werteverfall der Qualitätskategorien, der durch den breiten Pfeil angedeutet wird. Der Faktor Zeit verschiebt die Qualitätskategorien:

- Begeisterungsqualität sinkt mit der Zeit zu Leistungsqualität.
- Leistungsqualität sinkt mit der Zeit zu Grundqualität.

Noriaki Kanos Modell lässt folgende Rückschlüsse für ein Unternehmen zu:

Mit Grundqualität und Leistungsqualität kann ein Unternehmen in der Wahrnehmung des Kunden nicht in die Spitzenklasse aufsteigen.

Um dem Werteverfall entgegenzuwirken, muss das Unternehmen ständig bestrebt sein, neue Begeisterungsmerkmale zu finden und anzubieten.

Das Modell wird heute vielfach als Grundlage bei der Untersuchung von Kundenforderungen angewendet.

Beispiel:

Dass ein Auto einwandfrei und glänzend lackiert ist, setzt ein Kunde voraus (Grundleistung).

Die Farbe des Lackes formuliert er (Leistungsanforderung).

Nehmen wir an, ein Hersteller bietet nun einen Lack an, der extrem schmutzabweisend ist. Der Schmutz kann nicht mehr haften und das Auto muss nicht mehr gewaschen werden. Dann nimmt der Kunde diese unerwartete Eigenschaft mit Freude oder gar Begeisterung auf (Begeisterungsqualität). Es wird nicht lange dauern, und der Wettbewerb zieht nach. Der Lack wird gegen Aufpreis von Allen angeboten und ist zum Leistungsqualitätsmerkmal herabgefallen. Später wird es dann selbstverständlich sein, dass die Kunden nur noch diese Lacksorte erwarten werden. Das Merkmal ist zur selbstverständlichen Grundqualität geworden.

1.2 Die Entwicklung des Qualitätsmanagements

Lernziel: die geschichtliche Entwicklung zur heutigen Qualitätsphilosophie nachvollziehen

1.2.1 Die Entwicklung des Marktes

Die Marktsituation der letzten 50 Jahre hat sich grundlegend gewandelt. Der Engpass, das heißt: die kritischen Erfolgsfaktoren für ein Unternehmen haben sich verschoben, und sie sind im Augenblick wieder dabei, sich zu verändern.

Produktionsorientierung

1900 Zu Beginn der Industrialisierung um 1900 war das Angebot knapp und es gab eine unersättliche Nachfrage nach den neuen Produkten. Die Sicherung der Qualität spielte eine untergeordnete Rolle. Die Kunden akzeptierten Mängel, wenn sie nur das Produkt bekamen. Qualitätssicherung war wahrlich kein Thema und kein Engpass.

Die Unternehmen hatten ein anderes Problem. Sie konnten nicht so viel produzieren, wie sie hätten absetzen können. Alle konzentrierten sich darauf, ihre Produktivität zu erhöhen. Die Unternehmensstrategien lagen in der Steigerung der Produktionskapazitäten.

Slogan war: »*Wir können nicht genügend Produkte herstellen. Die Nachfrage ist zu groß*«.

In dieser Zeit entwickelte sich die Massenproduktion. Henry Ford steckte all seine Energie in die Entwicklung der Massenproduktion, und seine Vision war folglich: »Produktion steigern, Preise senken, so dass sich jeder Amerikaner ein Auto leisten kann«.

1950 Was war der Engpass für die Unternehmen in den 1950er-Jahren? Die Mangelsituation an Produkten war besonders nach dem zweiten Weltkrieg wieder vorherrschend. Es war die Zeit des Aufbaus und des »Wirtschaftswunders«, und es herrschte wieder ein typischer Verkäufermarkt mit einer großen Marktmacht der Unternehmen.

Verkaufsorientierung

1960 In den 1960er-Jahren jedoch änderte sich die Situation für die Unternehmer. Die Konkurrenz wurde größer, die Kunden konnten immer mehr unter gleichartigen Produkten auswählen. Es traten Sättigungserscheinungen auf. Es entwickelte sich ein Verdrängungswettbewerb um Marktanteile. Die Unternehmen hatten Überkapazitäten.

Der Engpass war jetzt nicht mehr die Produktion. Produkte waren ja genügend auf dem Markt. Ein Problem wurde es, diese Produkte an den Käufer zu bringen. Der Engpass wurden der Absatz und die Absatzkanäle.

Die Unternehmen konzentrierten sich darauf, aktiv und aggressiv den Absatz zu fördern. Man entwickelte viele Formen der Vertriebsorganisationen und der Kommunikationsinstrumente (zum Beispiel Werbung, Verkaufsförderung vor Ort, Sponsoring).

Es wurden die Psychologie des Kunden und das Konsumentenverhalten erforscht und man entwickelte ausgeklügelte Werbestrategien. Der Handel mauserte sich vom Erfüllungsgehilfen der Hersteller zum mächtigen Partner und Gegenspieler, der entscheiden konnte, ob sich die Tür zum Verbraucher öffnet oder nicht.

Der Slogan war jetzt: »*Wir haben ein Produkt. Wie können wir es auf dem Markt verkauft bekommen?*«

Wettbewerbsorientierung

1980 Die 1980er-Jahre brachten eine weitere Verschärfung. Die Produkte wurden immer austauschbarer. Jetzt sah man den Engpass nicht mehr nur darin, den Kunden zu erreichen. Vielmehr musste man sich mit seinem Angebot gegenüber den Wettbewerbern abheben.

Die Abgrenzung zum Wettbewerb erhält eine zentrale Aufgabe. Man spricht vom Denken »im strategischen Dreieck«.

Kundenorientierung

1990 In den 1990er-Jahren sind wir zu einem Schlüsselbegriff der heutigen Qualitätslehre als Engpass gelangt: die Kundenorientierung. Die Käufer haben eine sehr große Kaufkraft, weil sie über viel freies Geld verfügen. Sie haben eine große Wahlmöglichkeit. Die Anbieter sind in einer schwächeren Position. Der Engpass ist der Kunde geworden. Entsprechend muss sich die Unternehmenskultur hin zur Kundenorientierung ändern.

Der Slogan heißt: »*Wir haben einen Kunden. Welches Produkt müssen wir anbieten, damit er bei uns kauft?*«

Gleichzeitig entwickelt sich die Lehre des »Strategischen Marketings« in der Betriebswirtschaft. Das Unternehmen richtet alle seine Unternehmensaktivitäten auf den Kunden aus. Die Produktpolitik hat sich vom Verkäufermarkt zum Käufermarkt verändert.

Sich abzeichnende fundamentale Transformationen und Umbrüche

- Nachhaltigkeit als zentrale Herausforderung, verursacht durch den Klimawandel
- Transformation von fossilen Brennstoffen zu nachhaltigen Brennstoffen
- Konnektivität: Bedürfnis von Menschen, verbunden zu sein (soziale Netze)
- Umbrüche in den Lieferketten
- Umfassende digitale Vernetzung der Welt
- Weitere Globalisierung: Verteilung der Arbeit rund um den Globus
- Ein harter Verdrängungswettbewerb auf dem Markt
- Explodierende Wissens- und Informationsmenge, die sinnvoll gefiltert und bewältigt werden will
- Industrie 4.0: Verzahnung von Produktion und digitaler Kommunikation
- Anstreben von Innovationen in immer kürzeren Abständen
- Stetig abnehmende Fertigungstiefe in den Unternehmen
- Überalterung der Gesellschaft
- Umbrüche in der Mobilität, Ende des Verbrennungsmotors und Bedeutungsverlust des individuellen Automobils
- Überforderung der Politiker und der Gesellschaft, Lösungen zu finden
- Gesellschaftliche Verwerfungen
- Massive Urbanisierung
- Weitere Konzentration des Vermögens und Zunahme der Armut in den Industrieländern
- Abbau der sozialen Systeme
- Umwelt- und Klimaprobleme
- Knappheit der Ressourcen
- Überbevölkerung
- Völkerwanderungen
- Regionale Kriege
- Demokratieabbau

Die Einflussgrößen für den Erfolg eines Unternehmens werden zukünftig noch komplexer und weniger überschaubar sein.

Was also wird der nächste Engpass für die Gesellschaft und für Unternehmen sein? Voraussagen und Meinungen von Zukunftsexperten gehen hier weit auseinander. Nur eins scheint sicher: nicht mehr der »Kunde« allein wird ein Engpass für ein Unternehmen sein, auf den sich alle konzentrieren, sondern die Überlagerung der obengenannten Trends werden zu neuen und noch unbekannten Engpässen führen.

1.2.2 Von der Qualitätskontrolle zum ganzheitlichen Qualitätsverständnis

Parallel zur jeweiligen Marktentwicklung hat sich das Qualitätsverständnis angepasst.

Von den 1930er-Jahren bis in die 1960er-Jahre verstand man Qualitätssicherung noch vornehmlich als Qualitätskontrolle. In dieser Zeit entwickelten Fachleute statistische Methoden und Stichprobenverfahren, um die Qualität der Produkte in der industriellen Fertigung zu sichern und zu verbessern. Man beschränkte sich auf die Endkontrolle der Produkte.

Historie	Qualitätsverständnis	Aktivitäten
1950er-/1960er-Jahre	**Qualitätskontrolle:** Schwerpunkt in der Produktion technikorientiert Trennung von Prüfen und Ausführen	Produktqualität steht im Vordergrund Einsatz von Stichprobenprüfungen in der Massenproduktion
1970er-/1980er-Jahre	**Integrative Qualitätssicherung:** weitere technische Abteilungen werden einbezogen: Entwicklung, Vertrieb, Qualitätswesen mit Spezialisten, wenig Wissen bei den Generalisten	Es werden Methoden zur Fehlerverhütung vornehmlich in der Produktion entwickelt
1980er-Jahre	**Umfassendes Qualitätsmanagement:** Qualität ist Managementaufgabe mit betriebswirtschaftlicher Bedeutung. Das Prüfen der Produktqualität reicht nicht Die gesamte Prozesskette muss beherrscht sein	Wandel von der technischen Aufgabe zur Managementaufgabe: Qualität geht »jeden« etwas an Just-in-Time Philosophie Null-Fehler-Programme QM-Modelle: ISO 9000er Reihe Qualitätspreise Zertifizierung
1990er-Jahre	Qualitätsmanagement ist »Personalmanagement« Qualitätsmanagement gehört zur Führungsaufgabe, ist »Chefsache« **»To delight Customers: Kunden begeistern«**	Integrierte Managementsysteme fordert Kulturänderung, andere Führungsinstrumente
2020er-Jahre	**Realitätskrise des Qualitätsmanagements:** Zunehmende Diskrepanz zwischen Wunsch und Wirklichkeit der Total Quality Management-Philosophie	Neue Schwerpunkte: Kontext der Unternehmen Risikomanagement Verantwortung der Unternehmensleitungen
Zukunft	**Unternehmensmanagement:** Inhalte des Qualitätsmanagements gehen in integriertes Unternehmensmanagement unter der Verantwortung der Unternehmensleitung auf	Schwerpunkte: Nachhaltige Entwicklungen Steuerung von Veränderungen

Im Laufe der Zeit hat sich der Schwerpunkt der qualitätssichernden Aufgaben immer weiter nach vorne im Produktlebenszyklus verschoben.

In den 1970er-Jahren erkannte man, dass es in der Regel zu spät ist, die Produkte zu prüfen, wenn sie fertig waren. Qualitätsaktivitäten mussten weiter nach vorne in der Wertschöpfungskette verlagert werden. Die Produktqualität musste an der Wurzel sichergestellt werden, an den Prozessen. Wenn Prozesse beherrscht sind, dann sind auch ihre Ergebnisse fehlerfrei. Dies war der Beginn der prozessorientierten Qualitätssicherung.

Dabei mussten auch die nichttechnischen Prozesse einbezogen werden. Das war wieder etwas Neues. Qualitätsmanagement erfasste nun Abteilungen und Aufgaben, die bisher nicht betrachtet waren: Einkauf, Marketing, Vertrieb. Das Denken in Prozessen wurde auf alle Tätigkeiten eines Unternehmens ausgeweitet, und ins Rampenlicht kamen die planenden Prozesse. Die Prozessorientierung führte zum Konstrukt der Kunden-Lieferanten-Beziehung.

Im Laufe der Zeit wurde klar, dass Qualitätsmanagement keine Dienstleistungsaufgabe einer Abteilung sein kann, sondern eine ureigenste Lenkungsaufgabe der obersten Führungskräfte.

Es wurden theoretische Grundsätze formuliert, und es entstanden Normen mit den Forderungen an ein umfassendes Qualitätsmanagementsystem. Diese wurden zur Basis für Zertifizierungen. Eine Beratungs- und Zertifizierungindustrie und auch der Formalismus boomten, fanden aber auch zunehmend Skeptiker und Gegner.

Die Zukunft des Qualitätsmanagements

Das Grundwissen über Qualitätsmanagement, über seinen systemorientierten Ansatz und über seine Methoden und Instrumente bleibt für die Zukunft unverzichtbar.

Seit der Revision der ISO 9000-Normen im Jahr 2015 und dem EFQM Modell 2020 positioniert sich Qualitätsmanagement indes neu. Zwar bleiben die Kundenorientierung und die Prozessorientierung herausragende Grundsätze. Die Aufgaben werden jedoch mehr unter den Gesichtspunkt des Unternehmensmanagements gestellt, Veränderungen zu steuern.

1.3 Ganzheitliches Qualitätsmanagement (TQM)

Lernziele:
- das Konzept des »Total Quality Managements« erklären können
- Grundsätze des TQMs nennen und beschreiben können

Auf die heutige Marktsituation reagieren die Unternehmen mit unterschiedlichen Unternehmensführungskonzepten. Eines dieser Konzepte[6] ist »Total Quality Management«[7]:

Total	**Quality**	**Management**
Ganzheitliches Denken: jeden Bereich, jede Tätigkeit, alle Mitarbeiter einbeziehen	Qualität ist umfassend: Produkt, Prozess, Dienstleistungen, Qualität des Unternehmens	Managementaufgaben: planen, organisieren, Personal einsetzen führen, lenken kontrollieren verbessern

Eine förmliche Definition des Begriffes Total Quality Management findet sich in einer früheren und heute nicht mehr gültigen Norm DIN ISO 8402 aus dem Jahr 1984:

Frühere Definition (DIN EN ISO 8402):

»Auf die Mitwirkung aller ihrer Mitglieder gestützte Managementmethode einer Organisation, die Qualität in den Mittelpunkt stellt und durch Zufriedenstellung der Kunden auf langfristigen Geschäftserfolg sowie auf Nutzen für die Mitglieder der Organisation und für die Gesellschaft zielt.«

Als die Norm DIN EN ISO 8402 im Jahr 2000 in das Normenwerk DIN EN ISO 9000 einfloss und ungültig wurde, hat man auf die Übernahme dieser Definition verzichtet.
Seither gibt es keine Festlegung für den Begriff »Total Quality Management« mehr. Es finden sich immer wieder neue Interpretationen und Erklärungsversuche.

TQM ist eine Philosophie, ein Unternehmen zu führen. In dieser Philosophie wird »Qualität« in den Mittelpunkt gestellt.

Letztlich ist der Begriff »Total Quality Management« sehr schwammig. Die weitgehend übereinstimmenden Erläuterungen zum Begriff sind folgende:

- TQM ist ein strategisches umfassendes Unternehmenskonzept
- Es ist eine Managementfunktion, ein Unternehmen zu führen
- Alle Mitglieder einer Organisation werden einbezogen und wirken mit
- TQM beschreibt gleichzeitig eine innere Einstellung und Unternehmenskultur
- Die Führungskräfte haben Vorbildaufgabe
- Die Qualität aller Produkte, die Tätigkeiten und die Kundenzufriedenheit werden in den Mittelpunkt allen Handelns gestellt
- TQM fordert eine Kultur des ständigen Verbesserns

Diese Aufzählung zeigt, dass der TQM-Begriff präzisiert werden muss. Wir sprechen von einem ganzheitlichen oder unternehmensweiten Qualitätsmanagement, wenn ein Unternehmen bestimmte Grundsätze verinnerlicht und in einer Vielzahl von Maßnahmen umsetzt.

1.3.1 Grundsätze des Total Quality Managements

Was sind die Kernaussagen des heutigen Total Quality Managements? Was bedeutet, »Qualität in den Mittelpunkt« zu stellen?

Das heutige moderne Konzept des unternehmensweiten Qualitätsmanagements lässt sich in Grundsätzen darstellen.

---

[6] Ein Konzept ist eine abstrakte gedankliche Vorstellung, die in ein reales System überführt werden muss.
[7] TQM = Total Quality Management, unternehmensweites umfassendes Qualitätsmanagement

Es finden sich abstrakte Grundsätze, die eine Basis umfassenden Qualitätsmanagements darstellen. So sind sieben Grundsätze in DIN EN ISO 9000 vorhanden.

Grundsätze des ganzheitlichen Qualitätsmanagements (TQM):

1. **Kundenorientierung** — **DIN EN ISO 9000**
   alle richten sich auf die relevanten Interessengruppen als »Kunden« aus
2. **Führung** — **DIN EN ISO 9000**
   strategisch führen und Ziele vereinbaren
3. **Einbeziehen von Personen** — **DIN EN ISO 9000**
   die Menschen einbeziehen, die Mitarbeiter beteiligen
4. **Prozessorientierung** — **DIN EN ISO 9000**
   in Prozessen denken, die Erkenntnisse der Systemlehre in den Wechselwirkungen der Prozesse berücksichtigen
5. **Ständige Verbesserung** — **DIN EN ISO 9000**
   kontinuierlich lernen, Innovation und Verbesserung fest etablieren
6. **Faktengestützte Entscheidungsfindung** — **DIN EN ISO 9000**
   mittels Prozessen und Fakten managen
7. **Beziehungsmanagement** — **DIN EN ISO 9000**
   Interessierte Parteien, z. B. Lieferanten zum beiderseitigen Nutzen einbeziehen
8. **Ergebnisorientierung**
   Wertschöpfung und Erfolg für alle Interessengruppen sicherstellen
9. **Soziale und ökologische Verantwortung**
   Verantwortung gegenüber der Gesellschaft und der Umwelt

Diese Grundsätze bilden das theoretische Fundament eines nachhaltigen Qualitätsmanagements. Auf sie lassen sich alle weiteren Definitionen, Strategien und Handlungsweisen zurückführen und auf sie bauen alle Qualitätsmanagementmodelle auf. So sind diese Grundsätze die Voraussetzung für das Modell DIN EN ISO 9001.

Diese neun Grundsätze werden im Folgenden in ihrer Grundbedeutung erläutert. Die Grundsätze spiegeln sich in allen weiteren Kapiteln des Buches in vielfältiger Weise wider.

1. Grundsatz der Kundenorientierung

Einer der zentralen Grundsätze – vielleicht der Weitreichendste – der heutigen Qualitätskonzepte. Aus der geschichtlichen Marktentwicklung heraus wird deutlich, dass die Kundenorientierung zum heutigen Zeitpunkt der Schlüsselgrundsatz der Qualitätslehre geworden ist. Der Kunde ist der Engpass für die Unternehmen und deshalb gilt:

Alle richten sich auf die Interessengruppen (»Kunden«) aus

Ein TQM-geführtes Unternehmen muss sicherstellen, dass es die (unausgesprochenen) Erwartungen und (ausgesprochenen) Forderungen aller relevanten Interessengruppen erfasst. Es ist oberstes Ziel, dass es die Kundenanforderungen erfüllt. Für die Qualität ist nicht eine spezielle Abteilung zuständig, sondern jeder Mitarbeiter in jeder Ebene steht für die Qualität seiner Arbeitsergebnisse gerade. Alle im Unternehmen richten sich auf den Kunden aus. Im Idealfall denkt jeder Mitarbeiter bei jedem Arbeitsschritt an den Kunden. Eine Konsequenz dieser inneren Haltung ist die interne Kunden-Lieferantenbeziehung.

2. Grundsatz der Führung

Unternehmensführung ist heute außerordentlich komplex geworden. Viele Führungskräfte sind überfordert. Die Art der Führung, die in der Qualitätslehre als Grundsatz gefordert ist, unterscheidet sich vom herkömmlichen Bild des hierarchischen und autoritären Führens und dem Bild von Vorgesetzten. Den Führungsfähigkeiten in allen Hierarchiestufen kommt eine entscheidende Aufgabe zu.

Strategisch führen und Ziele vereinbaren

Führen im geforderten Sinn verlangt, dass die Führenden Grundwerte des Unternehmens und Visionen entwickeln und diese vermitteln. Sie müssen Ziele festlegen und Strategien erarbeiten können. Ihre Aufgabe ist es, das Umfeld zu schaffen, in dem sich die Menschen einsetzen, um die Unternehmensziele zu erreichen. Dazu müssen die Mitarbeiter die Ziele kennen.

Es wird erwartet, dass Führungskräfte als Vorbilder fungieren. Ihr Führungsstil soll »partizipativ« sein; sie lassen die Mitarbeiter an den Entscheidungsprozessen teilhaben und schaffen ihnen Freiräume. Sie müssen die Anstrengungen der Mitarbeiter unterstützen und die Mittel – sowohl die materiellen als auch die organisatorischen und die personellen Mittel zur Verfügung stellen.

Die so gearteten Führungskräfte können die Mitarbeiter motivieren, sie können Ziele setzen und transparent machen.

3. Grundsatz der Einbeziehung von Personen

Alle Personen im Unternehmen müssen in das Total Quality Management Konzept einbezogen werden. Der Grundsatz der Einbeziehung der Personen steht für die Mitarbeiterorientierung. Es ist eine Grundhaltung, die Mitarbeiter im Unternehmen zu wertschätzen: Mitarbeiter werden als wertvollstes Potenzial im Unternehmen angesehen. Ein Gradmesser der Mitarbeiterorientierung ist die Mitarbeiterzufriedenheit.

Die Menschen einbeziehen, an den Mitarbeitern orientieren

Die Mitarbeiter werden motiviert. Ihre Leistungen werden anerkannt. Vor allem aber werden ihre Fähigkeiten erkannt und entfaltet. Die Führungskräfte vereinbaren Ziele und Maßstäbe mit den Mitarbeitern.

Bei der Mitarbeiterorientierung spielt die Informationspolitik des Unternehmens eine entscheidende Rolle. Sie muss offen, vertrauensvoll und transparent sein. Mitarbeiter müssen sich informiert fühlen.

4. Grundsatz der Prozessorientierung

Ein Prozess ist eine Abfolge von Tätigkeiten mit definierten Eingaben und einem konkreten und zeitlich erbrachten Ergebnis. Die Prozessorientierung ist derjenige Ansatz, auf den das Normenwerk DIN EN ISO 9001 inhaltlich und von seiner Struktur her aufbaut. Das gesamte Handeln im Unternehmen wird als Kette von aufeinander aufbauenden oder parallel laufenden Prozessen gesehen.

Der Grundsatz fordert, dass sich alle Mitarbeiter dieser Prozesse bewusst sind und sie ständig verbessern. Alle Mitarbeiter müssen »in Prozessen« denken.

Dies ist nicht selbstverständlich.

Im Idealfall versuchen alle, beherrschte Prozesse zu schaffen, Fehler zu verringern, fehlerfrei zu arbeiten. Die prozessorientierten Mitarbeiter planen die Prozesse, sie ermitteln und beschreiben ihre Arbeitsgänge.

Die Prozessorientierung sprengt Abteilungsgrenzen und führt zu einer Umstrukturierung einer Unternehmensorganisation. Die Prozesse stehen im Vordergrund, nicht mehr die funktionalen Abteilungen wie Marketing, Vertrieb, Entwicklung, Arbeitsvorbereitung, Produktion, Fertigung, Montage, Vertrieb, Kundendienst usw.

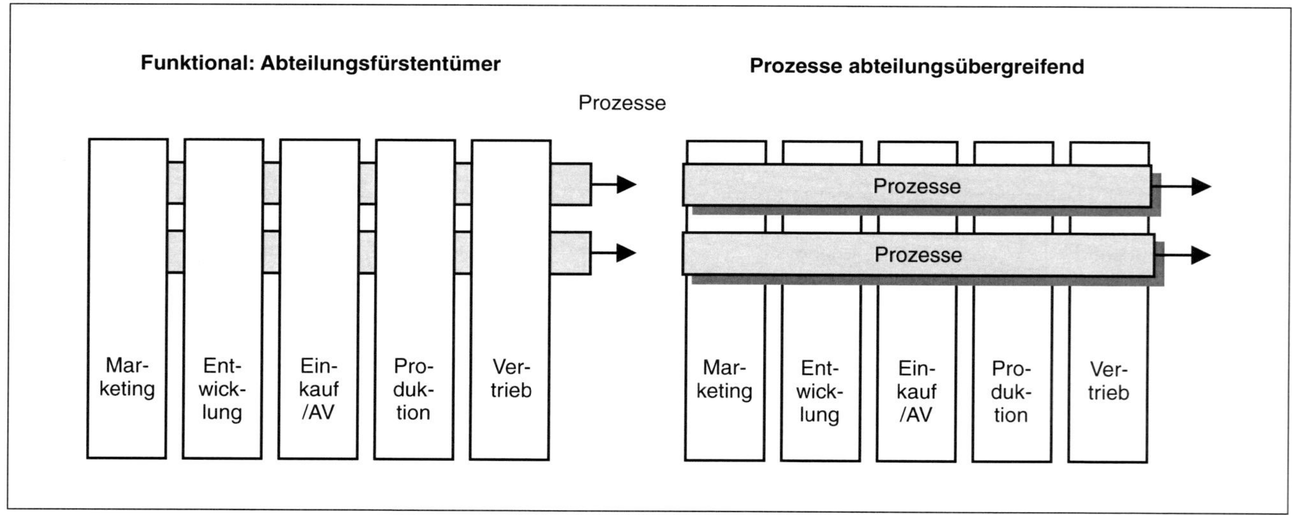

Abbildung 1-7: Funktionsorientierung und Prozessorientierung

Die Unternehmensorganisation richtet sich nach den Prozessen aus. Ein prozessorientierter Ansatz führt zu einer Kultur der ständigen Verbesserung. Dieser Ansatz zwingt zum Denken in einem »Kunden-Lieferantenverhältnis« innerhalb des Unternehmens.

Viele Unternehmen sind sehr stark funktionsorientiert aufgebaut und von »Fürstentumdenken« geprägt. Prozessorientiertes Denken ist neu und ungewohnt.

Erkenntnisse der Systemtheorie

Im Wesentlichen müssen die Prozesse in einem Unternehmen als Teil eines Systems erkannt und verstanden werden.

Die Systemtheorie beruht auf der Kybernetik der vierziger Jahre. Bereits damals hatten Forscher und Entwickler erkannt, dass sie komplexe Aufgaben nur bewältigen können, wenn sie ihre Aufgabenstellung als System betrachten. Die Systemtheorie liefert Ansätze zum Verstehen eines Qualitätsmanagementsystems.

Ein System besteht aus einer Vielzahl von Elementen, die in einer außerordentlich komplexen Weise miteinander vernetzt sind und miteinander agieren. Die Elemente des Qualitätsmanagementsystems bilden Strukturen, Hierarchien, Regeln und Abhängigkeiten. Sie schaffen immer wieder verschachtelte Regelkreise mit Rückkopplungen.

Die Rückkopplungen und Vernetzungen müssen erkannt werden, denn langfristig kann ein System nur überleben, wenn es in der Lage ist, sich ständig neu zu kalibrieren, was nichts anderes heißt, als sich ständig an die Umwelt anpassen zu können.

Was sind die wesentlichen Erkenntnisse über offene[8] Systeme, die bei Qualitätsmanagementsystemen ebenfalls gelten?

- Ein offenes System ist dynamisch, es verändert sich ständig, um überlebensfähig zu bleiben
- Es gibt keine einfachen Ursache – Wirkungsbeziehungen, keine einfachen linearen Abfolgen
- Systeme sind von sich selbst abhängig, von ihrer Vergangenheit, ihrer gegenwärtigen Konstellation und ihrer Vision für die Zukunft
- Um das Überleben entfalten zu können, entwickelt das System innere Strukturen und Regelwerke, die sie vor Reizüberflutung schützen: »operative Geschlossenheit«
- Um ein System zu optimieren, müssen alle seine Elemente und Prozesse einbezogen sein
- Es reicht nicht, einzelne Elemente zu suboptimieren
- Externe Einflussfaktoren wirken auf das System und vernetzen es mit der Umgebung
- Es müssen erwünschte und unerwünschte Eingaben und Ausgaben berücksichtigt werden
- Ein System versucht immer, sich durch Rückkopplungsmechanismen zu stabilisieren. Dies führt immer zu erheblichen Widerständen gegen Änderungen. Dieser Widerstand kann positiv stabilisierend sein, aber negativ, wenn notwendige Veränderungen blockiert werden
- Systeme unterliegen dem Zwang und der Chance, Subsysteme zu bilden. Diese haben den Hang, sich zu verselbständigen

Die Prozesse im Unternehmen müssen erkannt und gelenkt werden. Hierfür muss ein Managementsystem aufgebaut werden, das von den Mitarbeitern verstanden wird.

5. Grundsatz der ständigen Verbesserung

Alle Mitglieder des Unternehmens sind auf ständige Leistungsverbesserung ausgerichtet. Die ständige Verbesserung wird als Ziel immer aufrechterhalten.

Bewusstsein schaffen: ständig verbessern

Das ständige Bemühen, Abläufe und Tätigkeiten zu verbessern, ist ein grundlegender Zug der Qualitätskultur: alle sind bemüht, ihre täglichen Tätigkeiten zu verbessern und konsequent Ursachen für aufgetretene oder potenzielle Fehler zu beseitigen. Die Qualitätsverbesserung ist Bestandteil der täglichen Arbeit im Unternehmen. Die Verbesserung wird institutionalisiert, indem Verbesserungsteams, Qualitätszirkel, Null-Fehlerprogramme, KVP[9]-Programme eingerichtet werden.

Eine Verbesserungskultur kann sich bei einer transparenten und offenen Kommunikation entfalten. Sie erlaubt ausdrücklich Fehler: Fehler dürfen gemacht werden. Sie müssen jedoch Ansporn für Ursachenbeseitigung und Verbesserung sein.

6. Faktengestützte Entscheidungsfindung

Es muss mit Daten und Fakten gearbeitet werden und nicht mit Vermutungen oder Annahmen. Dies bedeutet, dass Daten und Informationen gesammelt und analysiert werden müssen. Entscheidungen müssen auf entsprechenden Fakten aufbauen.

Mit Daten und Fakten arbeiten, um Entscheidungen zu finden und zu treffen

Für Prozesse müssen Messkriterien geschaffen werden, nach denen objektiv beurteilt und entschieden werden kann. Dies gilt auch in besonderem Maße für Tätigkeiten, die nicht technisch sind.

---

[8] Offene Systeme sind Systeme, die mit der Umwelt Wechselwirkungen haben. Im Unterschied sind geschlossene Systeme ohne Schnittstellen zur äußeren Umwelt.

[9] KVP: Abkürzung für »Kontinuierlicher Verbesserungsprozess«

7. Grundsatz des Beziehungsmanagements

Das Unternehmen schafft mit seinen Partnern, das heißt: allen interessierten Parteien und insbesondere seinen Lieferanten eine Beziehung zum gegenseitigen Nutzen. Lieferanten werden nicht unter dem ökonomischen kurzfristigen Gesichtspunkt der Beschaffungskosten gesehen (»der Billigste erhält den Zuschlag«), sondern vielmehr als Teilnehmer einer langfristigen Partnerschaft. Diese baut auf Vertrauen, Wissenstransfer und Integration der Beteiligten auf.

Partnerschaftliche Beziehungen aufbauen

Die Lieferanten werden eng in die Prozesse eingebunden. Lieferant und Unternehmen unterstützen sich gegenseitig und erzielen Synergieeffekte durch ihre Zusammenarbeit.

8. Grundsatz der Ergebnisorientierung

Es ist nicht nur die Aufgabe, Prozesse zu optimieren, sondern auch die Ergebnisse der Prozesse auf den Prüfstand zu legen. Dabei müssen die Ansprüche aller Interessensgruppen in ein ausgewogenes Verhältnis zueinander gebracht werden.

Wertschöpfung und Erfolg für alle Interessengruppen sicherstellen

Das Unternehmen muss flexibel und reaktionsfähig sein und die Ansprüche der Interessensgruppen wie Kunden, Lieferanten, Mitarbeiter, Geldgeber oder weitere gesellschaftliche Gruppen erfassen. Es muss dafür sorgen, dass es ausgewogene Ergebnisse erreicht.

9. Grundsatz der sozialen und ökologischen Verantwortung

Das Unternehmen verpflichtet sich zu Verantwortung gegenüber der Gesellschaft und zur Verantwortung gegenüber der Umwelt. Dazu gehört eine Einstellung des Unternehmens zur Lebensqualität der Gesellschaft und zur Schonung der globalen Ressourcen.

Verantwortung gegenüber der Gesellschaft und der Umwelt

Dieser Grundsatz führt häufig zu Konflikten zwischen wirtschaftlichen, umweltbezogenen oder sozialen Zielen, die sich ein Unternehmen setzt. Es ist die Verantwortung der Führungskräfte, hier zu harmonisieren.

Der Grundsatz der sozialen und ökologischen Verantwortung ist wesentlich für ein integriertes Managementsystem: Qualität, Umwelt und Sozialmanagement.

Im Bereich der Normung geht man zur Zeit getrennte Wege. So gibt es neben der Qualitätsnormung DIN EN ISO 9000 das Umweltnormenwerk DIN EN ISO 14000. Durch die Vereinheitlichung der Struktur ihrer Managementnormen (die von ISO bezeichnete »High-Level-Struktur« mit 10 gleichnamigen Abschnitten) hofft die ISO jedoch, die Forderungen der verschiedenen Normen zu einem Forderungskatalog für ein integriertes Managementsystems zu vereinen.

Soziale Aspekte versucht man, in Sozialmanagementnormen festzulegen. Das EFQM-Modell ist stark auf Nachhaltigkeit als Aufgabe der Zukunft ausgerichtet. Es benennt die externe Welt des Unternehmen als »Ecosystem« und fordert zum Beispiel, die Grundrechte der Europäischen Union, ebenso die Europäische Menschenrechtskonvention, die Richtlinie 2000/78 der Europäischen Gemeinschaft zur Gleichberechtigung oder die Ziele der Agenda 2030 der Vereinten Nationen (UN) einzuhalten.

1.3.2 Auswirkungen von TQM für Unternehmen

Das Konzept des Total Quality Managements in einem Unternehmen umzusetzen, ist ein langfristiges Vorhaben. Unternehmen brauchen nahezu ein Jahrzehnt, und die Bemühungen tragen erst allmählich Früchte.

Die erfolgreiche Umsetzung des »Total Quality Managements« hat jedoch sichtbare Auswirkungen auf ein Unternehmen. Es führt zu erheblichen Veränderungen der Unternehmenskultur.

Da ist zunächst einmal der Bewusstseinswandel der Führungskräfte. Er führt zu einem Wandel ihres Verhaltens gegenüber ihren Mitarbeitern, der Gesellschaft und der Umwelt.

TQM-geführte Unternehmen haben ein erhebliches Potenzial an Leistungsverbesserungen erkennen können und umsetzen können. Ihr Blick richtet sich eben nicht nur auf rein wirtschaftliche und monetäre Ziele, sondern auf das gesamte Handeln des Unternehmens und seine Aufgabe in der Gesellschaft.

Als Erfolgsmeldungen nennen TQM-geführte Unternehmen, dass enorme Kräfte im Unternehmen entfaltet werden.

Genannt werden:

- Verkürzte Entwicklungszeiten
- Flexiblere Strukturen
- Kundengerechte Produkte
- Qualifizierte, motivierte Mitarbeiter
- Transparente Informationswege
- Verringerte Fehlleistungen und letztlich bessere Unternehmensergebnisse
- Engere Kundenbindungen
- Bessere Gewinne
- Ein hohes Image des Unternehmens durch seine Kundennähe

1.4 Kundenorientierung

Lernziele:
- die Bedeutung der Kundenorientierung für ein Unternehmen nennen können
- Kundenerwartungen, Kundenanforderungen und Kundenzufriedenheit erläutern
- Methoden der Kundenzufriedenheitsmessungen darlegen können
- das GAP-Lückenmodell zur Kundenzufriedenheit wiedergeben können

1.4.1 Kundenorientierung – was bedeutet das?

Oft erscheint der Begriff »Kundenorientierung« nur als Worthülse, ohne dass sich die Beteiligten darüber klar sind, was Kundenorientierung bedeutet und beinhaltet.

Kundenorientierung ist derjenige Teil der Marktorientierung, der sich auf die Kunden beschränkt und nicht auf sämtliche Marktteilnehmer. Die Begriffe »Kundenorientierung« und »Marktorientierung« sollten nicht verwechselt werden.

Definition der Kundenorientierung[10]:

Kundenorientierung ist
1. die umfassende, kontinuierliche Ermittlung und Analyse der Kundenerwartungen
2. die interne und externe Umsetzung der Kundenerwartungen in
   - unternehmerische Leistungen und Interaktionen
   - mit dem Ziel, langfristig stabile und ökonomisch vorteilhafte Kundenbeziehungen zu etablieren

Nach dieser Definition hat die Kundenorientierung eines Unternehmens drei verschiedene Teilaspekte:

- Kundenorientierung bedeutet, Information über den Kunden zu sammeln (informationsorientiert). Kundenorientierung lässt sich daran ablesen, inwieweit das Unternehmen Informationen über den Kunden systematisch zusammenträgt.
- Kundenorientierung ist Bestandteil der Unternehmensphilosophie und Kultur (kultur- und philosophieorientiert). Diese Unternehmenskultur prägt die Verhaltensweisen der Mitarbeiter, wie sie mit dem Kunden umgehen
- Kundenorientierung zeigt sich in der konkreten Produkt- und Dienstleistung und der Interaktion mit dem Kunden (Leistungs- und interaktionsorientiert). Die Erwartungen des Kunden hinsichtlich der Leistung und der Betreuung werden erfüllt (z. B. durch hohe Produktqualität, Dienstleistungsqualität, aktives Beschwerdemanagement, usw.)

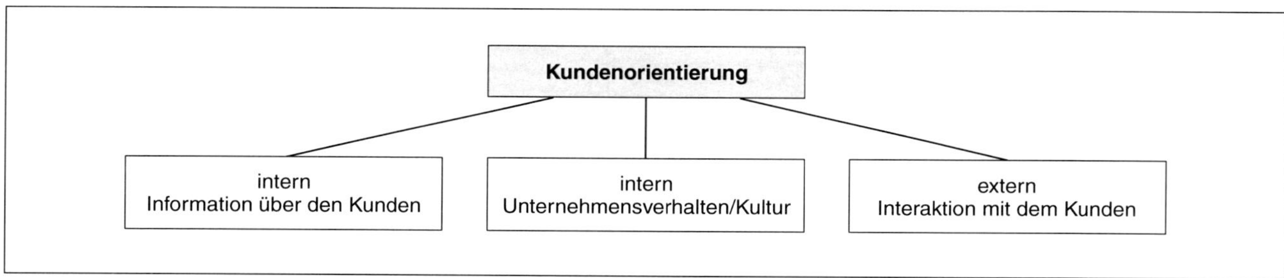

Abbildung 1-8: Teilaspekte der Kundenorientierung

1.4.2 Der Kundenbegriff

Externe Kunden

Das heutige Qualitätsverständnis ist in der jetzigen Marktsituation maßgeblich von der **Kundenorientierung** geprägt. Dabei muss der Begriff »Kunde« weiter gefasst werden.

[10] Bruhn, Manfred: Internes Marketing als Baustein der Kundenorientierung, in: Die Unternehmung 49 (1995) 6, S. 381–402

Kunde ist nicht mehr nur der Konsument, der Abnehmer oder Nutzer einer Dienstleistung oder eines Produktes. Kunde im weiteren Sinne ist jeder, der Interesse am Unternehmen hat, an seiner Dienstleistung und an seinen Produkten. Kunde ist jede am Unternehmen interessierte Partei.

Die englische Formulierung lautet treffend: »Interested Party« oder »Stakeholder[11]«.

Wer also sind unsere Kunden? Beispiele für Kunden in diesem erweiterten Sinn sind:

- Die Käufer, die Nutzer
- Bezugsgruppen, z. B. Familie des Kunden, Freundeskreis
- Verwaltungen, Gemeinden
- Nichtregierungsorganisationen, Bürgerinitiativen, Umweltschützer
- Kreditgeber, Banken
- Aktionäre, Gesellschafter des Unternehmens

Es gibt also viele Gruppen, die Interesse am Unternehmen haben und für das Unternehmen eine Rolle spielen.

Interne Kunden

Die Definition wird darüber hinaus auf interne Kunden erweitert. Im Unternehmen gibt es eine Vielzahl von internen Kunden. Jeder, dem ich das Ergebnis meiner Arbeit im Unternehmen weitergebe, ist ein interner Kunde mit Erwartungen und Forderungen. Kunden können Mitarbeiter innerhalb einer Abteilung sein, es sind Kollegen, Vorgesetzte, Untergebene in benachbarten Abteilungen:

- Mitarbeiter
- Meister, Gruppenleiter, Kollegen
- Geschäftsleitung

Jeder, der eine Tätigkeit im Unternehmen ausführt, hat hierfür im Unternehmen einen oder mehrere Abnehmer, eben »interne Kunden«. Andererseits braucht er für seine Tätigkeit Eingaben, und damit hat er Lieferanten, die ihm Informationen, Materialien, Vorprodukte, bestimmte Ergebnisse oder Dienstleistungen liefern. Die Rollen vertauschen sich ständig. Interner Lieferant ist auch Kunde und umgekehrt.

1.4.3 Die Kunden-Lieferantenbeziehung

In dem Modell der Kunden-Lieferantenbeziehung ist jeder in einem Unternehmen sowohl ein Lieferant als auch ein Kunde von anderen. Diese Kunden-Lieferantenbeziehung – sei sie intern oder extern – kann in einem vereinfachten Prozessmodell dargestellt werden.

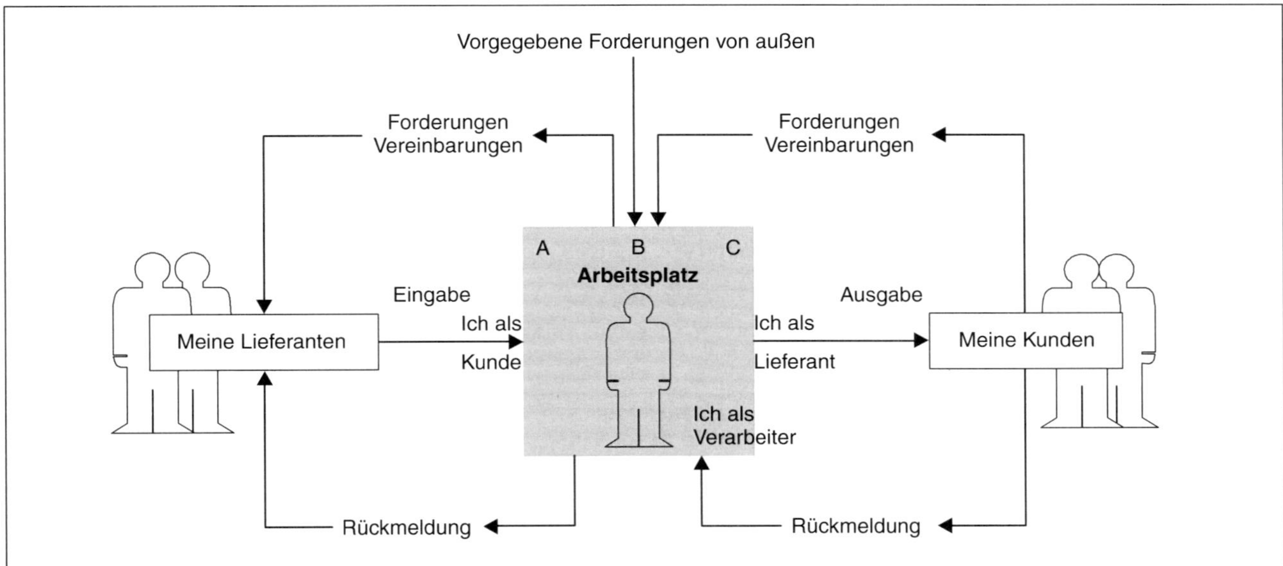

Abbildung 1-9: Die Kunden-Lieferantenbeziehung

[11] Achtung: Der Begriff Stakeholder = »Interessierte Partei« darf nicht mit dem Begriff »Shareholder« = »Anteilseigner« verwechselt werden!

Jeder im Unternehmen spielt dabei drei Rollen, die unter anderem Juran[12] 1991 folgendermaßen formulierte:

- A: er ist interner **Kunde** und empfängt Leistungen von anderen für seine Tätigkeiten; er hat Lieferanten
- B: er ist **Verarbeiter** und erzeugt Ergebnisse
- C: er ist **gleichzeitig Lieferant** und versorgt andere mit Ergebnissen; er hat Kunden

Der Kollege am Arbeitsplatz nach mir ist mein Kunde. Der Kollege, von dem ich meine Teile bekomme, ist mein Lieferant. Ich muss mir im Klaren sein, dass ich gleichzeitig Kunde und Lieferant bin.

In diesem Modell werden drei Kriterien herausgestellt. Erstens: Ich muss meine Kunden und Lieferanten identifizieren. Zweitens: Ich muss die Forderungen von meinen Kunden – ebenso meine Forderungen an meinen Lieferanten – mit diesen vereinbaren, und drittens muss ich Rückmeldungen über meine Ergebnisse von meinen Kunden erhalten, aber auch Rückmeldungen an meine Lieferanten geben.

Beispiel:

Eine Sekretärin, die einen Brief für ihren Vorgesetzten schreibt, hat zunächst ihren Vorgesetzten als »Lieferanten«. Er gibt ihr den Text des Briefes und formuliert seine Forderungen und Erwartungen an das Ergebnis.

Sie schreibt den Brief und hat ihren Chef nun als »Kunden«, dem sie das Ergebnis gibt. Ihr Bemühen ist es, ihren »Kunden« zufrieden zu stellen.

Es gehört noch ein viertes Kriterium hinzu: die Messbarkeit der Ergebnisse. Es sollen objektive Messkriterien definiert werden. Ich muss das Ergebnis meiner Arbeit »messen« können. Das Kriterium der Messbarkeit ist bei technischen Tätigkeiten kein Problem, es sind physikalische Merkmale. Wie aber misst eine Sekretärin ihre Tätigkeit »Briefe schreiben« oder ein Geschäftsführer seine Tätigkeit »Mitarbeiterführung«? Es ist aufwändig und schwierig, Messkriterien für nichttechnische Tätigkeiten zu finden. Sie bedürfen sehr viel Kreativität und Überlegung und Zeit. Sie sind aber notwendig, wenn ich die Qualität meiner Arbeit sachlich bewerten will.

Interne Rückmeldungen sind in den meisten Unternehmen unterentwickelt und Messkriterien der Tätigkeiten in der täglichen Praxis gar nicht vorhanden.

Das Modell der Kunden-Lieferantenbeziehung beantwortet die Frage, welche Voraussetzungen notwendig sind, um »gute Arbeit« zu leisten.

Was brauche ich, um gute Arbeit zu leisten?

Diese Frage habe ich häufig an meine Seminarteilnehmer gestellt. Die Antworten waren immer ähnlich und bezogen sich auf psychologische oder technische Dinge. Die meisten äußerten: persönliche Qualifikation, gutes Arbeitsklima, Motivation, ein gutes Team, technische Voraussetzungen, Werkzeug, fehlerfreie Materialien ...

Im Grunde genommen sind es aber viel fundamentalere Voraussetzungen und Merkmale, die zwingend erforderlich sind, um die obige Frage zu beantworten. Die Voraussetzungen sind durch das Bild der Kunden-Lieferantenbeziehung dargelegt (siehe Abbildung 1–9).

Fünf Voraussetzungen für gute Arbeit:

1. *Ich muss meine Kunden kennen,*
   ich muss meine Lieferanten kennen
2. *Ich muss die Anforderungen meiner Kunden kennen,*
   ich muss meine Anforderungen meinen Lieferanten mitteilen
3. *Ich brauche Vereinbarungen*
   ich muss die Anforderungen mit meinen Kunden und mit meinen Lieferanten abgestimmt haben
4. *Ich brauche Rückmeldungen über das Ergebnis meiner Arbeit*
5. *Ich muss die Qualität meiner Tätigkeit messen, ich brauche Messkriterien*

Ein Beispiel für fehlende Kunden:

Der Leiter der Qualitätsabteilung stellte eines Tages schmerzhaft fest, dass Statistiken aus seiner Abteilung zwar an alle Bereichsleiter geschickt wurden, dort aber niemanden interessierten. Er hatte geglaubt, Kunden bedienen zu müssen, hatte aber tatsächlich keine Kunden für seine Ergebnisse.

Ein Beispiel für fehlende Vereinbarungen:

In einem Unternehmen, das stark hierarchisch und funktional organisiert ist, haben sich die Abteilungen zu kleinen Fürstentümern abgeschottet. Die Mitarbeiter der Produktionsabteilung haben keine Kommunikationsmöglichkeiten mit den Kollegen der Entwicklungsabteilung. Sie können weder ihre Anforderungen vereinbaren, noch Rückmeldungen geben. Die Folgen sind Qualitätseinbrüche, ständige konstruktive Änderungen und gegenseitige Schuldzuweisungen.

[12] Juran, J. M. Handbuch der Qualitätsplanung, miVerlag moderne Industrie (1991)2, S. 27

1.4.4 Kundenerwartung, Kundenzufriedenheit, Kundenverhalten

Kundenzufriedenheit ist das Ergebnis eines psychischen Vergleichsprozesses des Kunden zwischen seinen Erwartungen und den von ihm wahrgenommenen Leistungen.

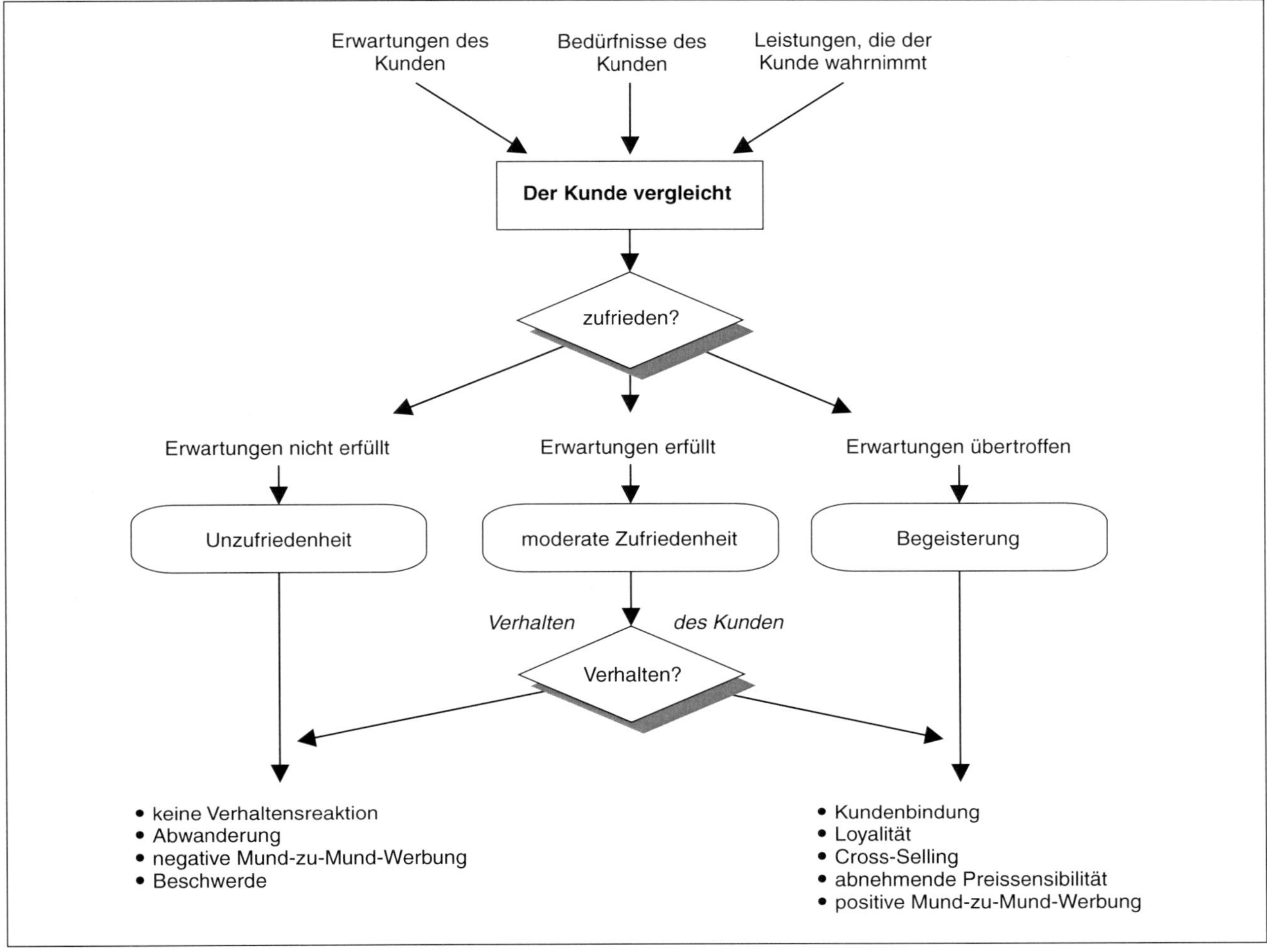

Abbildung 1-10: Kundenerwartung, Kundenzufriedenheit und Kundenverhalten

Kundenerwartungen:
Die Erwartungen des Kunden ergeben sich aus seinen Bedürfnissen, seinen eigenen Erfahrungen, aber auch aus dem Einfluss, den Andere auf ihn üben, also aus

- Seinen eigenen Erfahrungen
- Den Erfahrungen Anderer: dem Einfluss seiner Umgebung (Mund-zu-Mund-Kommunikation)
- Erfahrungen aus der Situation heraus: zum Beispiel, was das Unternehmen durch Werbebotschaften kommuniziert

Kundenerwartungen sind immer subjektiv. Es spielen aktuelle Situationen ebenso eine Rolle wie Wertesysteme, Weltanschauungen und die gesellschaftliche Kultur.

Kundenzufriedenheit:
Die Kundenzufriedenheit ist das Ergebnis eines Vergleiches. Der Kunde vergleicht seine subjektiven Wahrnehmungen nach dem Kauf (Ist-Leistung) mit seinen Erwartungen (Soll-Leistung) vor dem Kauf.

- Werden seine Erwartungen nicht erfüllt, so ist er unzufrieden
- Werden die Erwartungen des Kunden erfüllt, so ist er moderat zufrieden
- Wenn jedoch die Leistungen seine Erwartungen übertreffen, entsteht hohe Zufriedenheit bis hin zu Begeisterung

Kundenverhalten:
Marktstudien zeigen, dass die Kundenzufriedenheit einen entscheidenden Einfluss auf das weitere Verhalten des Kunden haben. Aus einer hohen Kundenzufriedenheit kann sich eine Kundenbindung und eine Kundenloyalität entwickeln.

- Zufriedene Kunden kaufen mehr
- Begeisterte Kunden bleiben länger dem Unternehmen treu
- Begeisterte Kunden kaufen auch andere Produkte beim Unternehmen (»cross selling«)
- Begeisterte Kunden reagieren weniger sensibel auf Preiserhöhungen
- Begeisterte Kunden beachten die Angebote von Wettbewerbern seltener
- Begeisterte Kunden sind kostengünstiger zu betreuen

> ***Beispiel:***
>
> *Der Zusammenhang zwischen Kundenzufriedenheit und Kundenverhalten ist nicht eindeutig.*
>
> *So kann ein Unternehmen seine Kunden binden, auch wenn sie unzufrieden sind. Es gibt rechtliche Instrumente der Bindung, zum Beispiel Telekommunikationsverträge, die auf zwei Jahre abgeschlossen werden. Eine Kundenbindung kann durch ökonomische Zwänge bestehen, wenn der Kunde erhebliche Investitionen tätigen müsste, um den Lieferanten zu wechseln. Viele Kunden sind gezwungen, beim Discounter einzukaufen mit erbärmlichem Kundendienst, weil sie ein geringes Einkommen haben. Ebenso sind technische Barrieren möglich. Kaufte man vor einigen Jahren einen Tintenstrahldrucker, so war man gezwungen, die Verbrauchsmaterialien von diesem Unternehmen auf Jahre weiter zu beschaffen. Und nicht zuletzt gibt es psychologisch wirksame Barrieren, die Kunden zu binden, obwohl sie unzufrieden sind.*
>
> *Umgekehrt wechseln Kunden den Anbieter, obwohl sie sehr zufrieden sind. Sie suchen eine Abwechslung, sie möchten etwas Neues ausprobieren.*

Kundenerwartungen ermitteln

Es sind die klassischen Methoden der Marktbeobachtung und der Marktforschung, die zur Ermittlung der Kundenerwartungen und Kundenanforderungen eingesetzt werden.

Vor der Ermittlung der Kundenerwartungen muss der Markt entsprechend der Politik des Unternehmens eingegrenzt werden. Die Eingrenzung kann sachlich (Produktart), räumlich (Größe des Marktgebietes) oder zeitlich (Reaktionsgeschwindigkeit oder Zeitpunkt oder Zeitraum) vorgenommen werden.

Bei der Datenerhebung gibt es zwei prinzipielle Vorgehensweisen:

- Sekundärforschung
- Primärforschung

Bei der Sekundärforschung wertet das Unternehmen bereits vorhandene Daten aus. Die Daten können im Unternehmen selbst angefallen sein, z. B.

- Daten über Kunden aus der Buchhaltung
- Daten aus Kostenrechnungen
- Daten aus Auftragsstatistik, Absatzstatistik
- Daten von Außendienstmitarbeitern
- Reklamationsdaten, Beschwerdedaten

oder sie können aus Datenquellen außerhalb des Unternehmens stammen, z. B.

- amtliche Statistiken
- Informationen von Branchenverbänden
- Veröffentlichungen von Marktforschungsinstituten
- Veröffentlichungen aus Wettbewerbsunternehmen
- Daten von speziellen Informationsdiensten

Bei der Primärforschung werden Daten über Kunden und ihre Erwartungen neu erhoben. Die Primärforschung ist aufwändig und wird in der Regel von professionellen Markforschungsunternehmen durchgeführt.

Eine klassische Methode der Primärforschung ist die Befragung. Die Möglichkeiten der Befragung sind vielfältig und müssen sorgfältig ausgesucht werden: mündliche freie oder strukturierte Interviews, schriftliche oder telefonische Befragungen, computergestützte Datenerhebungen bis hin zu Panelerhebungen[13].

Eine andere Methode der Primärdatenerhebung ist die Beobachtung. Beobachtungen können sich auf die subjektive Erfassung oder auf objektive Zählverfahren stützen, z. B. Studien über Kundenlauf, Einkaufsverhalten, Blickregistrierung, Mimik usw.

Auf Investitionsgütermärkten werden die Informationen zu Kundenerwartungen häufig über persönliche und vertragliche Beziehungen gesammelt. Die Kunden können gezielt angesprochen werden. Auf Konsumgütermärkten werden die Methoden der statistischen Marktforschung notwendig.

Durch die rasante Entwicklung der Informationstechnologie sind die Datenanbieter zunehmend in der Lage, Kundenprofile und ihre Bedürfnisse zu identifizieren, zu filtern und auf dem Markt anzubieten. Beispiele sind Paybackkartenanbieter oder Suchmaschinenanbieter oder soziale Netzwerke im Internet, die Profile über Kunden gezielt erstellen.

[13] Panelerhebungen sind laufende standardisierte Erhebungen bei einem bestimmten gleich bleibenden Personenkreis.

1.4.5 Das Gap-Modell

Im täglichen Alltag erfahren wir immer wieder eine große Lücke zwischen unseren Erwartungen und Forderungen und den Leistungen, die uns ein Unternehmen gibt. Nicht umsonst sprechen wir z. B. von der »Servicewüste Deutschland« und drücken damit unsere Unzufriedenheit aus.

Parasuraman[14] entwickelte ein interessantes und weltweit immer wieder zitiertes Modell bei der Analyse von Dienstleistungsqualität. Dabei deckt er fünf Lücken für mangelnde Kundenorientierung in der Praxis auf. Die fünfte Lücke ist die Lücke beim Kunden, d. h. der Unterschied zwischen der erwarteten und der wahrgenommenen Dienstleistung. Diese Lücke ist die Folge von vier vorausgehenden Defiziten im Unternehmen.

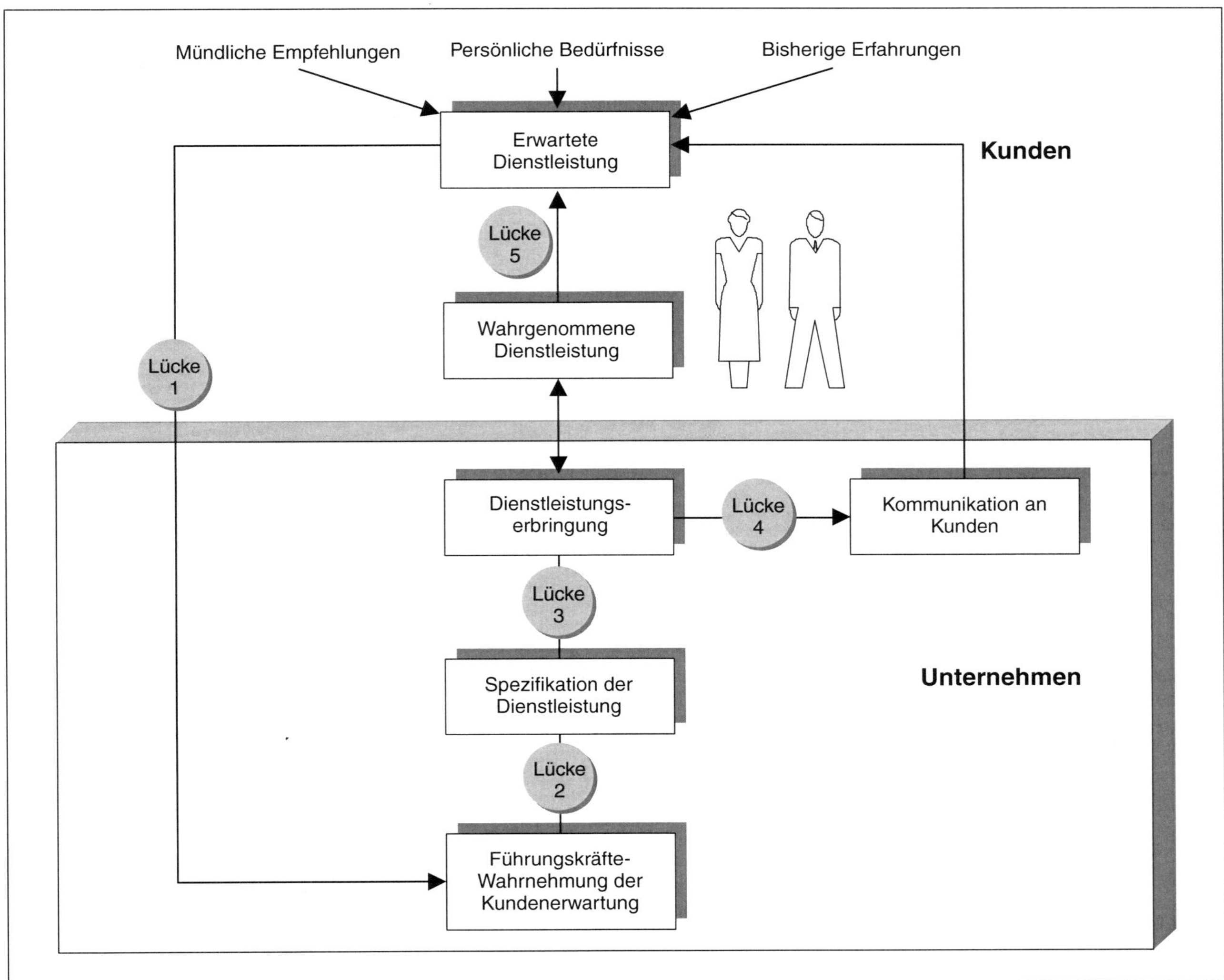

Abbildung 1-11: Das Gap-Modell nach Parasuraman für Dienstleistungsqualität

Lücke 1: Fehlerhafte Einschätzungen der Führungskräfte
Die Führungskräfte haben falsche Vorstellungen über die Kundenerwartungen und Kundenforderungen. Ursachen können eine fehlende Marktforschung oder mangelhafte Markforschungsergebnisse sein. Die Gefahr dieser Lücke besteht bei ausgeprägten Hierarchiestrukturen und unzureichender vertikaler Kommunikation zwischen Führungskräften und den Mitarbeitern, die im Kontakt mit den Kunden stehen.

Lücke 2: Mangelhafte Spezifikation
Die Spezifizierung der Kundenerwartungen ist fehlerhaft. Es besteht Diskrepanz zwischen dem, was das Unternehmen in einer Spezifikation definiert und den tatsächlichen Bedürfnissen des Kunden. Häufig ist die Ursache die mangelnde Entscheidungsfreudigkeit der Führung, fehlende Zielsetzungen sowie fehlende Instrumente und Methoden des Qualitätsmanagements.

Lücke 3: Mangelhafte Umsetzung der Spezifikation
Die Kundenerwartungen sind zwar richtig spezifiziert. Die Spezifikation wird aber nicht umgesetzt. Hier sind es mangelhafte Qualifikationen der Mitarbeiter, unzureichende Teamarbeit, konkurrierende Unternehmenskultur und Konflikte.

[14] Gap-Modell nach Parasuraman A., Zeithaml V. A., Berry L.L.: A Conceptual Model of Service Quality and Its Implications for Future Research, in: Journal of Marketing 49 (1985) 1, 41–50

Lücke 4: Irreführende oder mangelhafte Kommunikation an den Kunden
Die Kommunikation verspricht Anderes als tatsächlich geleistet wird, sei es durch fehlende Information oder durch irreführende Versprechungen in der Werbung. Eine Ursache hierfür können Kommunikationsbarrieren (»Fürstentumdenken«) zwischen Abteilungen im Unternehmen sein.

Lücke 5: Diskrepanz zwischen Kundenerwartung und wahrgenommener Leistung
Dies ist die zentrale Lücke der Kundenzufriedenheit. Sie ist die tatsächlich vom Kunden wahrgenommene Diskrepanz zwischen seinen Erwartungen und der Leistung, die er erhält.

1.4.6 Ermittlung der Kundenzufriedenheit

Der Kundenzufriedenheit kommt eine entscheidende Bedeutung zu. Ein wichtiges Instrument für die Ausrichtung der Kundenorientierung sind deshalb geeignete Verfahren zur Ermittlung der Kundenzufriedenheit.

Kundenzufriedenheit durch zuverlässige Methoden zu ermitteln ist sehr aufwändig und schwierig. Kundenzufriedenheit lässt sich oft nur mit geringer Genauigkeit ermitteln.

Man kann Zufriedenheitsmessungen in vier Stufen des Aufwandes und des Reifegrades unterscheiden:

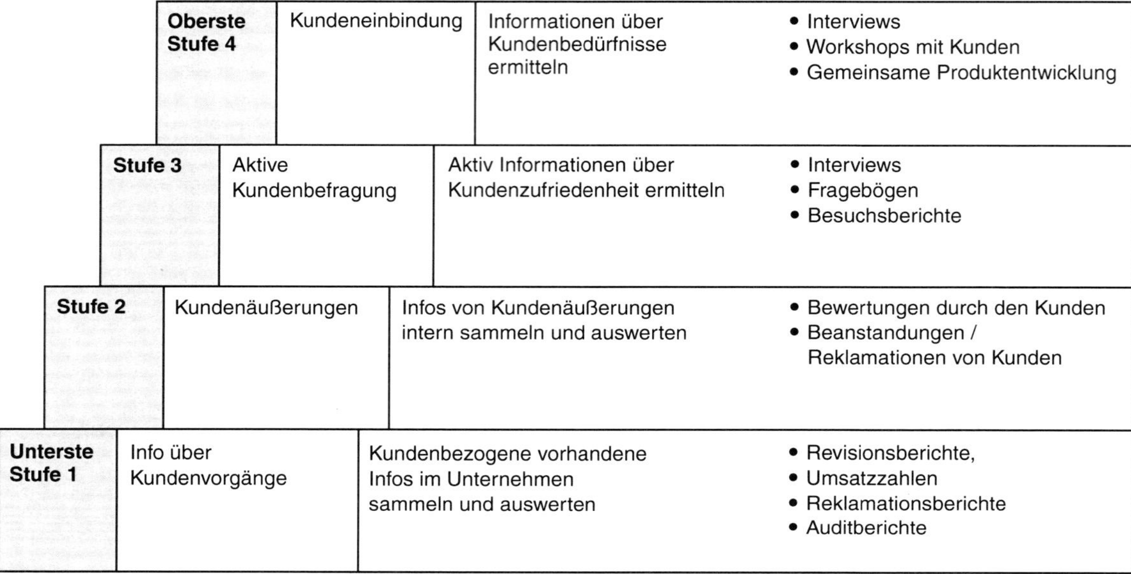

Oberste Stufe 4	Kundeneinbindung	Informationen über Kundenbedürfnisse ermitteln	• Interviews • Workshops mit Kunden • Gemeinsame Produktentwicklung
Stufe 3	Aktive Kundenbefragung	Aktiv Informationen über Kundenzufriedenheit ermitteln	• Interviews • Fragebögen • Besuchsberichte
Stufe 2	Kundenäußerungen	Infos von Kundenäußerungen intern sammeln und auswerten	• Bewertungen durch den Kunden • Beanstandungen / Reklamationen von Kunden
Unterste Stufe 1	Info über Kundenvorgänge	Kundenbezogene vorhandene Infos im Unternehmen sammeln und auswerten	• Revisionsberichte, • Umsatzzahlen • Reklamationsberichte • Auditberichte

Abbildung 1–12: Reifegrad der Kundenzufriedenheitsmessungen

Die Methoden zur Kundenzufriedenheitsmessung kann man in objektorientierte Verfahren und subjektorientierte Verfahren unterscheiden[15]. Eine andere Typisierung sind die ereignisorientierten und die merkmalsorientierten Verfahren.

Objektorientierte Verfahren

Objektorientierte Verfahren werten nicht die Wahrnehmungen des Kunden aus, denn diese sind subjektiv und können verzerren. Es sind vielmehr harte Fakten wie:

- Umsatz und Marktanteil erfassen
- Beschwerden, Reklamationen, Garantiefälle auswerten
- Kundenabwanderungsrate bestimmen
- Testkäufe, (»Mystery-Shopping«) durchführen und auswerten

Objektorientierte Verfahren werden am häufigsten zur Kundenzufriedenheitsbewertung eingesetzt, weil sie einfach zu erheben sind. Unternehmen, die sich auf Leistungsgrößen wie Umsatz oder Marktanteil stützen, sind sich häufig jedoch nicht bewusst, dass diese Größen mit Mängeln behaftet sind und keine zuverlässigen Rückschlüsse auf die Zufriedenheit der Kunden geben können.

So kann sich der Umsatz aus einer Fülle anderer Gründe als der Kundenzufriedenheit ändern: sei es konjunkturell, saisonal, standortbedingt, durch Naturereignisse, usw.

[15] Homburg, C., Werner H.: Ein Messsystem für Kundenzufriedenheit, in: Absatzwirtschaft (1996)11, S. 92

Subjektorientierte Verfahren

Subjektorientierte Verfahren erfassen die wahrgenommene Zufriedenheit der Kunden. Instrumente sind in der Regel Marktbeobachtungen und mündliche, schriftliche oder telefonische Kundenbefragungen. Hier unterscheidet man wiederum ereignisorientierte und merkmalsorientierte Verfahren.

Ereignisorientierte Verfahren

Es gibt ereignisorientierte Verfahren wie die »Critical Incident Technik«[16]. Bei dieser Methode wird der Kunde in einem Interview aufgefordert, besonders negative oder positive Ereignisse zu nennen, die er mit dem Unternehmen, seinen Produkten oder seinen Mitarbeitern hatte. Diese Daten werden analysiert.

Die Antworten zeichnen ein häufig umfassendes Bild der Kundenwahrnehmung auf. Es lassen sich Bereiche erkennen, in denen Handlungsbedarf besteht.

Beispiel einer Fragestellung der Critical Incident Technik:

- *Hatten Sie mit unserem Unternehmen ein Erlebnis, an das Sie sich gern erinnern?*
  Bitte schildern Sie es kurz: ______________________________
  ____
- *Hatten Sie mit unserem Unternehmen auch einmal ein negatives Erlebnis?*
  Falls ja, schildern Sie es uns bitte kurz: ______________________________
  ____

Merkmalsorientierte Verfahren

Eine breite Anwendung haben subjektive merkmalsbezogene Verfahren. Diese Verfahren arbeiten mit standardisierten Fragen und Bewertungsskalen (»Rating-Skalen«). Ihr großer Vorteil ist es, repräsentative Ergebnisse zu erbringen.

Die Fragen beziehen sich auf die Gesamtzufriedenheit oder die Zufriedenheit einzelner Leistungsmerkmale:

- Erfüllungsgrad von Erwartungen
- Zufriedenheitsskalen
- Beschwerdeverhalten
- Kundenanfragen
- Angaben von Mitarbeitern mit Kundenkontakt

Beispiel einer Fragestellung mit Rating-Skala:

Wie zufrieden sind Sie mit dem Hotel?

»sehr zufrieden« (1) bis »überhaupt nicht zufrieden« (5)

Serviceleistung des Personals	*[1]*	*[2]*	*[3]*	*[4]*	*[5]*
Einrichtung des Zimmers	*[1]*	*[2]*	*[3]*	*[4]*	*[5]*
Sauberkeit	*[1]*	*[2]*	*[3]*	*[4]*	*[5]*

[16] siehe Abschnitt 3.3.4 Critical Incident Technik

1.4.7 Das Instrument der Befragung

Die Befragung ist bis heute das wichtigste Instrument der Informationsbeschaffung in der Marktforschung. Das Instrument der Befragung bietet eine Fülle von Gestaltungsmöglichkeiten, wie die folgende Liste zeigt:

Gestaltungsmöglichkeiten einer Befragung	
• Zielpersonen	Bevölkerungsumfrage Befragung eines Kundenstammes Haushaltsumfrage, etc.
• Befragungsstrategie	Standardisierte Befragung: feste Frageformulierung und Fragereihenfolge Strukturierte Befragung: nur Kernfragen sind vorgegeben Freies Gespräch
• Befragungstaktik	Direkte Befragungstaktik Indirekte Befragungstaktik
• Zahl der Untersuchungsthemen	Einthemen-Umfrage Mehrthemen-(»Omnibus«-)Umfrage
Frageformulierung und Fragebogenaufbau	
• Fragetypen	Offene Fragen Geschlossene Fragen (Antwortmöglichkeiten vorgegeben)
• Fragebogenaufbau	Fragenreihenfolge
Befragungstaktiken	
• Direkte Befragungstaktik	
• Indirekte Befragungstechnik	Frage psychologisch so geschickt formulieren, dass der Befragte Antwort gibt
Kommunikationsformen der Befragung	
• Mündliche Befragung	
• Schriftliche Befragung	
• Telefonische Befragung	
• Computergestützte Befragung	

Probleme der schriftlichen Befragung mittels Fragebogen

Schriftliche Befragungen – durch Versenden von Fragebögen – haben einen großen Vorteil gegenüber mündlichen oder telefonischen. Sie verursachen niedrigere Kosten pro Interview. Sie bergen aber eine Fülle von Problemen.

Es muss sehr sorgfältig die Art der Zustellung überlegt werden. Werden die Befragungen persönlich verteilt und wieder abgeholt, werden sie mit der Post versandt? Erhebliche Fehler entstehen bei der Gestaltung des Fragebogens. Einfache Grundsätze der Einfachheit der Fragen oder leichte Lesbarkeit werden oft verletzt. Ein Problem ist immer die Rückläuferquote. Selbst mit Anreizsystemen kann nur mit einer geringen Zahl antwortender Personen gerechnet werden.

Ein weiteres Problem ist das Identitätsproblem: Wer hat die Fragen beantwortet? Die Unkenntnis führt dazu, dass das Ergebnis nicht repräsentativ ist. Das Ergebnis kann nicht verallgemeinert werden.

1.5 Qualitätsmanagementsysteme

Lernziele:
- erläutern können, was man unter »Qualitätsmanagementsystem« versteht
- die Rolle von Modellen bei der Umsetzung der Qualitätsmanagementtheorie beschreiben können
- Prozessmanagement als Kern jedes heutigen Qualitätsmanagementmodells erläutern können

1.5.1 Was ist Qualitätsmanagement?

Qualität

Der Begriff Qualität hat die Bedeutung, wie sie in Abschnitt 1.1 dieses Buches erläutert worden ist. Danach ist Qualität »Der Grad, in dem ein Satz inhärenter Merkmale Anforderungen des Kunden und weiterer interessierter Parteien erfüllt«. Qualität ist stark kundenbezogen.

Management

Den Begriff Management verwenden wir oft in zwei unterschiedlichen Bedeutungen. Zum Einen beschreibt er den Teil einer Unternehmensorganisation: die Unternehmensführung oder den Vorstand, eben das »Management« des Unternehmens. Man meint mit dem Begriff bestimmte Personen, die in der Unternehmenshierarchie bestimmte leitende Funktionen haben: Geschäftsführer, oberste Leitung, Bereichsleiter, Abteilungsleiter usw.

Zum Anderen bezieht sich der Begriff Management auf die Tätigkeit »managen«.

In der Betriebswirtschaftslehre werden im Allgemeinen als Tätigkeiten des »Managens« folgende fünf Aufgaben definiert:

1. Planen, (darüber nachdenken, was erreicht werden soll)
2. Organisieren (ein Handlungsgefüge erstellen, um die Pläne zu realisieren)
3. Personal einsetzen (Anforderungsprofile und Eignungsprofile sicherstellen)
4. Mitarbeiter führen (Arbeitsausführungen veranlassen; steuern, motivieren, kommunizieren, also der Prozess der sozialen Beeinflussung der Mitarbeiter)
5. Kontrollieren (erreichte Ergebnisse registrieren und mit den Plandaten vergleichen)

Genau diese Tätigkeitsbedeutung steckt in dem Begriff Qualitätsmanagement. Qualitätsmanagement beinhaltet demnach die fünf genannten Aufgaben. Betroffen sind alle Prozesse in einem Unternehmen: alle Tätigkeiten, die die Qualität beeinflussen.

PDCA-Zyklus nach Deming

Die Aufgaben des »Managens« hat Deming[17] in einem Prozessmodell zugrunde gelegt, das er PDCA-Zyklus nannte. Die Abkürzung steht für die englischen Begriffe: **P**lan – **D**o – **C**heck – **A**ct (plane – führe aus – prüfe – handel).

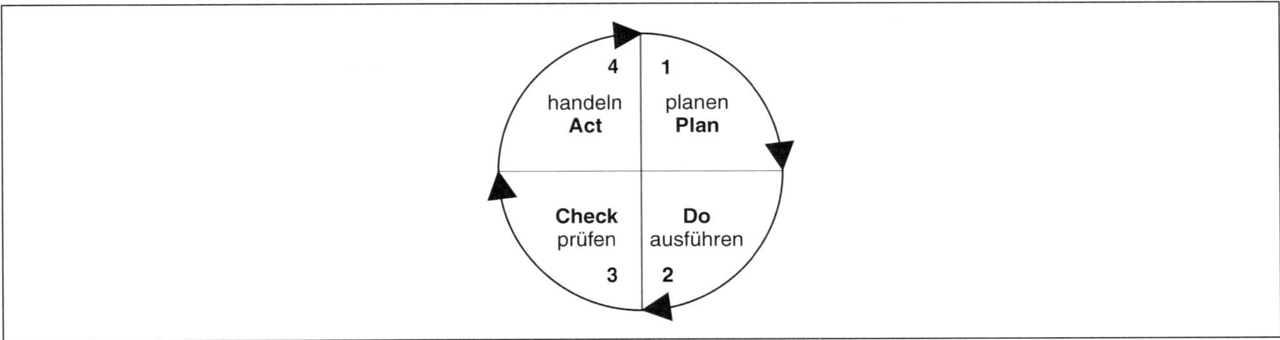

Abbildung 1-13: PDCA-Zyklus der ständigen Verbesserung

Die Tätigkeiten im PDCA-Zyklus laufen stetig ab und beginnen immer wieder von Neuem. Damit entsteht ein Prozess der ständigen Verbesserung, auf den wir später noch einzugehen haben.

Definition: Nach DIN EN ISO 9000 ist der Begriff »Qualitätsmanagement« folgendermaßen definiert:[18]

Aufeinander abgestimmte Tätigkeiten zum Führen und Steuern einer Organisation bezüglich Qualität.

[17] Deming, W.E.: Productivity and Competitive Position, Cambridge 1982
[18] DIN EN ISO 9000 DIN Deutsches Institut für Normung e.V., Beuth-Verlag, Berlin 2015

Die »Führungs- und Steuerungstätigkeiten bezüglich Qualität« umfassen konkret die folgenden Tätigkeiten (nach DIN EN ISO 9000:2015):

1. Qualitätspolitik festlegen
2. Qualitätsziele festlegen
3. Qualitätsplanung
4. Qualitätssteuerung
5. Qualitätssicherung
6. Qualitätsverbesserung

Diese Managementtätigkeiten werden von den Grundsätzen des Qualitätsmanagements geprägt.

1.5.2 Was ist ein Qualitätsmanagementsystem?

Alle Aktivitäten, alle Beziehungen, alle Mittel, alle Regeln, alle Abhängigkeiten, die Qualität betreffen, fasst man unter dem Begriff des Qualitätsmanagementsystems zusammen.

Die heutige Sichtweise, in Systemen zu denken, beruht auf der Kybernetik der Systemtheorie der vierziger Jahre[19]. Bereits damals hatten Forscher und Entwickler in bestimmten Industriezweigen wie der Raketentechnik, der Kernforschung oder der Flugzeugindustrie erkannt, dass sie komplexe Aufgaben nur bewältigen können, wenn sie ihre Aufgabenstellung als System betrachten.

Exkurs: Was kennzeichnet Systemdenken?

Ein System kann ich von seiner Umwelt abgrenzen.

Ein System besteht aus einer Vielzahl von Elementen, die in einer außerordentlich komplexen Weise miteinander vernetzt sind und miteinander agieren.

Die Elemente des Qualitätsmanagementsystems bilden Strukturen, Hierarchien, Regeln und Abhängigkeiten. Sie schaffen immer wieder verschachtelte Regelkreise mit Rückkopplungen.

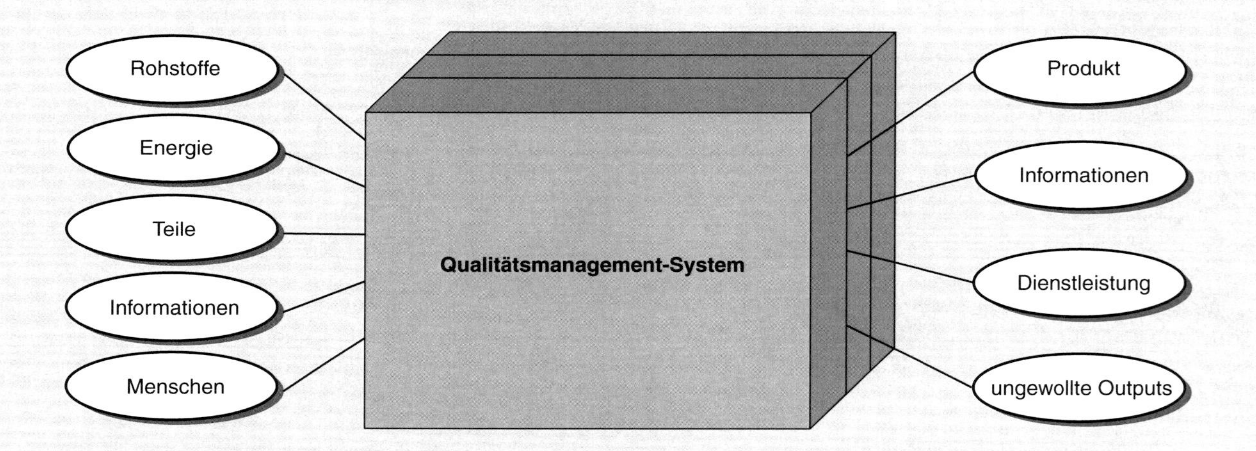

Abbildung 1-14: System als »Black Box«

Die Rückkopplungen und Vernetzungen müssen erkannt werden, denn langfristig kann ein System nur überleben, wenn es in der Lage ist, sich ständig neu zu kalibrieren, was nichts anderes heißt, als sich ständig an die Umwelt anpassen zu können.

Es gibt keine einfachen linearen Beziehungen mit einfachen Ursachen und Wirkungen.

Ein System ist stabil, wenn es sich regeln kann, wenn es Rückkopplungen hat, die es stabilisieren.

- Ein System ist dynamisch, es verändert sich ständig
- Es gibt keine einfachen Ursache – Wirkungsbeziehungen, keine einfachen linearen Abfolgen
- Um ein System zu optimieren, müssen alle seine Elemente und Prozesse einbezogen sein
- Es reicht nicht, einzelne Elemente zu optimieren
- Externe Einflussfaktoren wirken auf das System und vernetzen es mit der Umgebung
- Es müssen erwünschte und unerwünschte Eingaben und Ausgaben betrachtet werden
- Ein System versucht immer, sich durch Rückkopplungsmechanismen zu stabilisieren. Dies führt zu erheblichen Widerständen gegen Änderungen

[19] z. B. berichtet bei Kappel, R. und Schwarz, I. Systemforschung 1970-1980, Verlag Vandenhoack & Rupprecht, Göttingen 1981

Sich die komplexen Wechselbeziehungen bewusst machen

In einem System laufen Prozesse mit vielen Wechselwirkungen ab. Es gibt Regelkreise, Rückkopplungsschleifen und ein Geflecht von Abhängigkeiten und Hierarchien. Es herrscht immer eine dynamische Spannung zwischen den Teilen des Systems, aber auch zwischen dem System und der Außenwelt.

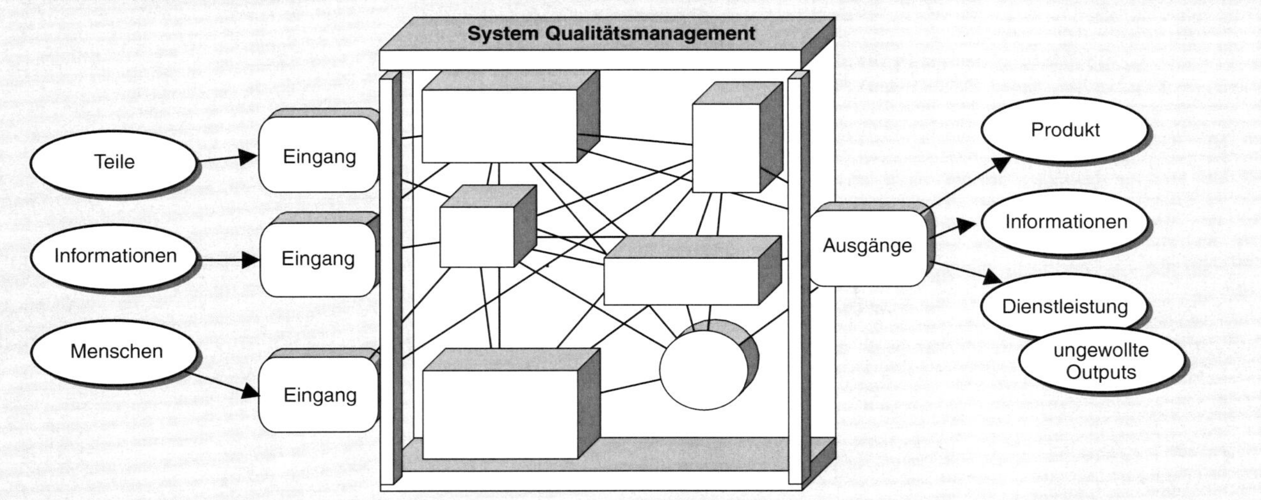

Abbildung 1-15: Komplexe Wechselwirkungen in einem System

Die einzelnen Elemente des Systems vollführen Teilaufgaben. Ihre Prozesse laufen nach bestimmten Regeln ab. Es gibt Hierarchien und Prioritäten. Die Untersysteme arbeiten Hand in Hand nacheinander oder parallel. Die Folge eines Prozesses wirkt auf andere Prozesse. Die Ergebnisse wiederum wirken häufig auf den ursprünglichen Prozess selbst zurück.

Ein Qualitätsmanagementsystem hat ebenso wie ein Raketensystem, ein Verkehrssystem, ein EDV-System, aber auch ein Auto oder ein Organismus diese Komplexität.

Die QM-Elemente sind untereinander vernetzt, sie beeinflussen sich, sie wirken aufeinander und in einer sehr vielfältigen Weise miteinander.

Um Systeme zu verstehen und auch verständlich zu machen, bedient man sich Vereinfachungen, die als »Modelle« bezeichnet werden.

Die Normer definieren »Qualitätsmanagementsystem« in DIN EN ISO 9000[20] wie folgt:

Definitionen: System, Managementsystem, Qualitätsmanagementsystem

Danach ist ein System »ein Satz zusammenhängender und sich gegenseitig beeinflussender Elemente«. Ein Managementsystem ist »ein Satz zusammenhängender und sich gegenseitig beeinflussender Elemente einer Organisation«. Ein Qualitätsmanagementsystem schließlich ist ein »Managementsystem, mit dem eine Organisation bezüglich der Qualität geführt und gesteuert wird.«

1.5.3 Modelle des Qualitätsmanagements

Das Konzept des unternehmensweiten Qualitätsmanagements wurde in Kapitel 1.3.1 in neun Grundsätzen vorgestellt. Diese Grundsätze sind sehr allgemein und abstrakt. Sie müssen in den betrieblichen Alltag, d. h. in ein Qualitätsmanagementsystem eines Unternehmens umgesetzt werden.

Es gibt mehrere Modelle für Qualitätsmanagementsysteme. Allen heutigen Modellen ist jedoch gemeinsam, dass sie auf dem Verständnis des Denkens in Prozessen aufbauen.

Exkurs: Was ist ein Modell?

Ein Modell ist immer eine vereinfachte Abbildung der Realität. Im Modell werden nur die (für die Zielgruppe) wesentlichen Bestandteile und Beziehungen eines Originals dargestellt. Unwesentliche Details werden weggelassen.

Einen erheblichen Einfluss auf die Gestalt eines Modells hat zum einen der Ersteller. Zum anderen hängen Modelle vom Zweck und von der Zielgruppe ab, für die es gedacht ist.

[20] DIN EN ISO 9000 DIN Deutsches Institut für Normung e.V., Beuth-Verlag, Berlin 2015

Zollondz[21] hat die bekannten unterschiedlichen Qualitätsmanagementmodelle verglichen. Er konnte aus den vielen Varianten ein »Urmodell« erkennen, in dem die Voraussetzungen für ein Qualitätsmanagementmodell formuliert sind. Es besteht aus folgenden Modellteilen:

Urmodell für Qualitätsmanagement:

1. Prozessmanagement
2. Lenkungsverantwortung der obersten Leitung eines Unternehmens
3. Ressourcen, materiell und immateriell
4. Mitarbeiter
5. Kunden
6. Ständige Verbesserung

Prozessmanagement ist danach die Basis jeden Qualitätsmanagements. Zollondz begründet dies damit, dass Ziele eines Unternehmens nur durch Prozesse erreicht werden können.
Die Kundenforderungen sind die Eingaben für die Unternehmensprozesse. Die Prozesse erzeugen Ergebnisse, die Kunden zufrieden stellen. Nur wenn die Prozesse fehlerfrei laufen, kann auch das Ergebnis fehlerfrei sein. Es muss deshalb »in Prozessen« gedacht werden. Die Prozesse sind zu planen, lenken, überwachen und zu verbessern.

In den folgenden Kapiteln werden zwei Modelle vorgestellt werden:

- die Normenfamilie DIN EN ISO 9000-9004 und
- ein TQM-Modell der Qualitätspreise: in Europa als EFQM-Modell bekannt

[21] Zollondz, H. D. Grundlagen Qualitätsmanagement, Oldenbourg Verlag 2002, S. 189

1.6 DIN EN ISO 9000-Normenreihe

Lernziele:
- die Normenreihe DIN EN ISO 9000 kennen
- das Prozessmodell, das der Reihe zugrunde liegt, wiedergeben können
- die Struktur der DIN EN ISO 9001 darlegen können
- wesentliche Forderungen der Kapitel nennen können

Was steckt hinter dem Kürzel ISO 9000?
Im Jahre 1987 verabschiedete eine Arbeitsgruppe der Internationalen Organisation für Standardisierung ISO[22], das Komitee TC 176, eine Normenreihe über Forderungen an ein Qualitätsmanagementsystem. In der Arbeitsgruppe arbeiteten Vertreter aus Deutschland im Auftrag des Deutschen Instituts für Normung DIN[23] mit.

ISO 9000 wurde daraufhin ein Schlagwort für »Qualitätsmanagement« in Unternehmen schlechthin. Die Normenreihe ist heute offenbar die verbreitetste und bekannteste Norm in der Welt.

Was sind Normen?[24]
Normen sind Dokumente, die in Übereinstimmung erstellt worden sind und von einer anerkannten Normenstelle akzeptiert und veröffentlicht werden. Normen legen Regeln, Leitlinien oder Merkmale für Tätigkeiten oder Ergebnisse fest. Normen beschreiben Mindeststandards. Normen sind keine Gesetze. Sie können jedoch bei Rechtsprechungen als »Stand der Technik« beitragen. Es gibt nationale Normengremien in fast allen Staaten der Erde. Sie senden Vertreter in übergeordnete regionale Normenorganisationen – in Europa das europäische Komitee für Normung CEN – oder in die weltweit internationale Normenorganisation ISO.

Was normt ISO 9000....9004?
Die ISO 9000-Reihe stellt die Mindestforderungen an ein Qualitätsmanagementsystem auf. Vereinfacht gesagt: Sie legt fest, was ein Unternehmen an Regelungen, Abläufen, Mitteln nachweisen muss, wenn seine Organisation und seine Abläufe als qualitätsfähig (nach der Norm) bezeichnet werden sollen.

Beispiel:

Kapitel 7.2 der DIN EN ISO 9001:2015 fordert, dass ein Unternehmen bestimmen muss, welche Kompetenzen sein Personal haben muss. Es fordert, dass das Unternehmen gegebenenfalls für den Erwerb der Fähigkeiten, zum Beispiel durch Schulungen, sorgen muss und dass es die Wirksamkeit der Schulungen beurteilen muss. Die Norm sagt nichts darüber, wie das Unternehmen diesen Bedarf ermittelt und wie es die Schulungen beurteilt. Das muss das Unternehmen selbst festlegen.

Was beschreibt die Normenreihe ISO 9000 ff nicht?
Die ISO 9000-Reihe ist keine Norm, um die Qualität von Produkten nachzuweisen. Sie bezieht sich allein auf die »Qualität des Unternehmens«, das heißt: sein Qualitätsmanagementsystem, seine Organisation, seine Abläufe, seine Prozesse. Ein Produkt kann kein Zertifikat nach ISO 9001 haben.

Normen wie DIN EN ISO 9001 normen nicht das Qualitätsmanagementsystem eines Unternehmens. Sie normen vielmehr die Mindestforderungen, die ein Qualitätsmanagementsystem des Unternehmens erfüllen muss. Die Normen sagen nichts darüber aus, wie diese Forderungen in der Praxis umgesetzt werden, also wie das Qualitätsmanagementsystem aussieht. Das Qualitätsmanagementsystem jedes Unternehmens ist einmalig und individuell – so wie jedes Unternehmen selbst.

1.6.1 Ursprünge und Entwicklung der Normenreihe DIN EN ISO 9000

Diese Normenreihe ist von einer Arbeitsgruppe der internationalen Normenorganisation ISO erarbeitet worden und von allen regionalen (in Europa CEN) und nationalen Normenorganisationen (Deutschland DIN) unverändert übernommen worden.

---

22 ISO ist Namenslogo der International Organization for Standardization. Die Weltweite Normenorganisation hat ihren Sitz in der Schweiz (ISO ist nicht die Abkürzung des Organisationsnamens, sondern ist die Griechische Vorsilbe »iso«, d. h. »gleich«; vergl. isochrom, isobar, etc.).

23 DIN ist die Abkürzung des Deutschen Instituts für Normung e.V., ein eingetragener Verein mit Sitz in Berlin.

24 Selbst der Begriff »Norm« ist in einer Norm definiert: DIN EN 45014:1989.

Der Ursprung der Normenreihe geht auf Normungen aus dem militärischen Bereich in den 1950er-Jahren zurück. Die folgende Tabelle gibt die zeitliche Entwicklung wieder.

Nach 1945	Erste Qualitätsnormen in der militärischen Beschaffung. Diese legen die Anforderungen an die Qualitätssicherung von Lieferanten fest (MIL-Q 9858 in USA, AQAP in Europa)
1960er-Jahre	Weitere Normen in speziellen Branchen entstehen: Kernkraftbereich, Luft- und Raumfahrt, Pharmazeutische Industrie
1970er-Jahre	Es entstehen branchenneutrale nationale Normen in einzelnen Ländern Großbritannien BS 4891 (1972), Kanada: CSA Z299 (1977)
	Die Normen gewinnen Bedeutung im internationalen Handel
1977	Antrag an ISO auf Vereinheitlichung der nationalen Normen
1980	Gründung einer Arbeitsgruppe (TC 176) in der ISO »Quality Management and Quality Assurance«
1987	Die Normreihe ISO 9000-9004 wird verabschiedet
1990 und 1994	Leichte Überarbeitungen der Normen
	Es folgt eine »Inflation« an weiteren Normenleitfäden
2000	Grundlegende inhaltliche Revision der Normenreihe
2005	Interimsleitfaden DIN EN ISO 9000
2008	Revision DIN EN ISO 9001
2009	Revision DIN EN ISO 9004
2015	Revision in Struktur und Inhalten DIN EN ISO 9000, 9001
2018	Revision DIN EN ISO 9004 und DIN EN ISO 19011

Zwecke der Norm

Die Norm war ursprünglich als Grundlage für Verträge zwischen zwei Unternehmen gedacht. Man wollte eine gemeinsame sachliche Basis haben, nach denen Qualitätsmanagementsysteme bewertet werden können.

> ***Beispiel:***
> *Im Vertrag zwischen Fa. Müller und ihrem Lieferanten Fa. Metz könnte stehen: »Der Auftragnehmer verpflichtet sich, ein Qualitätsmanagementsystem zu unterhalten, das die Forderungen nach der Norm DIN EN ISO 9001 erfüllt«.*

Die Norm soll ermöglichen, dass ein Unternehmen sein Qualitätsmanagementsystem gegenüber dem Kunden auf einer anerkannten Basis darlegt. Die Norm soll darüber hinaus intern als Vorgabe für den Aufbau eines Qualitätsmanagementsystems im Unternehmen dienen. Der Zweck der Normen hat sich sehr bald geändert, indem Dritte ins Spiel kamen: die Zertifizierungsunternehmen, die einen großen wirtschaftlichen Markt mit den Zertifizierungen schafften. So wurden zunehmend folgende Zwecke verfolgt:

1. Die Normen sind Grundlage für ein Zertifikat: Zertifizierungsunternehmen nehmen sie als Basis, um ein Unternehmen zu auditieren und zu zertifizieren
2. Sie werden Bestandteil von europäischen Konformitätsbewertungen (CE-Zeichen)
3. Der Leitfaden DIN EN ISO 9004 ist Vorgabe zur Umsetzung der Total Quality Management-Philosophie
4. Produkthaftung: Sie sollen helfen, sich hinsichtlich eines Vorwurfes schuldhaften Verhaltens zu entlasten

Die Struktur der heutigen Normenreihe

Die heutige DIN EN ISO 9000er Reihe besteht aus drei Teilen. Sie wird durch den Leitfaden zur Auditierung von Managementsystemen »DIN EN ISO 19011« ergänzt. Ungewöhnlich und neu war 1987 die Herausgabe von solchen Leitfäden gewesen. Sie enthalten Erläuterungen und Beschreibungen und haben keinen normenden, sondern einen erklärenden Charakter wie der eines Lehrbuches. Zwischen 1987 und 2000 wurden ständig neue Leitfäden herausgebracht, die jedoch im Jahr 2000 zum Teil wieder zurückgezogen wurden.

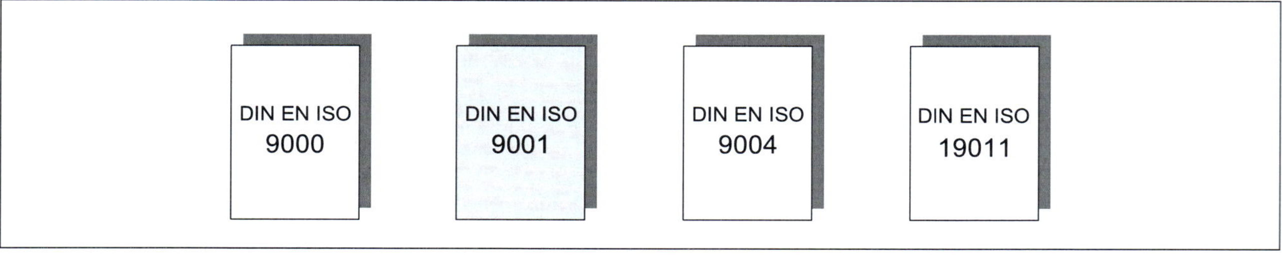

Abbildung 1-16: Die Normenreihe DIN EN ISO 9000

DIN EN ISO 9000: Qualitätsmanagementsysteme – Grundlagen und Begriffe
ist ein Leitfaden und beschreibt »Grundlagen und Begriffe für ein Qualitätsmanagementsystem«. Es wird eine Begründung für die Einführung eines Qualitätsmanagementsystems gegeben (-> Kundenzufriedenheit). In einem Kapitel wird das Prozessmodell beschrieben, das der Norm zugrunde liegt. Wesentlicher Inhalt ist die Definition von Begriffen der Qualitätslehre.

DIN EN ISO 9001: Qualitätsmanagementsysteme – Anforderungen
ist die Vertragsnorm und Grundlage für Zertifizierungen. Sie stellt den zwingenden Mindeststandard dar, der für ein Qualitätsmanagementsystem gefordert wird.

DIN EN ISO 9004: Qualitätsmanagement – Qualität einer Organisation – Leitfaden zur Erzielung nachhaltigen Erfolgs
ist wieder ein Leitfaden. Er geht über die Forderungen der DIN EN ISO 9001 hinaus und soll Unterstützung zum Aufbau eines Total Quality Managementsystems geben. Der Leitfaden besitzt im Anhang ein Werkzeug zur Selbstbewertung.

DIN EN ISO 19011: Leitfaden zur Auditierung von Managementsystemen
Dieser Leitfaden beschreibt allgemein die Anforderungen an Audits. Er gilt für alle Arten von Managementsystemen.

1.6.2 Das Prozessmodell

Folgendes Prozessmodell liegt der Norm DIN EN ISO 9001:2015 zugrunde:

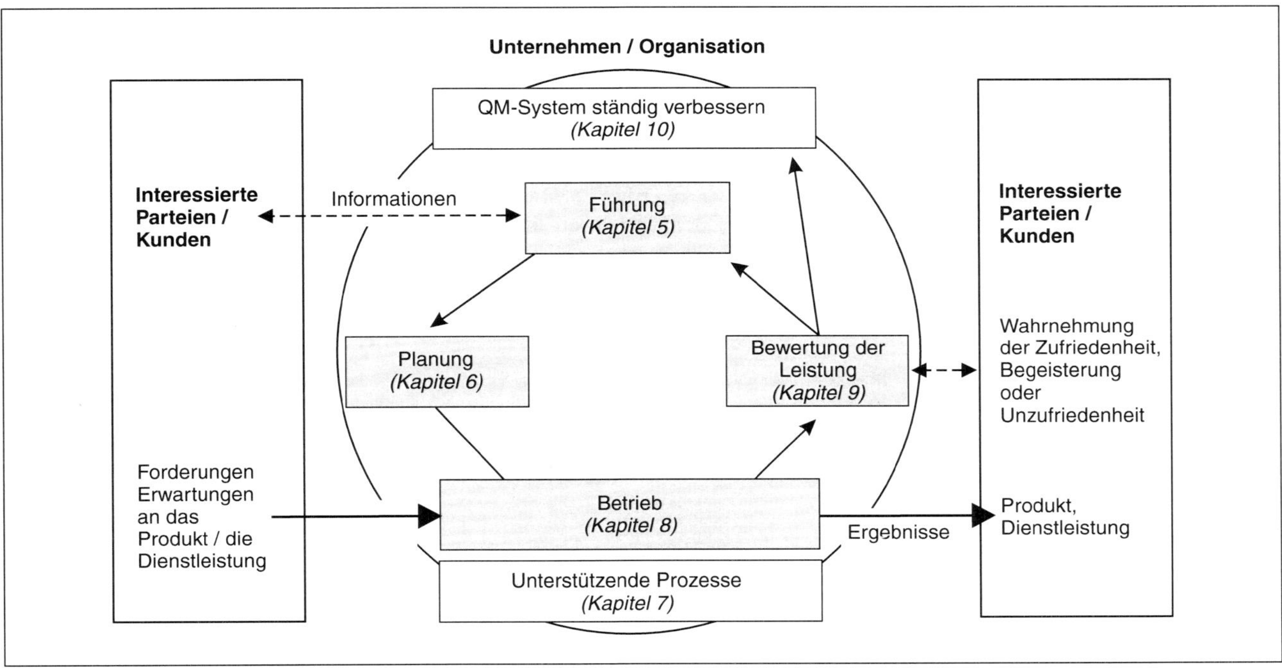

Abbildung 1-17: Die Elemente des Prozessmodells der DIN EN ISO 9000-Reihe[25] *Quelle: DIN EN ISO 9001:2015*

Man erkennt die Elemente des Prozess-Urmodells wieder, das bereits in Kapitel 1.5.3 erwähnt worden ist. Kern des Prozessmodells sind die Elemente:

(5) Führung
(6) Planung
(7) Unterstützung
(8) Betrieb
(9) Bewertung der Leistung

Die Elemente stehen in Wechselwirkung zueinander und bauen aufeinander auf. Sie bilden einen Kreis der ständigen Verbesserung (vergl. in Kapitel 1.5.1 das PDCA-Prozessmodell von Deming).

An erster Stelle steht die oberste Leitung eines Unternehmens mit den Aufgaben: Führen, Ziele setzen, planen und lenken. Sie müssen die Ressourcen – auch die menschlichen Ressourcen – klären und sicherstellen. Bei den Planungen müssen die Risiken (und Chancen) bestimmt werden.

Als Unterstützung müssen alle notwendigen Ressourcen bestimmt und bereit gestellt werden, insbesondere auch benötigtes Wissen.

[25] nach: DIN EN ISO 9000:2015

Mit den Ressourcen werden die Produkte oder Dienstleistungen im Produktionsbetrieb erzeugt. Die Ergebnisse der Produktrealisierungen werden gemessen und analysiert. Aufgabe der Leitung ist es wieder, aus der Analyse Verbesserungsaktivitäten anzustoßen.

Die Bewertung und ständige Verbesserung des Qualitätsmanagementsystems ist Forderung des Modells und bezieht sich auf alle Tätigkeiten im Unternehmen.

1.6.3 Anforderungen der DIN EN ISO 9001

Die Norm DIN EN ISO 9001 ist in zehn Abschnitte nach der benannten Grundstruktur (»High Level Structure«) gegliedert. Die Abschnitte werden in weitere Forderungsabschnitte untergliedert.

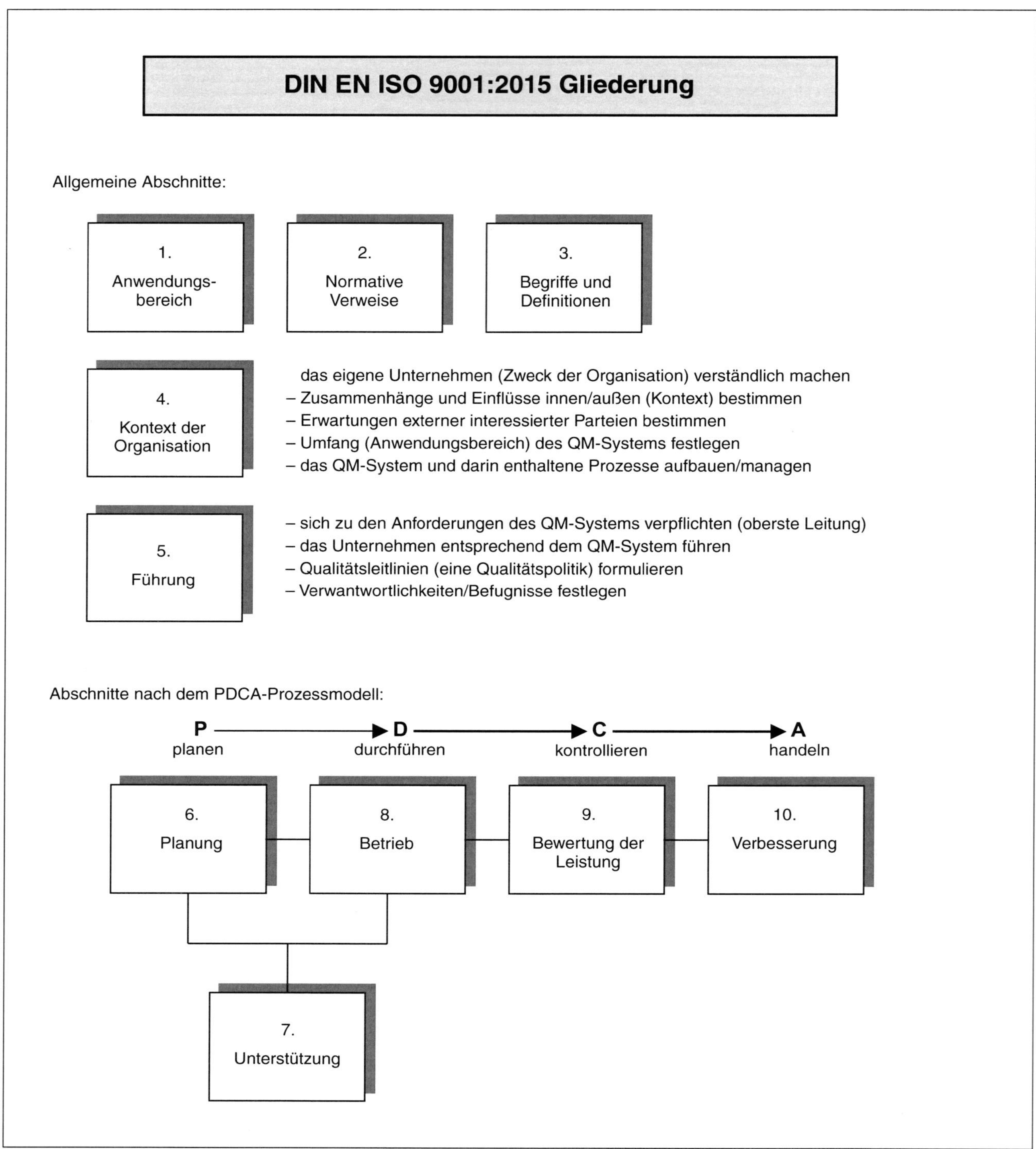

Abbildung 1-18: Gliederung DIN EN ISO 9001:2015

Die folgende Tabelle stellt die wesentlichen Grundforderungen der Norm[26] dar. Die Forderungen sind in der Norm noch in vielen Details verfeinert. Bei allen Forderungen handelt es sich um Kriterien, die erfüllt werden »müssen«.

4. Kontext der Organisation	
Organisation und ihren Kontext[27] verstehen	Aufgaben / Faktoren (»Themen«) bestimmen, die für das Unternehmen bedeutsam sind Informationen über diese Kontexte überprüfen
Erfordernisse und Erwartungen interessierter Parteien verstehen	interessierte Parteien benennen und ihre Anforderungen an das Unternehmen bestimmen
Anwendungsbereich des QM-Systems festlegen	den Bereich, für den das Qualitätsmanagementsystem gilt, festlegen der Anwendungsbereich muss dokumentiert sein Anforderungen der Norm, die nicht angewendet werden, in der Dokumentation begründen
Qualitätsmanagementsystem und dessen Prozesse identifizieren	ein Qualitätsmanagementsystem aufbauen, aufrechterhalten, ständig verbessern Prozesse bestimmen, ihre Wechselwirkung bestimmen Prozesse dokumentieren, wenn diese Informationen zur Durchführung eines Prozesses benötigt werden
5. Führung	
Führung und Verpflichtung zeigen	Die oberste Leitung muss (nachweislich) • die Wirksamkeit des Qualitätsmanagementsystems verantworten • die Bedeutung der Kundenorientierung vermitteln • für eine Qualitätspolitik und Qualitätsziele sorgen • für erforderliche Mittel und Personal sorgen • die Einstellung der ständigen Verbesserungen fördern • ihre Führungskräfte unterstützen Die oberste Leitung muss sicherstellen: • dass die Anforderungen der Kunden bestimmt werden und erfüllt werden • dass Risiken und Chancen bestimmt werden • dass die Verbesserung der Kundenzufriedenheit beständig verfolgt wird
Qualitätspolitik formulieren	Die oberste Leitung muss • eine Qualitätspolitik festlegen, sie vermitteln und regelmäßig bewerten • sicherstellen, dass diese Qualitätspolitik verstanden wird • das Ziel verfolgen, Kundenzufriedenheit zu erreichen Die Qualitätspolitik muss • die Verpflichtung enthalten, Anforderungen zu erfüllen • die Verpflichtung enthalten, das Qualitätsmanagementsystem ständig zu verbessern • als »dokumentierte Information« verfügbar sein • dem Unternehmen und den interessierten Parteien verfügbar sein
Rollen, Verantwortlichkeiten und Befugnisse in der Organisation festlegen	Die oberste Leitung muss • Verantwortungen und Befugnisse zuweisen oder die Zuweisung sicherstellen. Die oberste Leitung muss sicherstellen, • dass die Anforderungen aus der Norm DIN EN ISO 9001 erfüllt werden • dass die Prozesse die beabsichtigten Ergebnisse liefern • dass über die Leistung des Qualitätsmanagementsystems berichtet wird • dass die Kundenorientierung im gesamten Unternehmen gefördert wird • dass das Qualitätsmanagementsystem auch bei Änderungen weiter funktioniert
6. Planung	
Maßnahmen zum Umgang mit Risiken und Chancen treffen	diejenigen Risiken und Chancen bestimmen, die sich aus den Aufgaben / Faktoren (»Themen«) und Anforderungen ergeben Maßnahmen festlegen, wie mit diesen Risiken und Chancen umgegangen wird (z. B. Risiken vermeiden, Risikoquellen beseitigen, Risiken auf sich nehmen, ...) bewerten, ob die Maßnahmen wirksam sind

[26] Die Norm DIN EN ISO 9001 enthält weitere Detailforderungen, die in einem Audit hinterfragt werden.

[27] Der Begriff »Kontext« ist im täglichen Sprachgebrauch nicht üblich. »Kontext« ist die Umgebung, das interne und externe Umfeld. Kontext meint den Zusammenhang der vielen »Faktoren«, die Einfluss auf ein Unternehmen nehmen.

Qualitätsziele festlegen und planen, wie sie erreicht werden	Qualitätsziele für relevante[28] Funktionsbereiche und Prozesse festlegen Die Ziele müssen • messbar sein • überwacht und aktualisiert werden • bekannt gemacht werden • in ihrer Umsetzung geplant werden • als dokumentierte Informationen aufbewahrt werden
Änderungen planen	Änderungen am Qualitätsmangementsystem müssen geplant werden und systematisch durchgeführt werden
7. Unterstützung	
Ressourcen bereitstellen	Im Einzelnen: • Personen • Infrastruktur • Umgebungsbedingungen • Mess- und Prüfeinrichtungen • das benötigte Wissen des Unternehmens, um die Prozesse auszuführen
Kompetenzen festlegen	Das Unternehmen muss • die Verantwortungen und die Befugnisse der handelnden Personen festlegen • für Ausbildung oder Erfahrung der handelnden Personen sorgen • Nachweise der Kompetenz dokumentieren und aufbewahren
Bewusstsein schaffen	Das Unternehmen muss bei allen Mitarbeitern ein Bewusstsein schaffen • Bewusstsein für die Qualitätspolitik • Bewusstsein für die Qualitätsziele, • Bewusstsein über den eigenen Beitrag zum Qualitätsmanagementsystem • Bewusstsein über die Folgen einer Nichterfüllung der Anforderungen
Kommunikation bestimmen	Das Unternehmen muss bestimmen, welche interne und externe Kommunikation im Qualitätsmanagementsystem (regelmäßig oder bei Bedarf) stattfinden soll
Dokumentierte Information lenken	Das Unternehmen muss • diejenigen Dokumentationen, die in der Norm gefordert werden, führen • diese Dokumentationen lenken
8. Betrieb	
Prozesse planen und steuern	Das Unternehmen muss alle Prozesse »managen« (das heißt: planen, verwirklichen, lenken und kontrollieren), wo es erforderlich ist, auch dokumentieren
Anforderungen an Produkte / Dienstleistungen bestimmen	Kommunikationen mit dem Kunden einrichten • Informationen über die Produkte und Dienstleistungen an den Kunden geben • Kommunikation von der Anfrage bis zum Auftrag planen • Kundenmeinungen und Beschwerden annehmen • Umgang mit Kundeneigentum mit dem Kunden kommunizieren • gegebenenfalls Anforderungen an Notfallmaßnahmen festlegen Seine Produktanforderungen bestimmen • Vollständigkeit der Anforderungen, auch gesetzliche und behördliche, klären • die Fähigkeit, die Anforderungen zu erfüllen, prüfen und nachweisen Die Anforderungen überprüfen: • die mit dem Kunden festgelegten Anforderungen prüfen • notwendige, aber nicht angegebene Anforderungen prüfen • gesetzliche und behördliche Anforderungen prüfen • Abweichungen zwischen Angebot und Auftrag prüfen
Entwicklungsprozess einführen	Das Unternehmen muss • seine Entwicklungen planen (Art, Dauer, Umfang, Verantwortung ...) • die Eingaben für die Entwicklung bestimmen • den Entwicklungsprozess steuern • sicherstellen, dass die Entwicklungsergebnisse den Vorgaben entsprechen • Änderungen in der Entwicklung überprüfen und überwachen

[28] Funktionsbereiche und Prozesse sind relevant, wenn sie das Produkt oder die Dienstleistung beeinflussen.

Von extern bereitgestellte Produkte und Dienstleistungen kontrollieren	Das Unternehmen muss • Anforderungen an bereitgestellte Prozesse und Produkte festlegen • die Bereitstellung nach festgelegten Kriterien beurteilen und überwachen • Ergebnisse der Beurteilung und Überwachung dokumentieren • den externen Bereitstellern seine Anforderungen mitteilen • gegebenenfalls Verifizierungen beim externen Anbieter durchführen
Beherrschte Bedingungen für Produktion und Dienstleistung sicherstellen	Das Unternehmen muss • beherrschte Bedingungen nachweisen • Dokumentation, Messtätigkeiten, Infrastruktur, Ressourcen verfügbar halten • die Ergebnisse der Produktion ggf. regelmäßig validieren, freigeben • wenn es notwendig ist, kennzeichnen und Rückverfolgung sicherstellen • überlassenes Eigentum des Kunden kennzeichnen, verifizieren und schützen • mögliche Anforderungen auf die Zeit nach der Lieferung erfüllen • ungeplante Änderungen beurteilen, überwachen und dokumentieren
Produkte und Dienstleistungen freigeben	Das Unternehmen muss • Regelungen der Freigabe planen und umsetzen • Nachweise der Freigaben führen • nichtkonforme Ergebnisse kennzeichnen und steuern • vorgenommene Korrekturen wieder verifizieren
9. Bewertung der Leistung	
Überwachung bestimmen	Das Unternehmen muss • bestimmen, was und wie überwacht werden muss • Informationen über die Kundenzufriedenheit einholen • Daten und Informationen seiner Überwachungen auswerten • die Ergebnisse der Auswertungen für die Bewertung des Managens verwenden
Interne Audits durchführen	Das Unternehmen muss • in geplanten Abständen sein Qualitätsmanagementsystem intern auditieren • die Auditergebnisse an die Leitungen berichten • die internen Audits dokumentieren und aufbewahren
Bewertung durch die oberste Leitung (»Management«-Bewertung)	Die oberste Leitung des Unternehmens muss • das Qualitätsmanagementsystem in geplanten Abständen bewerten • über Veränderungen entscheiden • von der Norm vorgeschriebene Informationen bei der Bewertung einbeziehen • Nachweise der Ergebnisse der Bewertungen aufbewahren
10. Verbesserung	
Chancen zur Verbesserung bestimmen	Das Unternehmen muss Chancen der Verbesserung bestimmen und umsetzen • Verbesserung von Prozessen • Verbesserung von Produkten und Dienstleistungen • Verbesserung des Qualitätsmanagementsystems
Auf Nichtkonformität reagieren	Das Unternehmen muss • auf Mängel (Nichtkonformitäten) reagieren • Maßnahmen ergreifen und korrigieren • bewerten, ob es notwendig ist, die Ursache zu beseitigen • überprüfen, ob die Korrekturmaßnahmen wirksam sind • Nichtkonformität und Korrekturnachweise dokumentieren • ggf. das Qualitätsmanagementsystem ändern
Das Qualitätsmanagementsystem fortlaufend verbessern	Das Unternehmen muss • sein Qualitätsmanagementsystem ständig verbessern • Minderleistungen und Chancen analysieren und berücksichtigen • Hilfsmittel auswählen, welche die Ursachen erkennen und verbessern

Ausschlüsse von Forderungen

Die Norm fordert, dass prinzipiell alle Forderungen zu erfüllen sind. Wenn es Forderungen gibt, die nicht angewendet werden können, dann muss das Unternehmen begründen, weshalb es diese Forderung ausschließt. Der Anwendungsbereich der Norm muss »als dokumentierte Information verfügbar sein«.

> ***Beispiel:***
> *Ein kleiner Franchiseunternehmer führt keinerlei eigene Entwicklungstätigkeiten aus, weder für neue Produkte noch für neue Dienstleistungen. Er kann damit alle Forderungen, die in Kapitel 8.3 »Entwicklung von Produkten und Dienstleistungen« gestellt sind, in seinem Qualitätsmanagementsystem ausschließen. Er muss dies aber nachvollziehbar begründen.*

Anmerkungen zur Dokumentation

Seit der Neuauflage der DIN EN ISO 9001 im Jahr 2015 wird der allgemeinere Begriff »dokumentierte Information« anstelle der Bezeichnungen »Dokumentation« und »Aufzeichnung« verwendet. Die neue Benennung schließt alle Arten von Dokumenten ein. Es sind sowohl Vorgabedokumente, z. B. Verfahrensanweisungen, Arbeitsanweisungen oder Prüfanweisungen gemeint wie auch Nachweisdokumente über Ergebnisse von Tätigkeiten und Prüfungen, z. B. Checklisten, Protokolle oder Berichte.

Durch die allgemeine Formulierung lässt man jede Art von Medium zu. Dokumentierte Informationen bedeuten nicht mehr nur die gedruckte Papierform, sondern auch elektronische Dateien in einem EDV-System.

Folgende Angaben muss ein Unternehmen immer dokumentiert nachweisen:

- allgemein alle Dokumentationen, die für die Beherrschung der Prozesse erforderlich sind
- Anwendungsbereich des Qualitätsmanagementsystems (Kap. 4.4)
- Qualitätspolitik (Kap. 5.2.2)
- Qualitätsziele (Kap. 6.2.1)
- Nachweise über geeignete Überwachungen und Messungen und Kalibrierungen (Kap. 7.1.5)
- Nachweise für die Kompetenz der Mitarbeiter (Kap. 7.2)
- Auditprogramme, Auditplanungen und Auditergebnisse (Kap. 9.2.2)
- Managementbewertungen (Kap. 9.3.2)
- Arten von Nichtkonformitäten, Nachweise der Ergebnisse von Korrekturen (Kap. 10.2)

Ein »Qualitätsmanagementhandbuch« wird nicht mehr in der Norm gefordert. Man will damit Rechnung tragen, dass anstelle eines Buches häufig Dateien in der Anordnung eines Dateibaumes, einer Zuordnungsmatrix zur Norm oder in Tabellenform auf Rechnern geführt werden.

Folgende dokumentierten Informationen muss das Unternehmen vorweisen, wenn sie »erforderlich« sind

- Bewertungsergebnisse über die Kundenanforderungen (Kap. 8.2.3)
- Anforderungen an Entwicklungen (Kap. 8.3.2)
- Entwicklungsergebnisse und Entwicklungsänderungen (Kap. 8.3.5)
- Produktmerkmale und Prozessmerkmale (Kap. 8.5.1)
- Rückverfolgbarkeit (Kap. 8.5.2)
- (ungeplante) Änderungen der Produktion (8.5.5)
- Freigabenachweise (Kap. 8.6)
- nichtkonforme Prozessergebnisse, Produkte, Dienstleistungen (Kap. 8.7)
- Nachweise von Überwachungstätigkeiten und Messtätigkeiten (Kap. 9.1.1)

In der Praxis wird man nach wie vor folgende Verfahrensanweisungen im Unternehmen erwarten:

1. Anweisung zur Lenkung der dokumentierten Informationen
2. Anweisung zu internen Audits
3. Anweisung zur Lenkung fehlerhafter Produkte, zu Korrekturmaßnahmen und zu Vorbeugungsmaßnahmen

Anmerkungen zur Verantwortung des Qualitätsmanagementsystems

Die oberste Leitung eines Unternehmens trägt die Gesamtverantwortung für das Funktionieren eines Qualitätsmanagementsystems. Eine Geschäftsführung muss Verantwortlichkeiten und Befugnisse zum Qualitätsmanagementsystem festlegen und zuweisen.

Es wird verlangt, dass für folgende drei Tätigkeiten Verantwortungen eindeutig zugewiesen werden:

1. sicherstellen, dass
   - alle Prozesse eingeführt werden, die für das Qualitätsmanagementsystem erforderlich sind
   - die Prozesse in die Wirklichkeit umgesetzt werden
   - die Prozesse aufrechterhalten werden
2. der obersten Leitung berichten über
   - die Leistung des Qualitätsmanagementsystems
   - die Notwendigkeit von Verbesserungen
3. Förderungsmaßnahmen sicherstellen

Ein einzelner »Beauftragter der Leitung«, der diese Aufgaben wahrnimmt, wird nicht mehr gefordert. Seine Aufgaben können auf mehrere Verantwortliche verteilt werden.

1.6.4 Der Leitfaden DIN EN ISO 9004

Der Leitfaden »Qualitätsmanagement – Qualität einer Organisation – Anleitung zum Erreichen nachhaltigen Erfolgs« ist seit 2018 eine eigenständige Anleitung für Führungskräfte geworden, um ein Unternehmen nachhaltig zu führen. Basis sind die Grundsätze des Qualitätsmanagements, die in ISO 9000 und im EFQM-Modell zu finden sind (vgl. hierzu Abschnitt 1.3.1). Der Leitfaden stellt eine Brücke zwischen den Normen und den Qualitätspreismodellen dar und ist an die »High Level Structure« der ISO angelehnt (siehe Abb. 1–19). Er bietet aber vor allem ein Werkzeug zur Selbstbewertung und nähert sich damit den Qualitätspreismodellen.

Gliederung des Leitfadens DIN EN ISO 9004:2018	High Level Structure (zum Vergleich)
1. Anwendungsbereich	1. Anwendungsbereich
2. Normative Verfahren	2. Normative Verweise
3. Begriffe	3. Begriffe und Definitionen
4. Qualität einer Organisation und nachhaltiger Erfolg	
5. Kontext einer Organisation	4. Kontext einer Organisation
6. Identität einer Organisation	
7. Führung	5. Führung
8. Prozessmanagement	6. Planung / 7. Unterstützung / 8. Betrieb
9. Ressourcenmanagement	
10. Analyse und Bewertung der Leistung einer Organisation	9. Bewertung der Leistung
11. Verbesserung, Lernen und Innovation	10. Verbesserung
Anhang A: Werkzeug zur Selbstbewertung	

Abbildung 1-19: Gliederung des Leitfadens DIN EN ISO 9004:2018 im Vergleich zur »High Level Structure«

Im Folgenden ist eine kurze Zusammenfassung des Leitfadens zusammengestellt. Die Nähe zum Total Quality Management über die Norm DIN EN ISO 9001 hinaus ist erkennbar.

Qualität einer Organisation und nachhaltiger Erfolg: Es wird dargelegt, warum ein Unternehmen langfristig die Erwartungen »aller interessierten Parteien« erfüllen muss. Man soll die Zusammensetzung dieser interessierten Parteien und ihre Wechselwirkung berücksichtigen, um langfristig (nachhaltig) erfolgreich zu bleiben.

Kontext einer Organisation: Man geht auf die Mitspieler und Faktoren ein, die Risiken und Chancen für das Unternehmen beeinflussen. Entsprechend sollen die Abläufe immer wieder angepasst werden. Es werden Beispiele von Kontexterwartungen aufgeführt, z. B. aus der Gesellschaft, dem Umweltschutz, nachhaltigem Wachstum oder soziale Erwartungen.

Identität einer Organisation: Der Leitfaden geht auf die Identität eines Unternehmens ein. Nachhaltiger Erfolg wird erreicht, wenn die Führungskräfte eine Unternehmenskultur schaffen, bei der Kontext, Vision und Mission in Einklang sind.

Führung: Es werden die Aufgaben der obersten Führungskräfte genauer beschrieben. Sie sollen ihre Führungsfähigkeit zeigen, indem sie ihre Politik und Strategie darlegen, Ziele festlegen und alles wirksam kommunizieren. Eine Tabelle stellt Wettbewerbsfaktoren auf und beschreibt Maßnahmen, mit denen man diese Wettbewerbsfaktoren behandeln kann.

Prozessmanagement: Auf Basis des PDCA-Prozessmodells werden Kriterien zum nachhaltigen Steuern von Prozessen dargestellt. Gefordert werden: Analyse der Prozesse, Verantwortungszuordnung, Verbesserungen, Risikenidentifizierung, Überwachung.

Ressourcenmanagement: Ein langer Abschnitt widmet sich diesem Thema. Man weist auf viele Details eines nachhaltigen Ressourcenmanagements hin: auf das Engagement von Personen, auf ihre Befähigung und Motivierung, auf das Wissen des Unternehmens, auf Technologie, Infrastruktur, auf extern bereitgestellte und natürliche Ressourcen.

Analyse und Bewertung der Leistung einer Organisation: Man empfiehlt, alle verfügbaren Informationen systematisch zu erfassen. Leistungen sind zu messen, zu analysieren und zu beurteilen. Neben Audits soll das angebotene Werkzeug der Selbstbewertung genutzt werden, um Stärken und Schwächen zu bestimmen.

Verbesserung, Lernen und Innovation: Führungskräfte sollen Verbesserung zum festen Bestandteil einer Unternehmenskultur machen. Verbesserungen und Innovationen sollen auf allen Ebenen durch Lernen gefördert werden. Ihre Risiken und Chancen sollen bewertet werden.

Werkzeug zur Selbstbewertung: Anhang A enthält eine umfangreiche Tabelle zur Selbstbewertung der vorher beschriebenen Themen. Führungskräfte sollen damit den Reifegrad der Qualität ihres Unternehmens einschätzen. Das Selbstbewertungswerkzeug benutzt hierzu fünf Reifegrade.

1.6.5 Weitere Branchennormen

Obwohl die Norm DIN EN ISO 9001 als allgemeine Vorgabe für alle Arten von Organisationen angewendet werden kann, gibt es Branchen, die die Forderungen nicht als ausreichend ansehen. Besonders die Automobilindustrie und die Gesundheitsindustrie haben eigene Normen geschaffen. Die Forderungen dieser Branchennormen gehen über die Forderungen der DIN EN ISO 9001 hinaus.

VDA 6.1 QM-Systemaudits aus der Schriftenreihe 6 des Verbandes der Deutschen Automobilindustrie VDA
Im Jahr 1996 verabschiedete der Verband der Deutschen Automobilindustrie (VDA e.V.) eine Schriftenreihe über Qualitätsstandards für die deutsche Automobilindustrie. Sie war eine Antwort auf die amerikanische Norm QS 9000, die im Jahr 1999 durch eine technische Spezifikation ISO/TS 16949 (heute Branchennorm IATF 16949) ersetzt worden ist.

Von den erschienenen Bänden des VDA ist insbesondere der Band VDA 6.1 bekannt geworden. Er enthält einen Fragenkatalog für eine Bewertung eines Qualitätsmanagementsystems. Anwender sind die deutsche Automobilbranche und besonders ihre Zulieferer. Ziel ist es, das Qualitätsmanagement von Zulieferern zu verbessern. Das Regelwerk VDA 6.1 beruht auf der Norm DIN EN ISO 9001. VDA 6.1 hat jedoch viele Forderungsdetails festgeschrieben. Man kann sich nach VDA 6.1 zertifizieren lassen.

Beispiele konkreter Forderungen in VDA 6.1, die über DIN EN ISO 9001 hinausgehen:

- *Ein Geschäftsplan wird verlangt, der eine Reihe von Daten berücksichtigen muss, zum Beispiel: Fehlleistungsaufwendungen, Verluste wegen unzureichender Qualität, Reklamationskosten, Vergleich zu Wettbewerbern*
- *Der elementare Grundsatz der Mitarbeiterzufriedenheit wird von der Unternehmensleitung verlangt*
- *Es muss ein Projektmanagementsystem existieren*
- *Es werden detaillierte Bedingungen an die Freigabe von Produkten aufgeführt*
- *Es muss ein Werkzeugmanagement geben, das alle Einrichtungen, auch Rechner und Software, einbezieht*
- *Es werden Forderungen an das Managen von Mindestbeständen gestellt*
- *Man fordert konkrete Pflichten, die Kunden zu informieren, z. B. bei Nichterfüllung*
- *Es werden vielfältige dokumentierte Qualitätsbewertungen in den Entwicklungsphasen verlangt*
- *Man fordert, dass Nachweise über die Rücknahme ungültiger Dokumente geführt werden*
- *Es werden unterschiedliche Prüfungen gefordert: Erstmusterprüfungen, Produktaudits, Maschinenfähigkeitsuntersuchungen, Prozessfähigkeitsuntersuchungen, Prüfmittelfähigkeitsuntersuchungen*
- *Es werden Musterprüfungen und Freigabeverfahren bei Zukaufteilen gefordert*
- *Zuständigkeiten über Prüfungen sind mit den Lieferanten festzulegen*
- *Es werden Gegenprüfungen verlangt, wenn der Lieferant Prüfergebnisse liefert*
- *Es muss ein Verfahren geben, mit dem Wiederholfehler erkannt werden*
- *Kunden müssen auch bei später erkannten Fehlern unterrichtet werden*
- *Es muss ein Verfahren zur Handhabung von Verpackungsfehlern und Transportschäden geben*
- *Es müssen Produktaudits und Prozessaudits durchgeführt werden*
- *Führungskräfte und Geschäftsleitung müssen in Schulungen einbezogen sein*
- *Es muss ein Verfahren zur Produktbeobachtung in der Gebrauchsphase geben, ein Frühwarnsystem*

IATF 16949

Die International Automotive Task Force IATF veröffentlichte im Jahr 1999 unter der Leitung der International Organization for Standardization ISO in Genf eine Spezifikation mit der Bezeichnung »Technical Specification ISO/TS 16949«. Das Papier wurde nicht »Norm« genannt, weil es branchenabhängig ist.

Diese technische internationale Spezifikation ISO/TS 16949 zog die ISO im Jahr 2016 zurück. An ihrer Stelle hat der internationale Verband der Autohersteller IATF (International Automotive Task Force) die Branchennorm IATF 16949:2016 als Nachfolger veröffentlicht. Der Verband betont, dass seine Branchennorm auf ISO 9001 aufbaut und dass es sich um eine Ergänzung zur ISO 9001 für ihre Zulieferer handelt. Die Zulieferer der westlichen Automobilindustrien sind fast ausnahmslos gezwungen, sich nach IATF 16949 zertifizieren zu lassen. Zertifikate der älteren Spezifikation sind seit September 2018 ungültig.

Die Branchennorm beinhaltet Grundforderungen an ein Qualitätsmanagementsystem von Automobil-Zulieferern. Sie harmonisiert länderspezifische Branchennormen wie die frühere QS 9000 in den USA, VDA 6.1 in Deutschland, EAQF in Frankreich oder AVSQ in Italien.

Zielgruppe der Norm IATF 16949 sind die Internationale Automobilindustrie und deren Zulieferer. Sie wird von den westlichen internationalen Automobilkonzernen anerkannt. Durch die Harmonisierung vermeidet die Autoindustrie unnötige Mehrfachzertifizierungen. Große asiatische Automobilhersteller sind bisher nicht Mitglied der IATF.

Der Umfang der Forderungen in der IATF 16949, auch die Ansprüche an die Dokumentation, gehen über die Forderungen der DIN EN ISO 9001 hinaus; zum Beispiel:

- weitergehende Forderungen an eine Strategische Geschäftsplanung
- Zusatzforderungen an den Verbesserungsprozess
- Forderungen an die Prozessfähigkeit
- Forderungen an die Lieferkette
- Forderungen konkreter Instrumente und Methoden

Das Verfahren zur Erlangung eines Zertifikates entspricht dem üblichen Zertifizierungsverfahren. Ein Unternehmen wird auditiert und erhält ein befristetes IATF 16949-Zertifikat.

KTQ® Kooperation für Transparenz und Qualität im Gesundheitswesen[29]

Im Jahr 2001 wurde eine Gesellschaft namens KTQ-GmbH gegründet. Gründer und Gesellschafter waren die Bundesärztekammer, Spitzenverbände der gesetzlichen Kankenversicherungen, die Deutsche Krankenhausgesellschaft, der Deutsche Pflegerat und der Hartmannbund. Zielgruppen der KTQ sind Krankenhäuser, Arztpraxen, Pflegeeinrichtungen und Rehabilitationseinrichtungen. Die Abkürzung KTQ ist ein registriertes Markenzeichen.

Das KTQ-Branchenmodell beruft sich auf eine gesetzliche Vorgabe des Sozialgesetzbuches V. Der Paragraf §135 schreibt gesetzlich eine Unterhaltung eines Qualitätsmanagementsystems für jede Einrichtung im Gesundheitswesen vor.

Als Ziel seiner Branchennorm nennt die KTQ: »Alle Prozesse und Ergebnisse in der Krankenversorgung verbessern«. Hierfür wurde ein Fragenkatalog mit 72 Kriterien geschaffen. Der Katalog teilt sich in sechs Kategorien:

- Patientenorientierung
- Mitarbeiterorientierung
- Sicherheit der Einrichtung
- Informationswesen in der Einrichtung
- Führung der Einrichtung
- Qualitätsmanagement

Das KTQ-Verfahren unterscheidet sich vom Zertifizierungsverfahren nach DIN EN ISO 9001, denn KTQ sieht als ersten Schritt eine Selbstbewertung der Organsiation vor. Erst wenn sich die Gesundheitseinrichtung selbst bewertet hat, wird eine Fremdbewertung durch »Visitoren« der KTQ-GmbH oder durch gleichwertig zugelassene Zertifizierungsgesellschaften durchgeführt. Nach der Beurteilung der Selbstbewertung und der Fremdbewertung erhält die Einrichtung das »KTQ-Zertifikat«, das für drei Jahre gültig ist. Darüber hinaus muss die Gesundheitseinrichtung einen »KTQ-Qualitätsbericht« veröffentlichen.

[29] Die KTQ-GmbH mit Sitz in Berlin hat sich ihr Kürzel amtlich registrieren lassen und führt es als registriertes Markenzeichen.

1.7 Umweltmanagementsysteme

Lernziele:
- die Normenreihe DIN EN ISO 14000 kennen
- das PDCA-Prozessmodell, das der Reihe zugrunde liegt, wiedergeben können
- wesentliche Inhalte der Kapitel nennen können

Die Normen DIN EN ISO 9001 und die Umweltnorm DIN EN ISO 14001 sind von ihren grundsätzlichen Forderungen an ein Managementsystem gleich. Beide beruhen auf einem Prozessansatz, und beide sind seit dem Jahr 2015 nach der »High Level Structure« für Managementsysteme gleich strukturiert.

1.7.1 DIN EN ISO 14000er-Reihe

Die Normenreihe für ein Umweltmanagementsystem besteht aus einer Nachweisnorm DIN EN ISO 14001, nach der sich Unternehmen zertifizieren lassen können, und einem Leitfaden DIN EN ISO 14004. Sie wird durch den Leitfaden zur Auditierung von Managementsystemen DIN EN ISO 19011 ergänzt.

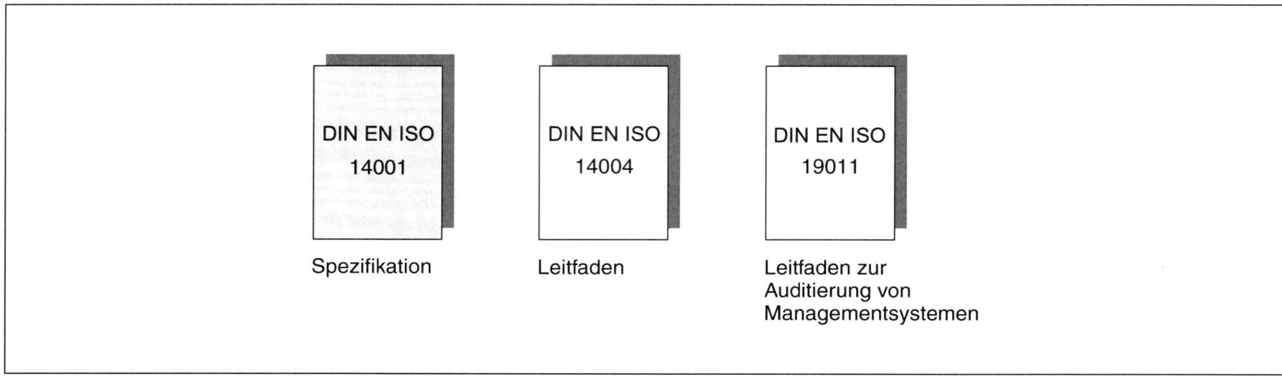

Abbildung 1-20: Umweltmanagement-Normenreihe DIN EN ISO 14001

Die Norm beschreibt Forderungen an ein Umweltmanagementsystem.

Die Abschnitte der Norm DIN EN ISO 14001 waren schon immer nach dem PDCA-Modell von Deming[30] aufgebaut (siehe Abbildung 1-21). Im Jahr 2015 ist die Norm auf die sogenannte »High Level Struktur« der ISO umgestellt worden. Im Unterschied zur Norm DIN EN ISO 9001:2015 ist die Umstellung der Abschnitte jedoch weniger gravierend; denn die High Level Struktur hat das PDCA-Modell von Deming zur Grundlage.

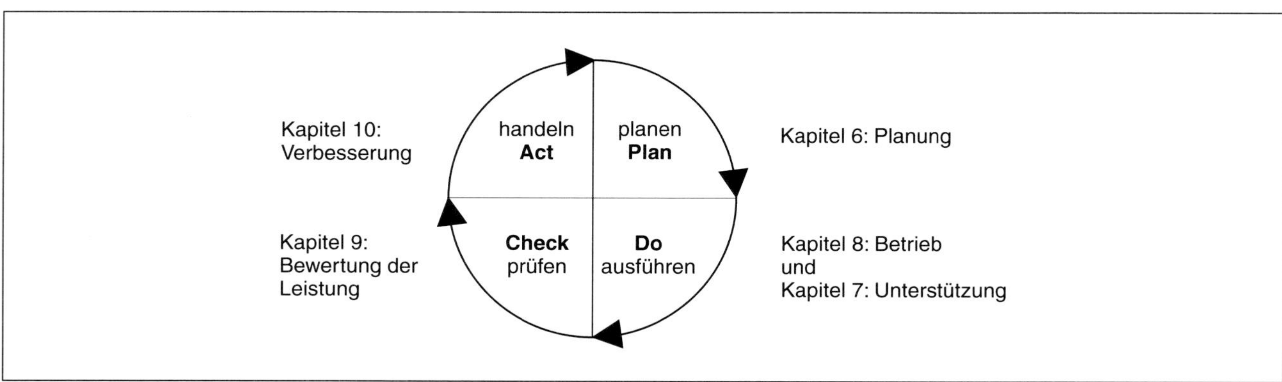

Abbildung 1-21: PDCA-Zyklus der ständigen Verbesserung als Basis für die Normenstruktur

[30] Deming, W.E.: Productivity and Competitive Position, Cambridge 1982

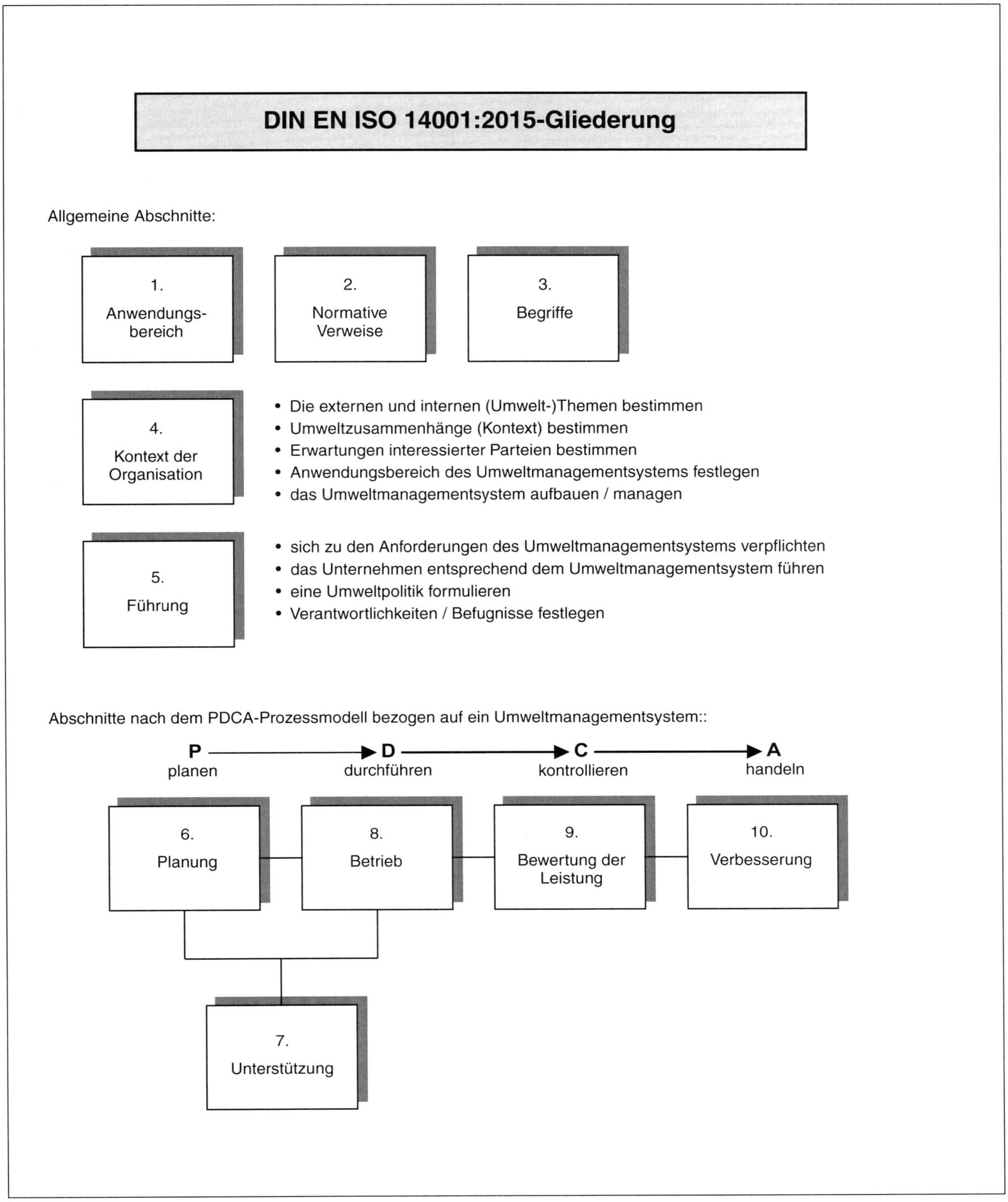

DIN EN ISO 14001:2015-Gliederung

Allgemeine Abschnitte:

1. Anwendungsbereich

2. Normative Verweise

3. Begriffe

4. Kontext der Organisation
- Die externen und internen (Umwelt-)Themen bestimmen
- Umweltzusammenhänge (Kontext) bestimmen
- Erwartungen interessierter Parteien bestimmen
- Anwendungsbereich des Umweltmanagementsystems festlegen
- das Umweltmanagementsystem aufbauen / managen

5. Führung
- sich zu den Anforderungen des Umweltmanagementsystems verpflichten
- das Unternehmen entsprechend dem Umweltmanagementsystem führen
- eine Umweltpolitik formulieren
- Verantwortlichkeiten / Befugnisse festlegen

Abschnitte nach dem PDCA-Prozessmodell bezogen auf ein Umweltmanagementsystem::

P planen → D durchführen → C kontrollieren → A handeln

6. Planung — 8. Betrieb — 9. Bewertung der Leistung — 10. Verbesserung

7. Unterstützung (verbunden mit 6. Planung und 8. Betrieb)

Abbildung 1-22: Gliederung der DIN EN ISO 14001

Die folgende Tabelle stellt wesentliche Anforderungen der Umweltnorm DIN EN ISO 14001 vor. Bei allen Forderungen handelt es sich um Kriterien, die erfüllt werden »müssen«.

4. Kontext der Organisation	
Organisation und ihren Kontext[31] verstehen	die Themen identifizieren, die bedeutsam für das Umweltmanagementsystem des Unternehmens sind, z. B. Umweltzustände, die auf das Unternehmen einwirken, aber auch auf Umweltzustände, die das Unternehmen selbst beeinflusst
Erfordernisse und Erwartungen interessierter Parteien verstehen	die relevanten externen interessierten Parteien benennen, deren Anforderungen bestimmen
	Verpflichtungen identifizieren, die für das Unternehmen bindend sind
Anwendungsbereich des Umweltmanagementsystems festlegen	den Bereich festlegen, für den das Umweltmanagementsystem gilt den Anwendungsbereich als dokumentierte Information den interessierten Parteien zur Verfügung stellen
Umweltmanagementsystem aufbauen	ein Umweltmanagementsystem aufbauen, einführen und aufrechterhalten
5. Führung	
Führung und Verpflichtung zum Umweltmanagement zeigen	Die oberste Leitung muss (nachweislich) • die Verantwortung für das Umweltmanagementsystem übernehmen • sicherstellen, dass eine Umweltpolitik und Umweltziele festgelegt werden • sicherstellen, dass die Anforderungen an das Umweltmanagementsystem in die Abläufe der Organisation integriert werden • die Bedeutung des Umweltmanagements an die Mitarbeiter vermitteln • beteiligte Personen anleiten und unterstützen • ständige Verbesserungen fördern
Umweltpolitik formulieren	Die oberste Leitung muss eine Umweltpolitik festlegen
	Die Umweltpolitik muss • einen Rahmen zum Festlegen für die Umweltziele setzen • Verpflichtungen zum Schutz der Umwelt / Verhindern von Umweltschäden geben • eine Verpflichtung zur ständigen Verbesserung beinhalten • für die interessierten Parteien verfügbar sein
Rollen, Verantwortlichkeiten und Befugnisse festlegen	Die oberste Leitung muss • Verantwortungen und Befugnisse zuweisen oder die Zuweisung sicherstellen. • sicherstellen, dass die Anforderungen aus der Norm DIN EN ISO 14001 erfüllt werden • sicherstellen, dass sie Berichte über die Leistung des Umweltmanagementsystems erhält
6. Planung	
Maßnahmen zum Umgang mit Risiken treffen	Das Unternehmen muss • Maßnahmen festlegen, wie es mit (Umwelt-)Risiken umgeht[32] • bewerten, ob die Maßnahmen wirksam sind • die Umweltaspekte bestimmen[33] • Auswirkungen ihrer Tätigkeiten, ihrer Produkte oder Dienstleistungen auf die Umwelt ermitteln
	• seine bindenden Verpflichtungen erkennen[34] • Umweltgefahren und Umweltchancen betrachten und das Risiko des Auftretens • unerwünschte Auswirkungen verhindern • fortlaufend verbessern
Umweltziele planen	Das Unternehmen muss • Umweltziele planen • die Maßnahmen planen, mit denen die Umweltziele erreicht werden • prüfen, wie diese Maßnahmen in ihre Unternehmensprozesse integriert werden

[31] »Kontext« ist die Umgebung, das interne und externe Umfeld. Kontext meint den Zusammenhang der vielen Faktoren, die Einfluss auf ein Unternehmen haben.

[32] Umgang mit Risiken: z. B. Risiken vermeiden, Risikoquellen beseitigen, Risiken auf sich nehmen, ...

[33] Umweltaspekte können sein: Emissionen in die Atmosphäre, Ableitungen in Gewässer, Verunreinigungen, Verbrauch von Rohstoffen oder Energie, Energiefreisetzung, Abfallerzeugung.

[34] Bindende Verpflichtungen können sein: Gesetze, Urteile, Verträge, Vereinbarungen, ein Verhaltenskodex, Normen, usw.

7. Unterstützung	
Ressourcen bereitstellen	Das Unternehmen muss bereitstellen: • Personen • Infrastruktur • Umgebungsbedingungen • Mess- und Prüfeinrichtungen • das benötigte Wissen
Kompetenzen festlegen	Das Unternehmen muss • die Verantwortungen und die Befugnisse der handelnden Personen festlegen • für Ausbildung oder Erfahrung der handelnden Personen sorgen • Nachweise der Kompetenz dokumentieren und aufbewahren
Bewusstsein schaffen	Das Unternehmen muss bei allen Mitarbeitern • Bewusstsein schaffen für die Umweltpolitik des Unternehmens • die Bedeutung der Umweltaspekte und Auswirkungen vermitteln • den eigenen Beitrag zum Umweltmanagementsystem bewusst machen • die Folgen einer Nichterfüllung der Anforderungen bewusst machen
Kommunikation planen	Das Unternehmen muss • interne und externe Kommunikation planen
Dokumentierte Information lenken	Das Unternehmen muss • Dokumentationen, die in der Norm gefordert werden, führen • diese Dokumentationen lenken
8. Betrieb	
Prozesse planen und steuern	Das Unternehmen muss • alle Prozesse »managen«[35], die für das Funktionieren des Umweltmanagementsystems erforderlich sind • dokumentieren, wo es erforderlich
Notfallvorsorge und Gefahrenabwehr treffen	Das Unternehmen muss • ein Verfahren einführen, wie auf Notfälle und Unfälle reagiert werden soll • auf eingetretene Notfälle reagieren • das Verfahren regelmäßig proben • die Maßnahmen regelmäßig überprüfen
9. Bewertung der Leistung	
Überwachung bestimmen	Das Unternehmen muss • bestimmen, welche umweltrelevanten Tätigkeiten wie überwacht werden • die Methoden der Überwachung festlegen • seine Umweltleistungen bewerten • dokumentierte Informationen über die Bewertung führen
Interne Audits durchführen	Das Unternehmen muss • in geplanten Abständen sein Umweltmanagementsystem intern auditieren • die Auditergebnisse an die Leitungen berichten • die internen Audits dokumentieren und aufbewahren
Bewertung durch die oberste Leitung (»Management«-Bewertung)	Die oberste Leitung des Unternehmens muss • das Umweltmanagementsystem in geplanten Abständen bewerten • Ergebnisse über die Bewertungen führen • Entscheidungen zu den Bewertungen nachweisen
10. Verbesserung	
Chancen zur Verbesserung bestimmen	Das Unternehmen muss • auf Abweichungen von den Vorgaben (Nichtkonformitäten) reagieren • Maßnahmen zur Verbesserung bewerten • die Wirksamkeit dieser Maßnahmen überprüfen • Nichtübereinstimmungen dokumentieren und aufbewahren
Das Umweltmanagementsystem fortlaufend verbessern	Das Unternehmen muss • sein Umweltmanagementsystem ständig verbessern • seine Umweltleistung fortlaufend erhöhen

[35] vergl. Kap. 1.5.1 managen = planen, organisieren, Personal einsetzen und führen, verwirklichen, lenken und kontrollieren

Zertifizierungsunternehmen bieten die Lizenz eines Zertifikates an Unternehmen an, die ihr Umweltmanagementsystem nach DIN EN ISO 14001 auditieren lassen.

1.7.2 EG-Umweltaudit-Verordnung der Europäischen Union (EMAS)[36]

Alternativ zur Zertifizierung nach DIN EN ISO 14001 können sich Unternehmen in der Europäischen Union (EU) einer Umweltbetriebsprüfung nach einer EG-Umweltaudit-Verordnung (EMAS) unterziehen. Im Unterschied zu Normen hat die Verordnung rechtlichen Charakter.

Im Jahr 1993 erließ die Europäische Union (EU) eine Umweltaudit-Verordnung, um die Idee der »nachhaltigen Entwicklung« in der EU zu fördern. Unternehmen sollen ihren betrieblichen Umweltschutz eigenverantwortlich und ständig verbessern.

In den Jahren 2001 und 2009 wurde die Verordnung überarbeitet und zuletzt als EMAS III verabschiedet. Die Forderungen der ISO Norm DIN EN ISO 14001 sind in die EMAS-Verordnung als Anhang integriert worden. Damit wurde die Konkurrenz in Europa zwischen Norm und EU-Verordnung aufgehoben.

Die Verordnung hat 4 Anhänge. Anhang II beinhaltet zum Einen die Forderungen der Norm DIN EN ISO 14001, zum Anderen führt sie darüberhinausgehende Forderungen der EU auf. Eine Registrierung nach EMAS läuft nach folgenden Schritten ab:

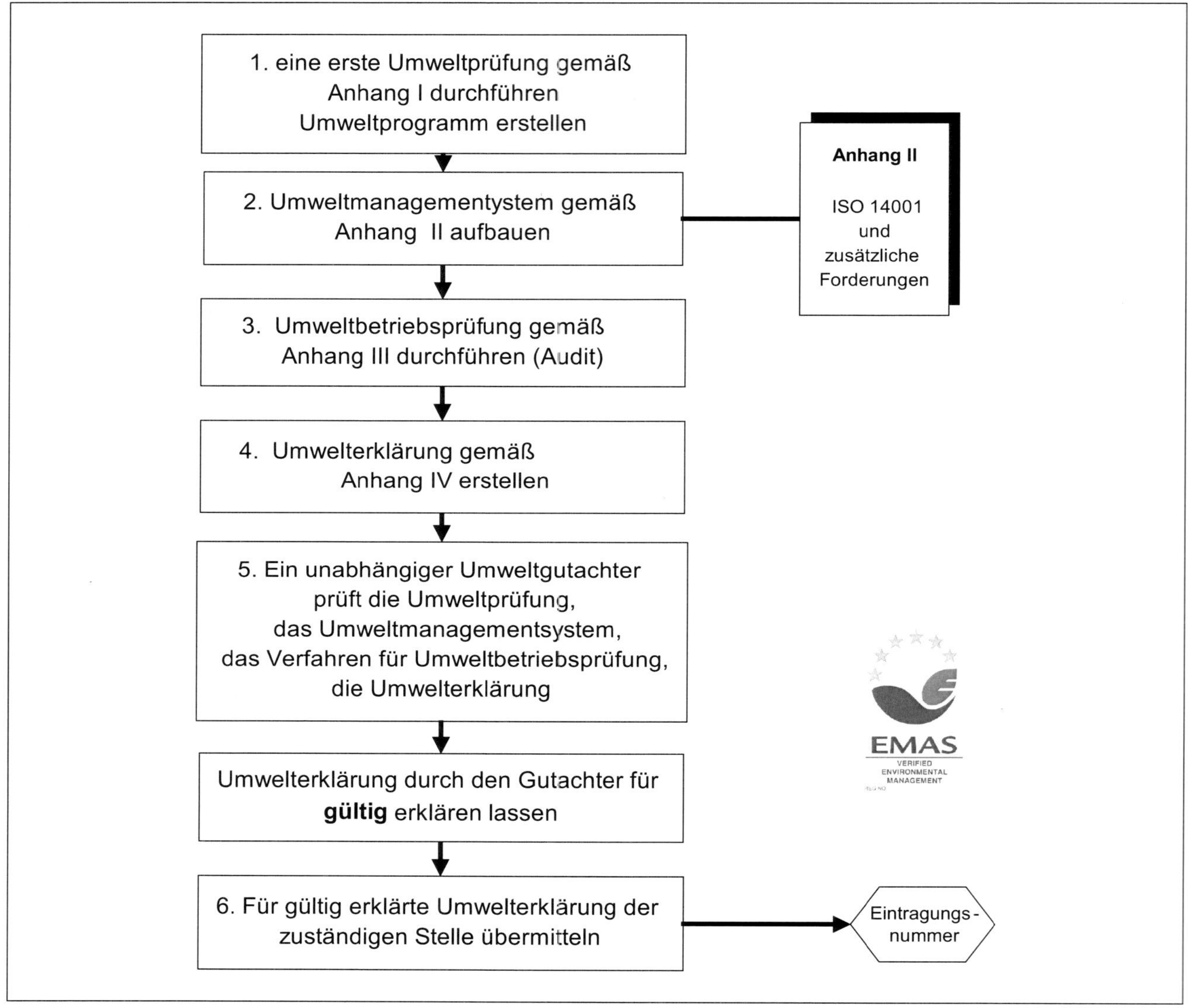

Abbildung 1-23: EMAS Beteiligungsablauf für ein Unternehmen

Unternehmen unterziehen sich freiwillig der EMAS-Verordnung. Im Unterschied zur Norm DIN EN ISO 14001 hat EMAS folgende Zusatzforderungen.

[36] EMAS ist die Abkürzung für »Eco Management and Audit Scheme«. Andere Bezeichnungen für EMAS sind: EG-Umweltaudit-Verordnung Nr. 1221/2009, Ökoaudit-Verordnung, Umweltauditgesetz (Umsetzung der EU-Verordnung in nationales Gesetz in Deutschland).

Zusatzforderungen in EMAS:

B 1	Das Unternehmen muss eine erste Umweltprüfung durchführen und seine Umweltaspekte und Umweltvorschriften ermitteln und bewerten
B 2	Das Unternehmen muss alle einschlägigen Umweltvorschriften einhalten
B 3	Das Unternehmen muss die Verbesserung seiner Umweltleistung (stofflich und energetisch) quantifizieren und messen
B 4	Die Arbeitnehmer müssen aktiv beteiligt werden
B 5	Das Unternehmen muss sich verpflichten, aktiv extern zu kommunizieren und dies nachweisen

Das Unternehmen wird dann bei den Industrie- und Handelskammern bzw. Handwerkskammern in ein Umweltregister eingetragen und es darf ein EMAS-Logo verwenden.

Der Zyklus muss alle drei Jahre wiederholt werden, um die Registrierung aufrecht zu erhalten.

Die Verordnung schreibt die zu betrachtenden Umweltaspekte in ihrem Anhang I vor:

Direkte Umweltaspekte	Indirekte Umweltaspekte
a) Emissionen in die Atmosphäre	a) Produktbezogene Auswirkungen
b) Einleitung und Ableitungen in Gewässer	b) Kapitalinvestitionen, Kreditvergabe, Versicherungsdienstleistungen
c) Abfälle: Vermeidung, Verwertung, Wiederverwendung, Verbringung, Entsorgung	c) Neue Märkte
d) Nutzung und Verunreinigung von Böden	d) Auswahl und Zusammensetzung von Dienstleistungen (Verkehr, Gaststättengewerbe, etc.)
e) Nutzung von natürlichen Ressourcen und Rohstoffen einschließlich Energie	e) Verwaltungs- und Planungsentscheidungen
f) Lokale Phänomene: Lärm, Erschütterungen, Gerüche, Staub, ästhetische Beeinträchtigungen	f) Zusammensetzung des Produktangebotes
g) Verkehr (Waren, Dienstleistungen, Arbeitnehmer)	g) Umweltleistungen und Umweltverhalten von Kunden, Lieferanten
h) Gefahren von Umweltunfällen, Umweltauswirkungen aus Vorfällen, Unfällen, aus potenziellen Notfallsituationen	
i) Auswirkungen auf die biologische Vielfalt	

Kennzeichen der EMAS III[37] sind:

- Gesetzlich verankert (im Unterschied zu Normen)
- Freiwillige Teilnahme
- Fordert die Einhaltung aller Umweltgesetze
- Geht über gesetzliche Regelungen des Umweltschutzes hinaus
- Ist für alle Arten von Organisationen geöffnet worden
- Es muss ein Umweltmanagementsystem aufgebaut werden, das alle Forderungen nach DIN EN ISO 14001 erfüllt
- Arbeitnehmer müssen nachweislich einbezogen werden

[37] EMAS III ist die Revision (Juni 2009) der ersten Verordnung EMAS I aus 1993.

1.7.3 Integrierte Managementsysteme

Es gibt Bestrebungen, unterschiedliche Managementsysteme zu einem einzigen integrierten Managementsystem zusammenzufassen und gegebenenfalls zertifizieren zu lassen.

High Level Structure

In der Vergangenheit unterschieden sich die bisherigen themenbezogenen Managementmodelle in ihrer Struktur sehr voneinander. Die International Organization for Standardization (ISO) hat bei ihren Managementnormen eine übergreifende einheitliche Struktur eingeführt: die sogenannte »High Level Structure«. Dabei wird die Gliederung der Normen vereinheitlicht. Abschnittstitel, Abschnitte und die Reihenfolge der Absätze in den Abschnitten werden vorgeschrieben. Diese Struktur gilt für alle Normenrevisionen.

Die High-Level-Struktur besteht aus folgenden zehn Abschnitten:

1. Anwendungsbereich
2. Normative Verweise
3. Begriffe und Definitionen
4. Kontext der Organisation
5. Führung
6. Planung
7. Unterstützung
8. Betrieb
9. Bewertung der Leistung
10. Verbesserung

Eine wesentliche Barriere für die Zusammenlegung mehrerer Managementsysteme bleibt jedoch bestehen. Diese betrifft die inhaltlichen Zielkonflikte der unterschiedlichen Forderungen untereinander.

Zum Beispiel konkurrieren Ziele zu Umweltaspekten häufig mit Zielen des Qualitätsmanagements. So kann das Ziel der Kundenzufriedenheit durchaus mit ökologischen Zielen in Konflikt geraten.

Integrierte Managementsysteme beinhalten oft die Themen: Qualitätsmanagement, Umweltmanagement und Arbeitssicherheit und erfüllen die Forderungen aller entsprechenden Normen gleichzeitig. Die Normen DIN EN ISO 9001, DIN EN ISO 14001, und SCC[38] oder DIN ISO 45001[39] werden zu einem Forderungskatalog vereint.

Alle größeren Zertifizierungsunternehmen bieten mittlerweile die Zertifizierung solcher integrierter Managementsysteme an.

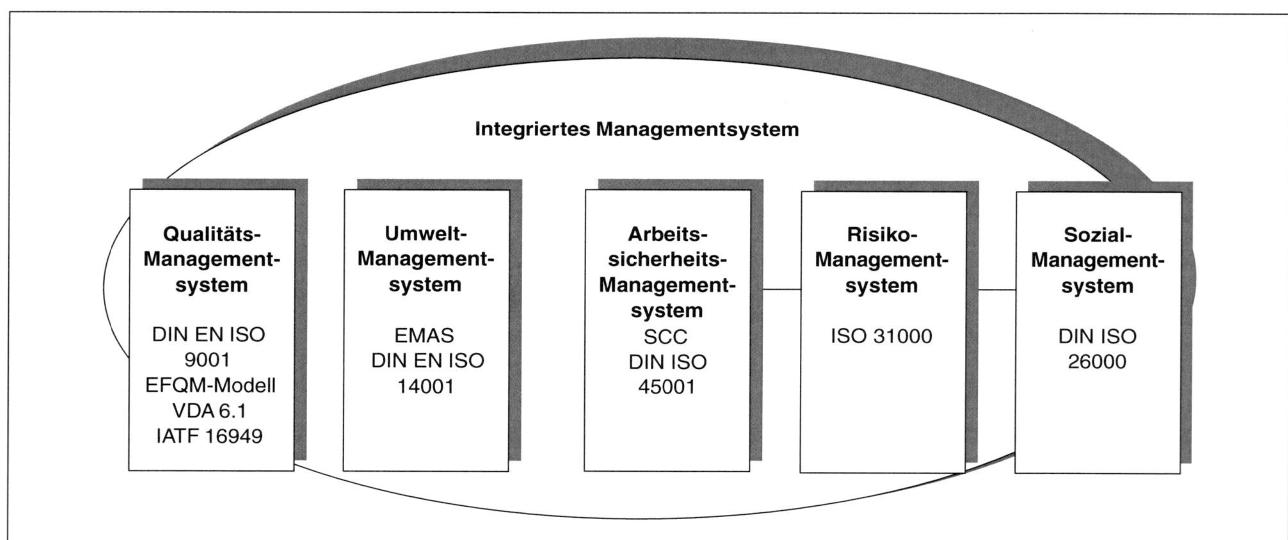

Abbildung 1-24: Integriertes Managementsystem

Weitere Anstrengungen zur Normung von Forderungen werden für Managementsysteme wie Risikomanagement oder Sozialmanagement unternommen. Normen für Risikomanagementsysteme existieren für die Pharmaindustrie.

DIN ISO 26000, »Leitfaden zur gesellschaftlichen Verantwortung«, legt Forderungen an die soziale Verantwortung der Unternehmen fest. Es ist ein Leitfaden und nicht für Zertifizierungszwecke vorgesehen.

[38] SCC: Sicherheits Certificat Contractoren. Ein Regelwerk zur Arbeitssicherheit der Deutschen Wissenschaftlichen Gesellschaft für Erdöl, Erdgas und Kohle e.V. Hamburg, das auch zunehmend von anderen Branchen übernommen wird.

[39] DIN ISO 45001:2018-06 »Managementsysteme für Sicherheit und Gesundheit bei der Arbeit – Anforderungen mit Anleitung zur Anwendung«.

1.8 Audits

Lernziele:
- den Begriff und den Zweck von Audits erklären können
- die Arten von Audits beschreiben können
- die Schritte eines Auditablaufes beschreiben können

1.8.1 Definition und Zweck von Audits

Das lateinische Wort »audire« heißt »hören«. Audits sind Prüfungen durch Befragung und Beobachtungen. Im Finanzbereich spricht man von »Revision« anstelle von Audits. Auditoren prüfen, ob die tatsächlichen Abläufe und tatsächlichen Strukturen mit den Vorgaben übereinstimmen. Audits sind eine Stichprobe, eine Momentaufnahme.

Das Verfahren von Audits ist in DIN EN ISO 19011 »Leitfaden zur Auditierung von Managementsystemen« erläutert. Er beschreibt Audits als Managementwerkzeug und gibt eine systematische Vorgehensweise zum Auditieren und zur Qualifikation der Auditoren vor.

Die genormte Definition für »Audit« lautet:[40]

Definition DIN EN ISO 19011

Audit: Systematischer, unabhängiger und dokumentierter Prozess zum Erlangen von objektiven Nachweisen und zu deren objektiver Auswertung, um zu bestimmen, inwieweit Auditkriterien erfüllt sind

Audits beantworten zwei Fragen:

1. Hat das Unternehmen Vorgaben festgelegt, sind diese Vorgaben geeignet, die »Unternehmensziele« zu erreichen?
2. Sind diese Vorgaben den Mitarbeitern im Unternehmen bekannt und sind sie umgesetzt?

Das Audit ist ein Instrument für die Führungskräfte. Die Führungskräfte sollen mit Hilfe der Auditergebnisse Abweichungen zu Zielvorgaben erkennen. Sie sollen Schwachstellen aufspüren und Fehlentwicklungen rechtzeitig erkennen. Sie sollen sehen, wo Verbesserungen und Korrekturmaßnahmen notwendig sind. Regelmäßige Auditergebnisse geben auch Aufschluss darüber, ob frühere Defizite abgestellt sind und Korrekturmaßnahmen wirksam waren. Audits stoßen den Verbesserungsprozess im Sinne von Total Quality Management immer wieder an und halten ihn aufrecht.

Richtig geführte Audits motivieren die Mitarbeiter; denn sie machen Verbesserungen und Fortschritte transparent.

Die Norm DIN EN ISO 9001[41] fordert, dass ein Unternehmen regelmäßig interne Audits über sein Qualitätsmanagementsystem durchführen muss.

1.8.2 DIN EN ISO 19011: Leitfaden zur Auditierung von Managementsystemen

Der Leitfaden DIN EN ISO 19011 gibt Hilfestellung für das »Managen« von Audits von Managementsystemen (vgl. Abschnitt 1.5.1: Managen steht für die Teilaufgaben: »Ziele setzen, Umsetzung planen, organisieren, Personal einsetzen, Mitarbeiter führen, Prozesse und Ergebnisse kontrollieren«). Der Leitfaden ist ein »Lehrbuch« für das Auditieren. Er enthält konkrete Anleitungen und Erläuterungen. Er ist **nicht** Bestandteil für Zertifizierungen.

Der Leitfaden will den Unternehmen bei der Gestaltung vornehmlich ihrer internen Audits das notwendige Wissen vermitteln. Er ist auf alle Arten und alle Größen von Managementsystemen anwendbar. Auch sind alle Unternehmensformen angesprochen. ISO-Normen über die verschiedensten Managementsysteme gibt es mittlerweile zahlreich. Die ISO-Organisation hatte bis zum Jahr 2018 39 Normen über Managementsysteme veröffentlicht, weitere zwölf waren als Entwürfe in Vorbereitung.

Die Revision des Leitfadens im Jahr 2018 lehnt sich an die formale Grundstruktur (High Level Structure) von ISO-Managementnormen an.

DIN EN ISO 19011 besteht aus sieben Kapiteln und einem umfangreichen Anhang (siehe Abbildung 1–25).

[40] DIN EN ISO 19011 (2018), S. 11, identisch mit der Definition in: DIN EN ISO 9000

[41] DIN EN ISO 9001 Abschnitt 9.2 »Internes Audit«

DIN EN ISO 19011:2018 Gliederung
Leitfaden zur Auditierung von Managemenstsystemen

1. Geltungsbereich

2. Normative Verweisungen

3. Begriffe

4. Auditprinzipien
- Integrität
- Sachliche Darstellung
- Angemessene berufliche Sorgfalt
- Vertraulichkeit, Unabhängigkeit
- Vorgehensweise, die auf Nachweisen beruht
- Risikobasierter Ansatz

P planen → **D** durchführen → **C** kontrollieren → **A** handeln

5. Steuerung eines Auditprogramms
- Programmziele setzen
- Risiken Chancen überlegen
- Auditprogramm festlegen
- Auditprogramm überwachen
- Auditprogramm verbessern

6. Durchführen eines Audits
- Audit veranlassen
- Audittätigkeiten vorbereiten
- Audit vor Ort durchführen
- Auditbericht erstellen
- Audit abschließen
- Folgemaßnahmen durchführen

7. Kompetenz und Beurteilung von Auditoren
- Persönliche, fachliche, kommunikative, soziale Kompetenzen bestimmen
- Bewertungskriterien für Auditoren festlegen
- Auditoren beurteilen
- Kompetenzen erhalten und verbessern

Anhang A

Zusätzliche Anleitungen zu
- Auditmethoden, Prozessorientierung, Verifizierung, Stichproben
- Compliancefeststellungen mit Gesetzen
- Kontextbestimmung, Verpflichtungsnachweisen der Führung
- Risiken- und Chancenanalysen des Unternehmens
- Unterlagen und Begehung der zu auditierenden Orte
- Virtuelle Tätigkeiten, Befragungen und Auditfeststellungen

Abbildung 1–25: Gliederung der DIN EN ISO 19011

Die folgende Tabelle stellt eine grobe Beschreibung des Normenleitfadens vor.

4. Auditprinzipien	Erläuterungen, welche Prinzipien (Grundsätze) beim Audit gelten sollen
Integrität	Ehrlich sein
	Kompetent und verantwortlich für seine Audittätigkeit sein
Sachliche Darstellung	Wahrheitsgemäß und genau auditieren
Berufliche Sorgfalt	Sorgfältig sein, objektiv urteilen Sich auf Daten und Fakten berufen und nicht auf Meinungen oder Vermutungen
Vertraulichkeit	Mit sensiblen Informationen ordnungsgemäß umgehen
Unabhängigkeit	Frei von Interessenskonflikten handeln Unabhängig gegenüber den Tätigkeiten sein, die untersucht werden
Vorgehensweise, die auf Fakten beruht	Sich auf Fakten stützen, die verifizierbar sein müssen
Risikobasierter Ansatz	Risiken (und Chancen) für das Auditieren überlegen
5. Auditprogramm steuern	Anleitungen zur Ausarbeitung von Auditprogrammen
Auditprogrammziele festlegen	Anleitung, wie man Auditprogrammziele formuliert Es werden Aspekte und Beispiele für Ziele eines Auditprogramms aufgeführt
Auditprogrammrisiken und Chancen bestimmen	Anleitung, wie man Risiken bestimmt, die das Auditprogramm gefährden Es werden Beispiele für Risiken und Chancen aufgeführt
Das Auditprogramm festlegen	Hinweise zu Verantwortlichkeiten Kompetenzen Ausmaß des Programms Ressourcen für das Programm
Das Auditprogramm umsetzen	Anleitung, wie man Ziele, Umfang und Kriterien für jedes konkrete Audit festlegt Hinweise zu möglichen Auditmethoden Hinweise zur Auswahl der Teammitglieder Anleitung zur Handhabung der Ergebnisse des Auditprogramms
Das Auditprogramm überwachen	Hinweise zu Zeitplänen, Zielen, Leistungen, Feedback
Das Auditprogramm überprüfen und verbessern	Angaben zur Einschätzung, ob die Ziele des Programms erreicht worden sind
6. Audits durchführen	Anleitungen zur Planung und Durchführung eines konkreten Audits
Audit veranlassen	Hinweise zur Kontaktherstellung, zur Durchführbarkeit eines Audits
Audittätigkeiten vorbereiten	Hinweise zur Vorbereitung und Planung Dokumentierte Informationen sichten, Risiken für das Audit betrachten
Audittätigkeiten durchführen	Hinweis auf eine festgelegte Reihenfolge beim Auditieren
Auditbericht erstellen und verteilen	Angaben, was ein Auditbericht umfassen soll und was er umfassen kann
Audit abschließen	Angaben über das Abschließen und die Offenlegung des Audits
Folgemaßnahmen durchführen	Hinweis, dass Maßnahmen kommuniziert und verifiziert werden müssen
7. Auditoren: Kompetenz und Beurteilung	
Kompetenzen bestimmen	Angaben, über das richtige persönliche Verhalten von Auditoren Hinweise, was Auditoren an Wissen und Fertigkeiten aufweisen sollen Die Forderung, dass Beurteilungskriterien für Auditoren und Auditleiter festgelegt werden sollen Der Abschnitt enthält eine Tabelle der Methoden zur Beurteilung von Auditoren Hinweise zur Aufrechterhaltung und Verbesserung der Kompetenz der Auditoren
Anhang A	Der Anhang enthält 18 praktische Ergänzungen zu den Hauptabschnitten der Norm

1.8.3 Arten von Audits

Der Leitfaden DIN EN ISO 19011 unterscheidet zwischen internen und externen Audits von Managementsystemen und nennt drei verschiedene Arten von Audits, die abhängig von den Beteiligten sind:

- Erstparteien-Audits
- Zweitparteien-Audits
- Drittparteien-Audits

Der Schwerpunkt des Leitfadens liegt auf den Erst- und Zweitparteien-Audits. Für Drittparteien-Audits verweist man auf eine eigene Norm (ISO/IEC 1702-1).

Erstparteien-Audits – (interne Audits)

Erstparteien-Audits werden intern im Unternehmen angeordnet und von Auditoren im Haus geplant und durchgeführt. In den Normen von Managementsystemen wird gefordert, dass man regelmäßig interne Audits durchführt. Dabei wird das Managementsystem des Unternehmens geprüft (z.B. Qualitätsmanagementsystem, Umweltmanagementsystem, Arbeitssicherheitsmanagementsystem – oder gemeinsam in einem kombinierten Audit). Das Auditieren wird in einem Auditprogramm über das ganze Jahr verteilt.

Zweitparteien-Audits – (externe Audits)

Zweitparteien-Audits sind externe Audits. Das eigene Unternehmen wird von einem Kunden auditiert. Oder das Unternehmen führt ein Audit bei seinem Lieferanten durch (Lieferantenaudits). Es ist in jedem Fall eine externe interessierte Organisation involviert.

Drittparteien-Audits – (externe Audits)

Eine weitere, verbreitete Form des externen Audits ist das Drittparteienaudit. Der Dritte ist dabei ein zugelassener akkreditierter und unabhängiger Zertifizierer. Er auditiert und stellt dem Unternehmen ein Konformitätszertifikat aus. Das Zertifikat soll dann Vertrauen bei Kunden schaffen.

Andere Klassifizierungen von Audits:

Über die obengenannten Arten im Leitfaden DIN EN ISO 19011 hinaus gibt es weitere Klassifizierungsbegriffe:

Systemaudit

Bei Systemaudits wird die Wirksamkeit eines Managementsystems in seiner Gesamtheit oder auch in Teilen überprüft.

Die Auditoren vergleichen das Qualitätsmanagementsystem oder das Umweltmanagementsystem des Unternehmens mit den Forderungen der entsprechenden Normen. Die bekannten Normen hierfür sind DIN EN ISO 9001 und DIN EN ISO 14001. Aber auch andere Branchennormen nutzen die Systematik von Audits.

Verfahrens- oder Prozessaudit

Verfahrens- oder Prozessaudits sind Untersuchungen von Prozessen, das heißt: Tätigkeiten, Dienstleistungsabläufe oder Fertigungsabläufe. Man versucht, durch die Auditierung Probleme und Schwachstellen zu erkennen. Verfahrensaudits sind keine ständigen Verfahren. Sie werden nur bei konkreten Anlässen ausgeführt.

Es wird die Dokumentation des Prozesses untersucht und mit den Vorgaben verglichen. Auditoren inspizieren die Eingänge, Ausgänge, die Zuständigkeiten. Sie beobachten die Arbeitsfolgen und die Schnittstellen. Es wird die interne Kunden/Lieferantenbeziehung untersucht. Die Auditoren hinterfragen die Kenntnisse und Qualifikationen der Mitarbeiter. Sie schauen sich die Mittel und Einrichtungen an.

Produktaudit

Bei einem Produktaudit werden Stichproben von fertigen Produkten genommen und nach einem Auditplan auf seine vorgegebenen Merkmale hin geprüft. Die Produktstichprobe wird aus der Sicht des Kunden auditiert. Dies geschieht in der Regel so, dass Auditoren versandfertige Produkte aus dem Lager nehmen und prüfen. Die Prüfung geschieht systematisch nach einem Auditplan, der sowohl die Merkmale des Produktes als auch die Vorgehensweise festlegt.

Eine andere Klassifizierung ist die zeitliche Ausprägung:

- Ständiges Audit
- Außerplanmäßiges Audit
- Wiederholungsaudit
- Folgeaudit

Lieferantenaudits sind Zweitparteien-Audits. Sie sind eine Mischung aus Teilen von Systemaudit, Prozessaudit und Produktaudit. Unternehmensinterne Auditoren gehen zu Lieferanten und führen dort Audits durch.

1.8.4 Auditprinzipien und der risikobasierte Ansatz

Der Leitfaden DIN EN ISO 19011 stellt grundlegende Prinzipien für das Auditieren auf:

- Auditoren müssen ihre Tätigkeit moralisch vertreten (Integrität)
- Auditoren müssen wahrheitsgemäß berichten (sachliche Darstellung)
- Auditoren müssen ihre Urteile begründen können (berufliche Sorgfalt)
- Auditoren müssen Informationen vertraulich handhaben (Vertraulichkeit)
- Auditoren müssen unparteiisch sein (Unabhängigkeit)
- Auditoren müssen sich auf Fakten berufen, die verifizierbar sind (faktengestützter Ansatz)
- Auditoren müssen Risiken und Chancen zugrunde legen (risikobasierter Ansatz)

Der risikobasierte Ansatz wurde bereits in der Norm DIN EN ISO 9001 im Jahr 2015 gefordert und ist auch als Prinzip in den Leitfaden DIN EN ISO 19011 eingefügt worden. Risiken (und Chancen) sollen betrachtet werden, wenn Ziele des Auditprogramms und Inhalte des Auditierens erarbeitet werden. Man setzt voraus, dass Ziele explizit formuliert sind.

Beispiele für Risiken:

- *Auditziele selbst sind nicht klar definiert (z.B. von der obersten Leitung)*
- *Auditteam ist nicht kompetent genug (Wissen, Erfahrung, Persönlichkeitsdefizite)*
- *Ressourcen reichen nicht aus (z.B. zu wenig Zeit, Personal, Budget, Logistik, Kommunikationsmedien)*
- *Auditprogramm und seine Ergebnisse werden nicht genug überwacht*
- *Mangelnde Kommunikation*
- *Abwehrhaltung der zu auditierenden Bereiche und Personen*
- *Mangelnde Berichterstattung*

Durch das Auditierungsverfahren und das Erreichen seiner Ziele können sich auch Chancen für Verbesserungen und Effizienzsteigerungen des Unternehmens – oder sogar Innovationen auftun.

1.8.5 Auditprogramm

Ein Unternehmen muss seine Audittätigkeiten in einem Auditprogramm koordinieren. Das Auditprogramm legt den Rahmen für regelmäßig durchzuführende interne Audits der Managementsysteme fest. Interne Audits werden üblicherweise über das Jahr verteilt durchgeführt. Das Programm steuert die einzelnen Audits.

Ein Auditprogramm wird nach dem PDCA-Zyklus erarbeitet und umgesetzt (siehe Abbildung 1–26).

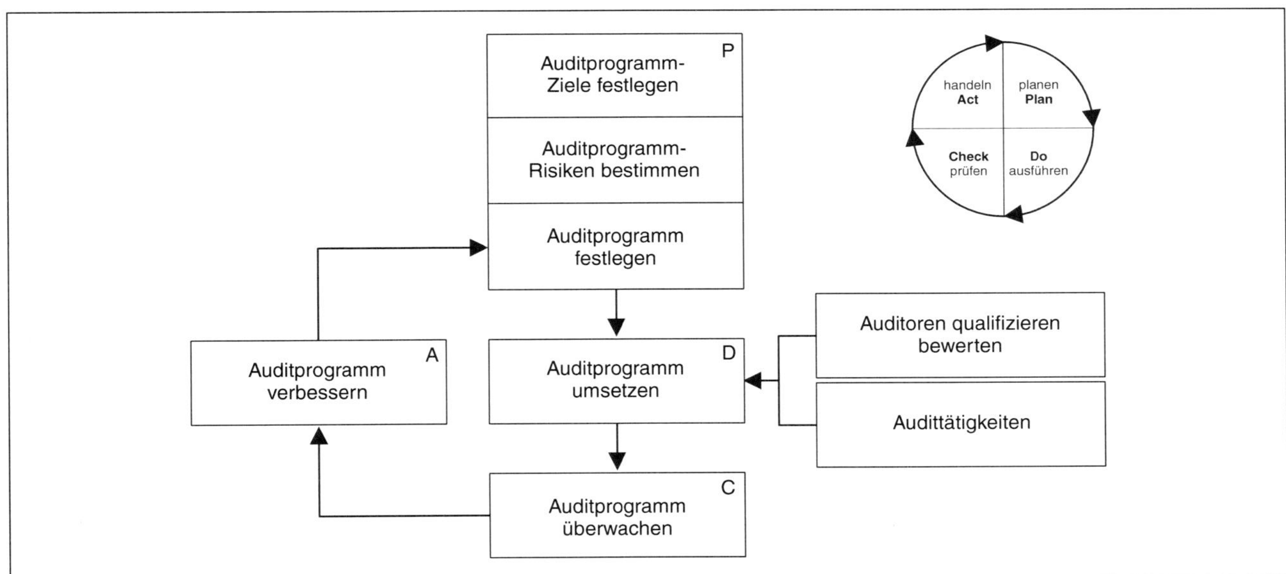

Abbildung 1-26: Ablauf eines Auditprogramms nach dem PDCA-Modell

Der Leitfaden DIN EN ISO 19011 befasst sich intensiv mit dem Erstellen und Steuern des Auditprogramms. Besonders hervorgehoben werden dabei drei Aspekte:

- Ziele des Auditprogramms formulieren (was will man mit dem Auditprogramm erreichen?)
- Kontext des Unternehmens bei der Aufstellung der Ziele des Auditprogramms berücksichtigen
- Risiken und Chancen bestimmen, die das Auditprogramm beeinflussen können

Aspekte für Ziele, die man mit einem Auditprogramm erreichen möchte, finden sich im Leitfaden ebenso wie Überlegungen zum Kontext und zu möglichen Risiken.

Bei der Kontextbetrachtung werden die interessierten Parteien und ihre Erwartungen thematisiert, aber auch relevante Themen und Zielsetzungen des eigenen Unternehmens berücksichtigt. Ein besonderes Thema ist die Informationssicherheit.

Die Risikobetrachtungen sollen Schwerpunkte des Auditierens setzen. Es sollen diejenigen Prozesse und Strukturen des Unternehmens auditiert werden, bei denen die größte Wirkung des Audits erzielt werden kann. Entsprechend den Risiken werden Prioritäten im Auditprogramm gesetzt. Es braucht nicht Alles oder Jeder intensiv auditiert zu werden.

Im Auditprogramm sollen Ziele definiert werden, die präzisieren, was durch die einzelnen Audits erreicht werden soll.

Beispiele für Ziele eines Auditprogramms sind:

- *Reife des Managementsystems für ein Drittparteienaudit (Zertifizierung) nachweisen*
- *Verifizieren, ob vertragliche Anforderungen erfüllt werden*
- *Vertrauen in das Unternehmen herbeiführen*
- *Managementsystem verbessern*

Für das »Managen« des Auditprogramms wird ein Gesamtverantwortlicher benannt. Dieser hat eine Fülle von planerischen und überwachenden Aufgaben zu bewerkstelligen. Er soll die Kompetenzen besitzen, wie sie allgemein für Führungskräfte schon in Abschnitt 2.4.2 »Kompetenzen von Führungskräften« beschrieben sind.

Der Programmverantwortliche legt den Umfang des Auditprogramms fest und steuert das Programm. Er koordiniert die Informationsbeschaffung für die Audits und bestimmt die Auditprogrammressourcen und die Auditteammitglieder. Er trägt Sorge dafür, dass die Auditoren für ihre Teilaufgaben geeignet sind und sorgt für Weiterbildung und Schulung.

Der Verantwortliche überwacht das laufende Programm und stellt sicher, dass Ergebnisse des Auditprogramms aufgezeichnet und verwaltet werden. Er prüft, ob am Ende die gesetzten Ziele des Programms erreicht worden sind und löst Verbesserungen aus.

Bei der Bestimmung der Auditmethoden sind Fernaudittätigkeiten neben den Vor-Ort-Tätigkeiten zugelassen. Bei der virtuellen Audittätigkeit befinden sich einer oder mehrere Teilnehmer nicht im selben Raum wie der Auditor. So dürfen Arbeitsplätze dem Leitfaden nach virtuell auditiert werden. Unterlagen werden im Fernzugriff eingesehen oder Tätigkeiten in Telepräsenz ausgeführt.

1.8.6 Ablauf eines Audits

Wie viele Audits im Auditprogramm geplant sind und was in einem einzelnen Audit untersucht wird, ist von den Unternehmen abhängig. Ein kleiner Handwerksbetrieb, der sein Qualitätsmanagementsystem auditiert, wird ein überschaubares Programm aufstellen und gegebenenfalls nur ein einziges Audit benötigen.

Audits laufen sehr formal ab und gliedern sich in eine Planungsphase, eine Durchführungsphase und eine Auswertungsphase.

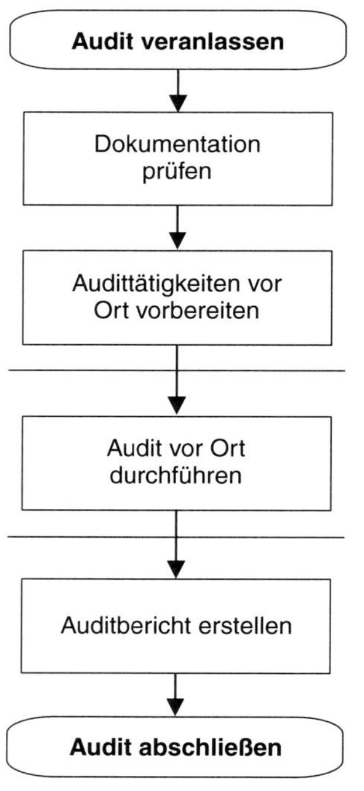

Auditplanung:
Teamleiter benennen, Auditziele und Umfang festlegen
Durchführbarkeit klären, Auditteam bestimmen
Auditabteilungen kontaktieren

Managementsystemdokumente, Aufzeichnungen, etc.

Auditplan erstellen mit Ziel, Kriterien,
Referenzdokumenten, Termin, Ort, Aufgaben, Ressourcen
Aufgaben im Auditteam verteilen
Arbeitsdokumente vorbereiten

Auditdurchführung:
Eröffnungsbesprechung
Auditdurchführung: Informationen erfassen
Auditfeststellungen erarbeiten
Abschlussbesprechung

Auditbericht:
Auditbericht erstellen, genehmigen und verteilen

Abbildung 1-27: Vorgeschriebener Ablauf eines Systemaudits

Phase 1: Auditplanung

In dieser Phase laufen alle vorbereitenden Tätigkeiten für das Audit vor Ort. In der Planungsphase wird der Auditleiter benannt. Es wird der Auditplan erstellt mit den konkreten Zielen, dem Auditumfang und den Auditkriterien. Termin und Ort und die Beteiligten werden festgelegt. Der Auditleiter informiert die betroffenen Abteilungen. Er stellt das Auditteam zusammen. Oft muss er die Auditoren noch einmal unterweisen und schulen.

Zur Vorbereitung gehört auch, die Referenzdokumente zusammenzustellen, die die Auditkriterien bestimmen, und die notwendigen Arbeitsdokumente zu erstellen. Im Vorfeld werden die Auditoren zusätzlich Hintergrundinformation sammeln, um sich vorab ein Bild der Stärken und Schwächen der Abteilung zu machen. Häufig stattet der Auditleiter dem Vertreter der Abteilung einen Vorbesuch ab. Während der Planung wird festgestellt, ob die Voraussetzungen für das Audit gegeben sind. Es sollen Risiken der Audittätigkeiten berücksichtigt werden (»Risikobasierter Ansatz der Planung«).

Phase: 2: Auditdurchführung (Audit vor Ort)

Bei der Auditdurchführung vor Ort sind folgende drei Handlungen auszuführen:

- Eröffnungsbesprechung
  Die Eröffnungsbesprechung kann kurz sein. Sie dient der Klärung des Auditablaufes und sonstiger Fragen.
- Das Auditieren, bei dem Nachweise gesammelt werden
  In dieser Feststellungsphase sammeln die Auditoren Informationen. Nachweise werden durch Befragungen, Unterlagensichtungen, Beobachtungen gesammelt. Eine große Bedeutung hat die Verifizierung der Fakten. Informationen, die der Auditor zum Beispiel durch Befragung erhält, prüft er durch weitere unabhängige Quellen ab. Er befragt weitere Mitarbeiter oder beobachtet oder sichtet Unterlagen.

  Das Auditteam setzt sich vor der Abschlussbesprechung zusammen, um seine Auditfeststellungen zu bewerten, Folgerungen zu ziehen, Empfehlungen zu erarbeiten.
- Abschlussbesprechung
  In der Abschlussbesprechung werden die Ergebnisse vorgestellt. Häufig wird von der betroffenen Abteilung ein Protokoll mit unterschrieben.

Phase 3: Auditbericht

Der Auditleiter erstellt in einem vereinbarten Zeitraum einen Auditbericht. Dieser Bericht enthält auch etwaige Meinungsverschiedenheiten. Das Audit ist mit dem Genehmigen des Berichtes und seiner Verteilung beendet.

Die betroffene Abteilung muss aus den Auditbeanstandungen Folgemaßnahmen ableiten und umsetzen. Folgemaßnahmen sind nicht mehr Bestandteil des Audits. Der Erfolg der Maßnahmen wird in einem Folgeaudit verifiziert.

1.8.7 Qualifikation und Bewertung von Auditoren

In einem Auditteam muss nicht jeder dieselbe Kompetenz innehaben, jedoch muss das gesamte Team die Fähigkeiten sicherstellen, mit denen die Ziele des jeweiligen Auditierens erreicht werden. Für die personelle Besetzung der Audits soll deshalb festgelegt werden, welche Kompetenzen der Audit-Teamleiter und einzelne Auditoren haben sollen. Hierfür führt der Leitfaden DIN EN ISO 19011 Beurteilungskriterien für Auditleiter und Auditoren auf, z. B.:

- **Fachlich:** Kenntnisse und Erfahrungen über Auditverfahren, Normen des Managementsystems haben, branchenspezifisches Wissen haben, Arten und Grad von Risiken und Chancen erkennen
- **Persönlich:** empathisch, aufrichtig, aufmerksam, entscheidungsfähig sein, Konflikte handhaben können
- **Methodisch:** Auditmethoden kennen, Gesprächsführung, Fragetechniken beherrschen
- **Sozial:** teamfähig sein, konfliktfähig sein, aktiv zuhören können

Auditoren sollen auf ihre Kompetenzen hin beurteilt werden. Die Beurteilungen sollen geplant und durchgeführt werden. Ergebnisse sollen dokumentiert werden.

Auditieren ist keine Führungsfunktion, sondern eine Dienstleistung für die oberste Führung und die Abteilungen. Audits werden jedoch meist von den auditierten Bereichen als lästiges Übel empfunden, das man über sich ergehen lassen muss und bei dem nicht selten getrickst und gemogelt wird. Mit dem »Prinzip des risikobasierten Ansatzes« oder anders gesagt: mit der Konzentration des Auditprogramms und der Audits auf echte Risiken und Chancen hoffen die Normenfachleute, den Audits eine bessere Akzeptanz zu geben. Der ideale Auditor versteht sich nicht als Kontrolleur, sondern als Unterstützer.

1.9 Zertifizierung von Qualitätsmanagementsystemen

Lernziele:
- den Zweck von Zertifizierungen nennen können
- die Schritte eines Zertifizierungsablaufes beschreiben können

Die Idee, die Forderungen an ein Qualitätsmanagementsystem zu normieren und die Erfüllung durch Dritte zu zertifizieren, kommt ursprünglich aus Großbritannien.

Unternehmen werden durch Dritte, nämlich Zertifizierungsunternehmen, auditiert und erhalten ein Zertifikat. Zweck der Zertifikate ist es, gegenüber Kunden Vertrauen zu schaffen. Der Kunde muss nicht mehr selbst das Qualitätsmanagementsystem seines Lieferanten überprüfen.

1.9.1 Zweck der Zertifizierung

Welchen Zweck verfolgen die Unternehmen mit einem Zertifikat? Als Begründung für eine Zertifizierung nennen Unternehmer häufig:

- Verbessert die Kundenzufriedenheit
- Ist ein Marketinginstrument
- Bietet einen Vorteil gegenüber dem Wettbewerb
- Ist wichtig bei der Internationalisierung der Märkte
- Verbessert die Produktqualität

Der größte Nutzen einer Zertifizierung besteht oft in der Änderung der Unternehmenskultur. Viele Mitarbeiter müssen aktiv an der Entwicklung des Qualitätsmanagementsystems arbeiten. Auch wird das Qualitätsmanagementsystem intern bekannt. Ein Nutzen für das Unternehmen ist manchmal die Prüfung durch die externen Auditoren. Die unabhängigen Auditoren sind in der Lage, als neutrale Dritte die Schwachstellen aufzuzeigen oder unnötige Aktivitäten aufzudecken.

1.9.2 Vorbereitung auf eine Zertifizierung

Bevor das Unternehmen eine Zertifizierung beantragt, muss es sein Qualitätsmanagementsystem so gestaltet haben, dass es die Forderungen der DIN EN ISO 9001 erfüllt. Dies wird es in einem internen Audit feststellen, um dann einen Antrag bei einem akkreditierten Zertifizierer[42] zu stellen.

Die Zertifizierung ist privatrechtlich. Bei der Auswahl des Zertifizierungsunternehmens spielen neben der Akzeptanz der Kunden, der fachlichen Kompetenz und dem Ruf der Zertifizierungsgesellschaft auch die Kosten zunehmend eine Rolle.

Mittlerweile gibt es eine Vielzahl zugelassener Zertifizierungsanbieter allein in Deutschland, die bei der Deutschen Akkreditierungsstelle GmbH (DAKKs GmbH) akkreditiert sind. Eine Liste kann bei der DAKKs angefragt werden.

1.9.3 Ablauf der Zertifizierung

In der Akkreditierungsnorm DIN EN ISO 17021 ist der Ablauf von Zertifizierungen international festgelegt worden. Für alle Managementsysteme sind erstmalige Zertifizierungsaudits (Initialisierungsaudit) in zwei Stufen durchzuführen. Die Stufen werden durch eine Vorstufe angebahnt.

Vorstufe
Die Vorstufe zum Zertifizierungsaudit beginnt mit ersten Kontaktgesprächen mit einem Zertifizierer. In dieser Vorstufe wird ein Antragsformular mit ersten Informationen über das QM-System ausgefüllt. Ein möglicher Bestandteil der Vorstufe ist ein einmaliges Voraudit.

Zertifizierungsaudit Stufe 1: Managementdokumentation prüfen, Zertifizierungsreife feststellen
Stufe 1 beinhaltet im Wesentlichen die Prüfung der Dokumente des Managementsystems des Unternehmens und die Planung des Zertifizierungsaudits Stufe 2. Als Ergebnis erstellt der Zertifizierer einen Bericht über die Reife des Qualitätsmanagementsystems. Gleichzeitig arbeitet er einen Auditplan für die Zertifizierungsstufe 2 aus.

[42] Akkreditieren heißt: formal durch eine autorisierte Stelle feststellen, dass ein Zertifizierer fähig ist zu zertifizieren.

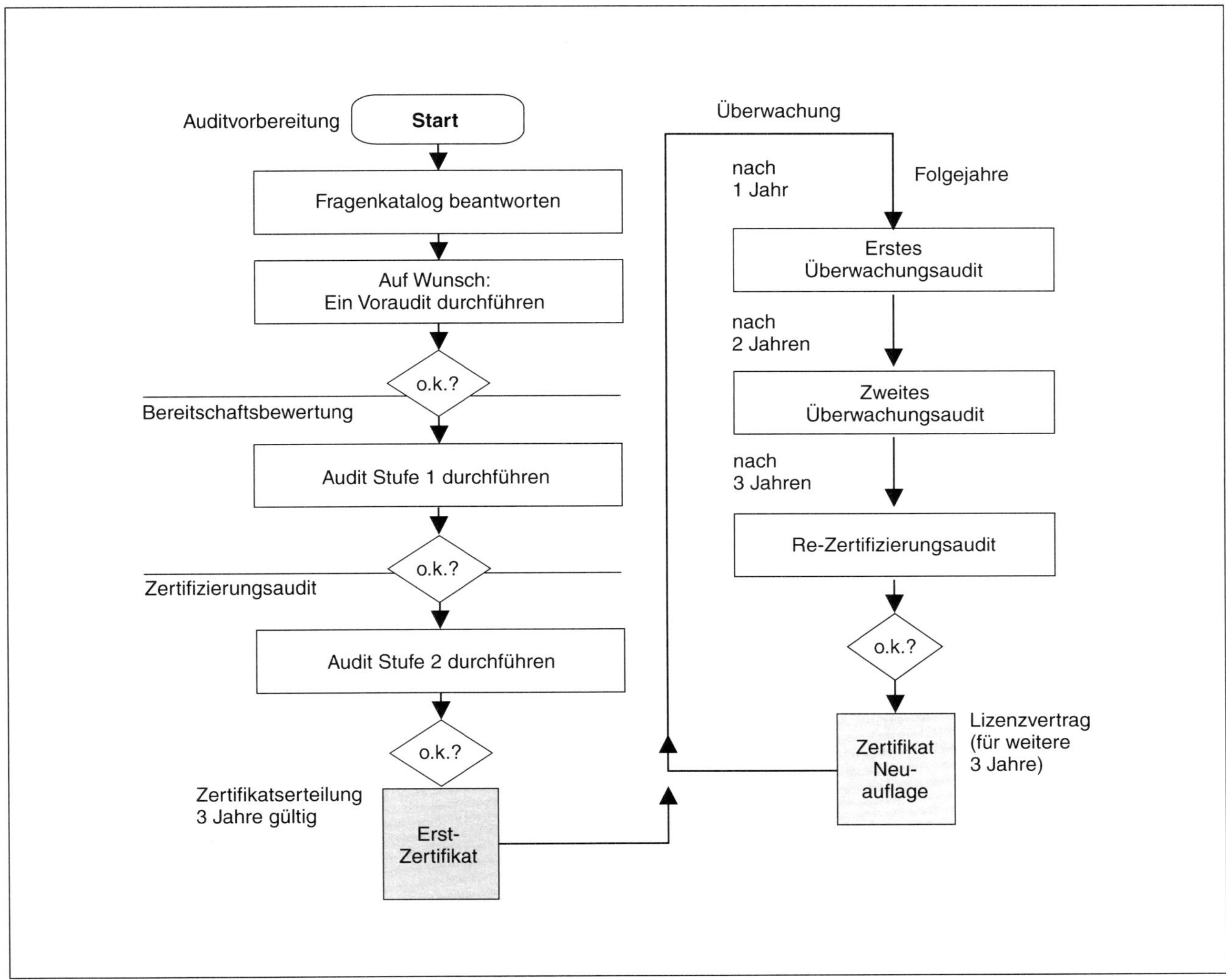

Abbildung 1-28: Ablauf einer Zertifizierung

Zertifizierungsaudit Stufe 2: Vor-Ort-Audit
Auditoren besuchen das Unternehmen und führen ein Systemaudit durch. Es sind akkreditierte Fachleute der jeweiligen Branche. Leitfaden für dieses professionelle Auditieren ist die Norm DIN EN ISO 19011. Der Auditleiter erstellt einen Bericht. Ein Zertifizierungsausschuss entscheidet und erteilt das Zertifikat auf drei Jahre Gültigkeit.

Jährliche Überwachungsaudits
Fällt das Zertifizierungsaudit positiv aus, so erwirbt das Unternehmen auf drei Jahre eine Zertifikatsurkunde. Es muss jedoch in jedem Folgejahr ein verkürztes externes Überwachungsaudit über sich ergehen lassen, um dieses dreijährige Zertifikat zu behalten. Im Überwachungsaudit auditiert der Zertifizierer stichprobenartig in einem verkürzten Auditverfahren einige Bereiche des Managementsystems.

Das erste Überwachungsaudit muss innerhalb von 12 Monaten nach der Zertifikatserteilung durchgeführt worden sein, sonst wird das Zertifikat ausgesetzt. Die Aussetzung gilt für eine Karenzzeit von drei Monaten. Danach wird das Zertifikat dem Unternehmen vollständig entzogen.

Rezertifizierungsaudit
Im Rezertifizierungsaudit wird wieder das gesamte Managementsystem auditiert. Spätestens am letzten Tag der vertraglichen Zertifizierungslaufzeit von drei Jahren muss ein Rezertifizierungsaudit abgeschlossen worden sein. Für das Unternehmen gilt es, früh genug das Rezertifizierungsaudit zu planen, um ein neues Zertifikat lückenlos an die Laufzeit des alten Zertifikats anzuschließen.

Der Nutzen von Zertifizierungen ist zunehmend umstritten. Immer mehr Unternehmen beschreiten den Weg der Selbstbewertung. Die Qualitätspreise, die zum Beispiel auf dem EFQM-Modell beruhen, legen eine Selbstbewertung zugrunde.

Mittlerweile bieten auch Zertifizierer Schulungs- und Dienstleistungsprodukte zur Selbstbewertung an.

1.10 Modelle der Qualitätspreise

Lernziele:
- Qualitätspreise als TQM-Modelle nennen können
- das EFQM-Modell darstellen können

Neben der Normenreihe DIN EN ISO 9000 gibt es einen zweiten Modellansatz für Total Quality Management: es sind die Modelle für »Qualitätspreise«. Ihre Kriterien berücksichtigen das Total Quality Management Konzept viel weitgehender als es das Modell der Norm DIN EN ISO 9001 tut.

Historie

Nach 1945	Die **Japaner** führen mit Unterstützung des amerikanischen Beraters W.E. Deming eine Qualitätsinitiative in ihrem Land zum Aufbau der Wirtschaft ein.
1951	**Deming Prize**, Japan Die Union of Japanese Scientists and Engineers JUSE stiftet einen nationalen Qualitätspreis für umfassendes Qualitätsverständnis und herausragende Qualitätsleistungen. Der Deming Prize setzte damals bereits Kriterien, die der heutigen Total Quality Management Philosophie entsprechen. Er fordert Höchstleistungen im Unternehmen. Dieser Preis geht an Einzelpersonen und an Unternehmen. Er wird vom japanischen Kaiser überreicht und genießt sehr hohes Ansehen.
1980er-Jahre	(30 Jahre nach der japanischen Initiative) In den **USA** haben Industrie und Regierung Sorge über ihre rückläufige Produktivität und mangelhafte Wettbewerbsfähigkeit auf dem Weltmarkt. Man unternimmt Anstrengungen, um die Industrie wettbewerbsfähiger zu machen und ein höheres Qualitätsniveau zu erreichen. Vorbild ist dabei Japan. In den USA ruft der amerikanische Kongress 1987 den Malcolm Baldridge National Quality Award ins Leben.
1988	**Malcolm Baldrige[43] National Quality Award** (MBNQA), USA Der Preis wird vom Präsidenten Ford verkündet. Tausende von Unternehmen übernehmen die Baldridge Preiskriterien als Vorgabe, obwohl sie diese Kriterien nie erreichen würden, und verbreiten so die TQM-Gedanken.
1988	Vierzehn europäische Unternehmen gründen als Antwort auf den amerikanischen Malcolm Baldrige National Quality Award eine gemeinnützige Organisation: die European Foundation for Quality Management **EFQM** in Brüssel.
1992	**European Excellence Award** (EEA), heute: **EFQM Global Award** EFQM und die europäische Organisation für Qualität (EOQ) vergeben zum ersten Mal einen europäischen Qualitätspreis. Mit dem Preis werden Unternehmen gewürdigt, die herausragende Leistungen auf dem Gebiet Total Quality Management erbracht haben und so Vorbild für andere sind.
1997	**Ludwig-Erhard-Preis** (LEP), Deutschland Die Spitzenverbände der Deutschen Wirtschaft (BDA,BDI,BGA,DIHT,HDE,ZDH) und die Vereine DGQ und VDI gründen die Initiative »Ludwig-Erhard-Preis«. Die Preiskriterien entsprechen dem EFQM Global Award. Führende Persönlichkeiten aus Politik und Wirtschaft verleihen den Preis jeweils im November eines Jahres.

[43] Malcolm Baldridge war von 1981 bis 1987 Handelsminister der USA. Er kam 1987 bei einem Rodeounfall ums Leben. Baldridge war ein großes Organisations- und Führungstalent und hatte langfristig die Leistungsfähigkeit und Effektivität der Regierung erhöht. Ihm zu Ehren wurde der Qualitätspreis benannt.

1.10.1 Qualitätspreismodelle

Die Qualitätspreismodelle stellen sehr hohe Forderungen an die Unternehmen.

Im Unterschied zu DIN EN ISO 9001 fordern sie nicht einen Mindeststandard, den ein Unternehmen nachweisen soll. Sondern sie zeichnen nur die Bestleistung aus. Unternehmen können sich um den jeweiligen Qualitätspreis bewerben. Die beteiligten Unternehmen müssen sich selbst bewerten – auch das ist ein gravierender Unterschied zur Norm DIN EN ISO 9001 – und sie müssen diese Selbstbewertung vor sehr kompetenten »Assessoren« glaubhaft machen. Vor Allem müssen sie ihre Ergebnisse durch eine Vielzahl von Daten und Fakten beweisen. Eine hochkarätige Jury entscheidet dann über die Vergabe des Preises.

Es kam in den ersten Jahren mehrfach bei den Preismodellen vor, dass die Jurymitglieder keinen Award vergeben hatten, weil kein Unternehmen, das sich beworben hatte, die Kriterien hinreichend erreichte.

Beispiel einer Pressenotiz zum deutschen Ludwig-Erhard-Preis im Jahr 2001:

»...Erstaunt nahmen die geladenen Gäste im Ludwig Erhard Haus in Berlin am Abend des 19. November bei einer feierlichen Veranstaltung die Bekanntgabe durch Herrn Hans-Olaf Henkel auf, der Ludwig-Erhard-Preis könne in diesem Jahr nicht vergeben werden. Keiner der angetretenen Bewerber hätte das für Preis und Auszeichnungen erforderliche Niveau von den Assessoren und der Jury zuerkannt bekommen. Dennoch: drei der insgesamt 13 Bewerber haben ihren Weg zu Spitzenleistungen so erfolgreich beschritten, dass ihnen die Urkunden als Finalist im Ludwig-Erhard-Preis 2001 verliehen werden konnten...«

Im Folgenden werden die bekanntesten Qualitätspreismodelle vorgestellt:

Deming Prize — **Japan**

Die Japaner bezeichnen Dr. W. Edward Deming als den »Vater der Qualitätsbewegung« in ihrem Land. Er war jahrzehntelang in Japan an der Entwicklung des Qualitätsmanagements beteiligt. Ihm zu Ehren wurde der Preis benannt. Der Deming-Preis ist seit 1951 die höchste Auszeichnung in Japan für Unternehmen, die das TQM-Konzept umgesetzt haben.

Malcolm Baldrige National Quality Award (MBNQA oder MBA) — **USA**

In den USA gab es die Bestrebung, Firmen auszuzeichnen, die sich besonders intensiv und erfolgreich für Qualität einsetzen. Hierfür wurde der Malcolm Baldrige National Quality Award ins Leben gerufen. Der Präsident der USA verleiht den Preis jährlich persönlich an die Gewinner. Auch wenn nur wenige Unternehmen sich bewarben, so erzielte die amerikanische Industrie dennoch großen Nutzen und Erfolge aus dem Preis: dies einfach dadurch, dass viele Unternehmen die Preiskriterien als Vorbild für ihre Aktivitäten nahmen und sie intern anwendeten – auch wenn ihnen klar war, dass sie weit entfernt von den Preisanforderungen waren.

EFQM Global Award (EGA) — **weltweit**

Eine Arbeitsgruppe in der EFQM entwickelte das EFQM-Modell. Unternehmen, die eine Selbstbewertung erfolgreich nach dem EFQM-Modell durchgeführt haben, können sich um den EFQM Global Award bewerben. Es ist ein ideeller Preis und ist nicht mit Geld dotiert. Anfangs wurde der Qualitätspreis nur für Großunternehmen ausgeschrieben. Heute können sich alle Unternehmensformen bewerben. Dabei werden bis zu 7 Sterne vergeben. Wer die siebte Stufe erreicht, erhält den Global Award.

Ludwig-Erhard-Preis (LEP) — **Deutschland**

Seit 1997 gibt es in Deutschland einen nationalen Qualitätspreis. Um den TQM-Gedanken weiter zu verbreiten, vergibt die Deutsche Gesellschaft für Qualität, DGQ e. V. jährlich den nationalen Ludwig-Erhard-Preis. Der Preis entspricht inhaltlich dem EFQM Global Award.

1.10.2 Das EFQM-Modell

Die Stiftung »European Foundation for Quality Management« in Brüssel, EFQM, entwickelte 1991 ein Modell für unternehmensweites »Qualitätsmanagement« (TQM). Das Modell wurde im Jahr 2019 völlig neu gestaltet und 2020 verabschiedet. Es unterscheidet sich vom vorherigen »EFQM-Modell für EXCELLENCE« und wird nur noch schlicht »EFQM-Modell« genannt.

Das aktuelle Modell aus dem Jahr 2020 ist nicht mehr eine Weiterführung der Normenmindestforderungen, z. B. der ISO 9000-Reihe hin zur sogenannten »Excellence«. Das Modell ist nach Auffassung seiner Autoren ein unabhängiger Handlungsrahmen des »Managens« geworden, der stark auf das zukünftige Verhalten und die Nachhaltigkeit ausgerichtet ist, um Veränderungen (»Transformation«) zu steuern und die Leistungsfähigkeit eines Unternehmens zu verbessern.

Auffällig ist bei dem überarbeiteten Modell die Einbindung in das externe weltweite Ecosystem. Man bezieht explizit europäische und weltweite Vorgaben ein. Ein Unternehmen, das ein Total Quality Management (TQM) nach dem EFQM-Modell anstrebt, respektiert die Aussagen aus folgenden internationalen Dokumentationen:

- Charta der Grundrechte der Europäischen Union
- Europäische Menschenrechtskonvention
- Richtlinie 2000/78 EG für die Verwirklichung der Gleichberechtigung
- Europäische Sozialcharta
- UN Global Compact
- 17 Nachhaltigkeitsziele der Vereinten Nationen (UN)

Es werden sieben Kriterien als Basis des EFQM-Modells zugrundegelegt. Die übergeordneten acht theoretischen Grundkonzepte des Vorgängermodells wurden ersatzlos gestrichen. Sie waren analog den Grundsätzen der ISO-Norm 9000 formuliert worden. Diese alten Grundkonzepte sind in den dargelegten Kriterien wiederzufinden.

Die sieben Kriterien des EFQM-Modells:

1. Zweck darlegen – Vision formulieren – Strategie entwickeln
2. Organisationskultur – Führung gestalten
3. Interessengruppen einbinden
4. Nachhaltigen Nutzen schaffen
5. Leistungsfähigkeit und Transformation vorantreiben
6. Wahrnehmungen der Interessengruppen aufnehmen
7. Strategieergebnisse – leistungsbezogene Ergebnisse erheben und analysieren

Das EFQM-Modell wird als das weitreichendste und anspruchsvollste Modell für Total Quality Management (TQM) in Europa angesehen.

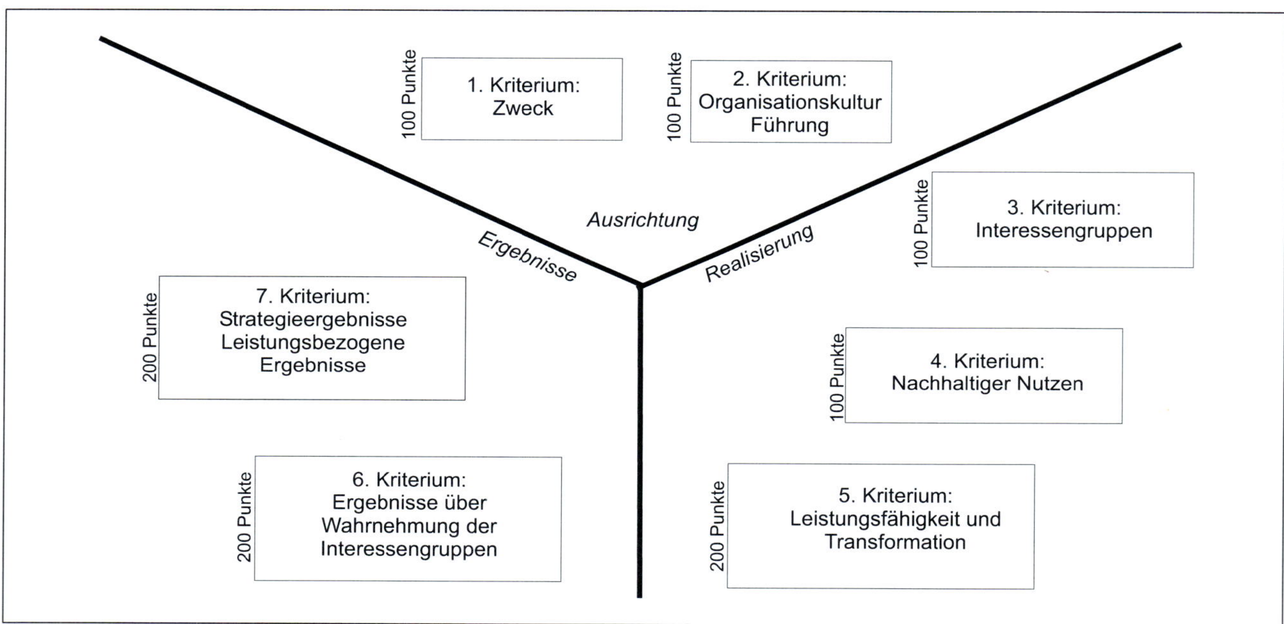

Abbildung 1-30 Die 7 Kriterien des EFQM-Modells (eigene Darstellung in Anlehnung an EFQM, Representative Office 2019)[44]

Die sieben Kriterien lassen sich in drei Themenbereiche einordnen, die dem »Plan-Do-Check-Act«-Kreislauf (PDCA) gleichwertig sind:

- **Ausrichtung:** 1. Zweck, Vision und Strategie
  2. Organisationskultur
- **Realisierung:** 3. Interessengruppen einbinden
  4. Nachhaltigen Nutzen schaffen
  5. Leistungsfähigkeit und Transformation vorantreiben
- **Ergebnisse:** 6. Wahrnehmungen der Interessengruppen
  7. Strategieergebnisse und leistungsbezogene Ergebnisse

[44] Die Abbildung beschränkt sich auf die Darstellung der Kriterien des umfangreicheren Originalmodellbildes der EFQM

Die sieben Kriterien sind die Grundlage des Unternehmens auf seinem »Weg zur Nachhaltigkeit«. Jedem Kriterium ist eine Reihe von Teilkriterien untergeordnet.

Ausrichtungskriterien:

1. Kriterium **Zweck – Vision – Strategie**[45]

- die Daseinberechtigung des Unternehmens darlegen: warum existiert das Unternehmen?
- die wichtigen Interessengruppen benennen, ihre Bedürfnisse erkennen
- das Umweltsystem (Ecosystem) und die eigene Rolle darin verstehen
- Zukunftsziele formulieren
- Strategien erarbeiten, um die Zukunftsziele zu erreichen

2. Kriterium **Organisationskultur und Führung**

- die Unternehmenskultur gestalten und führen
- Rahmenbedingungen schaffen, um Veränderungen anzustoßen
- Kreativitäten fördern (Schlagwort: Innovation)
- Zweck, Vision und Strategie verinnerlichen, dafür einstehen

Realisierungskriterien:

3. Kriterium **Interessengruppen**

- »Kunden«: Beziehungen nachhaltig aufbauen
- »Mitarbeiter«: einbeziehen, fördern
- »Wirtschaft« und »regulatorische Gruppen«: Unterstützung sicherstellen
- »Zivilgesellschaft«: zur Entwicklung und Wohlergehen der Gesellschaft beitragen
- »Partner und Lieferanten«: Beziehungen aufbauen und nachhaltigen Nutzen schaffen

4. Kriterium **Nachhaltiger Nutzen**

- Nachhaltigen Nutzen planen und entwickeln
- Nachhaltigen Nutzen kommunizieren
- Nachhaltigen Nutzen verwirklichen

5. Kriterium **Leistungsfähigkeit und Transformation**

- die tägliche Leistungsfähigkeit verbessern
- Risiken managen
- das Unternehmen für die Zukunft anpassen / transformieren
- Innovationen fördern, Technologien erkennen
- Information, Wissen, Daten wirksam einsetzen
- Ressourcen managen

Ergebniskriterien:

6. Kriterium **Wahrnehmung der Interessengruppen**

- Rückmeldungen der einzelnen Interessengruppen
- allgemein: Image des Unternehmens hinsichtlich Ökologie und sozialer Ausprägung

7. Kriterium **Strategieergebnisse und leistungsbezogene Ergebnisse**

- Ergebnisse, inwieweit Strategien umgesetzt sind und Nachhaltigkeit schaffen
- Interne Leistungsindikatoren: finanzielle Ergebnisse, Erwartungserfüllungen, Zielerreichung, Fortschritt von Veränderungen
- Indikatoren zur Vorhersage der Zukunft

Die Ergebnisse werden zum Einen aus den relevanten Interessengruppen, zum Anderen aus Strategieerfolgen und Indikatoren zu den Leistungen des Unternehmens gewonnen.

Bewertung mit einer RADAR-Matrix

Der Erfüllungsgrad der Kriterien wird bewertet und auf maximal 1000 Punkte aufsummiert (siehe Abbildung 1-30). Als Diagnosewerkzeug bietet die EFQM ein Verfahren mit dem Kürzel RADAR an.

RADAR ist eine Abkürzung und steht für:

- R Results Ergebnisse
- A Approaches Vorgehensweisen
- D Deployment Umsetzung
- A Assessment Bewertung
- R Refine Verbesserung

[45] Quelle dieser Aufzählung ist die Broschüre »Das EFQM-Modell«, Brussels Representative Office, 2020

EFQM-Bewertungen

Unternehmen können sich bei der EFQM für eine Bewertung und Anerkennung ihres Engagements bewerben. Der Erfüllungsgrad der sieben Schlüsselkriterien des EFQM-Modells wird in Audits festgestellt und mit Punkten bewertet. Die Bewertung beginnt mit »Validated by EFQM« und erhöht sich bis auf »7 star Recognized by EFQM«. Sie endet mit der Bewerbung um den »EFQM Global Award«.

Bei Anerkennung des Status »Qualified by EFQM« darf das Unternehmen sein Engagement der Öffentlichkeit werbewirksam präsentieren. Eine Anerkennungsurkunde ist drei Jahre gültig.

Stufen der EFQM-Bewertung

Validated by EFQM	unterste Anerkennung auf dem Einstiegslevel: das Unternehmen hat eine erste Selbstbewertung durchgeführt Besuch eines Validators vor Ort
Qualified by EFQM	tiefergehende Analyse bezüglich der 7 EFQM-Kriterien
Recognized by EFQM	ausführliche Selbstbewertung, intensive Überprüfung durch unabhängige Assessoren, Vergabe von 3 bis 7 Sternen je nach erreichter Punktzahl
EFQM Global Award	die Teilnahme beinhaltet das strengste Bewertungsverfahren durch eigens geschulte hochqualifizierte EFQM-Assessoren

Der EFQM Global Award wird jährlich in einer öffentlichen Veranstaltung mit einem Galadiner an die »weltweit leistungsstärksten Organisationen« vergeben.

Anmerkung: Was ist am Modell EFQM 2020 geändert?

Formal:

Umbenennungen: statt »EFQM-Modell-für Excellence« nur noch »EFQM-Modell«
statt »EFQM-Excellence Award« wird der Preis »EFQM Global Award« genannt

Die Struktur des Modells ist in 2020 vereinfacht worden:
Es werden keine übergeordneten theoretischen Grundkonzepte mehr formuliert
Es gibt nur noch sieben Schlüsselkriterien statt neun
Anstelle der Zweiteilung in Befähigerkriterien und Ergebniskriterien werden die Kriterien in drei Themenbereiche eingeordnet: »Ausrichtung – Realisierung – Ergebnisse«

Inhaltlich:

Daseinsberechtigung des Unternehmens (Zweck) wird als Unterkriterium neben Vision und Strategie aufgeführt
Modernes Führen als Aufgabe, die jeden betreffen kann (nicht nur die hierarchischen Führungsebenen)
Interessengruppen (nicht nur Kunden im engeren Sinn) beachten
Das Modell hinterfragt die Zukunftsorientierung, d. h. aktuelle und zukünftige Herausforderungen erkennen
Wirken in einem Ecosystem: neben dem Tagesgeschäft auch die Veränderungen der Welt im Blick haben
Transformationen (Umbrüche) vorausschauend erkennen und planen
Es wird die Perspektive der Nachhaltigkeit in allen Abschnitten sehr betont
Soziale Aspekte beachten

1.10.3 Die Balanced Scorecard als Bewertungsinstrument

In Zusammenhang mit dem EFQM-Modell und seinen Kriterien ist das Instrument der Balanced Scorecard[46] beliebt geworden. Die Balanced Scorecard wurde von R.S. Kaplan und D.P. Norton entwickelt.

Die Balanced Scorecard ist ein Arbeitsinstrument für die Führungskräfte. Eine Scorecard stellt die wesentlichen Informationen für das Unternehmen in wenigen Kennzahlen dar.

Wichtig ist, dass die Balanced Scorecard eine Zusammenstellung von ausgewogenen Kennzahlen für die Unternehmensführungen ist.

Kaplan und Norton schlagen vier Perspektiven vor. Die Perspektiven beeinflussen sich gegenseitig und sind voneinander abhängig.

[46] Kaplan, R.S. und Norton, D.P., The Balanced Scorecard – Measures That Drive Performance, Harvard Business Review, 1992

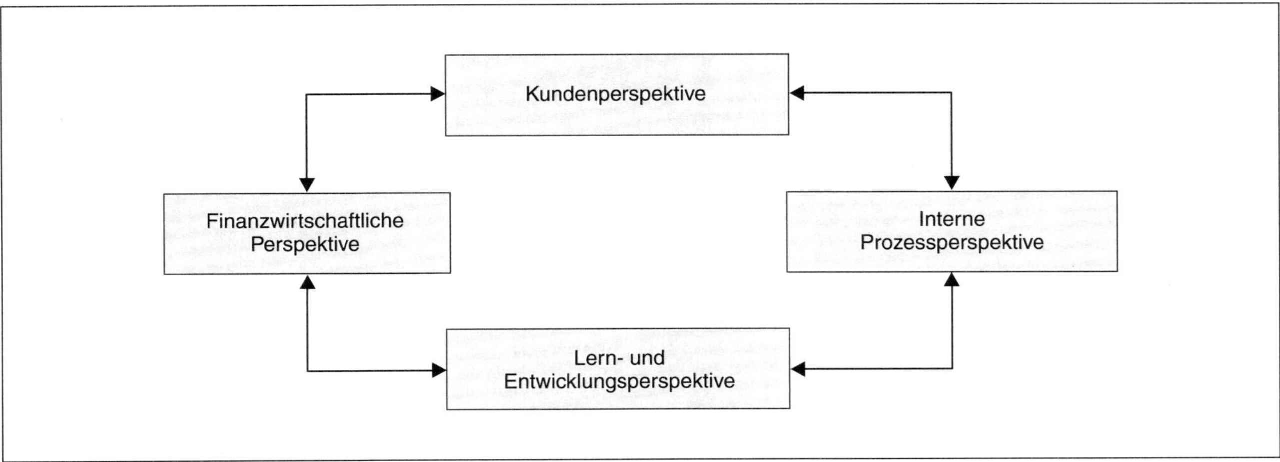

Abbildung 1-31: Die vier Perspektiven einer ausgewogenen Balanced Scorecard

Kundenperspektive:
Dies sind Kennzahlen über die Wahrnehmung und Stellung des Unternehmens bei seinen Kunden.

Finanzwirtschaftliche Perspektive:
Hier findet man Kennzahlen über die ertragsorientierten Ziele des Unternehmens.

Lern- und Entwicklungsperspektive:
Im Mittelpunkt dieser Perspektive steht die Rolle der Mitarbeiter. Wichtige Kennzahl dieser Perspektive ist die Mitarbeiterzufriedenheit.

Interne Prozessperspektive:
Kennzahlen für die zentralen Geschäftsprozesse (z. B. Marktforschung, Produktentwicklung, Produktion, Kundendienst)

Erkennbar ist, dass diese Perspektiven als Ergebniskriterien aus dem EFQM-Modell ableitbar sind und sich somit aus den EFQM-Bewertungen ergeben.

Die Perspektiven sind jedoch nicht starr und allgemeingültig. Jedes Unternehmen passt die Kriterien individuell an. Das Unternehmen kann durchaus eigene neue Kennzahlen entwickeln. Wichtig ist, dass die Scorecard die für das Unternehmen wesentlichen Informationen darstellt.

Die Balanced Scorecard zeichnet sich durch Einfachheit aus. Es wird darauf geachtet, dass alle Kennzahlen auf einer Seite dargestellt sind.

Balanced Scorecard

Nr: ________

Verteiler: ______________________________ **Datum:** ________

Ziel	Messgröße	Einheit	1.Q	2.Q	3.Q	4.Q	Ziel Jahr
Finanzwirtschaftliche Perspektive							
Umsatzsteigerung	Nettoumsatz						
Gewinn	Brutto-Betriebsergebnis						
Rentabilität	Return on Sales	%					
Kapitalverzinsung	ROI	%					
Liquidität	Free Cash Flow						
Kundenperspektive							
Marktdurchdringung	Marktanteil absolut	Faktor					
	Marktanteil relativ	%					
Kundentreue	Stammkunden-Quote	%					
Kundenzufriedenheit	Index	Punkte					
Kundenverlässlichkeit	Stornos	Anzahl					
Fehlerfreie Produkte	Retouren	Stück					
Lern- und Entwicklungsperspektive							
Neue Produkte	Umsatz Neu- zu Gesamt	%					
Designqualität	Änderungen, Nachbesserungen	Zahl					
Kontinuierliche Verbesserung	Weiterbildungskosten / Mitarbeiter	%					
Talent zum Wandel	Anteil Mitarbeiter in Projekten	%					
Prozess- Perspektive							
Steuerungskompetenz	Produktionsdurchlaufzeit	Tage					
Prozessqualität	Ausschussanteil	%					
Produkteffizienz	Anlagenverfügbarkeit pro Fehlzeitquote	Tage					
Verkaufseffizienz	Deckungsbeitrag I	Faktor					

Erstellt: ____________ **Unterschrift:** ________________

Abbildung 1-32: Beispiel einer Balanced Scorecard

1.11 Qualitätsmanagement und Produkthaftung

Lernziele:
- Chancen und Grenzen des Qualitätsmanagements bei der Produkthaftung darlegen können
- Arten der zivilrechtlichen Produkthaftung aufzeigen können

Ist ein Produkt bei der Herstellung fehlerhaft, so haftet der Hersteller bzw. der, der es in Verkehr gebracht hat. Das Qualitätsmanagementsystem soll die Aufgabe erfüllen, solche Gefahren zu erkennen und Haftungsansprüche zu vermeiden.

Wenn Produkte fehlerhaft sind und zu Schäden führen, dann kann dies

- Strafrechtliche Ahndungen nach sich ziehen (Strafgesetzbuch – StGB):
  jemand wird bestraft, weil er vorsätzlich oder fahrlässig einen anderen geschädigt oder verletzt / getötet hat
- Zivilrechtliche Haftungsansprüche des Geschädigten hervorrufen (Bürgerliches Gesetzbuch – BGB und Produkthaftungsgesetz – ProdHaftG).

Zivilrecht und Strafrecht sind völlig unterschiedliche Rechtsbereiche und unterliegen unterschiedlichen Gerichten.

Im Folgenden wird nur auf die zivilrechtliche Haftung eingegangen.

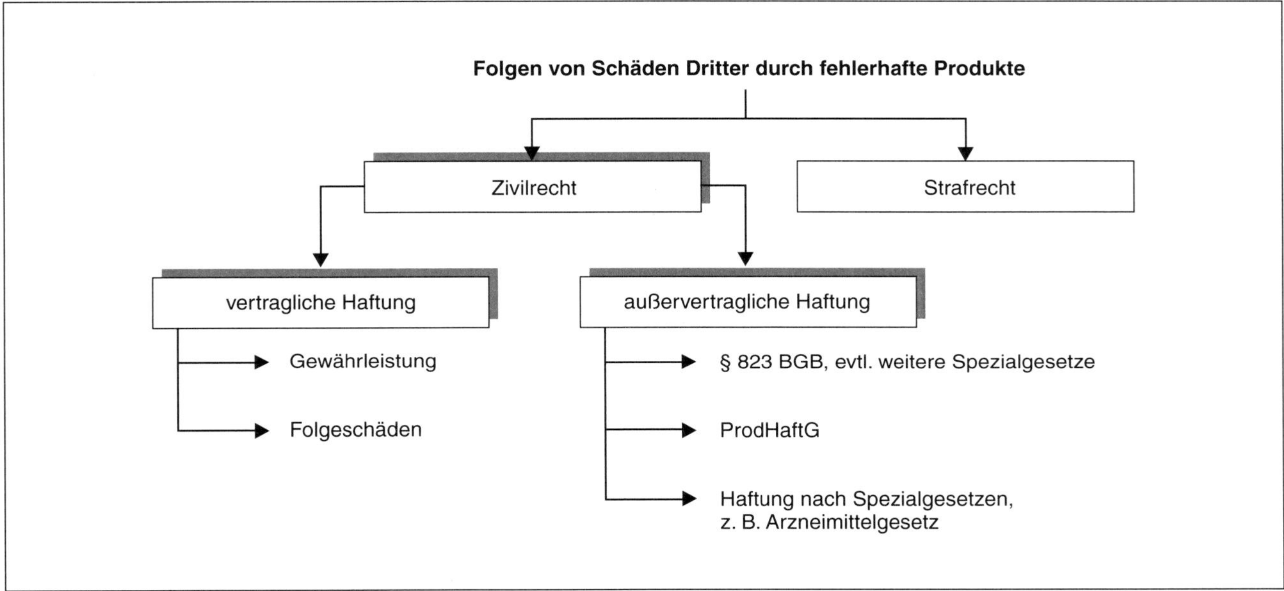

Abbildung 1-33: Rechtliche Folgen fehlerhafter Produkte

1.11.1 Vertragliche Haftung

Bei der vertraglichen Haftung unterscheidet man zwischen der Gewährleistung und der Nebenpflichtverletzung.

Gewährleistung

Die gesetzliche Gewährleistung greift ein, wenn bei einem Kauf die Sache während des Gefahrenüberganges mit einem Mangel behaftet ist.

Ein Mangel liegt vor, wenn der tatsächliche Zustand der Ware von dem abweicht, den die Partner bei Abschluss des (Kauf-)Vertrages vereinbart hatten oder den man nach den öffentlichen Äußerungen des Verkäufers oder dem Stand der Technik erwarten kann.

Dauer 24 Monate
12 Monate Beschränkung bei gebrauchten Produkten muss explizit vereinbart sein

Beweislast 1.– 12. Monat Verkäufer/Hersteller (seit 1.1.2022)
13.– 24. Monat Käufer

Ansprüche a) Fristsetzung für Nacherfüllung oder Nachbesserung
b) danach: Rücktritt, Minderung, Schadensersatz, Aufwendungsersatz

Nebenpflichtverletzung

Jeder Partner hat bei einem Vertrag die Pflicht, alles zu tun oder zu unterlassen, damit der Vertragszweck weder gefährdet noch vereitelt wird, noch der andere Vertragspartner geschädigt wird.

Führt eine schuldhafte Verletzung dieser Verhaltens- oder Unterlassenspflicht beim anderen Vertragspartner zu einem Schaden (sofern sie nicht Unmöglichkeit oder Verzug ist), nennt man dies Nebenpflichtverletzung.

Beispiel einer Nebenpflichtverletzung:

Ein Kunde kauft Heizöl. Der Fahrer der Firma, der mit einem Tanklastzug das Öl anliefert, ist betrunken. Er überwacht nicht das Einlaufen des Öls und überflutet dadurch den Heizungskeller. Es entsteht erheblicher Schaden. Der Fahrer ist mittellos. Der Kunde verlangt Schadensersatz vom Firmeninhaber. Der Inhaber kann zwar durch die Personalakte nachweisen, dass sein Fahrer vorher niemals wegen Trunkenheit aufgefallen war und deshalb dem Inhaber keine unerlaubte Handlung vorgeworfen werden kann (§ 831 Abs. 1 Satz 2 BGB). Dennoch ist ein Anspruch des Kunden entstanden, weil der Fahrer als Erfüllungsgehilfe der Firma die Nebenpflicht, alles zu tun und zu unterlassen, damit der Vertragspartner nicht geschädigt wird, schuldhaft verletzt hat (§ 278 Satz 1 BGB).

1.11.2 Außervertragliche Haftung

Bei der außervertraglichen Haftung muss zwischen der verschuldens**abhängigen** Haftung nach § 823 BGB und der verschuldens**unabhängigen** Haftung nach dem Produkthaftungsgesetz (ProdHaftG) unterschieden werden.

Haftung aus § 823[47] BGB durch Verschulden (Produzentenhaftung)

§ 823 BGB greift, wenn der Unternehmer (Hersteller) eine Verkehrssicherungspflicht schuldhaft verletzt und dadurch ein Rechtsgut des Geschädigten verletzt wird. Es besteht Beweislastumkehr, d. h. der Unternehmer muss nachweisen, dass ihn kein Verschulden trifft.

Beispiel einer Haftung nach § 823 BGB:

Ein Unternehmer handelt schuldhaft, wenn er die Überwachung von Mitarbeitern vernachlässigt oder unterlässt.

Gefährdungshaftung aus dem Produkthaftungsgesetz[48]

Nach dem Produkthaftungsgesetz haftet ein Hersteller oder Importeur für Personen- und Sachschäden, die durch sein Produkt verursacht wurden. Das Gesetz erfordert kein Verschulden. Der Geschädigte muss lediglich die Ursächlichkeit beweisen, d. h. dass ein Fehler des Produktes den Schaden verursacht hat. Er muss nicht nachweisen, warum das Produkt fehlerhaft ist.

Kleinstschäden:	Selbstbehalt des Geschädigten 500 €
Produkte:	Bewegliche
Personenschäden:	Haftungshöchstbetrag 85 Mio. €
Sachschäden:	Betreffen andere Sachen als das fehlerhafte Produkt
Anwendbar:	Nur private Verbraucher, private Nutzung
Verjährung:	10 Jahre nach dem Inverkehrbringen
Nachdem Geschädigter Kenntnis hat:	3 Jahre

Beispiele für Produkthaftung nach dem ProdHaftG:

Konstruktionsfehler:	*Fehlerhafte Bremsanlage bei einem Kraftfahrzeug*
Fabrikationsfehler:	*Antibiotika in Fischfutter, Mikrorisse in Sprudelflaschen*
Instruktionsfehler:	*Unzureichende Bedienungsanleitung des Herstellers*
Produktbeobachtungsfehler:	*Mangelhafte oder fehlende Feldbeobachtung*

[47] § 823 BGB: »Wer vorsätzlich oder fahrlässig das Leben, den Körper, die Gesundheit, die Freiheit, das Eigentum oder ein sonstiges Recht eines anderen widerrechtlich verletzt, ist dem anderen zum Ersatz des daraus entstehenden Schadens verpflichtet«...

[48] §1 ProdHaftG: »Wird durch den Fehler eines Produktes jemand getötet, sein Körper oder seine Gesundheit verletzt oder eine Sache beschädigt, so ist der Hersteller des Produktes verpflichtet, dem Geschädigten den daraus entstehenden Schaden zu ersetzen«...

1.11.3 Qualitätsmanagement und Haftungsentlastung

Die Beweislastumkehr zwingt den Hersteller, sich zu entlasten. Ein Hersteller kann sich entlasten, wenn er beweisen kann, dass

- das Produkt nach dem Stand von Wissenschaft und Technik entwickelt worden ist (damit lassen sich jedoch nicht Ausreißer aus der Produktion entlasten)
- das Produkt beim In-Verkehr-Bringen den schadenverursachenden Fehler noch nicht hatte
- das Produkt zwingenden Rechtsvorschriften entsprochen hat und aus diesem Grund fehlerhaft ist

Prävention

Der wichtigste Beitrag eines modernen Qualitätsmanagements ist es, Schadensfälle nicht entstehen zu lassen.

Zusammen mit der Qualitätskultur (Korrektur und ständige Verbesserung) helfen die Qualitätsinstrumente und Methoden, Fehler rechtzeitig zu erkennen und zu vermeiden (z. B. QFD, FMEA, SPC, AQL).

Entlastung

Der Hinweis auf Einhaltung von Forderungen aus DIN-Normen oder der Verweis auf Qualitätsstandards wie DIN EN ISO 9001 ist nicht entlastend; denn diese sind keine Rechtsvorschriften.

Die Dokumentation durch das Qualitätsmanagementsystem, insbesondere Qualitätsnachweise (Endtestprüfergebnisse, Produktaudits, Kennzeichnungen zur Rückverfolgbarkeit, dokumentierte Produktbeobachtungen im Feld, usw.) ist Beweismittel zur Haftungsentlastung.

1.12 Qualitätskosten

Lernziele:
- Schwächen der traditionellen Qualitätskostenerfassung erkennen
- die heutige Qualitätskostenauffassung wiedergeben können

Traditionelle Qualitätskostenbetrachtung

Die traditionelle Auffassung der Qualitätskosten besagt, dass eine höhere Qualität auch höhere Kosten verursacht.

Die Norm DIN EN ISO 9004 empfiehlt, Daten aus Prozessen in Finanzangaben umzuwandeln, um Vergleichsmesswerte für verschiedene Prozesse zu erhalten. Als typische Finanzdaten werden »Qualitätskosten« aufgeführt.

Ein Unternehmen entwickelt ein Qualitätskostensystem und unterscheidet die so genannten Qualitätskosten in drei Kostenarten:

- Fehlerverhütungskosten
- Prüfkosten
- Interne und externe Fehlerkosten

Alle »vorbeugenden« Maßnahmen werden als Fehlerverhütungskosten klassiert. Als Prüfkosten werden die Tätigkeiten erfasst, um die Einhaltung festgelegter Vorgaben zu überprüfen. Es sind in der Regel Abnahmeprüfungen, die sicherstellen sollen, dass Anforderungen erfüllt werden. Kosten der prozessbegleitenden Prüfungen stellen ein Problem bei der Erfassung dar. Sie können in vielen Fällen nicht von den Herstellkosten getrennt werden. Fehlerkosten werden noch einmal in interne und externe Kosten unterschieden.

Die folgende Tabelle gibt einige Beispiele:

Fehlerverhütungskosten	Prüfkosten	Fehlerkosten intern	Fehlerkosten extern
Abteilung »Qualitätsmanagement«	Prüfpersonal	Nacharbeit	Gewährleistungen
Planung der Qualitätsforderungen	Prüfmittel, Einrichtungen	Ausschuss	Kulanzkosten
Qualitätszirkel	Wareneingangsprüfungen	Mengenabweichungen	Produkthaftung
Schulungen	Zwischenprüfungen	Ausfallzeiten	Reklamationen
Qualitätsförderungsprogramme	Endprüfungen	Verschrottung	
Benchmarking	Prüfmittelüberwachung	Wertminderung	
	Prüfdokumentation	Problemuntersuchung	

Man argumentiert, dass die Gesamtkosten (die Qualitätskosten) irgendwo ein Minimum erreichen zwischen den ansteigenden Aufwendungen für Verhütungs-/Prüfkosten und den dadurch sinkenden Fehlerkosten. Irgendwann würden sich weitere Anstrengungen für Fehlerverhütung und Prüfen nicht mehr finanziell rechtfertigen, weil sich die Fehlerkosten nicht mehr wesentlich verringern ließen.

Man ist mit dieser Sichtweise also bereit, einen bestimmten Restfehleranteil und damit einen Anteil unzufriedener Kunden zu akzeptieren.

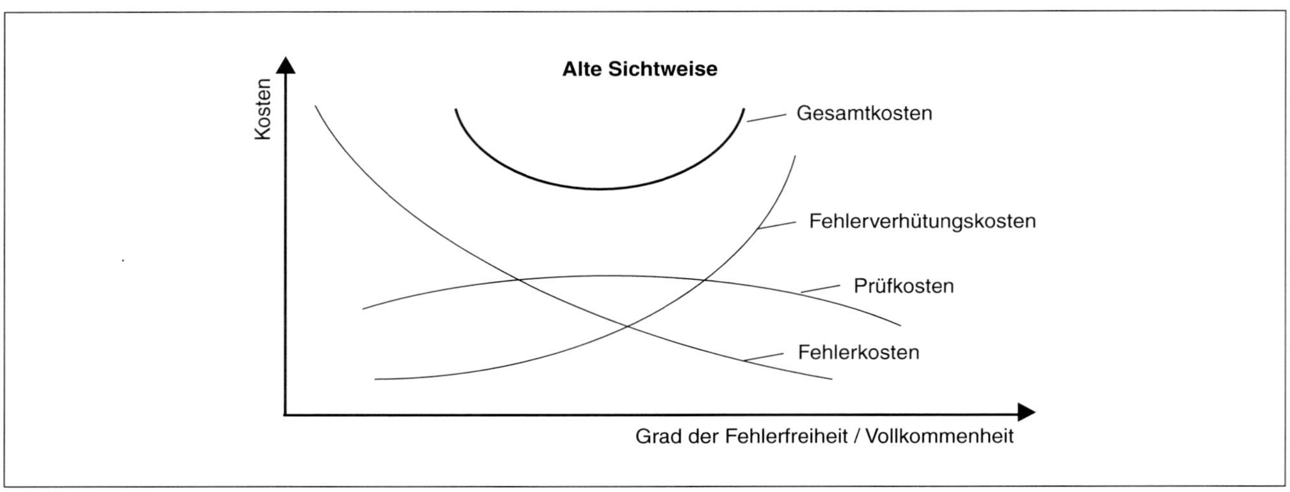

Abbildung 1-34: Frühere Sichtweise der Qualitätskostenoptimierung – Akzeptanz von Restfehlern

Man versucht, die Qualitätskosten von den Herstellkosten abzugrenzen. Eine Unterscheidung zwischen Prüfkosten und Herstellkosten ist jedoch vielfach gar nicht möglich: Insbesondere bei Werkerselbstprüfungen und automatisierten Prüfungen in der produzierenden Industrie sind die Prüfungen oft ein integrierter Bestandteil der Fertigungsprozesse.

Noch bedenklicher für diese Qualitätskostenauffassung ist, dass die erfassten Fehlerkosten immer nur die Spitze eines großen Eisberges sind. Viele versteckte Kosten und Fehlerfolgekosten werden gar nicht erfasst (z. B. Kundenverluste, administrative Kosten, Verlust der Marktanteile, zusätzliche Besuche bei Kunden, Telefonate, Tätigkeitswiederholungen).

Heutige Qualitätskostenbetrachtung

Die Einteilung der Qualitätskosten in die drei oben genannten Kategorien wird heute nicht mehr vertreten. Die Restfehlertolerierung ist mit der heutigen TQM-Philosophie der »ständigen Verbesserung« und der »Nullfehlertoleranz« nicht vereinbar. Die TQM-Philosophie besagt, dass durch ständige Verbesserung der Qualität die Gesamtkosten gesenkt werden und damit auch die Gewinne eines Unternehmens erhöht werden.

Wenn die Mitarbeiter im Unternehmen die innere Einstellung zur ständigen Verbesserung ihrer Abläufe und Strukturen haben, dann werden auf breiter Ebene die Prozesse weniger fehlerhaft und robuster sein. Eine Verringerung der Fehler in allen Tätigkeitsbereichen führt zur Verringerung der Gesamtkosten. Gleichzeitig erhöht sich die Zahl zufriedener Kunden. Die Chance der Kundenbindung verbessert sich. Das Unternehmen hat größere Chancen am Markt:

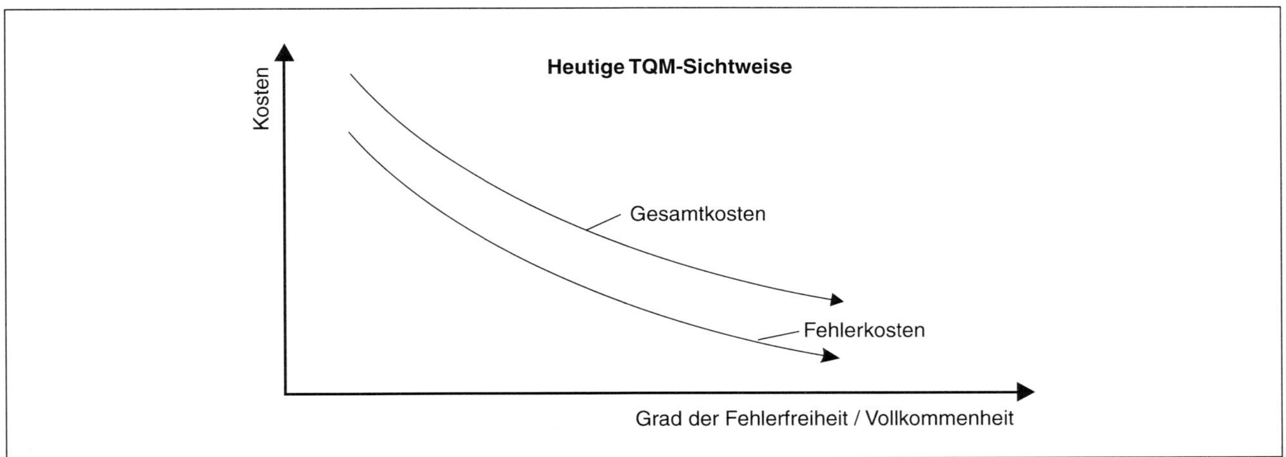

Abbildung 1-35: Heutige Sichtweise der Qualitätskostenoptimierung

Unternehmensweites Qualitätsmanagement senkt die Kosten und spart Zeit und Ressourcen. Hohe Qualität hebt die wirtschaftliche Leistungsfähigkeit eines Unternehmens und verbessert seine Stellung am Markt. Es gibt in diesem Sinne kein monetäres Optimum zwischen Verhütungs- und Prüfaufwand einerseits und Fehlerkosten anererseits.

Diese Betrachtungsweise hatte bereits Deming in den 1950er Jahren in seiner Deming-Reaktionskette dargestellt. Er strebt das »Null-Fehler-Prinzip« an.

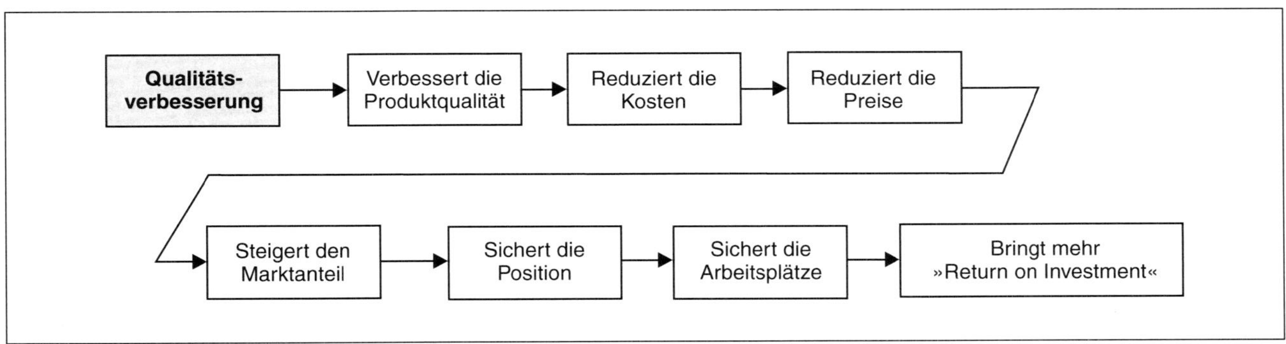

Abbildung 1-36: Qualitätskostenbetrachtung nach Deming

Heute ist man sich bewusst, dass die finanzielle Betrachtung von Qualität sehr unvollkommen ist, weil viele Nichtkonformitäten oder Fehlerfolgekosten gar nicht erfassbar sind.

Zwischen Fehlerauftreten und Fehlerursache liegt meist ein zeitlich großer Unterschied. Die Fehlerkosten können nicht mehr den wirklichen Verursachern zugerechnet werden. Man empfiehlt deshalb, auf den Summenbegriff »Qualitätskosten« ganz zu verzichten[49].

[49] siehe z. B. Seghezzi, Integriertes Qualitätsmanagement, Hanser Verlag 2007

Dies bedeutet aber nicht, dass man auf die Kostenerfassung von Fehlern und Prüfungen generell verzichten soll. Sie sollen durchaus in der betrieblichen Kostenrechnung erfasst werden, denn sie können im Rahmen von Bewertungen des Qualitätsmanagements wertvolle Hinweise geben. Die aufbereiteten Kenngrößen werden nicht in einem Qualitätskostensystem dargestellt, sondern sie müssen in ein Gesamtinformationssystem eingebettet werden (z. B. in einer Balanced Scorecard). Häufig muss ein Unternehmen schmerzlich feststellen, dass allein die erfassten finanziellen Aufwendungen für Prüfungen und Fehlerbeseitigungen höher liegen als der Gewinn.

Verlustkostenfunktion nach Taguchi

Einen anderen viel beachteten mathematischen Ansatz entwarf Genichi Taguchi, indem er Verlustkostenfunktionen aufstellte. Seine Philosophie besteht darin, dass jede noch so kleine Abweichung eines Merkmales von seinem Zielwert einen Verlust für Unternehmen und Gesellschaft bedeutet – auch innerhalb der spezifizierten Toleranzgrenzen. Die Verluste sind nahe am Zielwert noch klein, steigen aber mit größerem Abstand stark an. Die Verlustkosten stellte Taguchi mathematisch als eine Parabelfunktion dar (siehe Abb. 1-37).

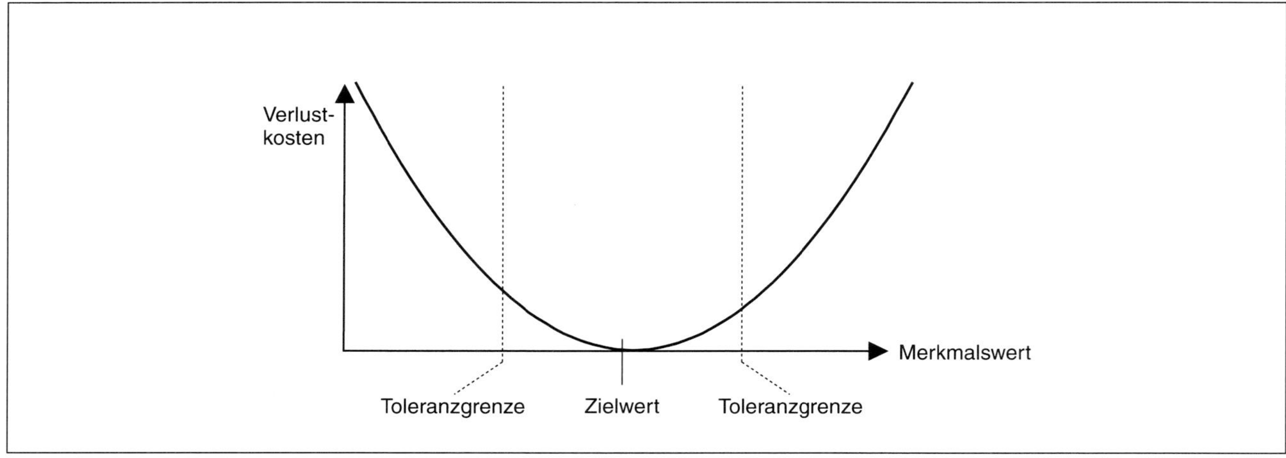

Abbildung 1-37: Verlustkostenfunktion nach Taguchi

Sehr nahe am Zielwert sind die Verluste vernachlässigbar klein. Sie steigen jedoch kontinuierlich und progressiv an, je weiter sich der Istwert von seinem Zielwert entfernt. Dieses widerspricht der gängigen Auffassung in der Produktion, dass Produkte als fehlerfrei gelten, solange sie innerhalb von festgelegten Toleranzen liegen, denn auch innerhalb der spezifizierten Toleranzgrenzen fallen schon Verluste an.

Die Berechnung von monetären Verlustkosten nach Taguchi ist jedoch in der Praxis meist schwierig. Verlustkostenfunktionen werden eher in der Versuchsplanung und Versuchmethodik durchgeführt. Taguchis Überlegungen führten jedoch zur Zielsetzung der »Null-Fehler-Toleranz«, wonach jede noch so kleine Abweichung vom Zielwert zu materiellen oder immateriellen Qualitätsverlusten führt.

Teil 2
Qualitätsmanagement – Praxis

Wie beginnt man am besten, die theoretischen Erkenntnisse des Total Quality Managements in die Praxis umzusetzen? Ein Patentrezept gibt es nicht. Es gibt folglich nicht einen Weg, sondern viele individuelle Ansätze für jedes einzelne Unternehmen.

Bei der Umsetzung des Total Quality-Managementgedankens hat Japan eine Vorreiterrolle gespielt. In der westlichen Welt wurde das japanische Vorgehen 1992 mit dem Schlagwort »Lean Management« bezeichnet und teilweise nachgeahmt. Lean Management kann als Vorläufer des heutigen TQM angesehen werden (damals noch allein mit dem Schwerpunkt der Effizienzsteigerung). Viele praktische Ideen des Lean Managements sind auch heute für den Aufbau eines umfassenden Qualitätsmanagements interessant.

Zum Vergleich wird ein modernes Beispiel der Umsetzung nach dem EFQM-Modell aufgezeigt.

Grundsätzlich werden bei der Umsetzung eines Total Quality-Managementkonzeptes vier Phasen durchlaufen. Hierfür haben sich wichtige Umsetzungsbausteine herauskristallisiert. Ein Unternehmen fügt diese Bausteine zu einem individuellen Umsetzungsprojekt zusammen.

Es sind viele Aspekte, die in der Praxis zu beachten sind. Die neue Führungsrolle als auch die Mitarbeiterorientierung haben eine herausragende Bedeutung und werden vorgestellt, ebenso »Aktives Beschwerdemanagement« und das Verständnis für Dienstleistungsqualität.

Anhand des Qualitätskreises werden die Hauptfunktionen des Qualitätsmanagements in einem Unternehmen erläutert, auf die Bedeutung der Qualitätsprüfungen wird eingegangen.

2.1 Lean Management – Vorläufer von TQM

Lernziele:
- Hintergründe und Entwicklung des Lean Managementgedankens verstehen
- Prinzipien des Lean Managements wiedergeben können

Das Konzept des Lean Managements wurde 30 Jahre lang in Japan entwickelt. Berühmte Namen sind dabei Kaouru Ishikawa, Eiji Toyoda, Taichi Ohno und zum Teil Walter Edwards Deming, der insbesondere den kontinuierlichen Verbesserungsprozess entwarf. Die japanischen Aktivitäten haben den Weg für die heutige Total Quality Managementphilosophie geebnet.

Diese japanische Vorreiterrolle lässt sich an der historischen Entwicklung nachvollziehen. Der Begriff »Lean Management«, auch »Lean Production« oder »Toyota Production System« wird heute dem Begriff »Total Quality Management« häufig gleichgestellt.

Historie:

1950	In Japan entwickeln zwei Ingenieure der Firma Toyota, Eiji Toyoda und Taiichi Ohno aus der besonderen wirtschaftlichen Notlage Japans heraus Ansätze zur schlanken Produktion.
1950–1980	Ohno und andere perfektionieren die Techniken der schlanken Produktion in den folgenden 30 Jahren zu einem Unternehmens-Führungskonzept.
1985–1990	Das Massachusettes Institute of Technology MIT In den USA führt eine fünfjährige Studie unter dem Namen »International Motor Vehicle Programs (IMVP)« durch. Die Studie untersucht weltweit die Automobilindustrie. Sie deckt gravierende Unterschiede zwischen der Massenproduktion nach Ford (Taylorismus und Fließband) in den USA und der »schlanken« Produktion in Japan auf.
1990	Womack, Jones und Roos veröffentlichen die Ergebnisse der MIT-Studie in dem Buch: »The Machine that changed the World«.
	Das Buch erfährt ein riesiges öffentliches Interesse in der Automobilindustrie. Es schlägt »wie eine Bombe« ein.
1991	Es erscheint die deutsche Übersetzung unter dem Titel: »Die zweite Revolution in der Autoindustrie«[50].
	Zwei Kernergebnisse der Studie des MIT waren für die westlichen Autobauer schockierend. Die Studie belegte, dass westliche Automobilunternehmen bis zu 20 % der Fabrikfläche und 25 % der gesamten Arbeitszeit für Fehlerbeseitigungen vorhielten. Die Studie zeigte, dass das Prinzip der schlanken Produktion bereits seit 30 Jahren in Japan bekannt ist und sich erfolgreich etabliert hat.

Die Aktivitäten in Japan blieben nahezu 30 Jahre in den westlichen Staaten unbeachtet, bis sie in der MIT-Studie bekannt wurden. Die westlichen Industriestaaten, USA und Europa, haben Lean Management erst in den 1980er-Jahren wahrgenommen und aufgegriffen.

Der Begriff selbst – »Lean Management« – wurde in der MIT-Studie in den USA geboren. Lean kann mit »athletisch schlank« übersetzt werden. Alternativ wird der Begriff »schlanke Produktion« verwendet.

Es sind die folgenden zwei zentralen Prinzipien, die Lean Management prägen:

Erstes zentrales Prinzip: Verschwendung vermeiden

Ein Hauptprinzip des Lean Managements besteht darin, Verschwendung in allen Unternehmensbereichen aufzuspüren und zu vermeiden: Man versucht, überflüssige Ablaufschritte zu eliminieren und die Abläufe zu einem stetigen Arbeitsfluss zu verbinden. Es wird das »Kanban«-Prinzip[51] entwickelt und Just-in-Time angeliefert. Es werden Bestände und Puffer aller Art abgebaut und vermieden. Fabrikpersonal und Fabrikfläche werden reduziert.

Der Produktionsablauf kann in jedem Moment angehalten werden, wenn ein Problem auftaucht. Erst, wenn die Ursache abgestellt ist, wird die Produktion wieder aufgenommen.

[50] Womack, James P., Jones, Danie T., Roos Daniel, Die zweite Revolution in der Autoindustrie, Verlag Campus 1992

[51] Kanban: betrifft den zeitlichen und mengenorientierten Aspekt der Produktion, es ist Produktion ohne Lagerhaltung.

Aus der MIT-Studie:

»Taichi Ohno spannte über jede Arbeitsstation eine Leine zur Fließbandunterbrechung. Wenn ein Problem auftauchte, zog der Arbeiter an der Leine, wenn er das Problem nicht allein und sofort lösen konnte. Das Fließband stoppte. Das gesamte Team musste dann gemeinsam und verantwortlich das Problem lösen. Auch schulte Ohno seine Arbeiter in Problemlösungstechniken. Die Anzahl der Fehler am Fließband begann drastisch zu sinken. Die Nacharbeit am Ende des Bandes sank kontinuierlich und die Qualität der Autos nahm ständig zu. Toyotas Montagefabriken haben keine Nacharbeitszonen mehr.«

Zweites zentrales Prinzip: Hierarchiestufen abbauen

Es werden Hierarchiestufen abgebaut und »flache Hierarchien« geschaffen. Hierarchien dürfen nur so weit als nötig vorhanden sein. Man hofft, Autoritätsgläubigkeit und lange Entscheidungswege abzubauen und Eigenverantwortung zu stärken. Entscheidungskompetenzen werden an die Arbeitsausführenden gegeben. »Denken« und »Ausführen« wird zusammengelegt. Es werden ressortübergreifende Teams eingesetzt.

Die folgende Liste zeigt typische Umsetzungen des Lean Management-Gedankens:

Umsetzungen des Lean Managements

im Kundenumgang
- langfristige Beziehungen zwischen Hersteller, Händler und Käufer
- Die Vertriebskanäle verbinden Produktion (Fabrik) und Kunden direkt
- Händler / Verkäufer werden in die Produktentwicklung einbezogen, Vertriebsmitarbeiter sind im Entwicklungsteam
- Intensives Schulungsprogramm für Vertriebskräfte in allen Disziplinen
- Verkaufspersonal wird in Teams gruppiert, es gibt eine Gruppenprovision
- Verkäufer bauen eine umfangreiche Datenbank über Haushalte und deren Käuferpräferenzen auf, die Informationen fließen systematisch in die Fabrik
- Der Verkäufer bietet einen kompletten Service an

in der Zulieferkette
- Lieferanten werden bereits bei Entwicklungsbeginn ausgesucht
- Der Lieferant stellt Konstruktionsingenieure bei
- Lieferantenauswahl auf Basis bewiesener Leistungsfähigkeit, nicht Preis
- Beschränkung auf wenige Lieferanten
- Lieferant wird für ganze Komponenten zuständig
- Langfristige Verpflichtung, gemeinsame Kostenanalyse, Gewinnteilung bei Verbesserungen, Vereinbarung einer Kostensenkungskurve
- Just-in-Time-Anlieferungen, Produktionsglättung
- Beziehungen mit gegenseitiger Abhängigkeit

in der Produktion
- So wenig Fläche wie möglich, kein Platz für Bestände vorgesehen
- Fehlervermeidung hat hohe Priorität
- Keine Puffer, keine Teilelager
- Montagefreundliche Konstruktionen, hohes Maß an Automatisierung
- Maximum an Verantwortung an Arbeiter, die die Wertschöpfung erbringen
- Teamarbeit unter den Arbeitern
- Zahlreiche vielfältige Fertigkeiten der Arbeiter
- Geist der gegenseitigen Verpflichtung
- Einfaches umfassendes Informationssystem
- Führungsstil der Kooperation und Teilhabe schafft Vertrauen der Arbeiter
- Produktion nahe am Absatzort

in der Entwicklung
- Teamleiter wird mit großer Macht ausgestattet
- Team unter Kontrolle des Teamleiters, nicht der Fachabteilung
- Kaum Fluktuation während des Projektes, Kommunikation wird in der Entwicklung sichergestellt
- Sofortige direkte Konfliktaustragung
- Simultane Entwicklung: Direkter Sichtkontakt der Konstrukteure
- Zeitplantreue und langsames Hochfahren der Produktion (Lernkurve zugestanden)

Bericht aus der MIT-Studie:

Ohno experimentierte in der Automobilproduktion bei Toyota. Er gruppierte Arbeiter zu Teams mit einem gewählten Teamleiter statt mit Vorarbeitern. Ein Team erhielt mehrere Montageschritte. Das Team führte selbständig Reparaturen und Reinigung der Maschinen aus. Das Team erhielt Zeit, um Verbesserungen des Ablaufes zu überlegen.

Der Lean Management-Ansatz führte zu einer Überlegenheit der japanischen Industrien auf dem Weltmarkt und brachte ihnen Vorteile in der Produktivität, Flexibilität, in der Schnelligkeit und in der »Qualität« der Produkte.

Missbrauch des Lean Management-Ansatzes

Der Lean Management-Ansatz kam vielen Unternehmen in Europa gerade recht, um Arbeitsplatzabbau wohlklingend zu machen. In der Praxis führte Lean Management in den neunziger Jahren zu einer hohen Zahl von Entlassungen von Arbeitskräften. Die Prinzipien des Lean Managements werden auch heute verfolgt. Der Begriff »Lean Management« ist jedoch weitgehend aus der Öffentlichkeit verschwunden.

2.2 Umsetzung des Total Quality Management-Konzeptes

Lernziel: Umsetzung von TQM beschreiben können

Es gibt nicht einen Weg, TQM in einem Unternehmen umzusetzen, sondern viele. Prinzipiell muss jedes Unternehmen selbst sein individuelles TQM-Programm erarbeiten und mühsam in einem langen mehrjährigen Umsetzungsprozess realisieren. Die Verantwortung für die Umsetzung einer TQM-Philosophie obliegt immer der obersten Unternehmensleitung.

Die Einführung von TQM läuft grob in vier Phasen ab. Jede Phase zeichnet eine zunehmende Kompetenz des Unternehmens aus:

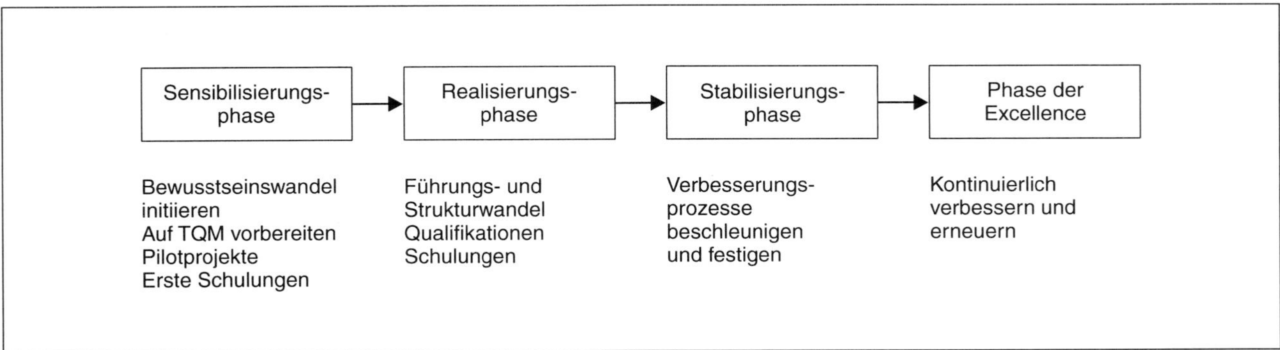

Abbildung 2-1: Phasen der TQM-Einführung

Oft sind der Aufbau und die Zertifizierung eines Qualitätsmanagementsystems der Auslöser, der die Unternehmensleitungen für die Weiterführung eines TQM-Programms sensibilisiert. Der Aufbau des Qualitätsmanagementsystems nach DIN EN ISO 9001 wird häufig als erster notwendiger Baustein eines langfristigen unternehmensweiten Qualitätsmanagements erkannt.

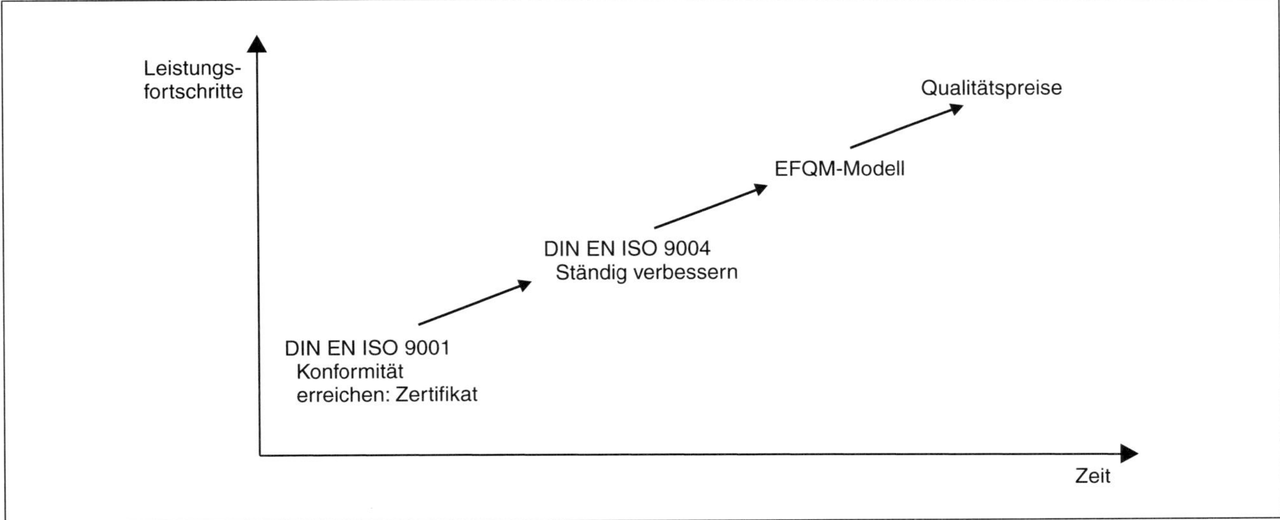

Abbildung 2-2: Phasen der TQM-Einführung

Ein Ansatz zur Umsetzung ist das EFQM-Modell. Aus den sieben Kriterien dieses Modells lassen sich Umsetzungsmodule ableiten.

2.3 Umsetzungsbausteine des Total Quality Managements

Lernziel: Bausteine zur Realisierung des TQM-Konzeptes benennen und ihre Inhalte beschreiben können

Um das Qualitätskonzept im Unternehmen zu verwirklichen, sind viele Projekte und Maßnahmen notwendig. Diese werden häufig als »Bausteine« bezeichnet.

Im Folgenden werden 12 Bausteine vorgestellt:

Abbildung 2-3: Bausteine zur Umsetzung von TQM

Baustein: »Ziele und Maßstäbe« setzen

Gemeinsame Grundwerte eines Unternehmens sind die Voraussetzung zur Einführung von Total Quality Management. Diese Grundwerte müssen die notwendige Geisteshaltung des TQM widerspiegeln, d. h. die Überzeugung und Verpflichtung der Unternehmensführung zu Qualität und einer TQM-gerechten Führung.

Die Grundwerte lassen sich im Unternehmenszweck und in seinen Leitbildern und Leitlinien ausdrücken, d. h. wozu sich das Unternehmen sieht und seine Daseinsberechtigung ableitet. Der Unternehmenszweck wird in einem Leitbild formuliert. Dieses wird in Leitlinien konkretisiert. Leitlinien sind Handlungsanweisungen und Führungsgrundsätze. Aus den Leitlinien werden Ziele formuliert. Diese werden wiederum in Teilziele und Maßnahmen für die Mitarbeiter konkretisiert.

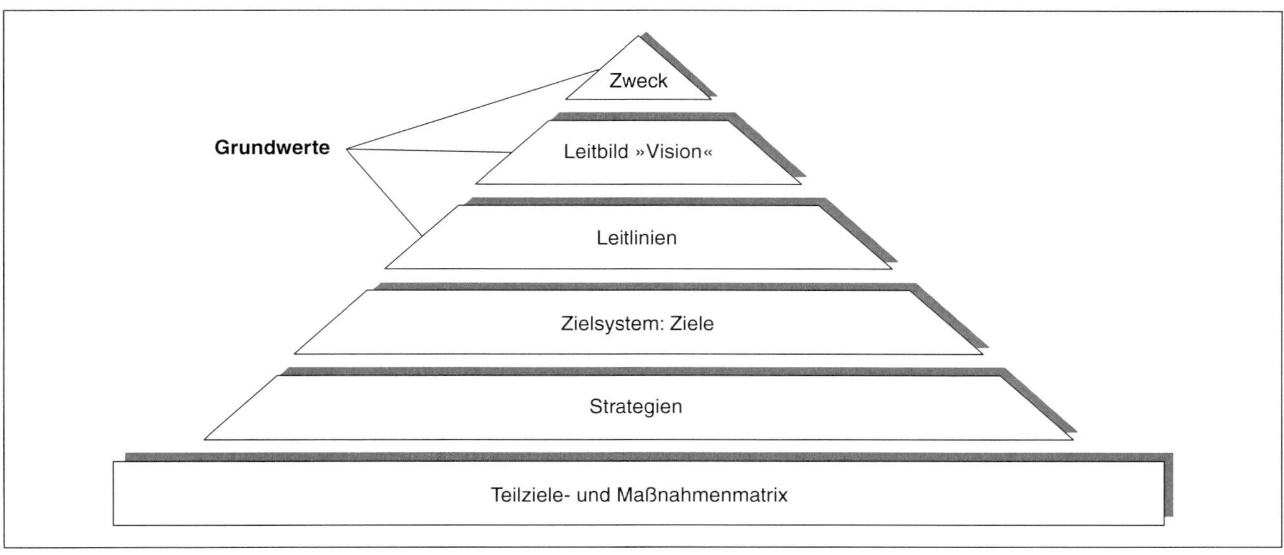

Abbildung 2-4: Die Wertepyramide eines Unternehmens

Zweck:
beschreibt die »Mission« des Unternehmens, wozu das Unternehmen da ist. Die Mission beschreibt die Aufgabe des Unternehmens für die Gesellschaft. Sie zeigt auf, welchen Zweck das Unternehmen erfüllt.

Vision:
Die Vision ist ein klares Vorstellungsbild der angestrebten Zukunft. Es ist eine Herausforderung für die Entscheidungskräfte, deutlich und verständlich zu erklären, wohin das Unternehmen sich entwickeln soll.

> ***Beispiel einer Vision des Unternehmensgründers von Apple in der Gründungsphase:***
> *»Wir machen die Möglichkeiten des Computers für Jedermann jederzeit und überall nutzbar«.*

Eine Vision ist ein Wunschbild für die Zukunft. Eine Vision liefert den Unternehmensmitgliedern ein Gefühl der Einzigartigkeit und bewirkt eine intensive Motivation. Sie schafft Orientierung für das gesamte Unternehmen.

Leitlinien:
Die Leitlinien verkörpern die Wertvorstellungen im Unternehmen. Es sind die Einstellungen und Verhaltensweisen definiert, die im Unternehmen verkörpert werden. Zu den Leitlinien gehören die Führungsgrundsätze des Unternehmens.

Ziele:
Unternehmensziele stehen für anzustrebende Ergebnisse. Sie müssen konkret und messbar sein.

Strategien:
Die Strategien legen die grundsätzliche Vorgehensweise zur Umsetzung fest. Sie beantworten die Frage, wie die Ziele erreicht werden sollen.

Top-Down-Ansatz:
Es ist die Aufgabe der obersten Führungskräfte, **Unternehmens**ziele zu formulieren und den Mitarbeitern bekannt zu machen.

Zur Erreichung der Ziele werden Strategien und Maßnahmen formuliert, die für die nachgeordnete Hierarchiestufe wiederum die Ziele darstellen, die zu verwirklichen sind. Dies kann kaskadenförmig bis zum einzelnen Mitarbeiter festgelegt werden. Auf diese Art ist die Abstimmung der Ziele und die Ausrichtung auf ein Gesamtziel sichergestellt.

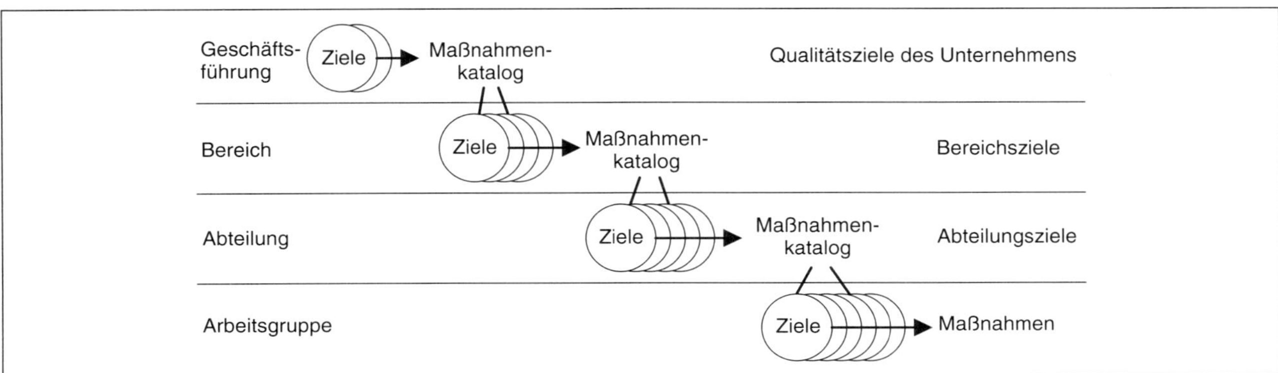

Abbildung 2-5: Ziele und Maßnahmen

Die Führungskräfte vereinbaren die Ziele und Maßnahmen mit den Mitarbeitern. Die Mitarbeiter erhalten die Verantwortung, die Ziele zu erreichen.

Um die Methode »Führen durch Zielvereinbarung« im Unternehmen einzuführen, müssen Schulungen für alle Hierarchiestufen durchgeführt werden. Bei konsequenter Anwendung verändert sich das Verhalten der Führungskräfte zu partizipativem und kooperativem Führungsstil.

Baustein: »Eine Qualitätskultur entwickeln«

Bei den Wertvorstellungen zur Qualitätskultur nimmt die oberste Geschäftsführung eine Schlüsselrolle ein. Die Führungskräfte bestimmen die Kultur im Unternehmen. Zur Entwicklung einer Qualitätskultur müssen die obersten Führungskräfte eine verständliche Qualitätspolitik formulieren. Die Führungskräfte leiten die Qualitätspolitik aus ihrem Unternehmensleitbild ab.

Die Führungsebene muss gewünschtes Verhalten von den Mitarbeitern einfordern und das Verhalten durch Maßnahmen unterstützen. Das sind Schulungen, Informationstransparenz, Unternehmensregeln, Programme und Projekte. Eine Schlüsselbedeutung hat die Vorbildfunktion der Vorgesetzen. Allmählich werden die erzwungenen Verhaltensmuster zur inneren Einstellung.

Um eine Qualitätskultur im Unternehmen zu schaffen, kann das Unternehmen folgende Aktivitäten durchführen:

- Ein TQM-Programm (Schulungsprogramm) detailliert ausarbeiten und festlegen
- Sicherstellen, dass das Top-Management die Verantwortung für TQM übernimmt
- Alle Führungskräfte auf TQM explizit verpflichten: »Vorleben der TQM-Philosophie« als Verhalten
- Ein Kommunikationssystem einführen, das Transparenz für alle Mitarbeiter schafft
- Durch viele Maßnahmen erreichen, dass alle Mitarbeiter das TQM-Konzept akzeptieren
- Alle Mitarbeiter zur Mitarbeit motivieren und auf TQM verpflichten

Anmerkungen zum Begriff »Kultur«

Zur Kultur gehören alle geistigen und künstlerischen Lebensäußerungen, das heißt alle Auffassungen zu Religion, Philosophie, Kunst, Wissenschaft, Sitte, Kirche, Recht, Staat, Gesellschaft, Wirtschaft.

Unternehmenskultur:
Unternehmenskultur sind die Wertvorstellungen, Denkmuster, Gebräuche und Verhaltensnormen, nach denen im Unternehmen gelebt und gehandelt wird. Die Unternehmenskultur prägt das Erscheinungsbild des Unternehmens. Die Unternehmenskultur ist erkennbar an

den Wertevorstellungen:
- *geistige Haltung im Unternehmen, an den Vorbildern, Haltung der Führungskräfte, an der Identifikation und dem Wertebewusstsein, an der Wertschätzung der Gesellschaft, der Kunden, am sozialen Verhalten*

den Denkmustern:
- *Stimmungen, Betriebsklima, Motivation, Einstellungen zu Innovationen, Technik, Kostenbewusstsein*

den Verhaltensregeln:
- *Verhaltensmuster gegenüber Menschen, Material, Vorgaben*
  Einhalten von Regeln, Konflikthandhabungen

Qualitätskultur:
Die Qualitätskultur ist die Gesamtheit der Auffassungen und Äußerungen zur Qualität. Eine Qualitätskultur erkennt man an

Wertvorstellungen zur Qualität:
- *Bedeutung, die Führungskräfte der Qualität zumessen. Rolle, die Führungskräfte im Qualitätsmanagement wahrnehmen, Bedeutung von Qualitätsforderungen im Unternehmensalltag*

Denkmustern über Qualität:
- *wie weit sich das Unternehmen am Kunden orientiert, welche Qualitätsmentalität vorherrscht, die Qualitätsmotivation, das Qualitätskostenbewusstsein, die Bereitschaft, Informationen über Fehler weiterzugeben*

Verhaltensregeln:
- *welche Qualitätsforderungen geplant sind und als Vorgabe gelten, das Qualitätssicherungssystem, Aufbau- und Ablauforganisation*

Baustein: »Qualitäts-/Umwelt-Managementsystem aufbauen«

Erster »Einstieg« in TQM ist der Aufbau eines formalen Qualitätsmanagementsystems. Vorgaben geben dabei die Forderungen der Norm DIN/EN/ISO 9001 oder anderer Branchennormen [52].

Wesentliche Bestandteile beim Aufbau des Managementsystems sind die Dokumentation und die Auditierung und Zertifizierung.

Der Aufbau des QM-Systems und seine Zertifizierung sind häufig die Vorstufe eines TQM-Programms.

Zunehmend werden **integrierte** Managementsysteme (Qualität, Umwelt, Arbeitssicherheit) zu einem Unternehmensmanagementsystem aufgebaut.

Das Unternehmen synchronisiert und harmonisiert die Forderungen der Qualitätsnormen DIN EN ISO 9001 und der Umweltnorm DIN EN ISO 14001 bzw. der EMAS-Regelung und schafft so ein gemeinsames Managementsystem.

Ansatzweise wird bereits Arbeitsschutz integriert. Eine Verbreitung über ihre Branche hinaus hat die Arbeitsschutz-, bzw. Sicherheitsrichtlinie SCC [53] erfahren. Sie kommt ursprünglich aus der Mineralölindustrie. Die Anforderungen an ein Managementsystem für Sicherheit und Gesundheit bei der Arbeit werden in der internationalen Norm DIN ISO 45001 beschrieben. [54]

Baustein: »Auditverfahren einführen«

Audits sind ein effizientes Instrument für Führungskräfte eines Unternehmens. Auditverfahren gelten als notwendiger Baustein des TQM-Konzeptes.

In der Umsetzung bedeutet dies den Aufbau eines systematischen Auditverfahrens nach DIN EN ISO 19011. Audits sind zwingende Forderungen der Norm DIN EN ISO 9001.

Die oberste Leitung ist verantwortlich, ein internes Auditverfahren einzuführen. Interne Auditoren werden geschult. Alle Mitarbeiter des Unternehmens müssen über Sinn und Zweck informiert werden und das Auditverfahren kennen.

Im Rahmen der TQM-Bewertungen muss das Unternehmen ein funktionierendes Auditprogramm und eine konstruktive Auditkultur nachweisen. Konstruktiv bedeutet, dass Ergebnisse von Audits die Mitarbeiter motivieren und anspornen.

Ziel des Bausteines ist es vor allem, daraus ständige Korrektur- und Verbesserungsmaßnahmen abzuleiten. Audits stoßen Verbesserungsmaßnahmen an.

Baustein: »Zertifizierbarkeit erreichen«

Häufiger Einstieg in Total Quality Management ist der Aufbau eines Qualitätsmanagementsystems im Unternehmen nach den Forderungen von DIN EN ISO 9001. Dabei strebt das Unternehmen als Qualitätsziel die Zertifizierung durch ein externes Zertifizierungsunternehmen an.

Die Zertifizierung durch eine externe Zertifizierungsgesellschaft ist deshalb häufig ein früher Baustein zur praktischen Umsetzung des TQM-Konzeptes. Mit dem Ziel der Zertifikatserreichung müssen die Mitarbeiter zielgerichtet vorgehen und viele TQM-Aspekte beachten.

Das Zertifikat durch ein Zertifizierungsunternehmen kann

- Als Unterstützung des TQM-Prozesses gesehen werden
- Vertrauensbildend gegenüber den Kunden sein
- Als Bestätigung gelten, dass Anstrengungen zur Qualitätsverbesserung unternommen werden
- Als Bestätigung gelten, dass die Anstrengungen zielgerichtet laufen

Skepsis gegenüber der Zertifizierung:
Die Praxis hat gezeigt, dass eine Zertifizierung kein Garant für eine verbesserte Qualitätsfähigkeit eines Unternehmens ist. Sie ist auch kein Garant zur Änderung der Qualitätskultur des Unternehmens, weil sie ein Qualitätsmanagementsystem nur formal und in Stichproben abprüft.

Die Erlangung eines DIN EN ISO 9001-Zertifikates durch eine externe Gesellschaft ist als Baustein für TQM umstritten.

Die Alternative zur Zertifizierung ist die Selbstbewertung. Diese orientiert sich am EFQM-Modell der »Bestleistungen«. Eine Zertifizierung nach Mindestforderungen ist nicht im EFQM-Modell vorgesehen.

---

[52] Beispiele weiterer Normen: IATF 16949, KTQ, VDA6.1

[53] SCC steht für Sicherheits-Certificat-Contraktoren. 1989 hat eine Gruppe von Sicherheitsfachkräften der Mineralölindustrie die wesentlichen Kriterien für ein Managementsystem zu Sicherheit, Gesundheit und Umweltschutz (SGU-System) zusammengetragen.

[54] DIN ISO 45001: Managementsysteme für Sicherheit und Gesundheit bei der Arbeit – Anforderungen mit Anleitung zur Anwendung.

Baustein: »Qualitätstechniken vermitteln und einsetzen«

Ein wichtiger Baustein eines TQM-Konzeptes sind die Vermittlung und der Einsatz moderner Qualitätsinstrumente und Qualitätsmethoden.

Es sind Qualitätstechniken zur Regelung von Tätigkeiten/Prozessen als auch Techniken in der Planung zu vermitteln und einzusetzen.

Schwerpunkt wird auf die präventiv wirkenden Techniken gelegt, das heißt: die Techniken zur Fehlervermeidung oder frühzeitigen Fehlererkennung und Verbesserung.

Mit der Erkenntnis und der zunehmenden Erfahrung mit den verschiedenen Methoden schließen die Mitarbeiter mehr und mehr die Verbesserungspotenziale des Unternehmens auf.

In der praktischen Umsetzung bedeutet dies:

- Fachkompetenz (Experten, Vermittler der Qualitätswerkzeuge) im Unternehmen schaffen und halten, ständig auf dem Laufenden über neue Methoden bleiben
- Den Bedarf und die Einführung der Qualitätstechniken systematisch planen und in entsprechenden Dokumenten fixieren (Verfahrensanweisungen, QM-Handbuch)
- Intensiv schulen und trainieren: alle Mitarbeiter entsprechend ihrem Bedarf an Techniken trainieren. Der Schwerpunkt liegt auf Qualitätswerkzeugen, die für Verbesserungen eingesetzt werden können

Baustein: »Qualitätsverantwortung personifizieren«

In diesem Umsetzungsbaustein wird die Verantwortung und Befugnis für jede Tätigkeit auf jeder Stufe festgelegt und Mitarbeitern persönlich zugeordnet, das heißt:

- Verantwortung wird grundsätzlich einem Mitarbeiter zugeordnet (»personifiziert«)
- Verantwortung wird für jede Tätigkeit auf jeder Stufe festgelegt
- Der ausführende Mitarbeiter wird verantwortlich für die Qualität der Tätigkeit (Verantwortung am Ort der Leistungserstellung)

Die Prozessorientierung spielt eine zentrale Rolle. Jede Tätigkeit, jeder Prozess erhält einen »Prozess-Eigner«.

Beispiele zur Qualitätsverantwortung:

Geschäftsleitung	*übernimmt persönlich die Qualitätsverantwortung des Unternehmens. Sie ist verantwortlich für die Entwicklung einer Qualitätskultur*
Führungsebenen der Linien	*übernehmen die Verantwortung über Teile des Qualitätssicherungssystems*
Mitarbeiter	*erhalten umfassende Kompetenz und die notwendigen Mittel, tragen die Verantwortung für Termin, Kosten und Qualität*

Die Trennung von Ausführung durch die Linie und die Kontrolle durch ein Qualitätswesen wird aufgehoben. Funktionen des Qualitätswesens (Prüflabore, Entwicklungsprüfung, Wareneingangsprüfung, usw.) werden in die Linie integriert.

Die Verantwortung für Qualität an den Ort der Leistungserstellung zu verlagern, bedeutet eine tief greifende Umstrukturierung der Unternehmensorganisationen. Zuständigkeiten, Verantwortungen, Hierarchien und Abläufe müssen verändert werden.

Baustein: »Qualitätsfähigkeit der Mitarbeiter verbessern«

Die Mitarbeiter sind das »wichtigste Kapital« des Unternehmens. Ihre Fähigkeiten spielen eine entscheidende Rolle für das Überleben des Unternehmens. Schulungs- und Entwicklungsprogramme für die Mitarbeiter sind deshalb außerordentlich wichtig.

Die Aufgabe dieses Bausteines besteht darin, folgende Fähigkeiten zu vermitteln:

- Bewusstsein zur Qualität haben
- Fähigkeit, Ziele und Maßstäbe für die eigene Verbesserung zu vereinbaren
- Fähigkeit besitzen, prozessorientiert zu denken
- Fähigkeit zur Projektarbeit
- Fähigkeit und Motivation, eigene Qualitätspotenziale freizusetzen
- Fähigkeit, Qualitätswissen zu erwerben und anzuwenden

Es gibt unterschiedliche Instrumente, um die Qualitätsfähigkeit der Mitarbeiter zu verbessern:

- Selbstüberwachung (Werkerselbstprüfung) einführen
- Training on the Job (Job-Rotation)
- Projektarbeiten (Verbesserungsprojekte)
- Optimierte Prozesse in Anweisungen dokumentieren
- Audits zur Verbesserungskontrolle einführen

Baustein: »Qualitätsregeln erstellen und dokumentieren«

Während des Aufbaus und der Verbesserung des Qualitätsmanagementsystems legen die jeweiligen Verantwortlichen »Qualitätsregeln« fest.

Die Forderungen an ein Qualitätsmanagementsystem nach DIN EN ISO 9001 schlagen sich in einer Vielzahl von Regeln nieder. Diese werden in Verfahrensanweisungen, in Organigrammen, in Arbeits- und Prüfanweisungen, Checklisten, in Hausmitteilungen schriftlich fixiert und dokumentiert.

Die Vorgesetzten haben die Aufgabe, diese Regeln zu vermitteln und die Mitarbeiter in die Regeln einzuweisen und zu trainieren.

Baustein: »Schlüsselabläufe identifizieren«

»Schlüsselabläufe« werden auch »Schlüsselprozesse«, »Kernprozesse«, »Geschäftsprozesse« genannt.

Es sind wenige Prozesse, die für den Erfolg des Unternehmens besonders wichtig sind. Aufgabe ist es, diese Schlüsselabläufe zu identifizieren und weiter zu entwickeln. Das Unternehmen kann damit beginnen, alle seine Abläufe aufzulisten und das Ergebnis in einer »Prozesslandschaft« in einer Tabelle oder Grafik darzustellen. Aus dieser Ablaufliste werden die für den Erfolg kritischen Prozesse identifiziert.

Man unterscheidet primäre und sekundäre Geschäftsprozesse. Die primären Geschäftsprozesse sind die wertschöpfenden Prozesse. Sie erzeugen einen Nutzen für die externen Kunden. Primärprozesse bestimmen entscheidend die Wettbewerbsfähigkeit des Unternehmens.

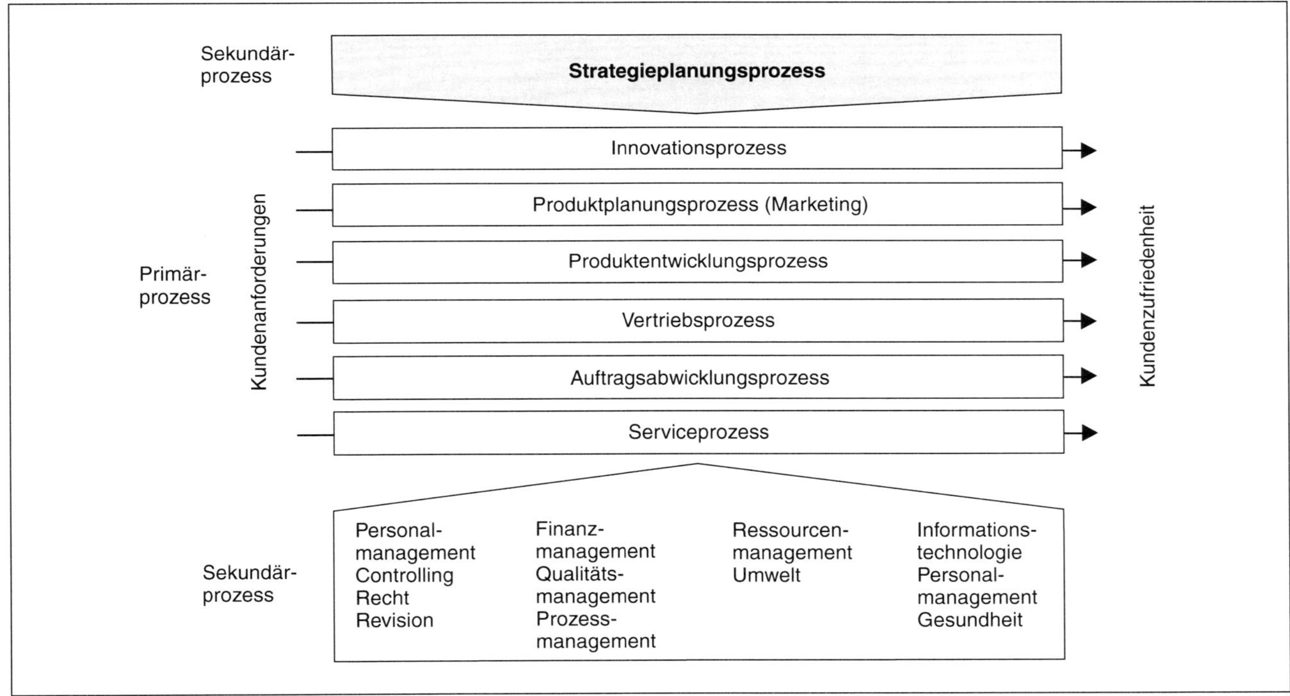

Abbildung 2-6: Prozesslandschaft – Primär- und Sekundärprozesse in einem Unternehmen

Es gibt nur wenige **Primärprozesse** in einem Unternehmen; die wichtigsten sind:

- Innovationsprozess (Ideen finden für neue Prozesse oder Dienstleistungen)
- Produktplanungsprozess (von der Idee über die Markt-/Wettbewerbsanalyse bis zum Lastenheft)
- Entwicklungsprozess (vom Lastenheft bis zur technischen Spezifikation)
- Vertriebsprozess (von der Kundenakquisition bis zum Bestelleingang)
- Auftragsabwicklungsprozess (vom Bestelleingang über Produktion, Beschaffung, etc. bis zum Zahlungseingang)
- Serviceprozess (Kundendienst, Beschwerdemanagement)

Die Wirkungsfähigkeit dieser Primärprozesse zeigt sich in der externen Kundenzufriedenheit.

Viele Sekundärprozesse müssen die Primärprozesse unterstützen. Zu den Sekundärprozessen gehört die strategische Unternehmensplanung. Sekundärprozesse haben keinen direkten Kundennutzen, sie sind jedoch notwendig für die Primärprozesse. Sie üben keinen direkten Einfluss auf die Wettbewerbsfähigkeit aus, denn sie sind für den Kunden nicht sichtbar und nicht relevant.

Sekundärprozesse sind:

- Unternehmensstrategie planen
- Personal managen
- Finanzen managen
- Ressourcen managen (Beschaffung, Einkauf)
- Informationstechnologie managen
- Qualität managen
- Controlling
- Revision durchführen
- Recht managen
- Umwelt managen
- Gesundheit managen
- Immobilien managen, etc.

Sekundärprozesse sind Dienstleistungen für die internen Kunden. Sie binden erhebliche Ressourcen und sind ein großer Kostenfaktor. Ein Unternehmen sollte sie immer kritisch hinterfragen. Die Einordnung in primäre Prozesse und sekundäre Prozesse ist fließend. Ein Geschäftsprozess kann in einem Unternehmen als Primärprozess definiert werden, in einem anderen als Sekundärprozess. Viele Sekundärprozesse werden als Teilprozesse den Primärprozessen untergeordnet.

Schlüsselabläufe können und dürfen nicht nach außen gegeben werden. Sie beeinflussen maßgeblich den Geschäftserfolg und tragen unmittelbar zur Erfüllung der Kundenerwartungen bei.

Das Unternehmen muss seine Ressourcen auf diese Abläufe konzentrieren. Die festgelegten Abläufe werden im Sinne der Prozessorientierung weiter entwickelt:

- Den ausgewählten Abläufen werden Prozesseigner zugewiesen
- Die Prozesseigner formulieren Qualitätsziele
- Die Prozesseigner strukturieren die Abläufe und Maßzahlen für ihre Merkmale
- Die Prozesseigner spezifizieren die notwendigen Dokumente
- Es werden die Schnittstellen (Input/Output) definiert

Baustein: »Ständige Verbesserungsprogramme«

Neben der Kundenorientierung ist die wesentliche Philosophie des TQM-Konzeptes die kontinuierliche Verbesserung aller Prozesse. Es gibt verschiedene Programme, die mit den Kürzeln »KVP« (kontinuierlicher Verbesserungsprozess), »Null-Fehler-Programm« oder »Six Sigma-Programm« bezeichnet werden.

Wollen:

Kontinuierlich zu verbessern bedarf einer inneren Einstellung der Mitarbeiter wie

- In Prozessen denken, nicht in hierarchischen Strukturen
- Sich nicht mit dem jetzigen Stand zufrieden geben, sondern ständig verbessern
- Einflussgrößen, Störgrößen systematisch ermitteln
- Fehler niemals tolerieren
- Besonders Maßnahmen und Methoden vorbeugend in der Planungsphase einsetzen

Können:

Zum anderen bedarf es der Schulung der Mitarbeiter in Instrumenten und Methoden, die für Verbesserungsprojekte notwendig sind. Diese »Werkzeuge« müssen den Mitarbeitern in die Hand gegeben werden.

Dürfen:

Und als Drittes ist das Unternehmensumfeld, die Unternehmensstruktur ausschlaggebend für Prozessverbesserung (»Dürfen«).

Die Prozessverantwortung wird personifiziert. Es werden Prozesseigner benannt. Diese wenden präventive Werkzeuge an, legen Maßstäbe fest und führen Optimierungen durch.

Das Wort »KAIZEN« ist ein Schlagwort für Bausteine zur kontinuierlichen Verbesserung in kleinen Schritten. KAIZEN benötigt einen »langen Atem«. Eingerichtete Qualitätszirkel, Problemlösungsgruppen, tägliche Gruppenbesprechungen und entsprechende Anerkennungssysteme fördern langfristig eine grundlegende Einstellungs- und Verhaltensänderung.

Beispiel: Umsetzung der ständigen Verbesserung in der japanischen Autoindustrie [59]

Eine sehr wirkungsvolle Methode zur ständigen Verbesserung hatte in Japan der leitende Produktionsingenieur der Firma Toyota, Taiichi Ohno. Er spannte eine Leine über jede Arbeitsstation eines Montagefließbandes und wies die Arbeiter an, die Leine zu ziehen und das gesamte Fließband sofort anzuhalten, wenn ein Problem auftauchte, das sie nicht sofort selbst beheben konnten.

Dann musste das ganze Team an einer Lösung arbeiten. Gleichzeitig führte Ohno ein Problemlösungssystem ein, das er die »Fünf Warum« nannte. Die Arbeiter lernten, jeden Fehler systematisch bis zur letzten Ursache zurückzuverfolgen und Lösungen zu finden, sodass der Fehler nicht wieder auftrat. Zu Beginn der Maßnahme stand das Fließband fast ständig still. Im Laufe der Zeit jedoch sammelten die Arbeitsteams Erfahrungen, die Probleme grundsätzlich zu lösen. Die Anzahl der Fehler sank drastisch. Die Qualität der japanischen Autos wurde ständig besser und war den westlichen Autoherstellern eine Zeit lang überlegen.

Baustein: »Interne Schnittstellen identifizieren«

Ein Baustein im TQM-Konzept kann die Integration der Teilprozesse sein. Die Schnittstellen zwischen den einzelnen Wertschöpfungsprozessen werden identifiziert und optimiert.

In der praktischen Umsetzung bedeutet dies:

- Es wird das Prinzip der Kunden-Lieferantenbeziehung eingeführt
- In einer Bestandsaufnahme werden die Schnittstellen identifiziert
- Schnittstellen werden auf ihren Sinn und ihre Notwendigkeit kritisch bewertet
- Es werden Kunden und Lieferanten an der Schnittstelle identifiziert:
  - Die Schnittstellenkunden formulieren ihre Forderungen an die Lieferanten
  - Die Lieferanten der Schnittstelle stellen den Forderungen ihre Leistungserbringung gegenüber
  - Kunde und Lieferant vereinbaren Ziele, Maßstäbe
  - Kunde und Lieferant machen Vorschläge für Verbesserungen (Verbesserungsprojekte)
- Kunde und Lieferant bewerten getrennt die Qualitätsfähigkeit der Schnittstelle
- Es werden Audits durchgeführt

2.4 Die neue Führungsrolle

Lernziele:
- die Bedeutung des Führungsverhaltens für das Qualitätsmanagement darlegen können
- die Erwartungen an heutiges Führungsverhalten aufzeigen können

Heutige Führungsaufgaben sind mit der klassischen hierarchischen oder autoritären Führungsrolle nicht mehr zu bewältigen.

Die klassische autoritäre Führungsvorstellung baut auf Pflichterfüllung, hierarchischer Unterordnung und Fremdverantwortung auf.

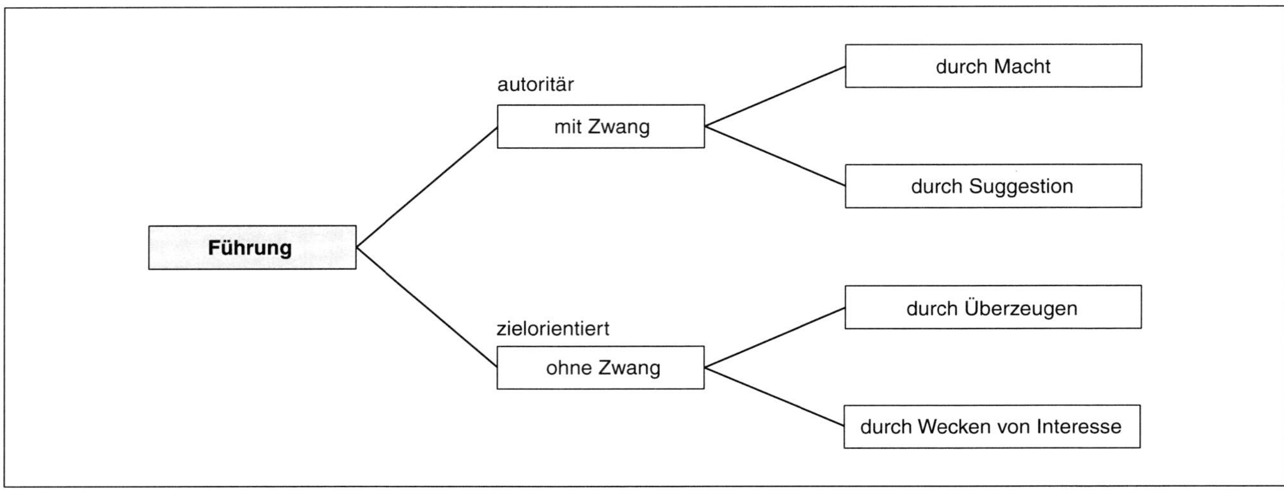

Abbildung 2-7: Führungsverhalten

Moderne Führungsvorstellungen setzen dagegen auf Wertvorstellungen der Kooperation.

Kooperative Zusammenarbeit, Abbau von Hierarchien, Übertragung von Verantwortung und Möglichkeiten zur Selbstverwirklichung sind Kennzeichen modernen Führungsverhaltens.

Autoritätsorientierte Führungskraft:
- Ordnet Ziele an
- Gibt die notwendigen Informationen vor
- Gibt Regeln vor und wendet Disziplin an
- Belohnt und bestraft
- Führt autoritär und direkt

Zielorientierte Führungskraft:
- Vereinbart Ziele
- Gewährt Zugriff zu allen notwendigen Informationen
- Erklärt Regeln und Folgen von Abweichungen
- Erkennt Resultate an
- Wählt den Führungsstil, der in der Situation erforderlich ist

2.4.1 Verhalten von Führungskräften

Das Verhalten einer Führungskraft kann in Zielorientierung und Beziehungsorientierung unterschieden werden. Blake und Mouton[55] haben 81 Führungsstile in einem 9x9-Verhaltensgitter dargestellt. Die ideale Führungskraft verhält sich ausgewogen. Sie wird sowohl ziel- als auch beziehungsorientiert im Verhaltensgitter den Bereich 9x9 anstreben.

[55] Blake R.R., Mouton J.S., 1968

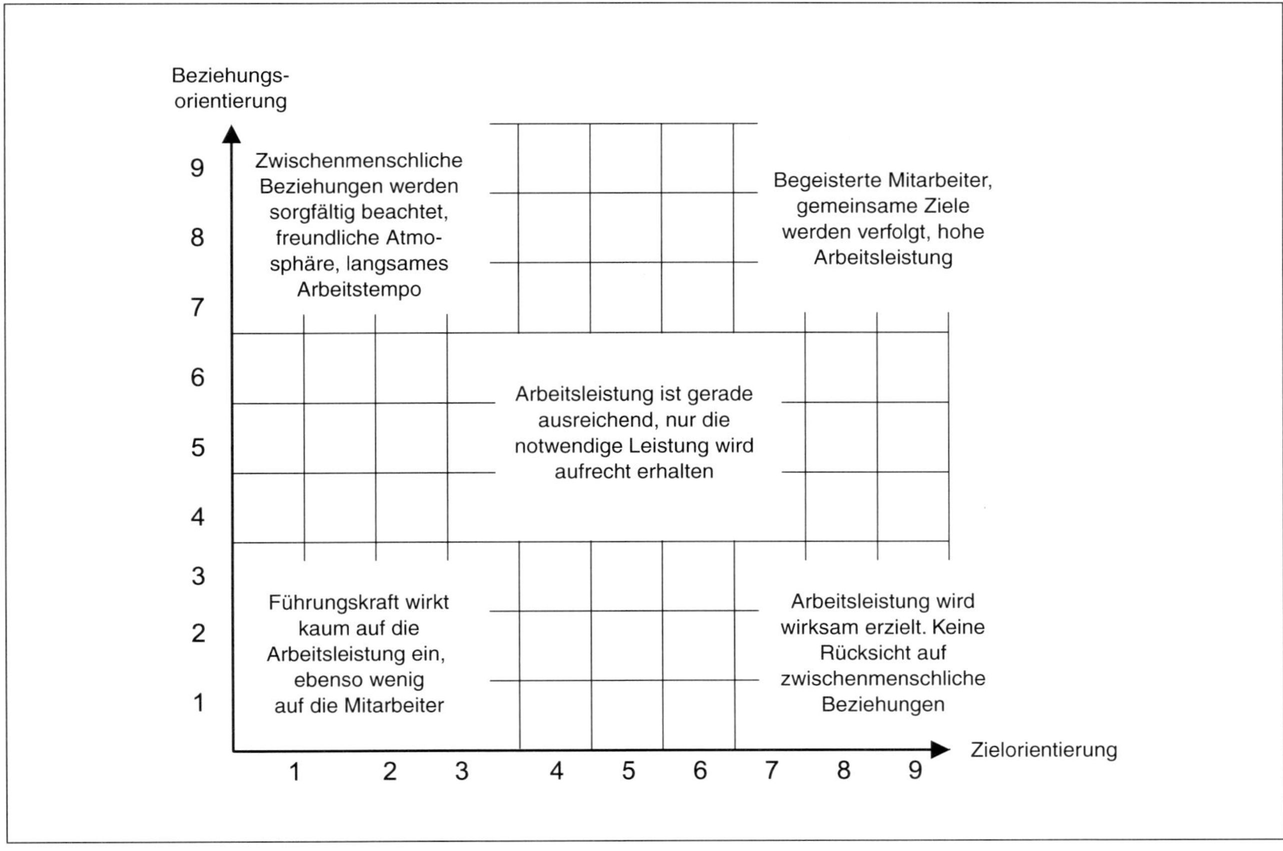

Abbildung 2-8: Verhaltensgitter nach Blake und Mouton

2.4.2 Erwartungen an Führungskräfte

Die Erwartungen an Führungskräfte sind sehr anspruchsvoll. Die folgenden fünf Erwartungshaltungen entsprechen dem heutigen Führungsideal.

Visionen

Die ideale Führungskraft entwickelt Visionen für das Unternehmen. Sie erarbeitet gemeinsame Grundwerte für das Unternehmen, sie kommuniziert diese Visionen und lebt sie als Vorbild vor.

Beispiel:
Die Vision von Henry Ford war: »Jeder Amerikaner soll sich ein Auto leisten können«

Eine ideale Führungskraft schafft eine Unternehmensvision mit einer Qualitätskultur, die den Kunden (extern und intern) in den Mittelpunkt stellt.

Führungskompetenzen

Eine fähige Führungskraft hat Kompetenzen in vier Richtungen: fachlich, methodisch, sozial kommunikativ und persönlich. Diese Fähigkeiten sind nach Aussagen der Organisationspsychologen trainierbar[56]. Das verlangt von Führungskräften, dass sie ständig lernen müssen und sich weiterentwickeln müssen.

[56] z. B. nach Rosenstiel, L. Grundlagen der Organisationspsychologie, Verlag Poeschel 1980

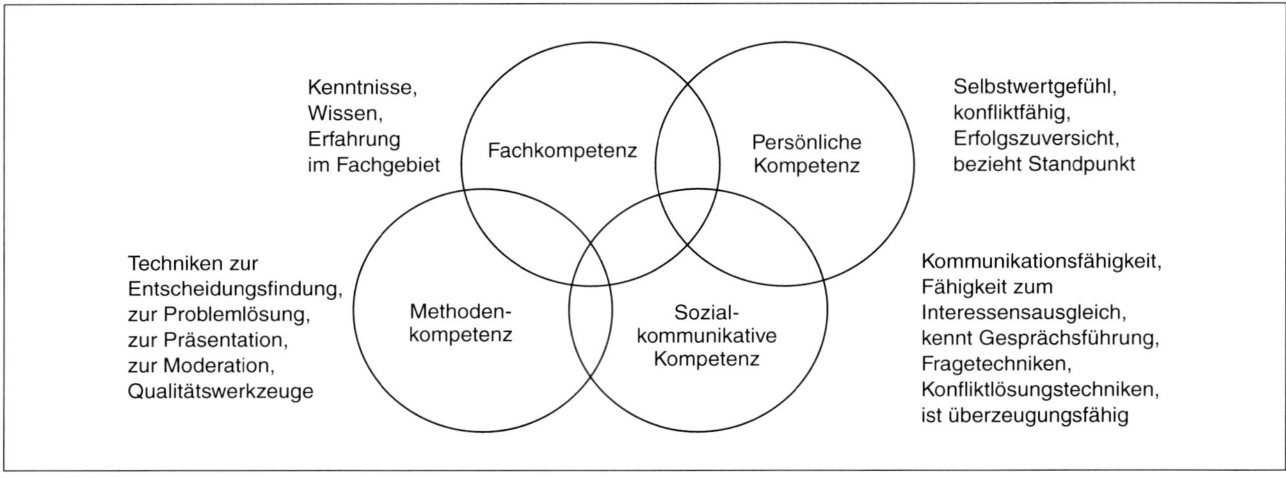

Abbildung 2-9: Führungskompetenzen

Fachkompetenz:

- Aufgabengebiet beherrschen
- fachliche Fähigkeiten/Breite an fachlichen Kenntnissen haben
- nötiges Wissen erwerben/weiter entwickeln können
- fachübergreifende Kenntnisse haben
- Kenntnisse und Fähigkeiten haben in
- Prozessabläufe
- Kommunikation
- Informationsstrukturen
- interdisziplinäre Strukturen

Methodenkompetenz:

- Methodische »Werkzeuge« kennen und beherrschen
- über den richtigen Methodeneinsatz entscheiden können
- systematisch vorgehen können
- Fähigkeit, sich mit neuen Methoden vertraut zu machen

Soziale Kompetenz:

- Fähigkeit, mit anderen Personen konstruktiv zusammenarbeiten zu können (Teamfähigkeit)
- Rhetorik und Kommunikation kennen/können
- aktiv zuhören können
- Killerphrasen erkennen und begegnen können
- Aufgaben gemeinsam bewältigen können
- empathisch sein: sich in andere hinein versetzen können
- fair/berechenbar sein
- Konflikte handhaben/managen können
- Fähigkeit, verschiedene Interessen auszugleichen
- Gesprächsführung beherrschen
- informieren können, kommunizieren können, zuhören können

Persönliche Kompetenz:

- Innerlich unabhängig (von Anerkennung anderer) sein, positives Selbstvertrauen haben
- Lebens- und Arbeitszufriedenheit von innen heraus schöpfen
- ein gesundes Selbstwertgefühl haben, sich selbst realistisch einschätzen können
- mit Veränderungen umgehen können
- konfliktfähig sein/leidensfähig sein, kontaktfreudig sein
- in sich selbst »ruhen« können
- sich selbst motivieren können
- sich Ziele setzen können
- sich Etwas zutrauen
- Erfolgszuversicht haben, an den Erfolg glauben
- eigene Persönlichkeit entfalten können
- Standpunkt beziehen und vertreten

Viele dieser Fähigkeiten sind nach Aussagen der Organisationspsychologen in hohem Maße trainierbar. Das verlangt von Führungskräften, dass sie ständig lernen müssen und sich weiterentwickeln müssen.

Führen mit Zielen

Die ideale Führungskraft führt mit Zielen. Das heißt, sie
- nimmt mit den Mitarbeitern an Problemdefinitionen teil
- vereinbart Ziele mit den Mitarbeitern, vereinbart Strategien und Maßnahmen
- erlaubt den Mitarbeitern, selbst Ziele zu setzen
- gewährt den Mitarbeitern Zugriff zu allen notwendigen Informationen
- erklärt die Folgen, wenn Ziele nicht erreicht werden
- bespricht Methoden zur Leistungssteigerung, fördert Verbesserungsvorschläge
- erkennt Resultate an und hilft, aus den Misserfolgen zu lernen
- wählt den Führungsstil, der in der Situation erforderlich ist

Partizipatives[57] Führen

Partizipatives Führen zeigt sich in kooperativem[58] statt konkurrierendem Verhalten. Eine Schlüsselaufgabe ist dabei die Informationsbereitstellung durch die Führungskraft.

Die Führungskraft
- gibt Informationen, statt Informationen zurückzuhalten
- erkundet Meinungen
- erarbeitet Lösungen mit Einbeziehung der Mitarbeiter
- prüft Übereinstimmungen, statt zu rivalisieren
- koordiniert Gruppenarbeit
- ermutigt die Mitarbeiter
- bildet Regeln und achtet auf deren Einhaltung
- handhabt Konflikte konstruktiv

Partizipatives Führen verlangt Vertrauen. Im Unternehmen muss deshalb eine Vertrauenskultur herrschen.

Vorbildfunktion

Wenn die Führungskraft durch eigenes Handeln die Unternehmenskultur und Unternehmensziele vorlebt, so stärkt das die Glaubwürdigkeit, das Vertrauen und die Zusammenarbeit im Unternehmen. Die Vorbildfunktion der Führungskraft hat im Rahmen der TQM-Grundsätze einen hohen Stellenwert.

Wandel der inneren Einstellung der Führungskräfte

Die innere Einstellung der idealen Führungskraft lässt sich folgendermaßen beschreiben:
- Den Mitarbeiter als Aktivposten sehen, nicht als Kostenverursacher
- Fehlern vorbeugen, Fehler verhüten statt Fehler zu dulden und zu akzeptieren
- Fachkompetenz und Entscheidungskompetenz in eine Hand legen statt auf verschiedene Hierarchieebenen
- Entscheiden mit Fakten, nicht mit Vermutungen und Meinungen
- In Prozessen denken und arbeiten, nicht in Bereichen, Abteilungen
- TQM ist Teil der täglichen Arbeit, nicht ein einmaliges Projekt
- Der Vorgesetzte ist »Coach«, nicht der »Boss«

Was zeichnet ideale Führungskräfte aus?

- Sie motivieren und begeistern
- Sie informieren die Mitarbeiter und sind selbst informiert
- Sie lernen aus Erfahrungen und schaffen eine Kultur, ständig zu verbessern
- Sie beziehen die Mitarbeiter in Entscheidungsprozesse ein
- Sie mobilisieren Ressourcen und schaffen die Voraussetzungen für Veränderungen
- Sie etablieren ein Ideenmanagement
- Sie qualifizieren ihre Mitarbeiter
- Sie entwickeln das Qualitätsmanagementsystem
- Sie führen zielorientiert
- Sie kommunizieren und informieren
- Sie delegieren Verantwortung und Aufgaben
- Sie moderieren Problemlösungsgruppen
- Sie gestalten grundlegende Werte und Normen für die Zusammenarbeit
- Sie bauen eine effiziente Organisationsstruktur auf
- Sie entwickeln eine spezifische Zusammenarbeitskultur
- Sie gestalten das Umfeld der Mitarbeiter positiv
- Sie stellen eine gemeinsam getragene Zukunftsorientierung her

---
[57] Partizipation ist die Teilhabe, hier: die Beteiligung der Mitarbeiter.
[58] Kooperativ bedeutet zusammenarbeitend, gemeinsam.

2.5 Mitarbeiterpotenzial

Lernziel: verschiedene Einzelaspekte zur Entfaltung des Mitarbeiterpotenzials erläutern können

Die Mitarbeiter sind mit ihrem Wissen und Können die wertvollsten Ressourcen in einem Unternehmen.

Ein qualitätsorientiertes Unternehmen erkennt und fördert das Potenzial seiner Mitarbeiter.

Entsprechend ist die »Mitarbeiterorientierung« als Grundsatz modernen Qualitätsmanagements definiert worden. Mitarbeiter entwickeln sich durch die Herausforderungen, die sie zu bewältigen haben.

Folgende Forderungen der Mitarbeiterorientierung können formuliert und bewertet werden:

Formulierte Forderungen der Mitarbeiterorientierung:
- Mitarbeiterressourcen planen, managen, verbessern
- Wissen und Kompetenzen der Mitarbeiter ermitteln, ausbauen und aufrechterhalten
- Mitarbeiter beteiligen und zu selbständigem Handeln ermächtigen
- Mit den Mitarbeitern einen Dialog führen, Kommunikationsbedürfnisse identifizieren und Kommunikationskanäle schaffen
- Mitarbeiter belohnen, anerkennen und betreuen

Zur Entwicklung und Förderung der Mitarbeiter ist es notwendig, die Leistung und das Potenzial eines Mitarbeiters zu erkennen. Die Unterscheidung beider Begriffe ist wichtig:

- Die **Leistung** ist eine vergangenheitsorientierte Beurteilung von Ergebnissen, die ein Mitarbeiter erbracht hat
- Das **Potenzial** dagegen ist zukunftsbezogen und untersucht, welche Kompetenzen sich ein Mitarbeiter in der Zukunft aneignen kann, um neue und andere Aufgaben zu bewältigen

Im Folgenden werden einige Aspekte aufgeführt, die als konkrete Schlüsselaufgaben zur Entfaltung des Mitarbeiterpotenzials immer wieder genannt werden.

Mitarbeiterförderung

Es gibt viele Instrumente zur Mitarbeiterförderung. Die Mitarbeiter müssen nicht nur fachlich, sondern auch in fachübergreifenden Fähigkeiten gefördert werden. Immer wichtiger wird in unserer Gesellschaft die Entwicklung von Empathie[59] und sozialer Kompetenz wie Teamfähigkeit, Kreativität, Konflikthandhabung.

Es ist wichtig für das Unternehmen, den Mitarbeiter einzuschätzen und seine Potenziale zu erkennen und angemessen zu fördern.

Potenzialeinschätzung heißt, die entfaltbaren Fähigkeiten des Mitarbeiters zu erkennen, ihn auf zukünftige Aufgaben vorzubereiten.

Als wichtige Teilaufgabe der Mitarbeiterförderung gilt es, den Führungskräftenachwuchs für das Unternehmen zu planen und zu entwickeln.

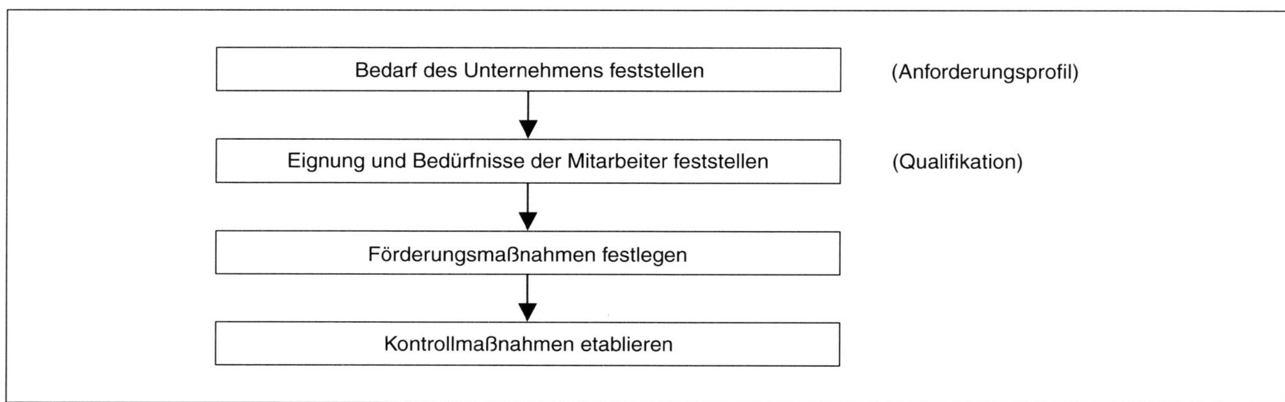

Abbildung 2-10: Schritte zur Mitarbeiterförderung

[59] Empathie ist die Fähigkeit und die psychische Bereitschaft, sich in die Einstellungen anderer Menschen einzufühlen.

Kommunikationskultur im Unternehmen

Entscheidend für Förderung und Motivation der Mitarbeiter ist die Information und Kommunikation. In einem TQM-geführten Unternehmen muss der Informationsfluss transparent und wirksam sein. Hierfür ist eine systematische Kommunikation vertikal über Hierarchieebenen und horizontal über Abteilungsgrenzen entlang der Wertschöpfungskette notwendig.

Kommunikationsschwachstellen sind in der Regel die Grenzen zwischen Abteilungen und Gruppen. Sie bilden Schnittstellen, die eine Zusammenführung von Teilprozessen erschweren.

Instrumente zur Kommunikation sind turnusmäßige Besprechungen, Qualitätszirkel, »KVP[60]«-Teams, Mitarbeiterzeitschriften, Informationstafeln, EDV-Netze und Betriebsversammlungen und auch die Form der Gruppenarbeit.

Motivation der Mitarbeiter

Motivation ist ein Begriff der Psychologie. Zu unterscheiden ist er von den Begriffen »Emotion«, »Einstellung« oder »Verhalten« eines Menschen. Sehr populär zum Verständnis ist die Motivationstheorie von Abraham Maslow[61] geworden. Er stellt eine Bedürfnispyramide in einer Rangfolge auf, die von den körperlichen Bedürfnissen bis zu Selbstverwirklichung reicht.

Motivation ist eine Zusammensetzung von Emotionen und unbewussten Trieben und einer bewussten Zielorientierung. Die Motivation drückt eine Tätigkeitsorientierung aus und ist immer auf Handlungen ausgerichtet.

Verschiedene theoretische Ansätze versuchen, den Zusammenhang zwischen Motivation und Arbeitsleistung zu bestimmen. Die Motivation der Mitarbeiter beruht vereinfacht ausgedrückt auf dem »Wollen« der Mitarbeiter.

Um die Motivation von Mitarbeitern zu erhöhen, sind eine Vielzahl von Instrumenten und Methoden denkbar, zum Beispiel:

- Selbstprüfung einführen
- Eigenverantwortlichkeit erhöhen
- Regelmäßiges Feedback einführen
- Anerkennung geben
- Qualitätsförderndes Entlohnungssystem
- Zielvereinbarungen einführen

Mitarbeitergespräche

Es gibt viele Anlässe für Mitarbeitergespräche. Sei es die Informationsweitergabe, das Einholen von Information, ein Gespräch, das der Problemlösung dient, das Gespräch, um Aufgaben zu delegieren.

Wichtige Mitarbeitergespräche sind Kritikgespräche und Zielvereinbarungsgespräche zwischen Vorgesetztem und Mitarbeiter.

Viele Unternehmen führen strukturierte Mitarbeitergespräche durch.

Eine Möglichkeit zur Erkennung und Entfaltung des Mitarbeiterpotenzials ist das strukturierte Zielvereinbarungsgespräch.

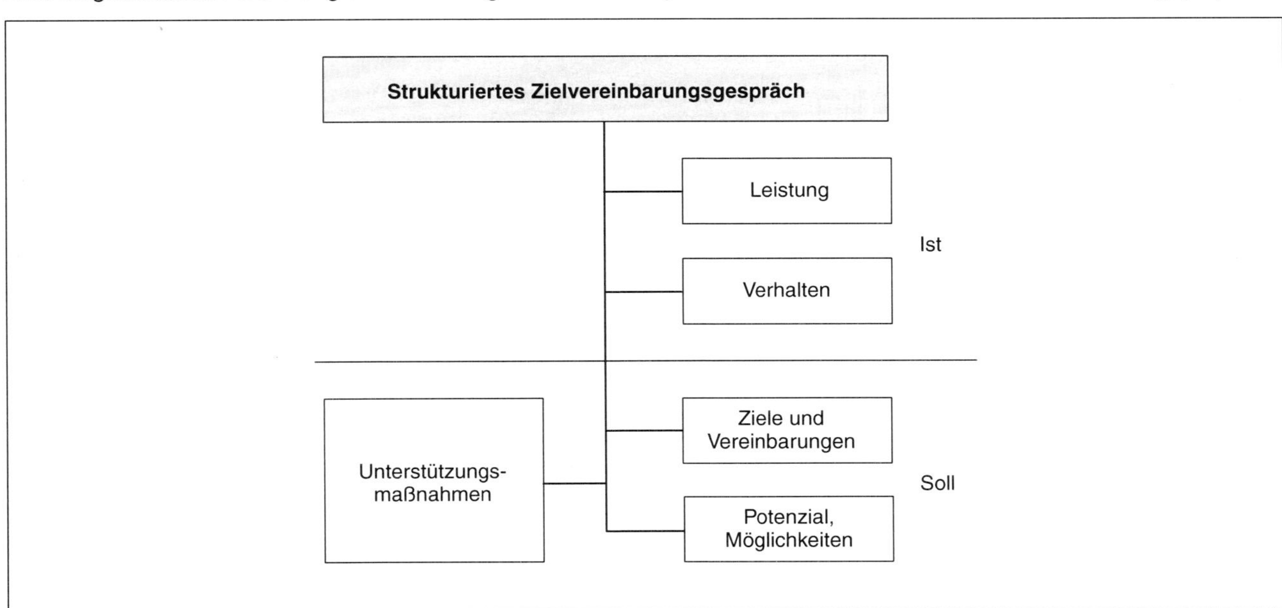

Abbildung 2-11: Inhalte eines strukturierten Mitarbeitergespräches

[60] KVP = Kontinuierlicher Verbesserungsprozess

[61] Maslow, A., Motivation and Personality, New York 1954, S. 388

Werden Mitarbeitergespräche professionell geführt, so steigen beim Mitarbeiter die Zufriedenheit am Arbeitsplatz, sein Verantwortungsgefühl und seine Identifikation mit den Arbeitsergebnissen.

Ein Mitarbeitergespräch gelingt dem Vorgesetzten jedoch nur, wenn er die inhaltliche Ebene mit der Beziehungsebene in Einklang bringt. Mitarbeitergespräche müssen deshalb gut vorbereitet sein. Die Gesprächsziele müssen klar sein.

Ideale fähige Führungskräfte sind in Gesprächsführung geschult. Sie haben ein grundlegendes Wissen in Konflikthandhabung und Konfliktmechanismen und sind in der Lage, Konflikte konstruktiv zu lenken.

Gruppenarbeitsmodelle

Die Gruppenarbeit ist eine Form, die Mitarbeiter aktiver am Unternehmensgeschehen mitwirken zu lassen. Gruppenarbeit ist ein starker Motivationsfaktor.

Es gibt verschiedene Varianten von Gruppenarbeit. Traditionell ist die Arbeitsgruppe, der ein disziplinarischer Gruppenleiter vorsteht. Durch sein Weisungsrecht bestimmt er die Arbeitszuteilung und lenkt die Gruppe. Das Ergebnis der Arbeit wird von der gesamten Gruppe erzielt.

Eine Weiterentwicklung zur Selbstständigkeit ist zunächst das halbautonome »Team«. Hier ist der Teamleiter nur mehr Sprecher und Moderator im Kreis der Gruppe. Er koordiniert die einzelnen Arbeiten.

Sich selbst steuernde Teams gestalten ihre Arbeitsabläufe selbst und sind prozessorientiert. Ein Moderator oder »Coach« steht mehreren Teams als Ansprechpartner zur Verfügung.

Traditionelle Arbeitsgruppe:
Vorgesetzter als Weisungsbefugter mit den unterstellten Mitarbeitern. Das Arbeitsergebnis wird von der gesamten Gruppe erzielt.

Team:
Der Teamleiter koordiniert die Arbeit, um das Gesamtergebnis zu erreichen. Er steht im Kreis der Mitarbeiter als »Moderator« oder »Gruppenleiter«

Halbautonomes Team:
Die Teammitglieder gestalten ihre Arbeit selbst. Ein »Moderator« arbeitet ständig mit dem Team zusammen.

Sich selbst steuernde Teams:
Mitarbeiter aus anderen unterstützenden Abteilungen werden jedem Fertigungsmodul zugeordnet. Ein »Coach« steht mehreren Teams als Ansprechpartner zur Verfügung.

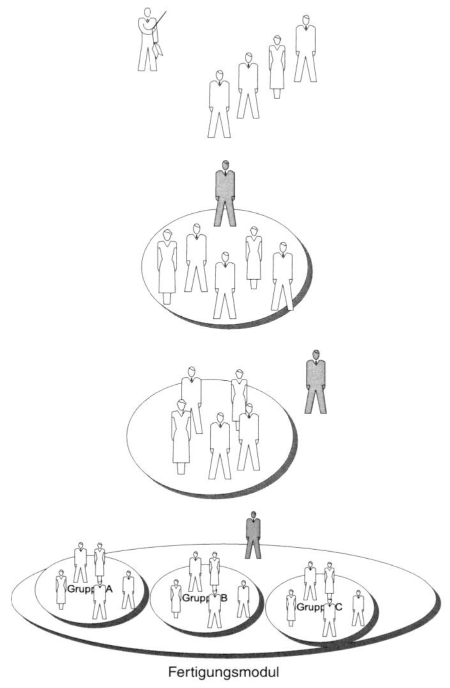

Abbildung 2-12: Möglichkeiten der Gruppenarbeit

Voraussetzung für die Einführung von Gruppenarbeit ist jedoch die Schaffung der notwendigen Strukturen und Rahmenbedingungen und letztlich die Akzeptanz der Mitarbeiter für die neuen Arbeitsformen.

2.6 Beschwerdemanagement

Lernziele:
- Ziele des aktiven Beschwerdemanagements nennen können
- die Teilaufgaben eines aktiven Beschwerdemanagementsystems beschreiben können

Nur ein geringer Teil der Kunden beschwert sich beim Unternehmen. Die meisten wandern still ab. Aktives Beschwerdemanagement ist deshalb ein wertvoller Baustein für eine Kundenbindung. Dennoch verkennen viele Unternehmensleitungen und Mitarbeiter die Bedeutung des Beschwerdemanagements und reagieren passiv und abwehrend auf Beschwerden.

2.6.1 Begriffsdefinition

Es gibt keine einheitliche Definition für die Begriffe »Beschwerde« oder »Beanstandung«. Folgende Definitionen sind üblich[62]:

• Beschwerde:	Äußerungen der Unzufriedenheit von Verbrauchern oder anderen Interessengruppen gegenüber dem Unternehmen
• Reklamation:	Konkreter Rechtsanspruch gegenüber dem Unternehmen
• Beschwerdemanagement:	Maßnahmen, die Analyse, Planung, Durchführung, Kontrolle von Beschwerden von Kunden und Interessengruppen behandeln

2.6.2 Ziele des Beschwerdemanagements

Eine Beschwerde ist nur eine von möglichen Reaktionen von Kunden auf Leistungen des Unternehmens:

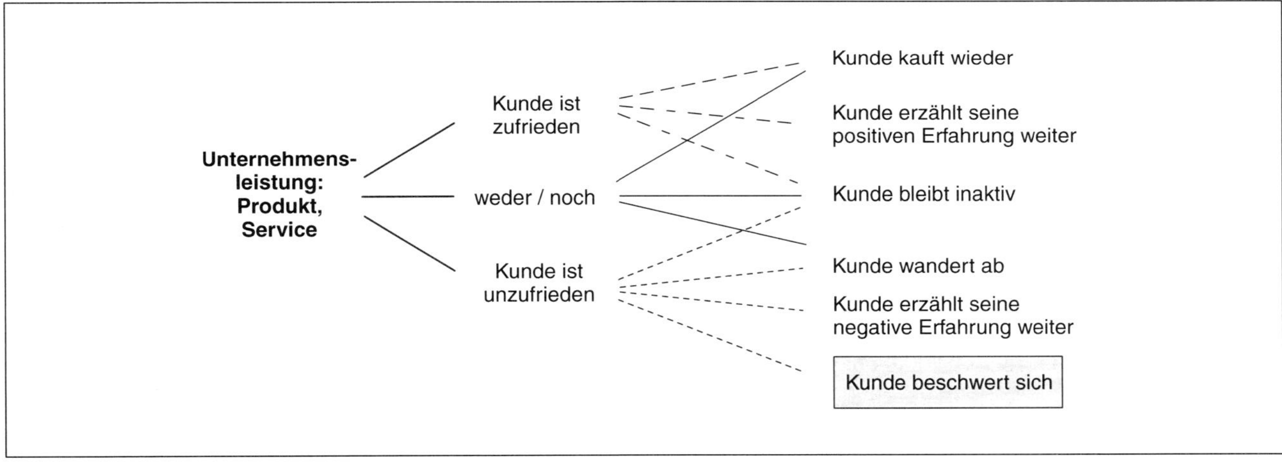

Abbildung 2-13: Reaktionen von Kunden auf Leistungen des Unternehmens

Unzufriedene Kunden werden negativ über das Unternehmen kommunizieren, sie werden häufig einfach abwandern. Sie werden sich nur beschweren, wenn sie ihre Unzufriedenheit als erheblich empfinden und sich einen Erfolg ihrer Beschwerde versprechen.

Kurzfristiges Ziel des Beschwerdemanagements ist es, Zufriedenheit des Kunden über seinen konkreten Beschwerdefall zu erreichen, das heißt: seine geäußerte Unzufriedenheit abzubauen und ein Maß an Zufriedenheit wiederherzustellen.

Mittel- und langfristiges Ziel eines Beschwerdemanagements ist die Kundenbindung und eine Verbesserung der Wiederkaufsabsicht des Kunden. Erfolgreiches Beschwerdemanagement verringert die negative Mund-zu-Mund-Propaganda.

[62] Bruhn, Manfred, Kundenorientierung, Beck-Verlag 1999, S. 175

2.6.3 Teilaufgaben eines Beschwerdemanagements

Ein aktives Beschwerdemanagement besteht aus vier Teilaufgaben. Diese müssen geplant und in Verfahrens- oder Arbeitsanweisungen festgelegt werden:

- Beschwerdestimulierung
- Beschwerdeannahme
- Beschwerdebearbeitung und Beschwerdereaktion
- Beschwerdenutzung

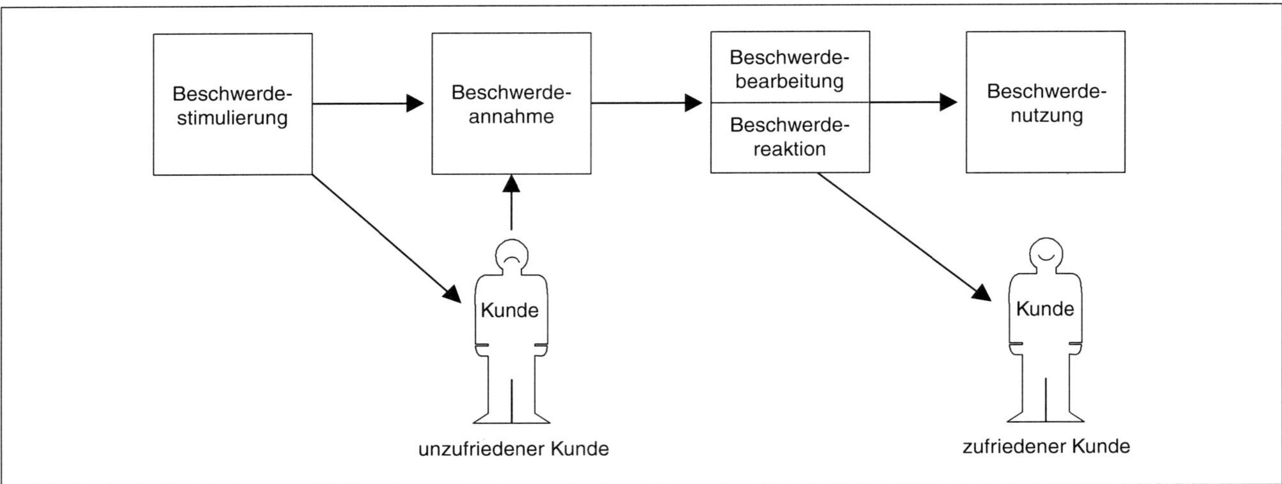

Bild 2-14: Elemente eines aktiven Beschwerdemanagements

Beschwerdestimulierung

Die Beschwerdestimulierung hat die Aufgabe, Beschwerdebarrieren abzubauen und den Kunden zu bewegen, seine Beschwerde zu artikulieren.

Dazu gehören:

- Geeignete Beschwerdewege und Beschwerdekanäle schaffen
- Die Beschwerdewege kommunizieren
- Die erforderlichen Ressourcen im Unternehmen planen

Ein Beschwerdeweg kann mündlich, schriftlich, telefonisch oder über die neuen Medien Internet, E-Mail eingerichtet werden.

Mündliche Instrumente:
Instrumente zur mündlichen Beschwerde sind zum Beispiel gebührenfreie Telefonnummern. In kleinen Handwerksbetrieben ist die persönliche Rückfrage des Geschäftsführers beim Kunden üblich. Der Vorteil der mündlichen oder telefonischen Befragung ist der hohe Gehalt an Information (Möglichkeit zu hinterfragen) und die zeitnahe Erfassung.

Zwiespältig sind mittlerweile kostenpflichtige Hotlines oder Hotlines, die nicht funktionieren.

Schriftliche Instrumente:
Klassische Instrumente der schriftlichen Beschwerdestimulierung sind Meinungskarten. Es sind standardisierte Vordrucke, die der Kunde im Geschäft findet oder mit der Produktdokumentation erhält. Er schickt sie zurück, gibt sie dem Personal oder findet am »Point of Sales« einen leicht zugänglichen Briefkasten. Anreize zur schriftlichen Beschwerde sind häufig Preisausschreiben.

Beschwerdeannahme

Die Beschwerdeannahme hat folgende Aufgaben sicherzustellen:

- Zuständigkeiten der Beschwerdeannahme festlegen (zentral, dezentral, gemischt)
- Verhalten der Mitarbeiter schulen (Verhaltensrichtlinien)
- Inhalte der Beschwerdeannahme festlegen (Einheitlichkeit, Formblätter, EDV-Programm)

Zuständigkeiten:
Die Zuständigkeiten für die Beschwerdeannahme können zentral oder dezentral organisiert sein. Bei zentraler Beschwerdeannahme wird eine Beschwerdeabteilung geschaffen (Customer Care Center, Kundenbetreuung). Bei dezentraler Bearbeitung ist der annehmende Mitarbeiter als »Beschwerdeeigner« für die Bearbeitung einer Beschwerde zuständig. Häufig wird die Struktur gemischt aufgebaut.

Verhaltensschulung:
Bei der Beschwerdeannahme sind Gestik, Mimik und Verhalten der Mitarbeiter gegenüber dem Kunden für die Beschwerdezufriedenheit entscheidend. Im Beschwerdeverfahren müssen Verhaltensrichtlinien erstellt werden und die Mitarbeiter professionell im Umgang mit unzufriedenen Kunden geschult werden.

Beispiele für Unternehmensleitlinien zur Beschwerdepolitik:

- *Jede Beanstandung des Kunden ist eine Chance für uns, uns zu verbessern. Beanstandungen sind positiv*
- *Jeder unzufriedene Kunde ist eine Herausforderung an uns und unsere Fähigkeit. Dieser Herausforderung stellen wir uns*
- *Unser Beanstandungsmanagement muss sicherstellen, dass wir aus einem unzufriedenen Kunden einen zufriedenen Kunden machen*
- *Unser Ziel ist es, aus einer Beanstandung eine Kundenpartnerschaft und Kundenbindung zu erreichen*
- *Jede Beanstandung wird kurzfristig zur Kundenzufriedenheit behoben*
- *Jeder arbeitet im Rahmen seines Aufgabengebietes zur Lösung von Beanstandungen mit*
- *Jede Beanstandung ist Ausgangslage zur Untersuchung von Verbesserungspotenzial*

Es müssen die Mindestinhalte und die Erfassungsform festgelegt werden. Unternehmensindividuelle Formulare oder PC-gestützte Eingabemasken werden erarbeitet. PC-Beschwerdeeingaben haben den Vorteil, dass die Beschwerden leicht ausgewertet und weitergeleitet werden können.

Beschwerdebearbeitung und Beschwerdereaktion

Die Beschwerdebearbeitung analysiert die Auslöser und die Ursachen der Beschwerde und muss in einem Verfahren geregelt sein. Das Verfahren umfasst:

- Die zu erfassende Informationen festlegen (was / wie?)
- Die Beschwerdeanalyse
- Die Weiterleitung der Beschwerdeinformation
- Die Zuständigkeit für die weitere Bearbeitung der Beschwerde

Die Reaktion des Unternehmens gegenüber dem Kunden ist entscheidend für seine Zufriedenheit. Für Beschwerden von geringem Problem werden standardisierte Reaktionen ausreichen. Beschwerden von besonderer Bedeutung oder bedeutender Zielgruppen müssen individuell bearbeitet und gelöst werden.

Beschwerdeanalyse:
Die Analyse der Beschwerde muss klären, ob die Beschwerde berechtigt ist, ob es sich um einen Garantie- oder Gewährleistungsfall handelt, und ggf. welche Lösungs- oder »Heilungs-«Schritte unternommen werden sollen.

Lösungsangebote können finanziell (Kaufpreiserstattung, Preisnachlass), materiell (Umtausch, Reparatur) oder immateriell (Entschuldigung, Erklärungen) sein. Bei jedem konkreten Beschwerdefall muss entschieden werden, ob er eine standardisierte Reaktion auslöst oder durch eine individuelle Reaktion zu behandeln ist.

Für eine hohe Beschwerdezufriedenheit des Kunden ist nicht nur das Beschwerdeergebnis, sondern in hohem Maße auch der Beschwerdeablauf selbst maßgeblich.

Beschwerdenutzung

Das Unternehmen muss im Sinne von Total Quality Management die Beschwerden systematisch auswerten und nutzen. Es muss bestimmt werden:

- Wer die Beschwerden auswertet
- Welche Informationen in welcher Form an die betroffenen Stellen weitergeleitet werden
- Wie daraus Problemlösungsprojekte ausgelöst werden

Es muss darauf geachtet werden, dass die Daten vergleichbar aufgezeichnet und verdichtet werden. Auch hier bietet sich eine standardisierte Checkliste an.

Die Daten aus dem Beschwerdemanagement liefern wertvolle Informationen für das Unternehmen:

- Für strategische Frühwarnungen
- Für Verbesserungen des Leistungsangebotes
- Zum Erkennen von Kostensenkungspotenzialen
- Zur Verringerung von Fehlerkosten
- Zum Nachweis, dass die Unternehmensstrategie kundenorientiert ist

Die gewonnenen Informationen aus den Beschwerden müssen an die betroffenen Stellen im Unternehmen weitergeleitet werden. Betreffen sie die Lieferanten, so muss das Beschwerdeverfahren sicherstellen, dass die Lieferanten unterrichtet und eingebunden werden.

2.7 Dienstleistungsqualität

Lernziele:
- Dienstleistungsqualität verstehen und erklären können
- Phasen zur Erzeugung von Dienstleistungsqualität beschreiben können
- Instrumente zur Dienstleistungsqualität erläutern können

Im Folgenden werden die Begriffe »Service« und »Dienstleistung« gleichbedeutend benutzt.

Die Dienstleistungsqualität spielt eine immer größere Rolle für die Kundenorientierung und Kundenzufriedenheit. So erwartet der Kunde neben den Eigenschaften der materiellen Produkte (z. B. Funktionen, Lebensdauer, Preis) auch Dienstleistungen (z. B. Liefertermin, Kundendienst, Gebrauchsanleitungen). Unternehmen können sich bei austauschbaren Produkten nur noch mit Dienstleistungen gegenüber dem Wettbewerb absetzen.

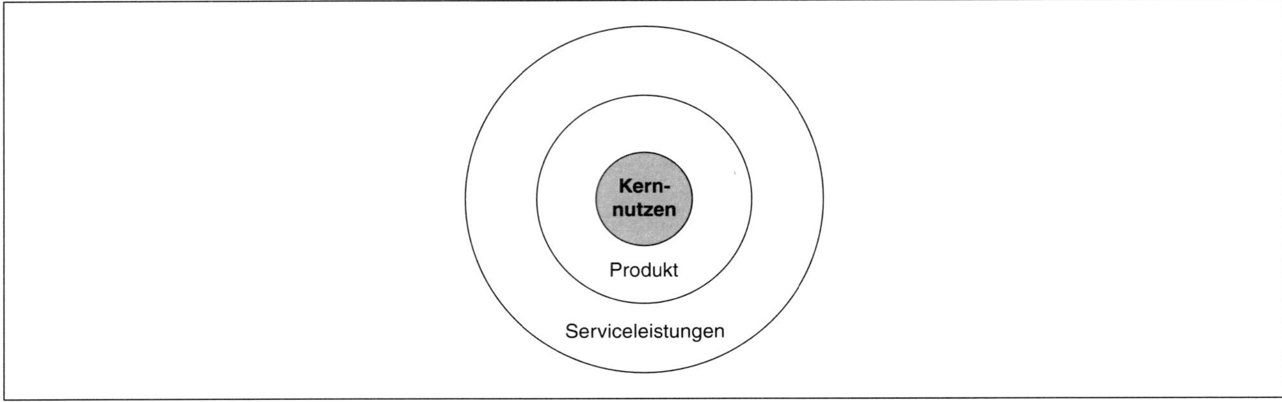

Abbildung 2-15: Serviceleistungen im erweiterten Produktbegriff

Kernnutzen erfüllt die Bedürfnisse des Kunden.

Produkt ist das Medium, das den Nutzen erbringt.

Serviceleistungen sind Zusatznutzen.

Beispiel beim Automobil als Produkt:

Der Kernnutzen befriedigt das Bedürfnis des Kunden: Beispiel ist Mobilität, Komfort, Prestige oder Sicherheit.
Das Produkt ist das Auto, das der Kunde erwirbt.
Serviceleistungen als Zusatznutzen können Garantie, Reparaturservice, Versicherung, Mobilitätsgarantien sein.

Generell ist unsere Gesellschaft im Wandel zur Dienstleistungsgesellschaft mit zunehmend immateriellen Produkten.

Dass Dienstleistungsqualität eine große Bedeutung für die Unternehmen hat, wird von niemandem bestritten. Die Implementierung von »Dienstleistungsqualität« liegt bei vielen Unternehmen jedoch im Argen.

2.7.1 Begriffsdefinition

Es gibt keine einheitliche Definition des Begriffes »Dienstleistung« in der Fachwelt. Die Norm DIN EN ISO 9000 bezeichnet »Dienstleistung« als eine von vier Produktkategorien, nämlich: »Dienstleistungen«, »Software«, »Hardware« und »verfahrenstechnische Produkte«. Produkte bestehen aus mehreren Kategorieelementen.

Dienstleistung ist (DIN EN ISO 9000:2015):

das immaterielle Ergebnis mindestens einer Tätigkeit, die notwendigerweise an der Schnittstelle zwischen dem Anbieter und dem Kunden ausgeführt wird.

Zur Erbringung einer Dienstleistung, kann gehören:

- Tätigkeit an einem materiellen Produkt des Kunden (z. B. das Mobiltelefon des Kunden, das repariert werden soll)
- Tätigkeit an einem immateriellen Produkt des Kunden (z. B. Informationen, die der Kunde besitzt, um ihm seine Steuererklärung zu erstellen)
- Lieferung eines immateriellen Produktes (z. B. Reiseauskunft)
- Schaffung einer Umgebung für den Kunden (z. B. das Ambiente im Hotel)

Bruhn und Meffert[63] definieren den Begriff Dienstleistung als »dreidimensional«:

- Potenzialorientiert: Leistungsfähigkeit bereitstellen (die Ressourcen)
- Prozessorientiert: Prozesse selbst mit materieller oder immaterieller Wirkung durchführen
- Ergebnisorientiert: Nutzenstiftende Ergebnisse der Prozesse erzielen

Viele Dienstleister gehen nach Ansicht von Bruhn nur von der Potenzialorientierung aus und vernachlässigen die Prozessorientierung und die Ergebnisorientierung.

Dienstleistungen unterscheiden sich von körperlichen Produkten durch drei Eigenschaften:

1. **Immaterialität**
   Dienstleistungen lassen sich nicht »anfassen«, Dienstleistung ist nicht materiell, kann nicht transportiert werden, kann nicht gelagert werden
2. **Unmittelbare Mitwirkung des Kunden:**
   Der Kunde oder dessen Objekte nehmen an der Erbringung der Leistung teil, sie sind in den Leistungsprozess einbezogen
3. **Produktion und Verbrauch sind gleichzeitig**
   Dienstleistungen werden in dem Moment verbraucht, in dem sie ausgeführt werden.
   Kein »Nachbessern« oder »Umtausch« ist möglich

2.7.2 Analyse der Dienstleistungsqualität

Ein beachtetes Modell zur Analyse der Servicequalität aus Kundensicht und Unternehmenssicht ist das GAP-Modell, das bereits bei der Betrachtung der Kundenorientierung vorgestellt worden ist und hier noch einmal wiederholt wird.

In diesem Modell werden **fünf Lücken** formuliert, die bei der Erbringung der Dienstleistung auftreten:

- Lücke 1: Einschätzung der obersten Führungskräfte
  Die Geschäftsführung schätzt Kundenerwartungen falsch ein
- Lücke 2: Spezifikation
  Die erstellte Spezifikation stimmt nicht mit den Einschätzungen der Geschäftsführung überein
- Lücke 3: Umsetzung der Spezifikation
  Die spezifizierte Dienstleistung wird nicht umgesetzt
- Lücke 4: An den Kunden gerichtete Kommunikation
  Die Kommunikation verspricht Anderes als die tatsächliche Dienstleistung
- Lücke 5: Diskrepanz zwischen Kundenerwartung und erbrachter Leistung

Hierzu folgt zur Verdeutlichung eine Abbildung.

[63] Bruhn, Manfred Kundenorientierung, Deutscher Taschenbuch Verlag, 1999

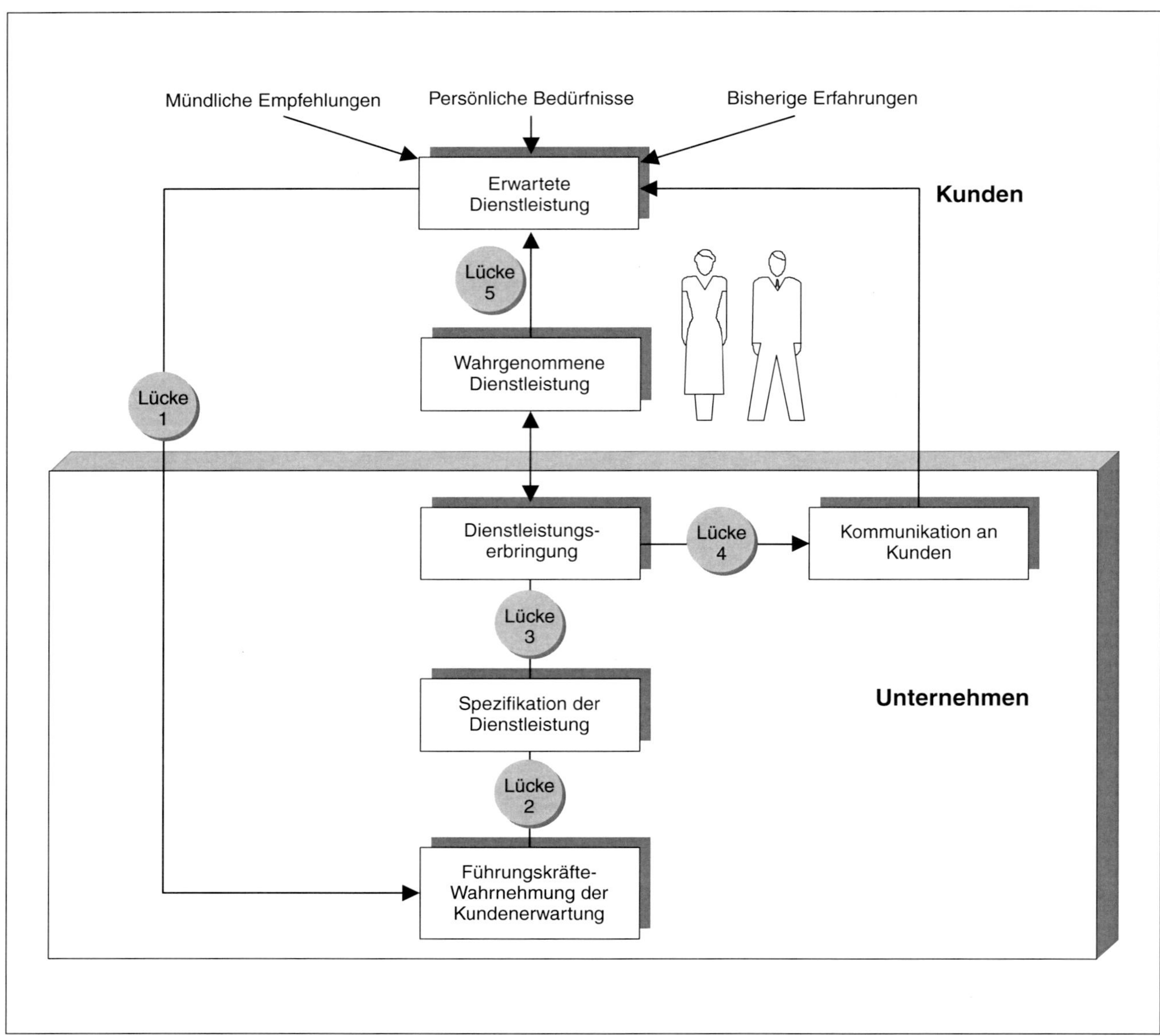

Abbildung 2-16: GAP-Modell zur Analyse der Dienstleistungsqualität

Das Gap-Modell ist ein Prognoseinstrument. Mit Hilfe des Modells kann ein Unternehmen seine Dienstleistungsqualität analysieren. Die Führungskräfte können strategische Probleme erkennen.

2.7.3 Dienstleistungsqualität planen und entwickeln

Bei der Entwicklung von Dienstleistungen unterscheidet man drei Hauptphasen: die Phase der Ideenfindung, die Phase der Entwicklung und die Phase der Leistungserbringung.

Diese wiederum kann man in Teilschritte gliedern:

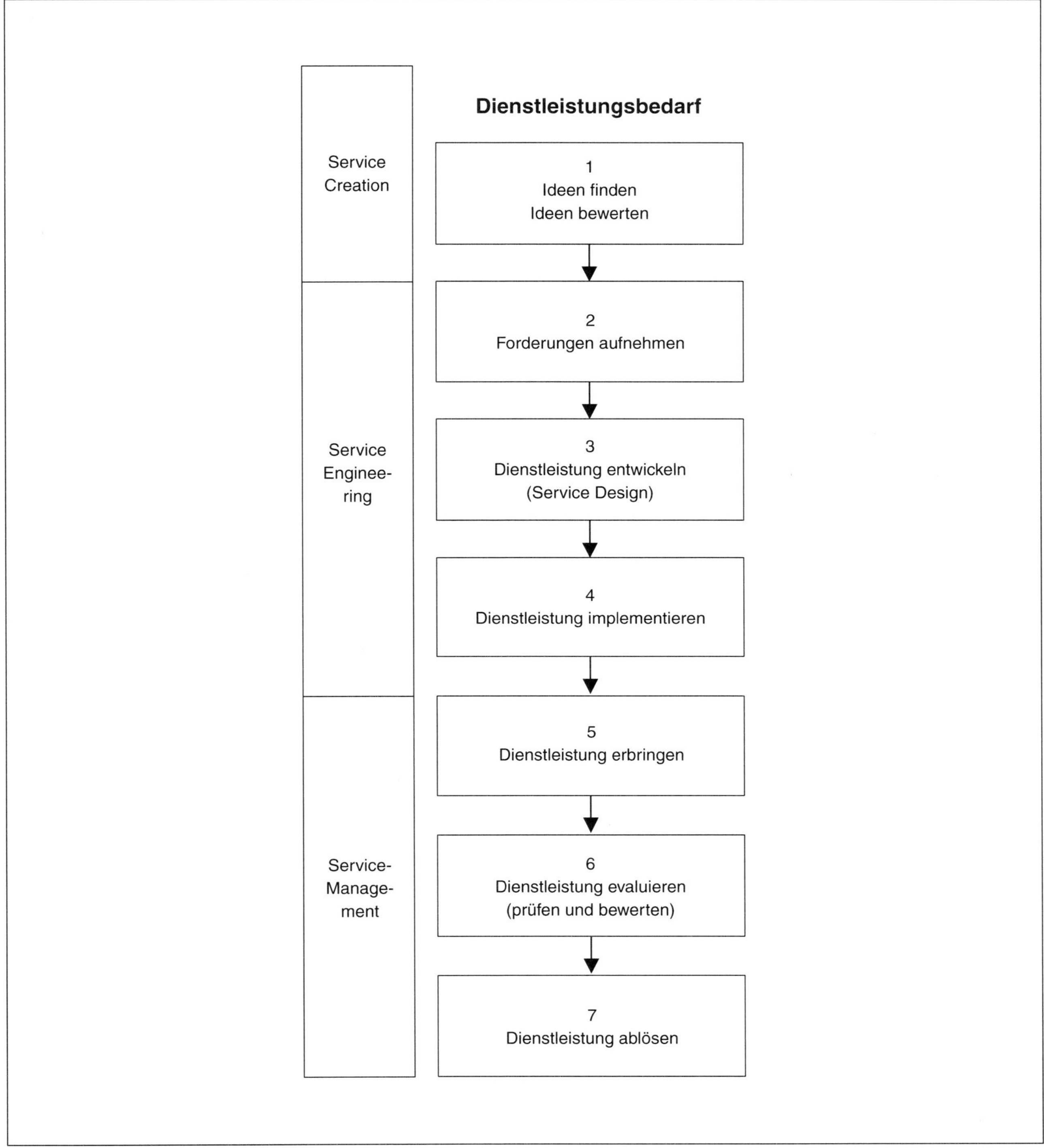

Abbildung 2-17: Phasen einer Dienstleistung

Ideenfindung: Service Creation

Die Service Creation-Phase ist die Ideenfindungsphase. Diese Phase umfasst die Untersuchung des Marktes. Die Mitarbeiter des Unternehmens ermitteln Kundenbedürfnisse und holen ein Feedback der Kunden ein. Sie definieren, »was der Kunde will« und formulieren ein Dienstleistungskonzept. Eine weitere Aufgabe besteht darin, das Potenzial des Unternehmens zu untersuchen und abzuwägen, inwieweit das Unternehmen die neuen Dienstleistungen realisieren kann.

Typische Instrumente in dieser Phase sind Kreativitätswerkzeuge (Brainstorming, morphologischer Ansatz, Methode 635, Mind Mapping, Progressive Abstraktion, Reizwortanalyse usw.). Bisher setzen jedoch nur wenige Unternehmen systematisch kreativitätsfördernde Werkzeuge ein und schulen entsprechend ihre Mitarbeiter.

Entwicklung: Service Engineering

Aus dem Dienstleistungskonzept wird die Dienstleistungsspezifikation erarbeitet. Das konkrete Dienstleistungsangebot wird entwickelt und es werden die Strukturen und die Prozesse gestaltet und geplant.

Qualitätsinstrumente und Methoden in dieser Phase sind Service Blueprinting, Quality Function Deployment, Fehlermöglichkeits- und Einflussanalyse oder Design Reviews.

Leistungserbringung: Service Management

Service Management ist die Phase der Dienstleistungserbringung. Aufgaben des Qualitätsmanagements sind die kontinuierliche Prüfung, die Analyse und die Verbesserung und Weiterentwicklung der Dienstleistungen.

Die Bedeutung der ständigen Verbesserung der Dienstleistung darf nicht unterschätzt werden. Kunden wandern heute nur zum geringeren Teil wegen fehlerhafter Produkte ab.

In der Mehrzahl kehren sie dem Unternehmen den Rücken, weil sie mit der Dienstleistung des Unternehmens unzufrieden waren.

Es gibt eine große Anzahl von Methoden zur Messung und Überwachung der Dienstleistungserbringung: Es sind zum einen Verfahren, die den Kunden einbeziehen wie Silent Shopper, Servqual, Vignette Methode, Critical Incident Technik, sequenzielle Ereignismethode.

Zum anderen sind es Verfahren innerhalb des Unternehmens wie Qualitätsaudits, statistische Prozesslenkung, Ursache-Wirkungsdiagramme, Benchmarking, FMEA usw.

2.8 Haupttätigkeiten des Qualitätsmanagements

Lernziel: Haupttätigkeiten des Qualitätsmanagements kennen und wiedergeben können

Die Normenarbeitsgruppe TC 176 der ISO hat den Begriff »Qualitätsmanagement« definiert als »aufeinander abgestimmte Tätigkeiten zum Führen und Steuern einer Organisation bezüglich Qualität«[64].

Was aber sind die aufeinander abgestimmten Tätigkeiten im Einzelnen?
Wie kann man die Tätigkeiten sinnvoll einklassieren?

Ältere Unterteilungen für Qualitätsmanagement-Tätigkeiten

In der technikorientierten Fachliteratur findet man häufig vier Tätigkeiten als Elemente des Qualitätsmanagements: Qualitätsplanung – Qualitätsprüfung – Qualitätslenkung (heute: Qualitätssteuerung) – Qualitätsförderung.

Diese Unterteilung ist nicht mehr zeitgemäß[65]. Qualitätsprüfungen und Qualitätsförderung werden nicht mehr als eigenständige Tätigkeitsbereiche angesehen. Qualitätsprüfungen sind vielmehr Hilfsmittel, die in den Prozessen eingesetzt werden. Der Begriff »Qualitätsförderung« gilt in der modernen Auffassung des Total Quality Managements als zu eng gefasst. Qualitätsförderung ist nur ein Aspekt der allgemeineren Aufgabe der Qualitätsverbesserung.

Heutige Tätigkeitsbereiche des Qualitätsmanagements

Heute teilt man die Aufgaben des Qualitätsmanagements in sechs Tätigkeitsbereiche:[66]

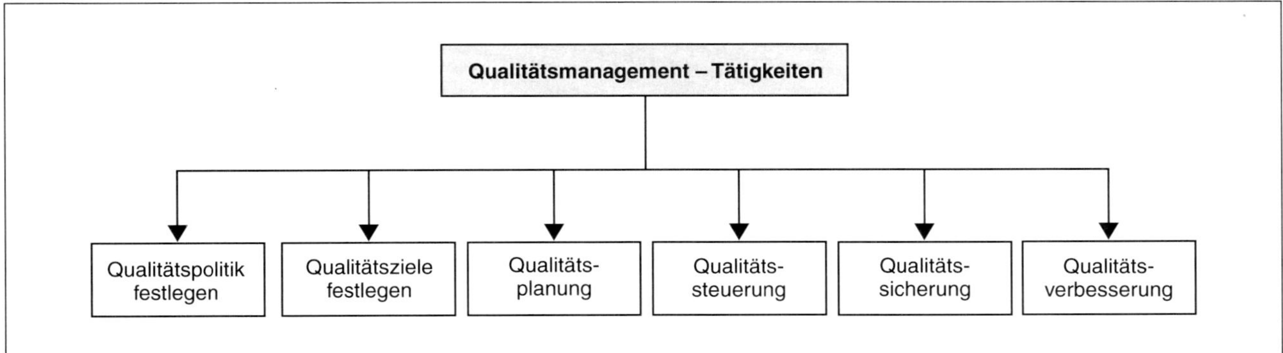

Abbildung 2-18 Tätigkeiten des Qualitätsmanagements

Qualitätspolitik und Qualitätsziele festzulegen ist eine Aufgabe der Unternehmensleitung und der Führungskräfte.

Qualitätsplanung umfasst sowohl strategische Tätigkeiten (z. B. QM-System planen, langfristige Ziele festlegen, Unternehmensorganisation planen) als auch die operativen Tätigkeiten in der Phase der Produktplanung.

Qualitätssteuerung bezieht sich auf alle Tätigkeiten während der Realisierung eines Produktes oder einer Dienstleistung. Es sind diejenigen Tätigkeiten, die dafür sorgen, dass die Qualitätsanforderungen »konform« verwirklicht werden.

Der Begriff Qualitätssicherung ist sehr missverständlich. Unter Qualitätssicherung versteht man heute Tätigkeiten der Risikoabschätzung und Risikominimierung für ein Unternehmen. Die Teilaufgabe der Qualitätssicherung ist gleichbedeutend mit Risikomanagement. Qualitätsprüfungen sind ein klassisches Instrument der Qualitätssicherung, mit dem Ziel, Risiken zu minimieren.

Qualitätsverbesserung bezieht sich auf alle Prozesse und Strukturen eines Unternehmens. Heute müssen sich Unternehmen ständig dem Wandel anpassen, um zu überleben. Diese Anpassung kann in kleinen Schritten angestrebt werden, was mit dem Begriff »Qualitätsverbesserung« bezeichnet wird.

[64] DIN EN ISO 9000:2015
[65] siehe z. B. Seghezzi, Integriertes Qualitätsmanagement, Carl Hanser Verlag, München 2007
[66] siehe z. B. in der Norm DIN EN ISO 9000:2015

2.8.1 Qualitätsmanagement im Qualitätskreis

Grundlage für diese Einteilung der Qualitätsmanagementätigkeiten bietet der Lebenszyklus eines Produktes.

Der Lebenszyklus eines Produktes oder einer Dienstleistung kann in abgrenzbare zeitliche Phasen unterteilt werden: Planung, Realisierung und deren Steuerung. Die Planungsphase beginnt mit der Marktbeobachtung oder Marktforschung. In dieser Phase versucht ein Unternehmen herauszufinden, was der Markt braucht. Es folgt die kreative Phase der Ideenfindung, die in einem Lastenheft für ein Produkt oder eine neue Dienstleistung mündet. Dann folgt die Entwicklungs- und Konstruktionsphase. An diese schließt sich die Planung zur Verwirklichung (Fertigungsplanung) an.

Danach findet man die Phase der Produkterstellung oder der Dienstleistungserbringung. Bei Produkten schließt sich die Phase der Nutzung und die Betreuung an. Mit dem Ende der Produktnutzung und seiner Entsorgung bzw. mit der Ablösung des Dienstleistungsangebotes endet der Lebenszyklus.

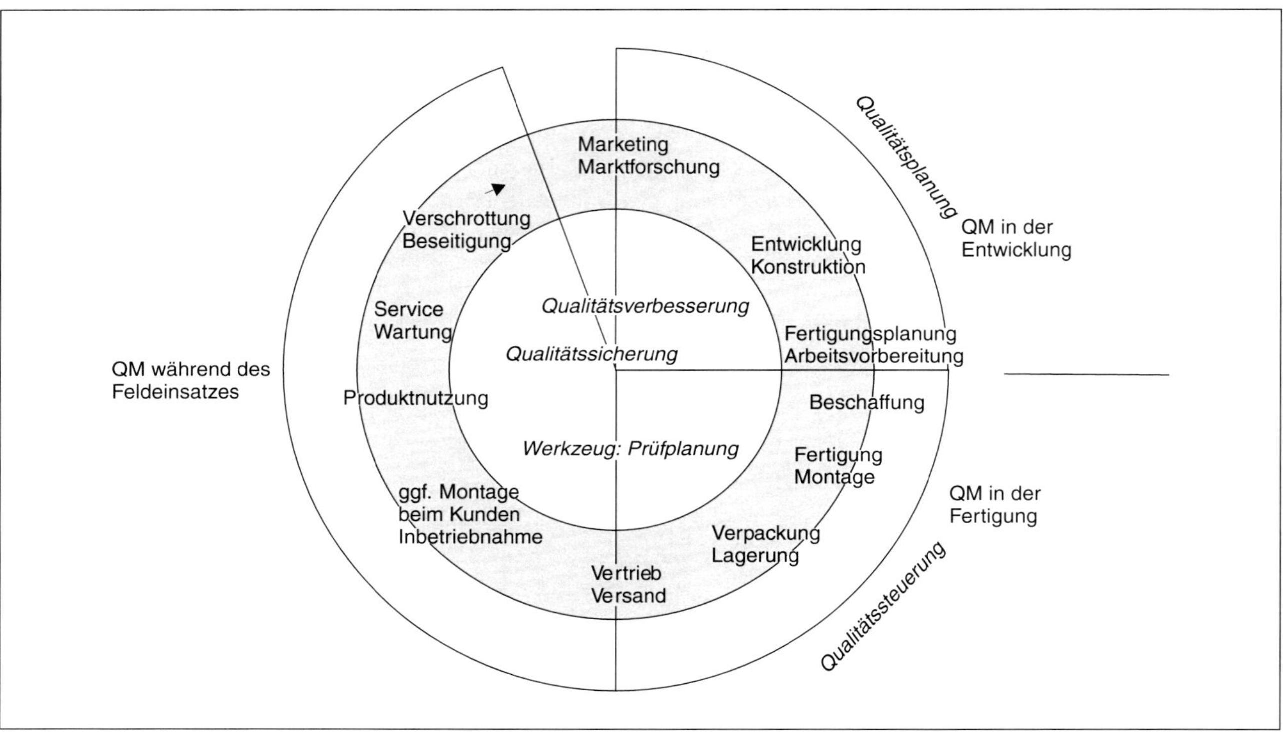

Abbildung 2-19 Qualitätskreis am Beispiel einer Produkterstellung---

Am Ende schließt sich der Kreis wieder zur Markterkundung für ein Nachfolgeprodukt. Dieser Produktlebenszyklus hat typische phasenabhängige Tätigkeiten.

Es gibt darüber hinaus andere Tätigkeiten, wie die der Risikosicherung (Qualitätssicherung) oder der Qualitätsverbesserung, die in mehreren Phasen vorkommen oder sich nicht einzelnen Phasen zuordnen lassen.

2.8.2 Qualitätsplanung

Fachleute haben mehrfach bemängelt, dass der Begriff »Qualitätsplanung« ungeschickt und irreführend ist. Denn gemeint ist nicht die »Planung von Qualität«, sondern einfach nur die »Planung der Qualitätsforderungen«.

Der Begriff »Qualitätsplanung« wird auf die zeitliche Phase bis zum Beginn einer Produktion oder einer Dienstleistungseinführung bezogen. Die Planung erstreckt sich von der Produktidee (Planungsanstoß) bis zum Zeitpunkt der Freigabe zur Produktion oder der Freigabe zur Dienstleistung. Die Tätigkeiten der Qualitätsplanung haben eine entscheidende Bedeutung für den Erfolg oder Misserfolg eines Unternehmens. Man weiß, dass 80 % aller Fehler eines Produktes oder einer Dienstleistung ihre Ursache in dieser planerischen Phase haben. Die Entdeckung der Fehler geschieht meist viel später in den nachgelagerten Steuerungsphasen mit oft schmerzlichen Konsequenzen (siehe die »Zehnerregel« am Ende dieses Abschnitts).

Die Norm DIN EN ISO 9000 definiert den Begriff »Qualitätsplanung« folgendermaßen:

Definition Qualitätsplanung (nach DIN EN ISO 9000)[67]:

Qualitätsplanung ist der Teil des Qualitätsmanagements, der auf das »Festlegen der Qualitätsziele und der not-wendigen Ausführungsprozesse sowie der zugehörigen Ressourcen zum Erreichen der Qualitätsziele gerichtet ist.«

Qualitätsplanungsaufgaben sind fachübergreifend und müssen von vielen Fachleuten aus Funktionsbereichen, die sich Marktforschung, Marketing, Entwicklung und Konstruktion, Fertigungsplanung nennen, verantwortet werden. Zu den Aufgaben der Qualitätsplanung, das heißt der Planung der Qualitätsforderungen, gehören folgende Tätigkeitsabschnitte:

- Kundenerwartungen und Kundenforderungen feststellen: Ergebnis ist ein »Lastenheft«
- Produkteigenschaften erarbeiten: Ergebnis ist eine Spezifikation bzw. ein »Pflichtenheft«
- Produkt entwickeln: Ergebnisse sind detaillierte Beschaffungsunterlagen, Konstruktionsunterlagen
- Fertigungsprozesse planen und gestalten: Ergebnis sind z. B. Arbeitspläne, Prüfpläne, Fertigungssteuerungspläne
- Ergebnis validieren[68], d. h. die Eignung des Produktes oder der Dienstleistung für den vorgesehenen Zweck feststellen: Das Ende dieser fünf Tätigkeiten der Qualitätsplanung mündet in eine Freigabe zur Produktion oder zur Dienstleistung

Instrumente in der Phase der Qualitätsplanung

Als Erstes sind es Kreativitätsinstrumente zur Ideenfindung oder Ideensortierung, die sich die Qualitätsplanung zunutze macht, zum Beispiel:

- Brainstorming
- Metaplantechnik
- Mind Mapping
- Morphologischer Kasten
- Methode 635
- Synektiksitzung
- Reizwortanalyse

Zum Zweiten sind es Methoden zur Risikoabschätzung, zur Findung möglicher Fehler im Vorfeld, und es sind Methoden zur Versuchsplanung. Anspruchsvolle Methoden sowohl im technischen Bereich als auch bei Dienstleistungen sind:

- Quality Function Deployment QFD
- Fehlermöglichkeits- und Einflussanalyse FMEA
- Versuchsplanungsmethode nach Taguchi

Als Drittes sind das Projektmanagement und dessen Planungsinstrumente zu nennen, z. B.

- Projektstrukturpläne
- Flussdiagramme
- Balkendiagramme, Fristenpläne
- Netzplantechnik

Das Ergebnis der Qualitätsplanung sind Vorgaben und Dokumente wie Lastenheft, Pflichtenheft, Arbeitspläne, Prüfpläne. Der Übergang zur Umsetzungsphase wird über eine Freigabe – einen »Meilenstein« – dokumentiert.

Die Zehnerregel der Fehlerkosten

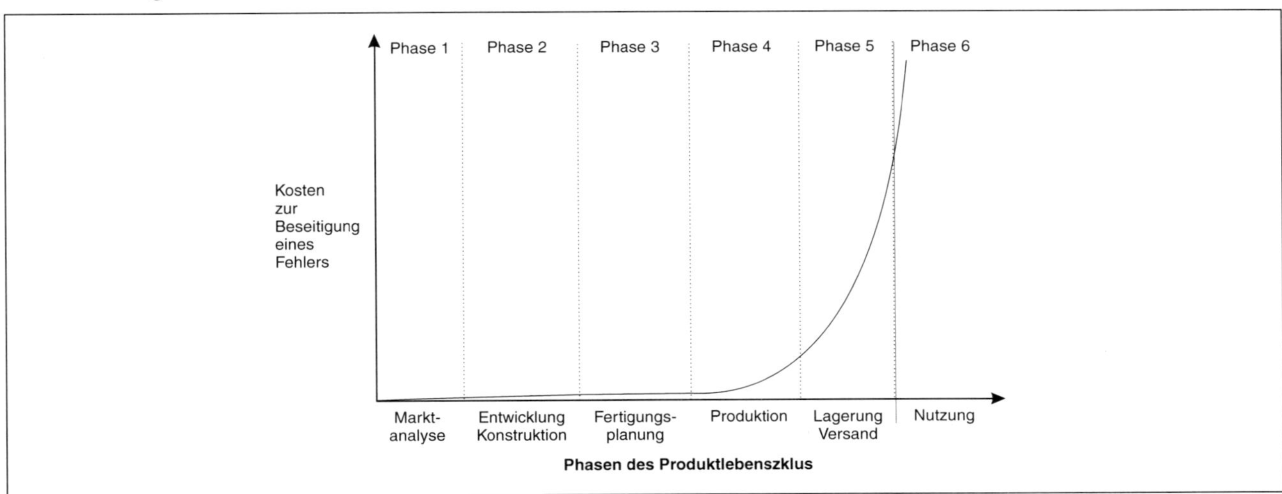

Abbildung 2-20: Zehnerregel der Fehlerkosten

[67] DIN EN ISO 9000:2015

[68] Validieren ist ein normierter Fachbegriff und bedeutet: Man bestätigt durch einen objektiven Nachweis, dass ein Produkt die Anforderungen für den beabsichtigten Gebrauch erfüllt.

Bei der Entstehung von Fehlerkosten spielt die Zeit zwischen Fehlerverursachung und Fehlerentdeckung eine entscheidende Rolle. Entdeckt werden Fehler häufig erst während des Herstellprozesses oder in der Endprüfung, im schlimmsten Fall erst bei der Nutzung durch den Kunden. Verursacht werden diese Fehler jedoch zum größten Teil in der Produktplanungs- und Entwicklungsphase.

Verfolgt man die Auswirkung eines Fehlers aus der Planungsphase über die Produktlebenszeit, so ergibt sich eine stark ansteigende Kostenkurve (siehe die Abbildung). Bei der Abschätzung der Kosten zur Fehlerbeseitigung trifft häufig eine Faustregel zu, die als »Zehnerregel« bezeichnet wird.

Die »Zehnerregel« besagt, dass sich die Kosten zur Behebung eines Fehlers von einer Produktlebensphase zur nächsten verzehnfachen. Die Zehnerregel ist eine Bestätigung für das heutige Qualitätsverständnis, dass Qualitätsaktivitäten so weit wie möglich nach vorne in der Wertschöpfungskette verlagert werden (vergleiche die historische Entwicklung in Abschnitt 1.2.2 »Von der Qualitätskontrolle zum ganzheitlichen Qualitätsverständnis«).

Beispiel für die Zehnerregel:

Ein Hersteller für EDV-Drucker in Deutschland bekam den Sonderauftrag, eine Serie von 8000 neuen Parkscheindruckern für Kommunen zu entwickeln und herzustellen. Entsprechende Bestelloptionen lagen von mehreren Städten vor, die ihre alten Parkuhren durch Parkscheinautomaten ersetzen wollten. Ein Entwicklungsprojekt wurde ins Leben gerufen. Man erstellte ein Lastenheft, d. h. den Leistungskatalog für das Gerät aus Sicht der Kommunen und der potenziellen Endnutzer.

Das Lastenheft wurde von den Entwicklern und Konstrukteuren in technische Spezifikationen umgesetzt. Fertigung, Montage und Beschaffung für die Gerätelinie wurden geplant, und nach 12 Monaten wurden die ersten Parkscheindrucker ausgeliefert und an den Straßen aufgebaut.

Prompt folgte eine Reklamation. Die Kommunen forderten, die neuen Geräte sofort wieder abzubauen und nachzubessern. Was war der Grund? Die Geräte funktionierten einwandfrei. Das Design und die Bedienbarkeit wurden einhellig gelobt. Es zeigte sich aber, dass man versäumt hatte, die Gehäuse der Geräte »einbruchsicher« auszuführen. Diese Forderung war im Lastenheft nicht hinreichend präzise aufgeführt worden. Und auch im Laufe des Projektes hatte niemand an das Problem gedacht, dass die Geräte in der Öffentlichkeit aufgestellt werden und gegen Vandalismus und Diebstahl geschützt sein müssen.

Weil erst der Kunde das Problem entdeckt hatte, kosteten die Rücknahme der Geräte, eine Neuausführung der Gehäuse mit erheblichen konstruktiven Änderungen und vor allem der Verlust von Kunden das Unternehmen damals viele Millionen €.

Wäre das Problem in der Produktion vor Auslieferung entdeckt worden, hätte der Aufwand zur Nachbesserung vermutlich auch noch einige 100.000 € betragen – aber immerhin deutlich weniger.

Wäre das Problem in der Fertigungsvorbereitung entdeckt worden, hätten die Korrekturen vermutlich nur einige 10.000 € an Konstruktionsänderungen, Fertigungsumplanung und Beschaffungskorrekturen gekostet.

Wäre der Fehler bereits in der Konstruktion aufgefallen, hätte man lediglich die Konstruktionszeichnungen ändern müssen. Die Kosten wären Zeitaufwendungen von einigen 1.000 € gewesen.

Wäre der Fehler bei der frühen Formulierung der technischen Spezifikation aufgefallen, so hätten die Entwickler und Marketingfachleute mit geringem Aufwand – vielleicht zwei Mannstunden von 200 € – die fehlende Forderung konstrukiv berücksichtigen können.

Wäre das Fehlen der Forderung »Diebstahl- und vandalensicher ausführen« bei der Formulierung des Lastenheftes oder bei Gesprächen mit den potenziellen Kunden aufgefallen, so hätten die Lastenheftersteller die fehlende Forderung mit einem Satz eingefügt, was einem Zeitaufwand von »0« entsprochen hätte.

Von einer Phase zur nächsten hatten sich die Kosten für Korrekturen aber nun verzehnfacht und das Problem wurde zum »Supergau« für das Unternehmen.

2.8.3 Qualitätssteuerung[69]

Qualitätssteuerung umfasst planende, lenkende, filternde oder korrigierende Tätigkeiten während der Erstellung der Produkte oder der Dienstleistungen. Qualitätssteuerung ist bei Routinetätigkeiten oder sich wiederholenden Tätigkeiten zur Realisierung von Produkten und Dienstleistungen notwendig. Standardtätigkeiten bei der Realisierung sind die Beschaffung, die Produktion, der Vertriebsprozess, die Kundendiensttätigkeiten. Durch Steuerung der Tätigkeiten sollen die Qualitätsanforderungen an Produkte und Dienstleistungen eingehalten werden.

[69] Der Begriff »Qualitätssteuerung« wird seit 2015 in den Normen anstelle von »Qualitätslenkung« genannt. »Qualitätssteuerung«, »Qualitätsslenkung« und »Qualitätsregelung« werden oft synonym gebraucht.

Definition Qualitätssteuerung (nach DIN EN ISO 9000):

Qualitätssteuerungsaufgaben sind diejenigen »Tätigkeiten, die auf die Erfüllung von Qualitätsanforderungen ausgerichtet sind«.

Durch die Qualitätssteuerung sollen die Prozesse beherrscht und fähig gehalten werden.

Qualitätssteuernde Tätigkeiten bauen Regelkreise auf. In den Regelkreisen werden Merkmale aus dem Prozess oder vom Produkt gemessen und mit Sollvorgaben verglichen. Es werden Abweichungen erkannt und – wenn möglich – über eine Stellgröße korrigiert. Dort, wo man nicht korrigieren kann, wird gefiltert, so dass nur konforme Teile oder Ergebnisse einen Prozess verlassen und den Kunden erreichen.

Bei den Störungen unterscheidet man zufällige Streuungen und systematische Abweichungen[70]. Das Ausmaß der zufälligen Streuungen lässt sich messen und statistisch bewerten, aber nicht regeln. Systematische Abweichungen dagegen lassen sich in einem Regelkreis korrigieren, sofern sie messbar und bekannt sind.

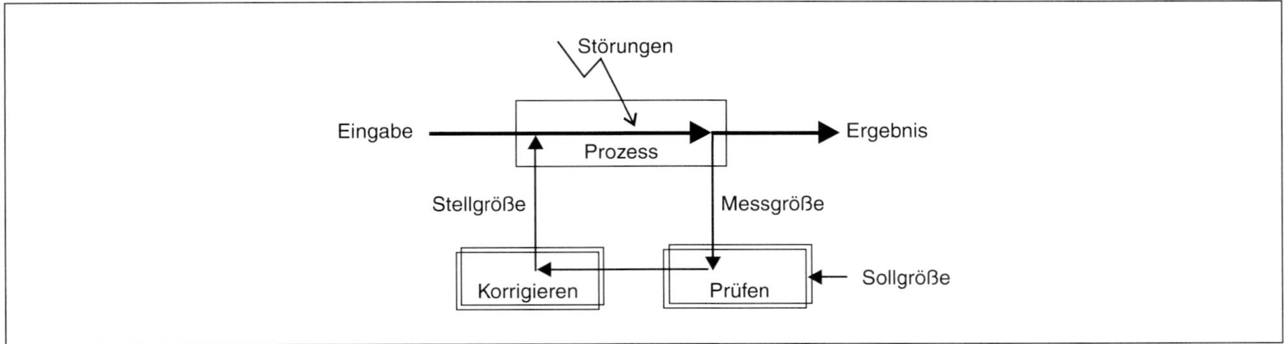

Abbildung 2-21: Qualitätssteuerung als Regelkreis

Eine wichtige Tätigkeit der Qualitätssteuerung besteht darin, die wirklich entscheidenden Qualitätsanforderungen bei der Produktrealisierung zu erkennen. Nicht alle Anforderungen sind in der Qualitätsplanung formuliert worden. Zum einen fehlen oft Spezifikationen; zum anderen gibt es bei der Realisierung immer eine Vielzahl von Tätigkeiten, die überhaupt nicht spezifiziert werden, weil sie auf langjährige Routine, mündliche Übertragung, Erfahrung der Mitarbeiter oder auf nicht ausgesprochene Regeln und Rituale und Gewohnheiten bauen. Anforderungen an diese realen qualitätsbeeinflussenden Tätigkeiten müssen neben den »dokumentierten« Anforderungen erkannt werden.

Zur Steuerung der Prozesse müssen die erforderlichen Mittel, die Informationen und die Qualifikationen verfügbar gemacht und verfügbar gehalten werden. Es muss auch überwacht werden, dass die Prozesse wie geplant von den Mitarbeitern eingehalten werden können und tatsächlich eingehalten werden.

Hauptaufgabe der Qualitätssteuerung ist es, Verfahren einzusetzen, um die Prozessergebnisse mit den Vorgaben zu vergleichen und dann sicherzustellen, dass nur konforme Ergebnisse den jeweiligen Prozess verlassen. Im Rahmen der Qualitätssteuerung werden deshalb Prüfungen und Messungen eingerichtet, mit denen Abweichungen erkannt werden können. Notwendige Tätigkeiten hierfür sind Prüfplanung, Prüfausführung und Prüfdatenauswertung.

Eine Aufgabe der Qualitätssteuerung besteht darin, die Prüfstrategie und die Prüfverantwortung festzulegen: z. B. die Entscheidung der Fremdprüfung durch unabhängige Instanzen oder die Strategie der Selbstprüfung und Selbstverantwortung derjenigen, die den Prozess ausführen.

In der Dienstleistung ist es noch nicht die Regel, Merkmale zu definieren und die Tätigkeiten zu messen. Die Qualitätssteuerung wird bei Dienstleistungen noch sehr schwach wahrgenommen.

Produktionsüberwachung

Im technischen Bereich hat diese Aufgabe der Qualitätssteuerung unter dem Begriff »Produktionsüberwachung« lange Tradition. Der Begriff Produktionsüberwachung ist häufig in herstellenden Unternehmen im Alltag anzutreffen. Er taucht jedoch in der Qualitätslehre und in Normen nicht bzw. nicht mehr auf.

Produktionsüberwachung ist ein Sammelbegriff für Teilaufgaben der Qualitätssteuerung (Steuerung der Prozesse) und der Qualitätssicherung (Risikominimierung von Fehlern) in einem produzierenden Unternehmen. Die Produktionsüberwachung bedient sich der Instrumente der Qualitätsprüfungen in einem Fertigungsbetrieb und bezieht sich in der Regel nur auf die Phasen der Produktion:

- Wareneingangsprüfungen
- Zwischenprüfungen, Laufkontrollen
- Endprüfungen
- Produktaudits

Typische »Überwachungspunkte« in einem Produktionsbetrieb zeigt die folgende Abbildung:

[70] siehe Abschnit 3.2.6

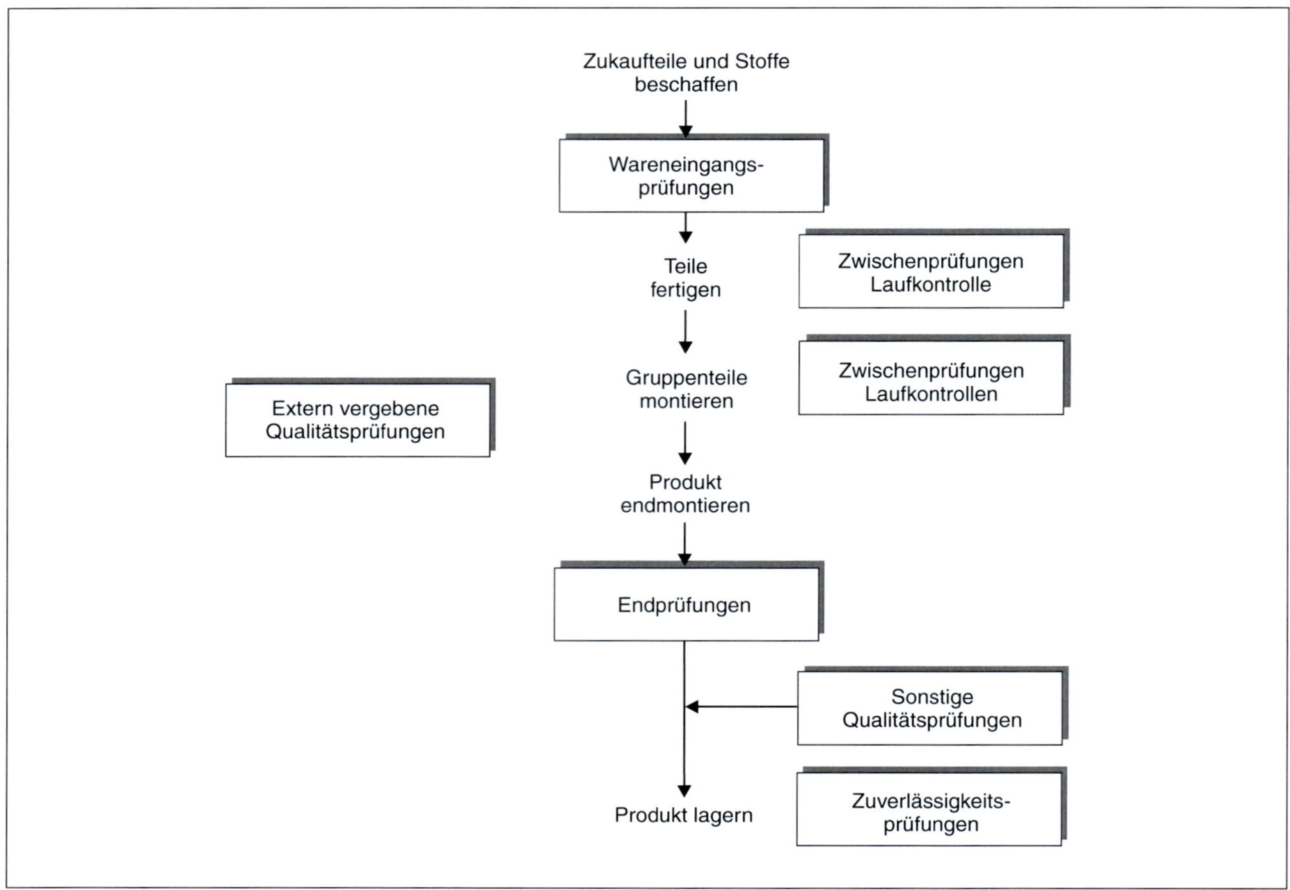

Abbildung 2-22: Produktionsüberwachung in einem Fertigungsbetrieb

2.8.4 Qualitätssicherung

Der Begriff »Qualitätssicherung« ist unter Fachleuten umstritten. Er wird in unterschiedlichen Bedeutungen gehandhabt. Besonders erschwerend ist, dass der Begriff »Qualitätssicherung« jahrelang die Bedeutung für »Qualitätsmanagement« hatte und dies noch heute nachwirkt.

Definition Qualitätssicherung (nach DIN EN ISO 9000):
Qualitätssicherung sind diejenigen Tätigkeiten, die »Vertrauen erzeugen darauf, dass Qualitätsanforderungen erfüllt werden«.

Qualitätssicherung ist Risikomanagement

Aufgabe der Qualitätssicherung ist es, Risiken zu erkennen, zu bewerten und zu vermindern.

Tätigkeiten, die heute unter dem Schlagwort »Qualitätssicherung« geführt werden, erfüllen zwei Aufgaben:

- nach innen gerichtet:
  Tätigkeiten, die dafür sorgen, dass Risiken für das Unternehmen untersucht, erkannt und begrenzt werden
- nach außen gerichtet:
  Tätigkeiten, die das Vertrauen in die Fähigkeit des Unternehmens fördern. Diese Tätigkeiten verringern das Risiko eines Vertrauensverlustes

Wie gewinne ich das Vertrauen anderer für meine Produkte oder meine Dienstleistungen?

Die einfachste vertrauensbildende Maßnahme besteht schlicht darin, ausnahmslos konforme und fehlerfreie Ergebnisse zu liefern und so langfristig Vertrauen aufzubauen.

Eine klassische Strategie, fehlerfreie Ergebnisse zu liefern, sind Filterungen durch Aussortieren. Instrumente zum Filtern sind die klassischen Qualitätsprüfungen: Abnahmeprüfungen (z. B. Wareneingangsprüfungen, Endprüfungen, Abnahmen durch den Kunden). Der Hinweis auf »Fehlerfreiheit durch Prüfen« wird sehr intensiv in der Werbung genutzt (Schlagwort: »Geprüfte Qualität«).

Die heutige modernere Auffassung, Fehlerfreiheit zu erzielen, besteht darin, Risiken für Fehler vorbeugend zu erkennen und im Ansatz zu minimieren. Typische risikominimierende Tätigkeiten sind Lieferantenüberwachungen, Systemaudits, Produktaudits, Prozessaudits, Prüfmittelüberwachungen, sonstige ergänzende Überwachungen der Produktqualität. Der Aufbau eines Qualitätsmanagementsystems selbst kann als Tätigkeit zur Risikominimierung und zur Vertrauensbildung angesehen werden.

Qualitätsrisiken treten in allen Bereichen eines Unternehmens auf. Qualitätssicherungsaufgaben werden deshalb in allen Unternehmensbereichen durchgeführt. Sie werden nicht nur von einer speziellen Funktionsstelle »Qualitätswesen« ausgeführt. Wichtige Werkzeuge für Tätigkeiten der Qualitätssicherung sind

- Qualitätsprüfungen
- Methoden zur Risikoabschätzung (z. B. Fehlermöglichkeits- und Einflussanalyse)
- Problemlösungstechniken

Tätigkeiten der Qualitätssicherung müssen systematisch geplant werden und aufrechterhalten werden. Die Ausprägung der Qualitätssicherung hängt von der Risikobereitschaft eines Unternehmens ab. Qualitätssicherung kann reaktiv sein und sich im Wesentlichen auf Filterung konzentrieren, oder präventiv eine Vielzahl von Tätigkeiten beinhalten zur Vermeidung von Risiken.

2.8.5 Qualitätsverbesserung

Mit »Qualitätsverbesserung« ist die Verbesserung der »Fähigkeit« gemeint, Qualität zu erzeugen. Tätigkeiten zur Qualitätsverbesserung tragen mittelbar zur Produkt- oder Dienstleistungsqualität bei.

> **Definition** Qualitätsverbesserung (nach DIN EN ISO 9000):
>
> Tätigkeiten des Qualitätsmanagements, die »auf die Erhöhung der Eignung zur Erfüllung der Qualitätsanforderungen gerichtet« sind.

Zur Leistungsverbesserung eines Unternehmens gibt es zwei grundsätzlich verschiedene Ansätze:

- (innovative) Prozesserneuerung
- (ständige) Prozessverbesserung

Beide Ansätze ergänzen sich. Prozesserneuerungen sollen die Leistungen in Krisensituationen sprunghaft steigern, Prozessverbesserungen sollen Prozesserneuerungen stabilisieren und kontinuierlich steigern.

Prozesserneuerungen

Prozesserneuerungen werden mit den modernen Schlagworten »Re-Design« oder »Business Process Re-Engineering BPR« oder »Prozess-Innovation« beschrieben[71]. Es sind große Veränderungen in einem Unternehmen. Sie stehen für einen radikalen Umbruch der Prozesse und werden als einmaliges Projekt in einer kurzen Zeitspanne umgesetzt. Prozesserneuerungen beziehen sich immer auf strategisch wichtige Prozesse. Sie bedeuten hohe Risiken, aber auch Chancen für das Unternehmen. Prozesserneuerungen sind zwingend notwendig, wenn sich das unternehmerische Umfeld gewandelt hat (der Kontext des Unternehmens), seien es die Absatzmärkte, die Beschaffungsmärkte, rechtliche Rahmen, neue Wettbewerber, und insbesondere veränderte Kundenanforderungen. Die Situationen zwingen zu neu auszurichtenden Zielsetzungen und zu radikalen Maßnahmen.

Business Process Re-Engineerung BPR ist eine Methode, die in den 90er Jahren entwickelt und proklamiert worden ist. Hauptmerkmale sind:

- Konzentration auf Kunden und Prozesse
- Fundamentales Infragestellen der Abläufe und Aufgaben
- Radikale Änderung bestehender Strukturen und Verfahren
- Intensive Nutzung der Informationstechnologie
- Suche nach innovativen Lösungen

Ständige Prozessverbesserung

»Ständige Verbesserung« wird in der heutigen Auffassung der Qualitätslehre als eine bedeutende Tätigkeit des Qualitätsmanagements angesehen. Der Grundsatz der ständigen Verbesserung soll in einem Unternehmen durch eine Vielzahl von Tätigkeiten gelebt werden.

[71] siehe z. B. Schmelzer, H.J. Geschäftsprozessmanagement in der Praxis

Tätigkeiten der ständigen Qualitätsverbesserung zeichnen sich dadurch aus, dass sie langfristig und kontinuierlich angelegt sind. Man stellt die bestehenden Prozesse nicht in Frage, sondern optimiert sie in kleinen Schritten.

Viele Tätigkeiten der Qualitätsverbesserung beziehen sich auf die Qualitätsförderung der Mitarbeiter. Maßnahmen der Qualitätsförderung zielen sowohl auf die Qualifikation der Menschen (das »Können«) als auch auf die Motivation und Einstellung der Mitarbeiter (das »Wollen«).

Methoden zur Qualitätsverbesserung

Eine Vielzahl von Methoden wurde unter modernen Schlagwörtern wie

- Poka Yoke
- Six Sigma
- Null-Fehler-Programme
- TQM-Programme
- KAIZEN
- Qualitätszirkel
- Problemlösungsteams

in den letzten Jahren proklamiert. Dabei handelt es sich um Programme zur Qualitätsverbesserung, die auf den PDCA-Kreis von Deming[72] aufbauen. Allen Methoden ist gemeinsam, dass sie in Teamarbeit durchzuführen sind. Bei der Bewältigung der Aufgaben werden intensiv die in Abschnitt 3 in diesem Buch dargestellten Instrumente und Werkzeuge genutzt.

Beispiel für den Anstoß von Qualitätsverbesserungsprojekten in der Praxis:

In einem mittelständischen Unternehmen wurde ein Total Quality Management Schulungsprogramm über mehrere Monate durchgeführt. Alle Mitarbeiter waren einbezogen worden. Der Ablauf des Schulungsprogramms führte die Schulungsgruppen automatisch dahin, Verbesserungsprojekte vorzuschlagen, Probleme zu erkennen, systematisch abzuarbeiten, Verbesserungen zu realisieren und die gelernten Werkzeuge anzuwenden.

Hilfreich war dabei eine Unterscheidung der aus den Gruppen kommenden Vorschläge in vier Klassen.

- *Kleinstprojekte:*

  Gedanke: »Warum stelle ich das nicht gleich ab!« Hier sollten Verbesserungsaktivitäten im eigenen Handlungs- und Verantwortungsbereich jedes Einzelnen ohne jeglichen Formalismus genannt werden. Die Entscheidung für ein solches Kleinstprojekt lag bei jedem Einzelnen.

- *Kleine Projekte innerhalb des eigenen Funktionsbereiches (der eigenen Abteilung oder Arbeitsgruppe), die im Team bearbeitet werden mussten:*

  Diese Projekte sollten nur eine Schnittstelle zu anderen Bereichen aufweisen (zu einem internen Lieferanten oder einem internen Kunden). Dabei wurde gefordert, dass Zielsetzung, Aufwandsabschätzung, Termin, Teambildung und Moderation überlegt worden waren.

- *Übergreifende große Projekte:*

  Diese betrafen immer mehrere Schnittstellen. Mehrere Abteilungen und Bereiche waren beteiligt. Das Problemfeld war komplex. Große Projekte wurden an das bestehende Qualitätslenkungsteam gestellt, dass sich aus den oberen Führungskräften zusammensetzte.

- *Formale Verbesserungsvorschläge einzelner an das bestehende Verbesserungsvorschlagswesen:*

  Es wurde zwischen kleinen Vorschlägen mit kurzfristigen Entscheidungen unterschieden und großen Vorschlägen, die nach einem festgelegten Verbesserungsvorschlagsverfahren zu behandeln waren.

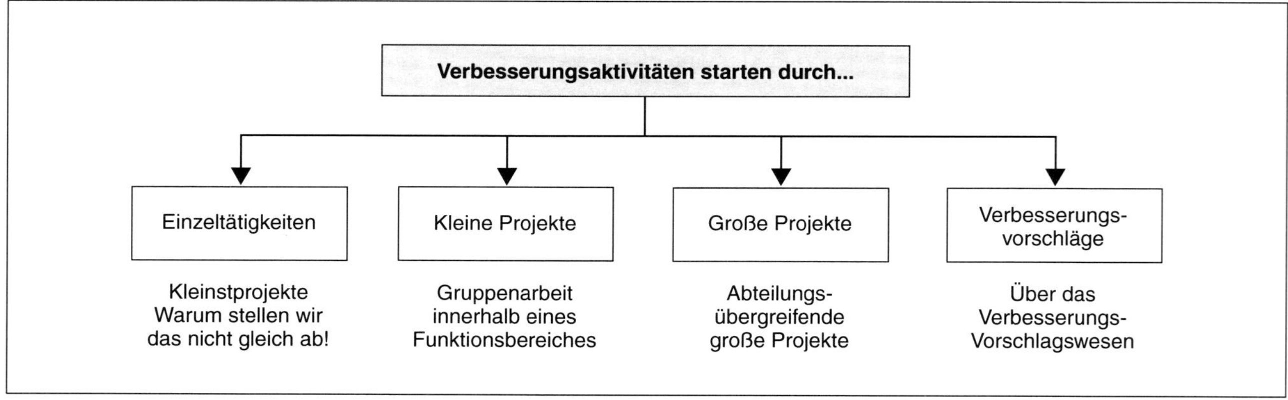

Abbildung 2-23: Möglichkeiten zum Anstoßen von Verbesserungsprojekten

[72] siehe Abschnitt 1.5.1

2.9 Qualitätsprüfungen

Lernziele:
- Teilaufgaben der Qualitätsprüfungen benennen und erläutern können
- Inhalte eines Prüfplans wiedergeben können

Qualitätsprüfungen sind in allen Phasen notwendig, Traditionelle Prüfverfahren in produzierenden Unternehmen spielen ihre Rolle im Wareneingang, in der Fertigung und Montage von Produkten, bei der Feldbeobachtung. Hier werden auch heute noch Funktionsabteilungen zur Qualitätsprüfung unterhalten.

Nach dem Prinzip des Taylorismus zum Ende des 19. Jahrhunderts waren Fertigen und Prüfen streng getrennt. Für Prüfungen wurden unabhängige Instanzen[73] in der Aufbauorganisation eines Unternehmens gebildet. In der heutigen Auffassung der Qualitätsmanagementlehre werden Qualitätsprüfungen jedoch nicht mehr als eigenständige Fachdisziplin angesehen. Sie sind vielmehr Teiltätigkeiten in allen Prozessen eines Unternehmens: Prüfungen werden als Teilschritte in die Hauptprozesse integriert. Viele Prüfungen werden als Werkerselbstprüfungen in Betrieben von denjenigen ausgeführt und verantwortet, die auch die Prozesse selbst verantworten.

Qualitätsprüfungen sind zur Sicherung der Qualität, d. h. zur Risikominimierung notwendig. Sie sind zur Lenkung von Prozessen unverzichtbar.

Durch Prüfen wird festgestellt, ob Merkmale eines Prüfgegenstandes die geforderten Vorgaben einhalten. Es wird die »Konformität« durch Beobachten, Beurteilen, Messen, Testen oder Vergleichen festgestellt.

Drei besondere Fachbegriffe des Prüfens in der Qualitätslehre:

Häufig werden im Zusammenhang mit Prüfungen und mit der Sicherung der Qualität folgende genormte Fachbegriffe verwendet, die aus der Expertensprache kommen und in der Praxis nicht einfach zu verstehen sind.

verifizieren: ein erfolgreicher Nachweis, dass der Istzustand mit den festgesetzten Vorgaben übereinstimmt:

S o l l mit I s t vergleichen und damit bestätigen, dass die Vorgaben (das Soll) erfüllt werden

wörtlich in DIN EN ISO 9000:2015: »...durch einen objektiven Nachweis bestätigen, dass festgelegte Anforderungen erfüllt worden sind«

Beispiel: *Ich prüfe die Maße eines Bauteils während der Produktion und verifiziere es ,d. h. ich weise nach, dass dieses Bauteil die Vorgaben, nämlich die geforderten Maße in der Zeichnung, erfüllt. Eine Verifizierung ist noch nicht der tatsächliche Beweis, dass das Bauteil funktionieren wird (ggf. bei einer möglicherweise noch nicht bedachten oder geplanten Anwendung).*

validieren: ein erfolgreicher Nachweis, dass der Istzustand mit den Vorgaben für die festgelegte Anwendung (!) übereinstimmt:

S o l l mit I s t für den festgelegten b e a b s i c h t i g t e n G e b r a u c h vergleichen und damit bestätigen, dass die Vorgaben für die beabsichtigte Anwendung erfüllt werden:

wörtlich in DIN EN ISO 9000:2015: »...durch einen objektiven Nachweis bestätigen, dass die Anforderungen für einen spezifischen beabsichtigten Gebrauch oder eine spezifische beabsichtigte Anwendung erfüllt worden sind«

Beispiel: *Ich weise unter realen Anwendungsbedingungen nach, dass das Bauteil für den beabsichtigten Zweck funktioniert. Ich validiere das Bauteil, indem ich nachweise, dass es für den gedachten Anwendungsfall geeignet funktioniert. Typische Nachweise sind praktische Tests (»Alphatests«, »Vorserientests«)*

auditieren: Auditieren ist eine (im Ablauf genau festgelegte) strukturierte Form des Prüfens:

es wird systematisch und nach einem von der Norm vorgezeichneten Ablauf geprüft und dokumentiert, inwieweit festgelegte Vorgaben erfüllt werden

wörtlich in DIN EN ISO 9000:2015: »...systematischer, unabhängiger und dokumentierter Prozess zum Erlangen von objektiven Nachweisen, um zu bestimmen, inwieweit ›Audit‹Kriterien erfüllt werden«

Aufgaben der Qualitätsprüfungen werden in die folgenden drei Teilaufgaben unterteilt:

- Prüfplanung
- Prüfdurchführung
- Prüfauswertung

[73] Der Begriff »Instanz« hat die Bedeutung einer Stelle mit Weisungsbefugnis in der Aufbauorganisation.

2.9.1 Prüfplanung

Die Prüfplanung ist eine parallele oder ergänzende Aufgabe zur Fertigungsplanung. Sie umfasst alle Planungsarbeiten für die Sicherstellung der vorgeschriebenen Qualität eines Produktes oder einer Tätigkeit. Das Ergebnis ist der Prüfplan.

Wie erstelle ich einen Prüfplan?

Sechs Hauptschritte zur Erstellung eines Prüfplanes nach VDI/DGQ Richtlinie 2619[74] zeigt die Abbildung:

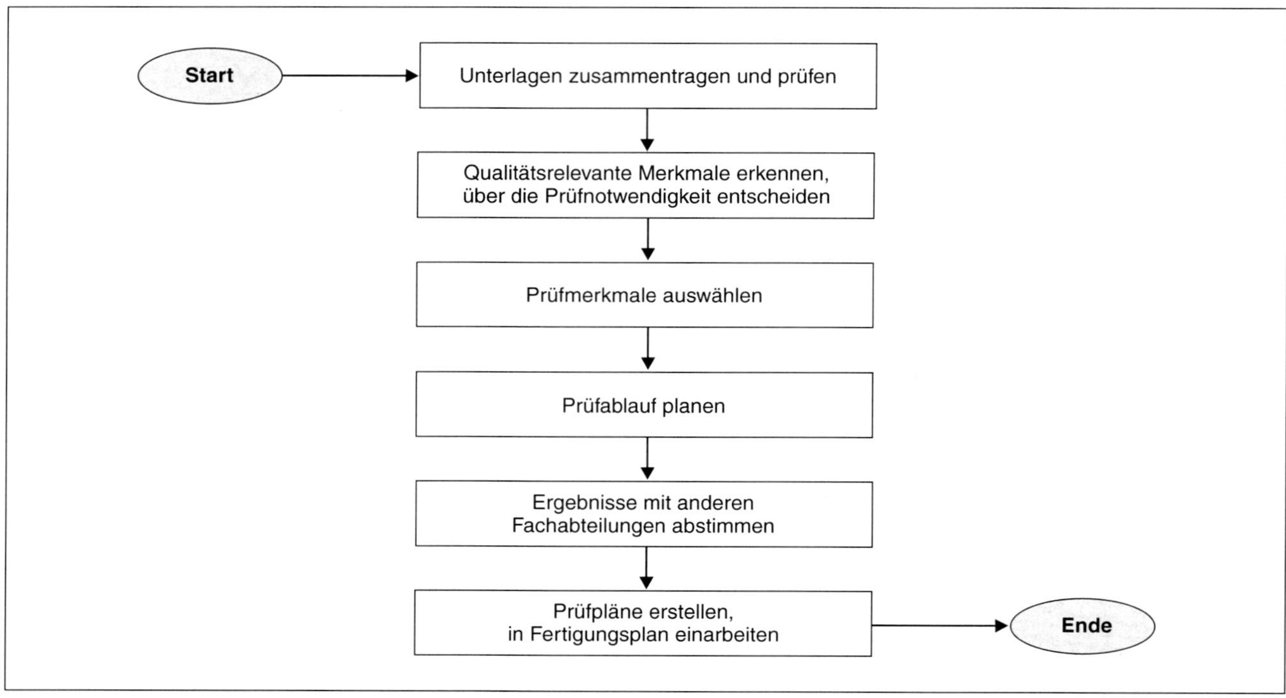

Abbildung 2-24: Schritte zur Prüfplanerstellung

1. Schritt	Unterlagen zusammentragen und prüfen	Die benötigten Unterlagen werden durch die Fachabteilungen geprüft. Beispiele für Unterlagen: Lastenheft, Technische Zeichnungen, Stücklisten, Datenblätter, Verträge mit Lieferanten und Abnehmern, Fertigungspläne, Normen, Richtlinien, usw.
2. Schritt	Qualitätsrelevante Merkmale erkennen	Die qualitätsrelevanten Merkmale werden identifiziert und bewertet. Merkmale können sich beziehen auf: Material, geometrische Parameter, Zuverlässigkeitskenngrößen, Prozessparameter
	und über die Prüfnotwendigkeit entscheiden	Es wird bewertet aufgrund: der Qualitätsanforderungen an das Produkt, der Qualitätsfähigkeit des Prozesses, der Umwelt mit seinen qualitätsbeeinflussenden Faktoren. Ziel sind beherrschte Prozesse.
3. Schritt	Prüfmerkmale auswählen *was?*	Aus der Zahl der Merkmale, die einen Prozess beeinflussen, werden diejenigen ausgewählt, die den geringsten Aufwand darstellen, um den Prozess zu bewerten und zu lenken.
4. Schritt	Prüfablauf planen, Prüfverfahren festlegen *wie?* *wie viel?* *wann?* *wo?* *wer?* *wie erfassen und dokumentieren?* *womit?*	Prüfmethode: Abnahmeprüfungen, Eingangsprüfungen des Materials, Endprüfungen des Produktes, Prüfungen innerhalb des Prozessablaufes Prüfart: Stichprobensystem: Das jeweilige Stichprobensystem ist in Normen festgelegt. Der Stichprobenplan wird aus den vorgegebenen Normen ausgewählt. Stichprobenanweisung: Die Stichprobenanweisung ist Bestandteil des Prüfplanes und bestimmt den Stichprobenumfang und die Prüfkriterien. Prüfdatenverarbeitung: Es werden die Art der Prüfdatenerfassung, der Auswertung und der Aufzeichnungen festgelegt. Die Messunsicherheit des eingesetzten Mittels und die Toleranz des Prüfmerkmales sind entscheidend für die Auswahl des geeigneten Prüfmittels.

[74] Veröffentlichung des Verbandes Deutscher Ingenieure und Deutsche Gesellschaft für Qualität e.V.

5. Schritt	Ergebnisse mit anderen Fachabteilungen abstimmen	Die Ergebnisse werden mit den anderen Fachabteilungen abgestimmt: z. B. mit der Fertigungsplanung, mit der Fertigungsmittelplanung, mit dem Qualitätswesen, mit der Entwicklung und Konstruktion.
6. Schritt	Prüfpläne erstellen und in den Fertigungsplan einarbeiten	

Inhalt eines Prüfplanes

Eine Richtlinie des Verbandes Deutscher Ingenieure VDI/VDE/DGQ 2619[75] beschreibt, was ein Prüfplan enthalten muss und in welchen Schritten man Prüfpläne erstellt.

Das Ergebnis der Prüfplanung ist der Prüfplan. Er ist verbindliche Arbeitsgrundlage für die Qualitätsprüfung.

Der Prüfplan beantwortet folgende Fragen:

Was?	Prüfmerkmale auswählen	Maß, Durchmesser, Rauheit, Lage, usw.
Wann?	Prüfzeitpunkt festlegen	Eingangsprüfung, Zwischenprüfung, Endprüfung
Wie?	Prüfart / Prüfmethode festlegen	Attributivprüfung, Variablenprüfung Gut/Schlecht-Lehrenprüfung, quantitatve Merkmale messen
Wie viel?	Prüfumfang festlegen	100 %-Prüfung, Stichprobenprüfung
Wo?	Prüfort festlegen	Im Wareneingang, in der Fertigung, im Messraum usw.
Wer?	Personal festlegen	Werkerselbstprüfung, Laufkontrolle, usw.
Womit?	Prüfmittel festlegen	Auswahlkriterien können sein: Fähigkeit der Prüfmittel, Kapazität, Prüfzeit, Prüfmittelstundensatz, Erfahrung usw.
Was noch?	Prüfergebnisse dokumentieren	

Verzahnung von Prüfplanung und Fertigungsplanung

Die Prüfplanung ist eng mit der Fertigungsplanung verzahnt. Für eine optimale Prüfplanung ist eine enge Zusammenarbeit zwischen Fertigungsplanung und Prüfplanung unabdingbare Voraussetzung.

Einen Überblick hierzu verschafft die folgende Abbildung:

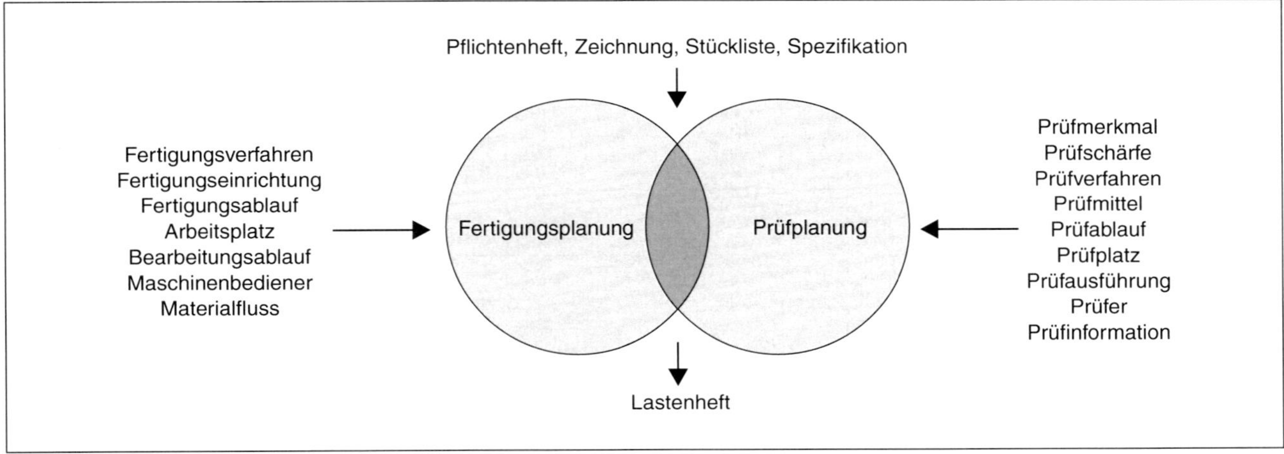

Abbildung 2-25: Verzahnung von Fertigungsplanung und Prüfplanung

Ebenso wie bei einem Arbeitsplan sind bei einem Prüfplan Kopf- und Fußdaten mit Stamm- und Bewegungsdaten zu berücksichtigen, z. B.:

Kopfdaten:

- Titel »Prüfplan/Prüfprotokoll«
- Benennung des Teiles
- Identnummer des Teiles
- Zeichnungsnummer
- Prüfplannummer

Fußdaten:

- Name des Erstellers
- Datum der Erstellung
- geprüft
- freigegeben
- Änderungsstand

Es folgt das Beispiel eines Prüfplans, daran anschließend das eines Prüfprotokolls.

[75] VDI: Verband deutscher Ingenieure, VDE: Verband Deutscher Elektrotechniker, DGQ: Deutsche Gesellschaft für Qualität e.V. VDI VDE DGQ 2619, 1985–06

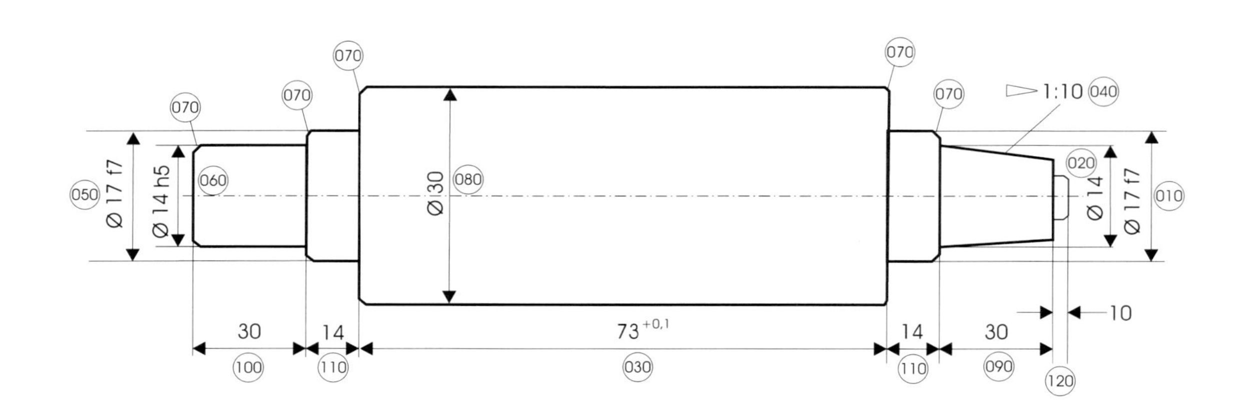

Prüfplan	Benennung Welle	Identnr.: 100123		
P100123-0	Zeichnung-Nr. 100123	Änderungsstand: 0		
Arb. Folge	**Beschreibung der Prüfung**	**Prüfhäufigkeit Prüfmethode**	**Prüfmittel**	**Bemerkung**
010	Durchmesser lehren Ø 17 f7 mm	100% lehren	Rachenlehre	
020	Durchmesser lehren Ø 14 h5 mm	100 % lehren	Rachenlehre	
030	Abstand messen 73,0 + 0,1 mm	100 % messen	Messschieber	
040	Kegelform lehren 1:10	100 % lehren	Kegellehre	
050	Durchmesser lehren Ø 17 f7 mm	100 % lehren	Rachenlehre	
060	Durchmesser lehren Ø 14 h5 mm	100 % lehren	Rachenlehre	
070	Fasen sichtprüfen	100 % sichtprüfen	Grenzmuster	mit Muster vergleichen
080	Durchmesser Ø 30 mm Freimaß	Stichprobe AQL 2,5 messen	Messschieber	
090	Kegellänge 30 mm Freimaß	Stichprobe AQL 2,5 messen	Messschieber	
100	innere Wellenachse 30 mm Freimaß	Stichprobe AQL 2,5 messen	Messschieber	
110	mittlere Wellenachse 14 mm Freimaß	Stichprobe AQL 2,5 messen	Messschieber	
120	Endnoppe 10 mm	Stichprobe AQL 2,5 messen	Messschieber	
Abteilung AV	Ersteller: K. Morgan	Datum 1.5.2023	freigegeben: P. Müller	

Abbildung 2-26: Beispiel eines Prüfplanes mit zugehöriger Prüfzeichnung

Ein Prüfprotokoll ist ein Prüfplan, in den Prüfergebnisse von Prüfungen eingetragen werden.

	Prüfprotokoll		Auftrag-Nr.: 04/2008
Prüfplan-Nr. P100123-0	Bezeichnung: **Welle**	Stückzahl: 1	Datum: 23.5.2023
	Zeichnungs-Nr. 100123		Prüfer: Mustermann

Nr.	**Prüfmerkmal**	**Prüfmittel**	**Prüfmethode**	**unteres Abmaß**	**oberes Abmaß**	**Istmaß Ergebnis**	**Bemerkung**
010	Durchmesser	Rachenlehre	lehren	16,957	16,984	i.O.	
020	Durchmesser	Rachenlehre	lehren	13,982	14,000	i.O.	
030	Abstand	Messschieber	messen	73,0	73,1	73,06	
040	Kegelform	Kegellehre	lehren	c=1:10		i.O.	
050	Durchmesser	Rachenlehre	lehren	13,982	14,000	i.O.	
060	Durchmesser	Rachenlehre	lehren	16,957	16,984	i.O.	
070	Fasen	visuell	sichtprüfen	---	---	i.O.	

Ergebnis: [X] i.O.
[_] n.i.O. Datum: 23.5.2023 Unterschrift: [Unterschrift]

Abbildung 2-27: Beispiel eines Prüfprotokolls

Prüfplanformulare werden individuell auf die Bedürfnisse des Betriebes ausgerichtet. Sie sind deshalb sehr unterschiedlich gestaltet.

Der manuelle Eintrag wird häufig durch Rechnereinsatz ersetzt.

Heute gibt es eine Vielzahl von EDV-Programmen zur Prüfplanung, zur Prüfdurchführung und Auswertung. Sie können sowohl die Prüfplanerstellung, die Prüfmittelverwaltung, die Datenerfassung über digitale Schnittstellen und die Datenauswertung bewältigen.

2.9.2 Prüfdurchführung

Der Prüfplan ist in der Regel auftragsunabhängig. Zur Prüfdurchführung wird ein konkreter Prüfauftrag ausgelöst. Manchmal wird statt des Begriffs Prüfauftrag der Begriff »Prüfanweisung« verwendet.

Bei der Prüfdurchführung wird ein Soll-Ist-Vergleich vollzogen.

Die Vorgaben dafür, wie die Prüfungen durchzuführen sind, liefert der Prüfplan: Er legt die notwendigen Merkmale, die Prüfhäufigkeit, die Methode, den Zeitpunkt, den Prüfort und die Prüfmittel fest. Die Ergebnisse der einzelnen Prüfschritte werden während der Prüfung in Prüfprotokollen dokumentiert.

Zur Prüfdurchführung kann man zwei Strategien unterscheiden:

- Abnahmeprüfungen
- Fertigungsbegleitende Prüfungen

Abnahmeprüfungen

Abnahmeprüfungen stellen das Ergebnis fest, nachdem ein Produkt fertig gestellt oder eine Dienstleistung erbracht ist. Sie sind nichts weiter als ein Filter, um diejenigen Produkte oder Fertigungslose aussortieren oder zurückweisen zu können, deren Merkmale nicht konform zu den Vorgaben sind.

Klassische Abnahmeprüfungen sind Wareneingangsprüfungen, Zwischenprüfungen, Endtests und Audits. Abnahmeprüfungen werden zu 100 % durchgeführt oder auf Stichproben begrenzt. Die Entscheidung über den Prüfumfang hängt vom Risiko und von der Menge der zu prüfenden Produkte ab. Während der Prüfungen kann eine Prüfdynamisierung eingeführt werden. Abhängig von den Ergebnissen werden Prüfhäufigkeit und Prüfumfang verändert.

Fertigungsbegleitende Prüfungen

Fertigungsbegleitende Prüfungen ermöglichen, Qualitätsregelkreise zu erstellen. Weil die Prüfergebnisse zeitnah zur Verfügung stehen, können sie zur Korrektur eines Prozesses benutzt werden. Man unterscheidet intermittierende Prüfungen, bei denen der Prozess kurzzeitig angehalten wird, und prozessintegrierte Prüfungen, bei denen Prüfautomaten die Messdaten aufnehmen können, ohne den Prozess zu unterbrechen.

In der Fertigung werden heute vorzugsweise digitale Prüf- und Messmittel eingesetzt, die eine Datenschnittstelle zur rechnergestützten Erfassung haben und eine sofortige Kurzzeitauswertung ermöglichen.

2.9.3 Prüfauswertung

Die Auswertung der Prüfungen wird häufig nicht im Prüfplan festgelegt. Stattdessen werden besondere Anweisungen zur Auswertung erstellt. Man kann zwischen kurzfristigen und langfristigen Auswertungen unterscheiden.

Kurzfristige Auswertungen

Kurzfristige Auswertungen der Merkmale dienen unmittelbar der Beurteilung eines einzelnen Produktes oder eines laufenden Prozesses. Typische Kennzahlen der kurzfristigen Auswertung sind die Urwerte, bei Stichproben die Mittelwerte und Streuungen.

Langfristige Auswertungen

Die langfristige Auswertung von Prüfdaten ist für eine »Standortbestimmung« wichtig. Die Daten werden zu mittel- und langfristigen Aussagen über die Qualitätsfähigkeit verdichtet. Es werden relative und gewichtete Qualitätskennzahlen gebildet, die eine Beurteilung zu Führungs- und Entscheidungszwecken ermöglichen.

Auf oberen Entscheidungsebenen werden Prüfergebnisse oft zu monetären Kennzahlen umgewandelt. Typisch ist die Berechnung von Fehlerkosten mit Hilfe verdichteter Daten.

Teil 3
Qualitätsmanagement – Werkzeuge

Für die Praxis des Qualitätsmanagements gibt es eine große Anzahl von Instrumenten und Methoden, die häufig unter dem Begriff Qualitätstechnik zusammengefasst werden. Viele der einzelnen Werkzeuge sind universell und können bei verschiedenen Aufgaben angewandt werden. Sie sind deshalb in diesem Kapitel gesondert und zusammengefasst dargestellt.

Die Entwicklung von derartigen Werkzeugen schreitet ständig voran. Man muss weiter berücksichtigen, dass es viele Methoden gibt, die nicht unter dem Begriff der Qualitätstechniken erscheinen. So bietet die Betriebswirtschaft viele Methoden an, die im Qualitätsmanagement Anwendung finden.

Es würde den Rahmen sprengen, alle bekannten Methoden aufzuführen. Es werden deshalb nur die wichtigsten und bekanntesten der Qualitätstechnik angesprochen.

In der täglichen Qualitätsarbeit haben sich Instrumente bewährt, die häufig als die Q7 oder sieben elementaren Qualitätswerkzeuge bezeichnet werden. Tatsächlich aber gibt es wesentlich mehr als sieben einfache Werkzeuge, und Autoren wählen häufig »ihre« Q7 daraus aus:

Einfache Instrumente

Die ersten acht Werkzeuge in diesem Kapitel gelten als die Standardwerkzeuge im Qualitätsmanagement:

- Visualisierung
- Korrelation
- Regression
- Strichliste, Histogramm und Paretodiagramm als Häufigkeitsdarstellungen
- Brainstorming als Kreativmethode
- Ursache-Wirkungsdiagramm
- Fehlerbaumanalyse
- Ablaufdiagramm zur Prozessdarstellung

Wichtig ist, dass diese Werkzeuge möglichst allen Mitarbeitern vermittelt werden sollten, um sie in die Lage zu versetzen, einfache grundlegende Aufgaben und Problemlösungen durchführen zu können.

Anspruchsvollere Methoden

Darüber hinaus werden die grundlegenden anspruchsvolleren Werkzeuge vorgestellt, die als »Methoden« bezeichnet werden:

- Netzplantechnik
- Quality Function Deployment (QFD)
- Fehlermöglichkeits- und Einflussanalyse (FMEA)
- Statistische Prozessregelung (SPC)
- Benchmarking
- Kontinuierlicher Verbesserungsprozess (KVP)
- Problemlösung durch die 8-Disziplinenmethode (8D)
- Poka Yoke

Methoden für Dienstleistungsaufgaben

Schließlich werden in diesem Kapitel noch vier Werkzeuge vorgestellt, die für Dienstleistungsprozesse wertvoll sind:

- Service Blue Printing
- Messinstrument SERVQUAL
- Problem-Detecting-Methode
- Critical-Incident-Technik

3.1 Einfache Instrumente

Lernziel: Grundwerkzeuge des Qualitätsmanagements kennen und anwenden können

3.1.1 Visualisierung

»Ein Bild erzählt mehr als tausend Worte«. Mit den Augen können wir ein Vielfaches an Informationen direkt und schnell erfassen gegenüber einem gesprochenen oder geschriebenen Wort. Visualisierung ist die Darstellung und Sichtbarmachung von abstrakten Sachverhalten. Mit ihr werden Informationen, z. B. Vorgaben, Anweisungen, Hinweise oder Daten bildlich dargestellt. Es sind Grafiken, Fotos oder Zeichnungen anstelle von Schrift. Typische Visualisierungshilfen sind Ikonen, Schilder, Tafeln.

Die Darstellung von Daten in Grafiken erleichtert die Informationsaufnahme und das Verständnis. Visualisierte Daten sind immer interpretiert, denn es werden Details weggelassen. Man kann drei grundsätzliche grafische Darstellungen von Daten unterscheiden: Anteile eines Ganzen, Zeitreihen und voneinander unabhängige Mengen.

Anteile eines Ganzen

Die Zusammensetzung von Anteilen zu einem Ganzen wird in Kreisen, Ringen oder Netzen dargestellt.

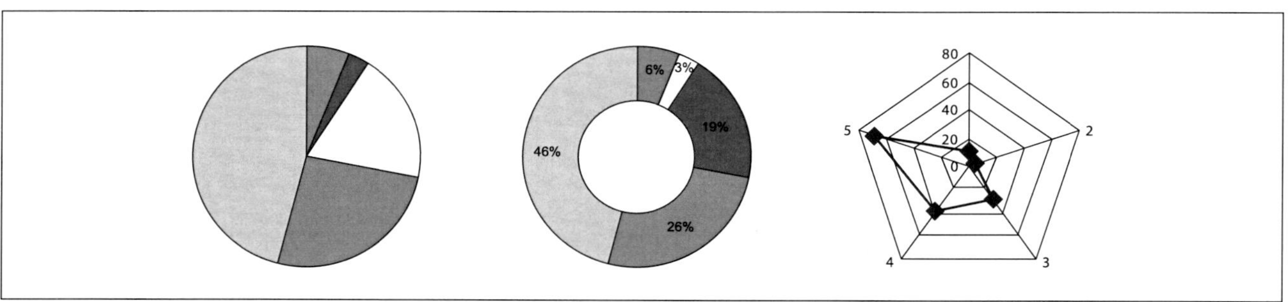

Abbildung 3-1: Kreise, Ringe und Netzdarstellung

Zeitreihen, Korrelationen

Zeitreihen, Korrelationen, Regressionen: werden als Linien, Flächen oder Punkte in xy-Koordinatensystemen dargestellt.

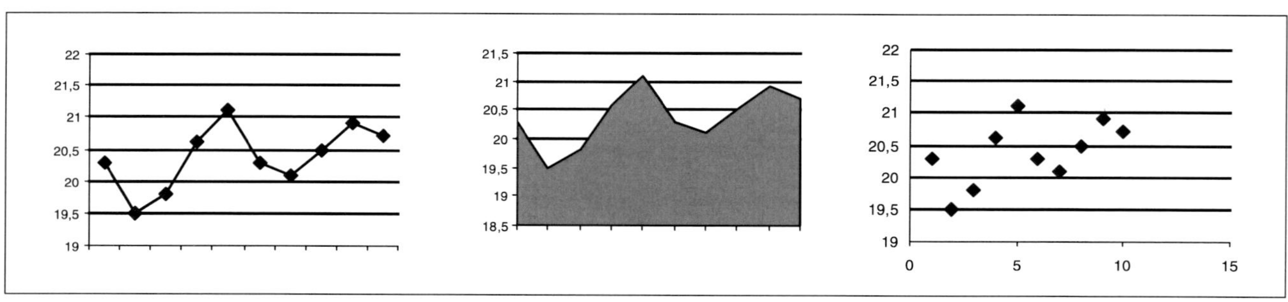

Abbildung 3-2: Linien, Flächen, Punkte

Voneinander unabhängige Mengen: Balkendiagramme, Säulendiagramme

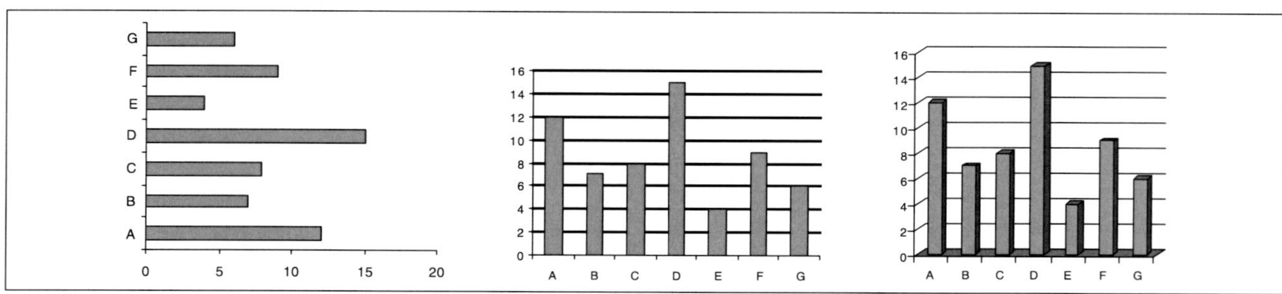

Abbildung 3-3: Balken und Säulen

> ***Beispiele:***
>
> *Visualisierung kann eine Datentabelle sein, eine grafische Darstellung, aber auch ein Film oder eine Präsentation auf einem PC.*
>
> *Ein Unternehmen stellt Verbesserungsprojekte und ihre Ergebnisse auf einem Schwarzen Brett über Photos und Balkendiagramme dar.*

Datensammlung

Daten sollen nicht auf irgendeinem gerade greifbaren Zettel aufgeschrieben werden. Vielmehr ist ein Erfassungsblatt sorgfältig zu planen und als Formular und zur Datensammlung zu nehmen.

> Dokumente einer Datensammlung müssen mindestens folgende Informationen enthalten:
>
> - Identifikation z. B. durch eine Blattnummer, mindestens durch das Datum
> - Datum der Erfassung
> - Aufgabenstellung
> - Untersuchungsobjekt, z. B. Art, Typ, ggf. eine Sachnummer
> - Merkmale
> - Einheiten (Maßsystem)
> - Name des Verantwortlichen, der die Daten aufgezeichnet hat
> - Abteilung
> - Verteiler (wer erhält die Ergebnisse?)
>
> Das Unternehmen muss ein Verfahren haben, das Aufzeichnungen steuert. Das Verfahren muss
>
> - Lesbarkeit sicherstellen
> - Leicht erkennbar machen, wie Aufzeichnungen gekennzeichnet werden
> - Verdeutlichen, wie Aufzeichnungen aufbewahrt werden (welches Medium, welcher Ort, wer ist zuständig, ...)
> - Klarstellen, wie Aufzeichnungen wiedergefunden werden können (Logistik der Archivierung)
> - Absichern, wie Aufzeichnungen geschützt werden (gegen Feuer, Klima, Zerstörung, ...)
> - Die Aufbewahrungszeit regeln und bestimmen, d. h.
> - Bestimmen, wann Aufzeichnungen beseitigt werden

Ungeeignete Datenerfassung auf einem Waschzettel

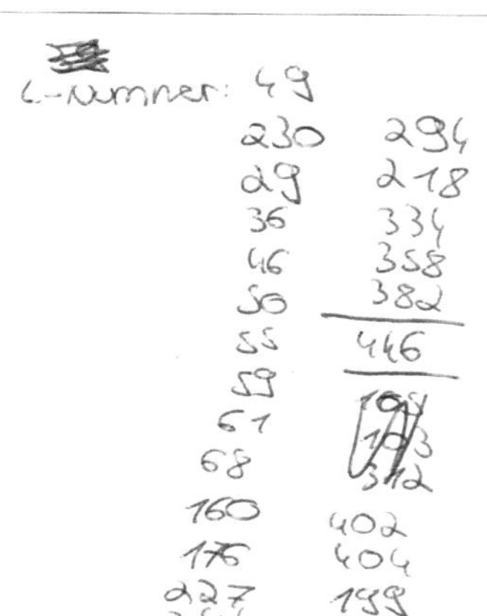

Daten sollten auf einem Formblatt erfasst werden

Produkt & Qualität Dr. Jobs e.K. Tel.: 07308-929965

Datensammlungsblatt Datum: 25.2.2023 Seite 1 von 1

Aufgabe: Gewichte der Rohteilstichprobe messen Nr. /

Datenquelle: Waage Identnr. 24018 /

Datenerhebung von: bis: Stichprobe Wareneingangslos vom 25. 2. 2023

Mitgeltende Dokumente: keine /

	Laufende Nr.	Gewicht / g	Laufende Nr.	Gewicht / g
1.	1	49	21	402
2.	2	230	22	404
3.	3	29	23	199
4.	4	36		
5.	5	46		
6.	6	50		
7.	7	55		
8.	8	59		
9.	9	61		
10.	10	68		
11.	11	160		
12.	12	176		
13.	13	227		
14.	14	244		
15.	15	294		
16.	16	218		
17.	17	334		
18.	18	358		
19.	19	382		
20.	20	446		

erstellt von: Franz Muster Unterschrift:

© Dr. Günter Jobs Formular-Datensammlungsblatt.doc Rev. 2-4 Blatt 1 17.02.2009

Abbildung 3-4: Ungeeignete und geeignete Datendokumentation

3.1.2 Korrelation

Die Korrelation untersucht qualitativ, ob zwei Merkmale voneinander abhängig sind. Sie beschreibt, ob es einen stochastischen[76] Zusammenhang zwischen zwei Merkmalen gibt. Es werden nicht »Ursache« und »Wirkung« untersucht. Diesen Einfluss haben unbekannte dritte Größen, die man nicht kennt.

In einem xy-Diagramm werden die zu untersuchenden Wertepaare als Punkte aufgetragen. Das entstehende Muster der Punkte erlaubt visuell eine Beurteilung über die Abhängigkeiten. Ein Zusammenhang ist visuell leicht zu erkennen und abzuschätzen.

Die Interpretation der Korrelationsergebnisse erfordert Sachverstand. Man kann unsinnige Korrelationen aufstellen.

Als Maß für die stochastische Abhängigkeit wird ein Korrelationsfaktor k mit Hilfe statistischer Formeln berechnet. Er gibt den Grad der Verknüpfung an: Seine Werte liegen zwischen –1 (stark negativ korrelierend), 0 (überhaupt kein Zusammenhang) und +1 (stark positiv korrelierend).

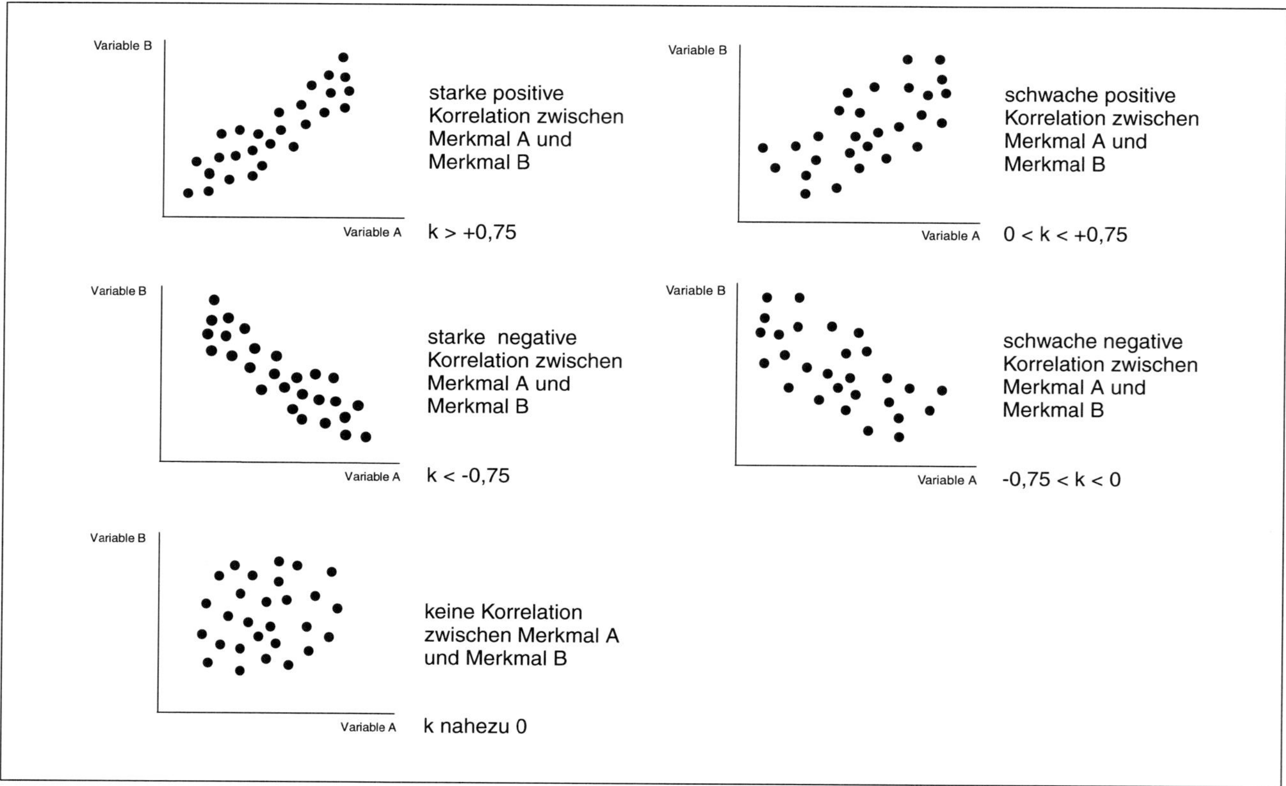

Abbildung 3-5: Korrelationsbewertung

Beispiel zur Korrelation zwischen Volkseinkommen und Arbeitszeit:

Trägt man das Volkseinkommen und die mittlere Arbeitszeit der Bevölkerung in ein Korrelationsdiagramm, so kann man deutlich zeigen, dass beide Größen miteinander negativ korrelieren. Es wäre jedoch unsinnig, daraus ablesen zu wollen, dass ein höheres Volkseinkommen die Folge einer verkürzten Arbeitszeit sei. Beide Größen hängen zwar miteinander zusammen. Die Ursachen liegen jedoch in Parametern, die unbekannt sind.

[76] stochastisch: zufallsabhängig

3.1.3 Regression

Was die Korrelation nicht kann – zwischen Ursache und Wirkung unterscheiden – das kann eine Regression erreichen.

Die Regression ist ein Instrument, um die Einflussgrößen (x_1, x_2, ..) auf eine Zielgröße S zu bewerten. Man geht davon aus, dass die Einflussgrößen x fehlerfrei ermittelt werden können. Außerdem setzt man häufig eine einfache lineare Beziehung voraus:

$$S = a_0 + a_1 \cdot x_1 + a_2 \cdot x_2 + \ldots a_n \cdot x_n$$

Die Koeffizienten a sind Konstanten, die man durch Stichprobenmessungen mathematisch berechnen kann.

Beispiel zur ökonometrischen Messung der Werbewirksamkeit auf den Umsatz:

Eine grundlegende Fragestellung des Marketings ist die Werbewirkung. Gibt ein Unternehmen zu viel für Werbung aus oder zu wenig? Wonach sollen Unternehmen ihre Werbebudgets bestimmen? Welchen zeitlichen Einfluss hat eine Werbekampagne auf den Umsatz?

Zu dieser Fragestellung gibt es seit Jahrzehnten unzählige wissenschaftliche Untersuchungen.

Als Werkzeug dient häufig die Regression. Man versucht, mit Hilfe von empirischen Daten aus der Vergangenheit mathematische Gleichungsmodelle aufzustellen, die eine Aussage über die Zukunft erlauben.

Ein viel beachtetes Modell ist das von Palda[77]: Er erstellte eine Regressionsgleichung und zeigte, dass sie in sehr guter Übereinstimmung mit realen Daten der Lydia Pinkham Company aus den USA war. Dieses Unternehmen bot die idealen Voraussetzungen für die Untersuchung. Es hatte nur ein einziges Produkt, ein Naturkräutermittel, das es nur durch Werbung verkaufte. Die Werbeausgaben betrugen 40 bis 60 Prozent des Umsatzes. Das Unternehmen schrieb von 1908 bis 1960 alle Daten auf. Während dieser langen Zeit variierte der Preis nur unwesentlich, und es gab keine Produktsubstitute auf dem Markt. Lydia Pinkham Company hatte quasi keine Wettbewerber.

Interessant an den Ergebnissen Paldas waren grundsätzliche Aussagen der Werbewirkung.

Er zeigte, dass die Wirkung einer Werbung in einen Kurzzeiteffekt (Sofortwirkung der betrachteten Zeitperiode), einen zeitlichen Übertrag (Carryover-Effekt in Monaten) und einen Langzeiteffekt (Goodwill über viele Perioden in Jahren) unterschieden werden kann.

Palda verifizierte den Verzögerungseffekt z. B. mit folgender Regressionsformel:

$$s_t = a_0 + a_1 \cdot s_{t-1} + b_0 \cdot x_t$$

(s_t= aktueller Umsatz, s_{t-1} = Umsatz aus der Vorperiode, x_t = aktuelle Werbeausgabe)

3.1.4 Häufigkeiten darstellen

Strichlisten

Eine Fehlersammelliste oder Strichliste ist ein sehr einfaches Instrument, um schnell visuell Werteverteilungen von Datenmengen auszuwerten. Sie sind der einfache Vorläufer des Häufigkeitsdiagramms.

Prüfer: Schmid Datum: 8.1.2023 Verteiler: Geschäftsführung, Vertrieb, Qualitätsabteilung
Kundenreklamationen im 4. Quartal 2022

Nr	Fehlerart	Anzahl	
1	Schlechte Verpackung	IIII IIII IIII	15
2	Aufstellung der Möbel	IIII IIII II	12
3	Vollständigkeit Lieferung	IIII IIII IIII II	17
4	Abwicklung Termin	IIII IIII	10
5	Sonstiges	III	3

Abbildung 3-6: Beispiel einer Strichliste über Kundenreklamationen einer Möbelfabrik

[77] Palda, The Measurement of Cumulative Advertising Effects, Prentice-Hall, Englewood Cliffs, N.J., 1964

Häufigkeitsdiagramme (Histogramme)

Histogramme sind Balken- oder Säulendiagramme. Sie stellen die Häufigkeitsverteilung von Daten graphisch dar. Die Höhe der jeweiligen Säule entspricht der Anzahl der Häufigkeit eines Merkmales.

Qualitative Merkmale (Nominalwerte und Ordinalwerte) sind einfach zählbar. Sie können in einem Histogramm unmittelbar als Balken grafisch nebeneinander aufgeführt werden. Stetige Merkmale (quantitative Merkmale) jedoch können unendlich viele Werte in einem Intervall annehmen.

Die stetigen Messdaten müssen bei einem Histogramm in Gruppen zusammengefasst werden. Sie werden in so genannte Klassen eingeteilt, um sie als Säule oder Balken auftragen zu können. Für die Berechnung der Klassenzahl sind Näherungsformeln entwickelt worden. Eine Faustregel besagt, dass die Anzahl der Klassen mehr als 5, aber höchstens 25 betragen soll, um eine visuelle Auswertung durchführen zu können.

Der Wert für eine Klassenbreite ergibt sich aus der Differenz des größten und kleinsten Zahlenwertes (Spannweite R) geteilt durch die Anzahl der Klassen.

Faustformel

Für die Berechnung der Klassenzahl können folgende Näherungsformeln benutzt werden:

Bei einer Anzahl von Messwerten von weniger als 250: $k = \sqrt{n}$

Bei einer Anzahl von Messwerten von mehr als 250: $k = 10 \log n$

Eine schlechte Wahl der Klassen kann einen Sachverhalt stark verfälschen. Es ist deshalb wichtig, die richtige Klasseneinteilung vorzunehmen.

Ein Beispiel zeigt die Häufigkeitsverteilung eines Abstandsmaßes. Als Klassenbreite wurde das Intervall von 0,25 Millimetern festgelegt.

Die Klassenbreite hat sich wie folgt berechnet. Die Stichprobe bestand aus 40 Teilen, d. h. 40 Messwerten. Weil es sich um ein stetiges Maß handelt, müssen zur Häufigkeitsdarstellung Intervallklassen gebildet werden. Als Faustformel für die Anzahl der wählenden Klassen gilt die Gleichung bei weniger als 250 Messwerten:

$k = \sqrt{40} = 6{,}32$

Die Spannweite (Maximalwert minus Minimalwert) der Stichprobe betrug 1,85mm, der arithmetische Mittelwert 19,88 mm

Die Klassenbreite berechnet sich zu $\Delta_{Klasse} = 1{,}85\ mm / 6{,}32 = 0{,}293\ mm$. *Sie wurde für eine einfachere Darstellung auf 0,25 mm abgerundet. Damit ergaben sich 8 Klassen für das Histogramm mit je 0,25 mm Klassenbreite.*

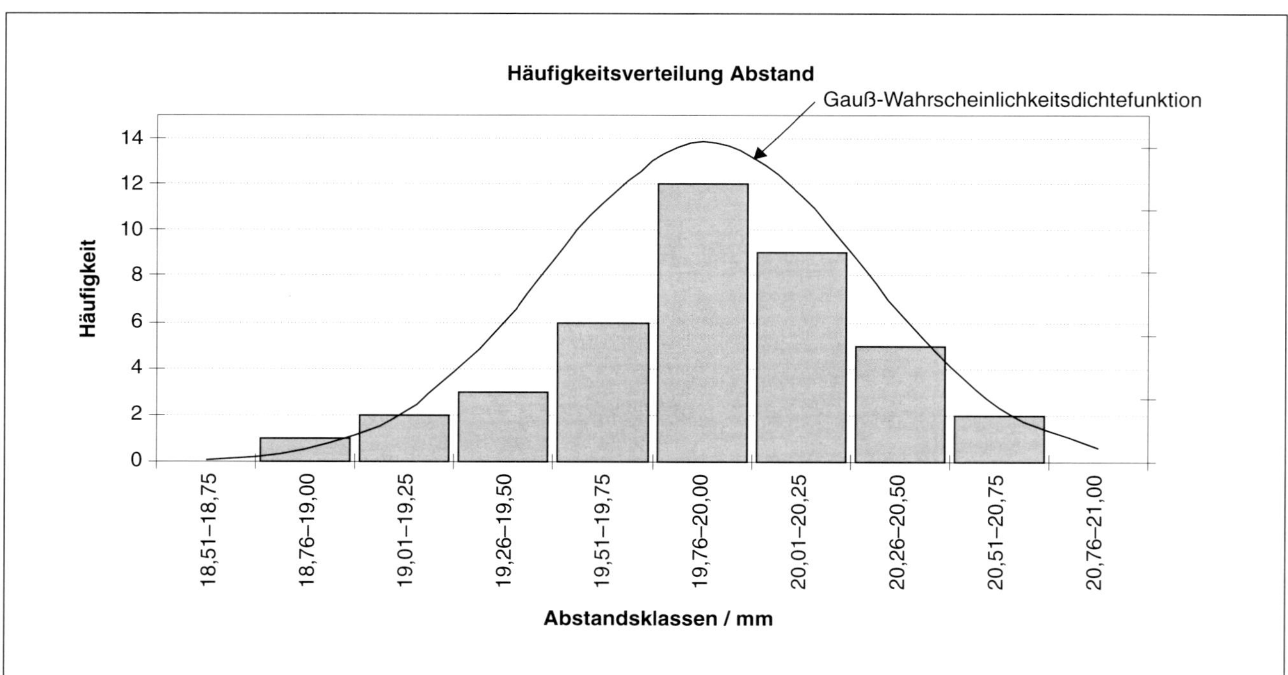

Abbildung 3-7: Beispiel eines Histogramms mit Klassen von 0,25 Millimeter Breite

Paretodiagramm

Eine weitere Variante der Häufigkeitsdarstellung ist das Paretodiagramm. Das Paretodiagramm oder die ABC-Analyse visualisieren den Beitrag von einzelnen Merkmalen zur Gesamtwirkung, wobei die Merkmale in der Reihenfolge der Bedeutung aufgetragen werden.

Historie:

Vilfred Pareto lebte von 1848 bis 1923. Er war ein italienischer Wissenschaftler und entwickelte um die Jahrhundertwende die Methode, die nach ihm benannt wurde.

Pareto analysierte die Verteilung des Reichtums auf der Erde. Er stellte fest, dass 20 % der Menschheit 80 % des Reichtums der Erde besaßen. Diese 80:20-Regel bewahrheitete sich in vielen anderen Bereichen.

Bei der Fehleranalyse zeigt sich häufig, dass 20 % der Fehlerarten 80 % der Fehler bedingen.

Das Paretodiagramm besteht aus zwei Teildiagrammen.

1. Es werden die Merkmale nach ihrer Häufigkeit geordnet und in einem Diagramm aufgetragen. Insoweit ist es ein normales geordnetes Histogramm. Die Häufigkeitsskala erscheint auf der linken Seite.
2. In einer zweiten Skala sind die Häufigkeiten prozentual umgerechnet worden und kumulativ, d. h. additiv als Kurve eingetragen. Die prozentuale Häufigkeitsskala wird auf der rechten Seite aufgetragen.

Das Paretodiagramm

- Hilft, das Wesentliche vom Unwesentlichen zu trennen
- Zeigt die wesentlichen Merkmale auf (z. B. Probleme, Symptome, Ursachen, Kosten)
- Ordnet die Zahlen nach der Häufigkeit
- Zeigt die Summenkurve, wie viele Merkmale wie viel Prozent ausmachen
- Hilft, die Aktivitäten auf das Wesentliche zu konzentrieren

Das folgende Rechenbeispiel zeigt die Berechnung und Darstellung einer Paretoauswertung. Es werden die Ausfälle aus einer größeren Anzahl von reklamierten Multifunktionsdruckern analysiert und in einem Paretodiagramm dargestellt.

Baugruppe	Ausfälle	prozentual	kumulativ
Druckkopf	62	27,8	27,8
Kopfreinigungsstation	52	23,3	51,1
Papiereinzug	28	12,6	63,7
Zentralplatine	24	10,8	74,4
Scaneinheit	18	8,1	82,5
Tastaturmodul	18	8,1	90,6
Displaykarte	11	4,9	95,5
Bluetoothmodul	4	1,8	97,3
Interfacekarte	4	1,8	99,1
Papierendesensor	1	0,4	99,6
Netzteil	1	0,4	100,0

Hierzu folgt eine grafische Darstellung:

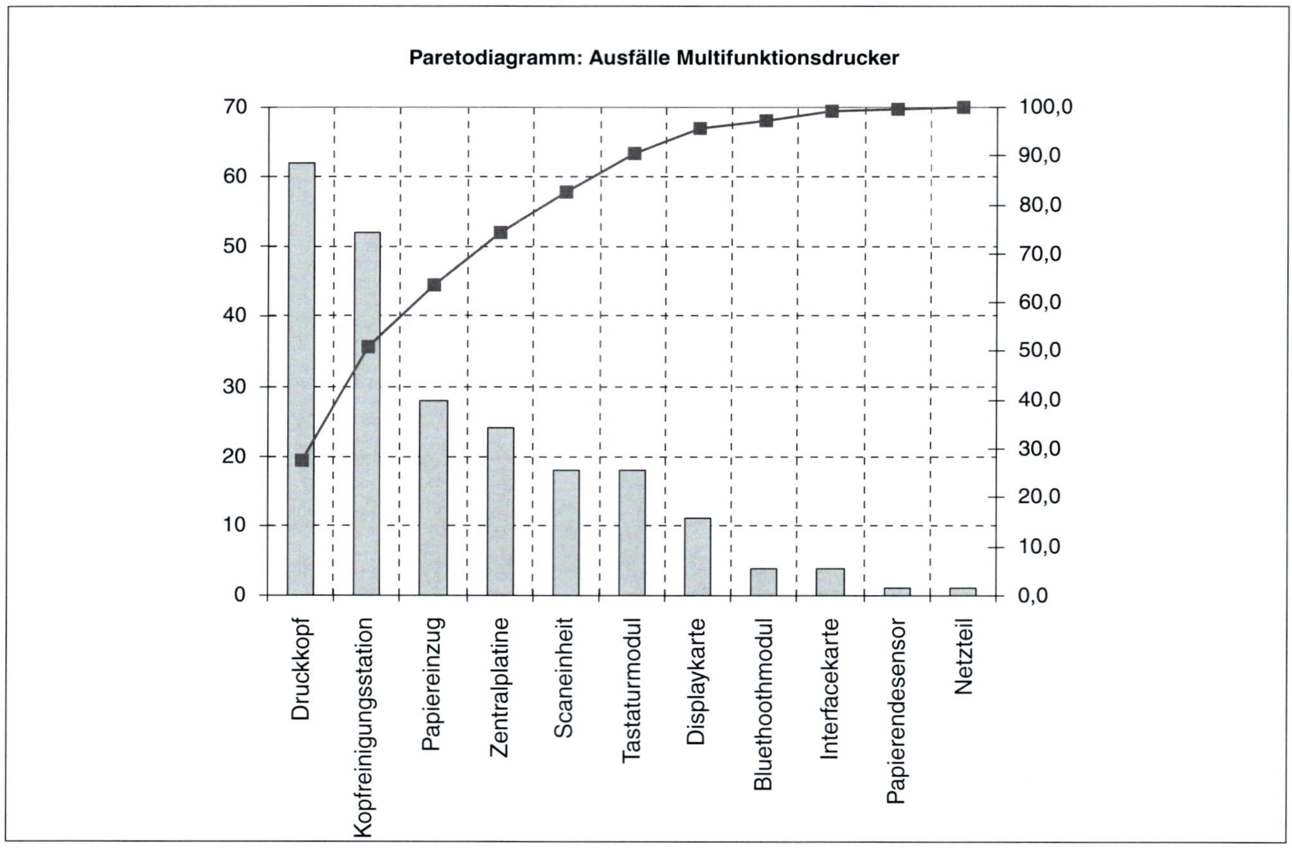

Abbildung 3-8: Beispiel eines Paretodiagramms

Aus der kumulierten Kurve erkennt man, dass die ersten drei Fehlerarten bereits mehr als 60 % des Problems ausmachen (rechte Skale der Ordinate).

Am Paretodiagramm erkennt man das Wesentliche und kann es vom Unwesentlichen trennen.

3.1.5 Brainstorming

Brainstorming ist ein Kreativitätsinstrument, das fast jeder kennt. Es wird sehr häufig in Problemlösungssituationen angewendet. Brainstorming wird im Team durchgeführt.

Es geht darum, möglichst viele Ideen zu finden und aufzuschreiben. Die Ideen werden nicht bewertet. Es dürfen und sollen auch »unsinnige« Ideen genannt und sichtbar aufgeschrieben werden.

Ein richtig geführtes Brainstorming wird nach vorher festgelegten Spielregeln durchgeführt.

Brainstorming-Spielregeln:

- Einer schreibt die Ideen auf
- Pro Idee eine Karte verwenden
- Karten sichtbar anheften
- Möglichst viele Ideen finden
- Ideen spontan äußern
- Verständnisfragen sind von anderen erlaubt
- »Spinnen« ist notwendig, also auch »dumme Ideen« aufgreifen
- Ideen anderer können aufgegriffen und weiterverfolgt werden

Verbote während des Brainstormings:

- Jede Kritik
- Anekdoten erzählen
- Jede Art von Argumentation

Für das Brainstorming sollte immer ein Moderator bestimmt werden, der die Spielregeln überwacht. Besonders das Erzählen von Anekdoten tötet den kreativen Fluss im Brainstorming sehr schnell ab und sollte immer unterbunden werden.

Wichtig bei Brainstorming ist auch das deutliche Ankündigen von Beginn und Ende der kreativen Phase. Ein Brain-storming dauert erfahrungsgemäß nicht länger als zehn Minuten.

Metaplantechnik

Zur Visualisierung eignet sich die Metaplantechnik. Hierbei werden die Ideen auf Karten geschrieben und an eine Pinnwand so gehängt, dass jeder sie sehen kann.

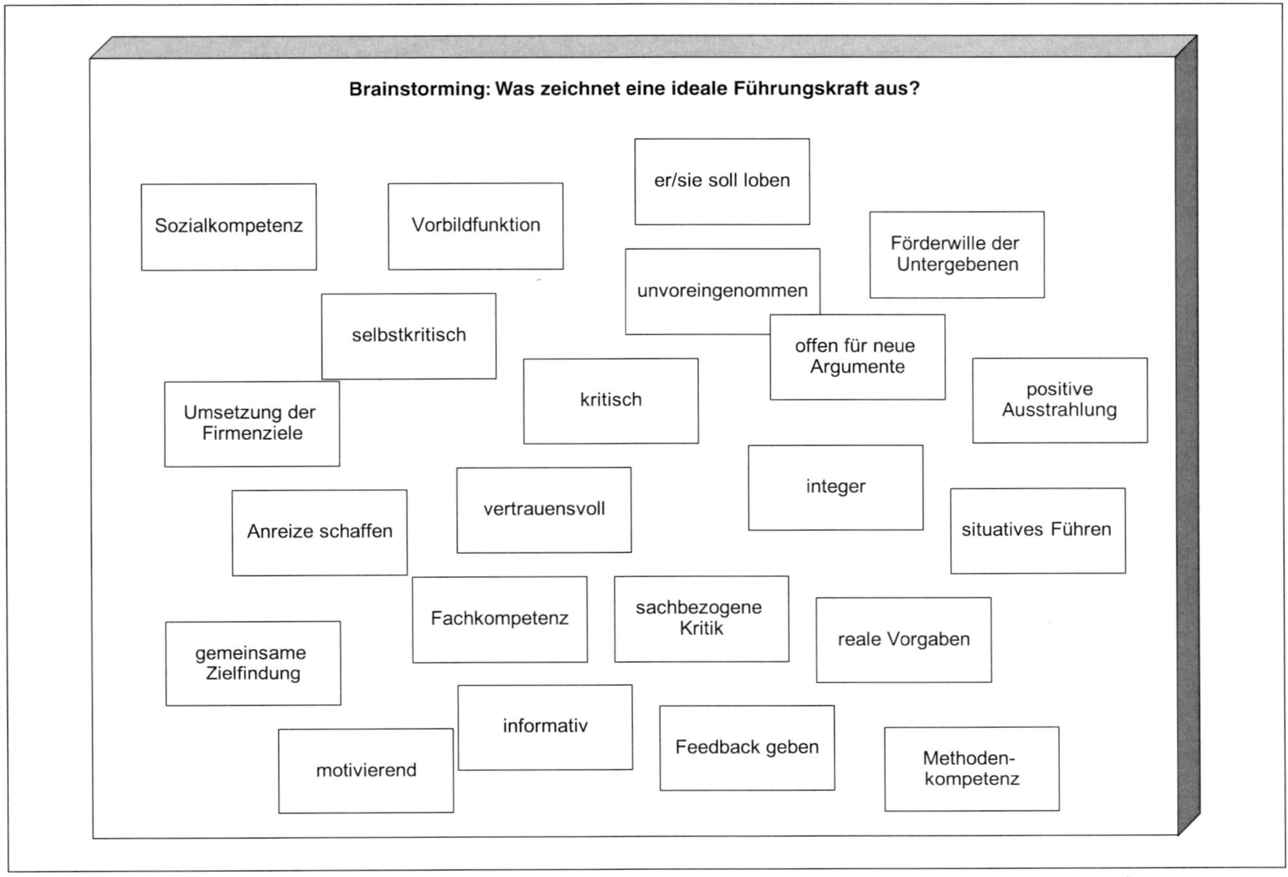

Abbildung 3-9: Beispiel Brainstormingergebnis an einer Metaplanwand zum Thema »Was zeichnet eine ideale Führungskraft aus?«

3.1.6 Ursache-Wirkungsdiagramm

Das Ursache-Wirkungsdiagramm baut auf Brainstorming auf. Es ist ein geordnetes Visualisierungsinstrument für die Kreativitätsmethode »Brainstorming«.

Das Ursache-Wirkungsdiagramm wird auch unter dem Namen Ishikawadiagramm oder Fischgrätendiagramm geführt. Es ist ein Analyseinstrument zur Problembearbeitung durch eine Gruppe. Es eignet sich besonders gut zur Visualisierung komplizierterer Ursache-Wirkungs-Beziehungen.

Mögliche Ursachen eines Problems werden gesucht. Dabei werden die Hauptkriterien (z. B. »Sieben Ms«) in das Ursache-Wirkungsdiagramm vorab eingetragen:

1. Mensch
2. Maschine
3. Material
4. Messmittel
5. Mitwelt (Umwelt)
6. Methode
7. Management (das Managen von Aufbaustruktur und Abläufen)

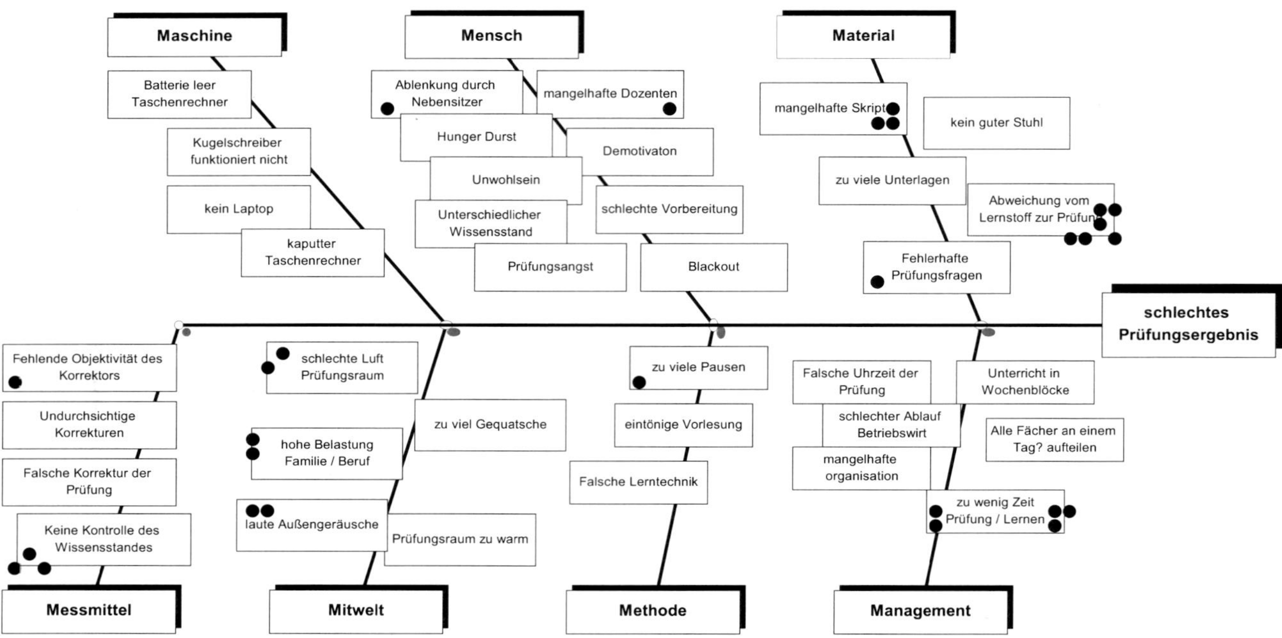

Abbildung 3-10: Beispiel eines Ursache-Wirkungsdiagramms

Abbildung 3-10 zeigt das Ergebnis eines Brainstormings mit Hilfe eines Ursache-Wirkungsdiagramms. Es waren die möglichen Ursachen für die Wirkung »Schlechtes Prüfungsergebnis« gesucht worden. Eine Bewertung mit Punkten zeigte anschließend die Erfahrung der Arbeitsgruppe zu den »wirklichen« Ursachen.

Ziel ist es, viele mögliche Haupt-, Neben- Unter- Ursachen zu finden und sortiert einzutragen. In weiteren Schritten müssen die Teilnehmer dann diese möglichen Ursachen bewerten und die tatsächlichen Ursachen durch entsprechende Daten und Fakten herauskristallisieren. Nachteil und Grenzen eines Ursache-Wirkungsdiagramms sind:

- Die Ermittlung aller möglichen Ursachen in einer Gruppe bedarf viel Zeit
- Das Diagramm ist ein Darstellungshilfsmittel. Sein Einsatz und sein Erfolg hängen entscheidend vom Sachverstand und der Qualifikation der Teilnehmer ab

3.1.7 Fehlerbaumanalyse

Mit der Fehlerbaumanalyse kann man Ausfallmechanismen aufdecken und Schwachstellen eines Systems erkennen. Man kann die Zusammenhänge erkennen, wie Komponenten das Gesamtsystem zum Ausfall bringen, also funktionsunfähig machen können.

Hierfür wird ein System grafisch in einem Modell abgebildet. Die Komponenten des Modells werden logisch miteinander verknüpft. (UND, ODER, NICHT- Verknüpfungen).

Zweck der Fehlerbaumanalyse:

1. Schwachstellen aufdecken
2. Zusammenhang von Ausfallmechanismen aufdecken (»Teilkomponente macht das Gesamtsystem funktionsunfähig«)
3. Beurteilungskriterien (Wahrscheinlichkeitsdaten berechnen)
4. Ausfallmechanismen grafisch übersichtlich darstellen

Das Ergebnis einer Fehlerbaumanalyse ist eine grafische Darstellung der Ausfallkombinationen. Quantitativ können Zuverlässigkeitskenngrößen berechnet werden, sodass man eine Eintrittswahrscheinlichkeit des unerwünschten Ereignisses erhält.

Voraussetzungen für eine Fehlerbaumerstellung (»Inputs«)

Bevor eine Fehlerbaumanalyse durchgeführt werden kann, ist die genaue Kenntnis des technischen Systems erforderlich. Ausgangspunkt ist das System, das sich aus genau bekannten Komponenten zusammensetzt. Die Erstellung des Modells setzt voraus, dass man die Funktionsabläufe des funktionierenden Systems sehr genau kennt. Man braucht:

- Dokumente über die Funktionsweise des korrekt arbeitenden Systems
- Informationen über die Aufgaben der einzelnen Komponenten im System
- Umwelt- und Umgebungsbedingungen, unter denen das System läuft
- Statistische Ausfalldaten über die Einzelkomponenten

Die Komponenten können intakt oder fehlerhaft sein.

Ablauf einer Fehlerbaumanalyse

Man geht nun von einem unerwünschten Ereignis (Fehler) aus. Das Fehlerbaummodell identifiziert nun alle möglichen Komponentenausfälle und Ausfallkombinationen.

1. Systemanalyse durchführen: Systemfunktionen, Systemanforderungen, Umgebungsbedingungen, Abhängigkeit der Komponenten des Systems aufzeigen
2. Das unerwünschte Ereignis beschreiben
3. Zuverlässigkeitskenngrößen der Komponenten bestimmen/besorgen
4. Ausfallarten der Komponenten bestimmen
5. Fehlerbaum erstellen

Man unterscheidet drei Ausfallarten bei einer Komponente:

Primärausfälle:	Die Komponente selbst fällt trotz zulässiger Einsatzbedingungen aus
Sekundärausfälle:	Andere Komponenten oder die Umwelt- und Einsatzbedingungen führen dazu, dass diese Komponente nicht funktioniert
Kommandoausfälle:	Menschliche Fehlbedienungen, Bedienfehler, Wartungsfehler, Energieausfälle

Zu einem System können die verschiedensten Fehlerbäume aufgestellt werden. Es hängt von der Definition des unerwünschten Ereignisses ab. In der Regel werden unerwünschte Ereignisse unter Sicherheitsaspekten festgelegt.

Das Prinzip der Fehlerbaumanalyse wird im folgenden Beispiel dargelegt. Es handelt sich um ein System mit den Komponenten aus einer Stromquelle, zwei Schaltern und einer Ablaufpumpe.

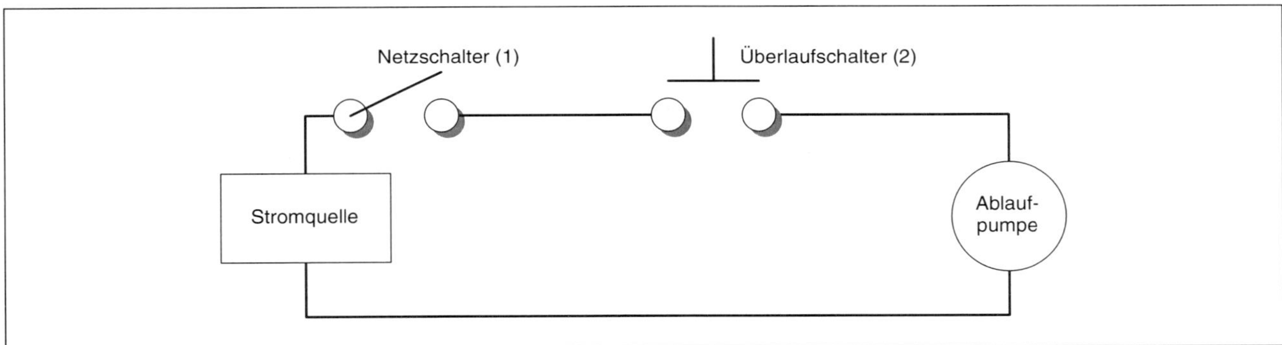

Abbildung 3-11: Blockschaltbild des Systems

Das unerwünschte Ereignis ist: Die Ablaufpumpe läuft nicht an. Die folgende Abbildung zeigt das Fehlerbaumdiagramm.

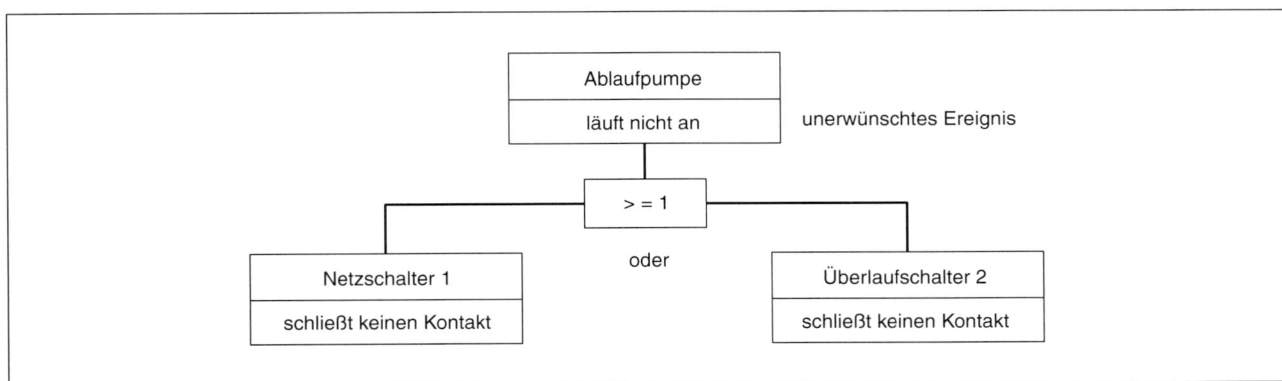

Abbildung 3-12: Beispiel einer logischen ODER-Verknüpfung im Fehlerbaumdiagramm

3.1.8 Ablaufdiagramme (Flowcharts)

Ablaufdiagramme sind eine grafische Methode, um Prozesse darzustellen. Der Mensch nimmt Informationen visuell über die Augen direkt (affektiv) und ohne geistige kognitive Anstrengungen auf. Bilder vermitteln um ein Zehntausendfaches mehr an Informationen als irgendeine schriftliche Form mit Hören oder Lesen.

Ideal wäre es demnach, Prozessabläufe in Bildern darzustellen. In Bedienungsanleitungen wird dies manchmal praktiziert. Bildern sind jedoch in der Praxis Grenzen gesetzt. Bilder sind schwer zu erstellen. So bleibt die kognitiv aufwendigste Informationsgewinnung – die Schriftform – die häufigste Art der Informationsweitergabe. Prozesse werden als Tätigkeitsbeschreibungen, Verfahrensanweisungen oder Arbeitsanweisungen formuliert.

Quasi einen »Kompromiss« zwischen den genannten Extremen – die rein visuelle Aufnahme über Bilder gegenüber der schriftlichen Form – stellen Ablaufdiagramme dar. Sie verwenden keine Bilder, sondern Symbole, die ein »Bild« der Tätigkeitsschritte visuell vermitteln. Die Symbole werden durch Worte kodiert.

Ablaufdiagramme kommen mit wenigen Grundsymbolen aus. Die Praxis zeigt, dass sechs Symbole ausreichen.

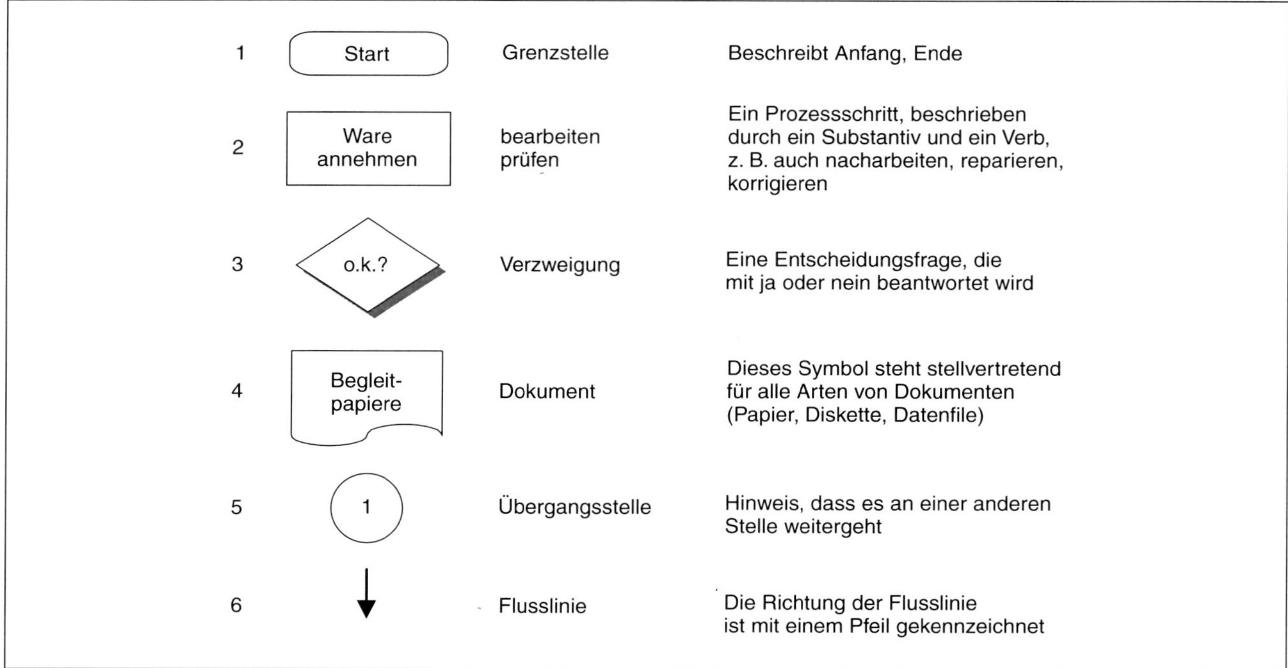

Abbildung 3-13: Symbole zur Darstellung von Ablaufdiagrammen

Vorteile von Ablaufdiagrammen

Ablaufdiagramme fördern sehr stark die Transparenz und damit das Verständnis für den Gesamtzusammenhang. Sie visualisieren die Prozesse.

Zusammenhänge lassen sich wesentlich besser für Außenstehende zeigen.

Ablaufdiagramme visualisieren Schwachstellen und Unklarheiten im Ablauf sofort. Sie lassen ungenutzte Verbesserungsmöglichkeiten erkennen.

In der Praxis haben sich folgende Regeln für die Erstellung eines Ablaufdiagramms bewährt:

- Überlegen Sie zu Beginn immer die Ablaufgrenzen: Wo soll der Prozess beginnen, wo endet der Prozess?
- Entwickeln Sie Abläufe immer vom Groben ins Feine. Beginnen Sie den Ablauf im Groben. Sinnvoll sind im ersten Schritt acht bis zehn Tätigkeitsbeschreibungen; den Ablauf in Hauptschritte aufteilen, dann später einzelne Ablaufschritte näher beschreiben, wo es notwendig wird. Nur so können Sie Übersichtlichkeit halten.
- Benutzen Sie die Grenzsymbole »Anfang« und »Ende« konsequent. Ebenso wichtig sind die Pfeile als Verbindungen zwischen den Tätigkeitsschritten, aus denen die Tätigkeitsabfolge erkennbar wird. Dies ist für Außenstehende zum Lesen des Ablaufdiagramms sehr hilfreich.
- Beschreiben Sie die Abläufe immer mit Hauptwort + Zeitwort (Substantiv + Verb), niemals allein mit einem Substantiv. Substantivierungen beschreiben keine Tätigkeiten: Falsch: »Transport Lager 729«, richtig: »nach Lager 729 transportieren«; falsch: »Beschaffung Material«, richtig: »Material beschaffen«.
- Stellen Sie den üblichen beherrschten Tätigkeitsablauf gerade und senkrecht dar, Störungen oder seltenere Entscheidungsverzweigungen führen Sie waagerecht seitlich heraus.

Das folgende Beispiel zeigt, wie ein Team ein Ablaufdiagramm erarbeitet hat.

Ein Team setzt sich zusammen, um den Ablauf des Wareneingangs darzustellen und ggf. zu optimieren. Vier Mitarbeiter sitzen zusammen, um das Ablaufdiagramm zu erarbeiten.

Teilnehmer des Teams:

Hr. Meier — *Abteilungsleiter Beschaffung*

Fr. Müller, Hr. Claus — *Verantwortlich für die Annahme der Waren im Wareneingang und die Durchführung der Wareneingangsprüfungen*

Fr. Schulz — *Verantwortlich für das Einlagern der Ware*

Der Moderator

Auszug aus der Besprechung:

Moderator — *Wo sollen wir den Ablauf starten, und wo sollen wir das Ende festlegen?*

Fr. Müller (Wareneingang) — *Beginnen wir damit, dass die Pakete bei uns eintreffen. Als Prozessende schlage ich den Zeitpunkt vor, wo die Teile in unserem Lager eingelagert sind.*

Fr. Schulz (Lager) — *Wir müssen beachten, dass die Ware außer dem Einlagern auch direkt einem Fertigungsauftrag beigestellt werden kann.*

Hr. Meier (Leiter Beschaffung) — *Damit können wir Anfang und Ende folgendermaßen definieren: Anfang ist das Eintreffen der Ware bei uns im Wareneingang und Ende sind die beiden Möglichkeiten, die Ware einzulagern oder sie dem Fertigungsauftrag beizustellen.*

Moderator — *Was geschieht als erstes, nachdem der Postkurier die Ware angeliefert hat?*

Fr. Müller (Wareneingang) — *Als erstes werden die Pakete angenommen und in der Paketeingangsliste erfasst. Jedes eingehende Paket wird mit einem Eingangsstempel versehen.*

Hr. Claus (Wareneingang) — *Wenn das Paket nicht sofort ausgepackt werden kann, wird es in das Wareneingangsregal zwischengelagert und später bearbeitet.*

In der Regel öffnen wir das Paket aber sofort und machen eine erste Sichtprüfung nach unserer allgemeinen Prüfcheckliste. Wir entnehmen dem Paket die mitgelieferten Dokumente – Lieferschein und Rechnung – und legen unsere Unterlagen bei.

Fr. Müller (Wareneingang) — *In unseren Unterlagen sind dann auch die Prüfanweisungen und Prüfpläne, nach denen wir die einzelnen Positionen des Wareneingangs prüfen müssen.*

Hr. Claus (Wareneingang) — *Der Prüfumfang kann sehr stark variieren. Von einfachen Identitätsprüfungen angefangen bis zu Stichproben, die wir nach AQL ziehen und umfangreichen Funktionsprüfungen.*

Moderator — *Ich schlage vor, dass wir die Prüfungen selbst im Ablauf zunächst nicht detailliert aufzeigen, sondern einfach durch einen Prozesskasten »Ware prüfen« beschreiben.*

Wir können den Ablauf der Wareneingangsprüfung später genauer untersuchen und separat darstellen.

Was passiert, wenn die Teile die Prüfung nicht bestanden haben?

Hr. Claus (Wareneingang) — *Wenn wir die Ware beanstanden, füllen wir einen Mängelbericht aus.*

Moderator — *Und dann schicken Sie Ware und Mängelbericht an den Lieferanten zurück?*

Hr. Claus (Wareneingang) — *Nein, nicht sofort. Wir legen die Ware ins Wareneingangssperrlager, damit sie nicht versehentlich verwendet werden kann und warten den Entscheid ab.*

Moderator — *Welchen Entscheid?*

Fr. Müller (Wareneingang) — *Wir melden die Reklamation zuerst dem Prüfungsausschuss. Sie wissen, der Ausschuss setzt sich aus vier Personen zusammen: aus unserem Beschaffungsleiter Herrn Meier, aus dem Leiter der Qualitätssicherung, dem Entwicklungsleiter und dem Produktionsleiter.*

Hr. Meier (Leiter Beschaffung) — *Wir im Prüfungsausschuss entscheiden, was mit der Ware geschehen soll. Es kommt durchaus vor, dass wir die Ware nicht zurückschicken, sondern nacharbeiten oder aussortieren.*

Die Entscheidung dokumentieren wir in jedem Fall auf dem Mängelberichtsformblatt. Es ist auch meine Aufgabe, den Lieferanten zu informieren und eine Lösung herbeizuführen.

Fr. Müller (Wareneingang) — *Wenn die Ware o.k. ist oder verwendet werden kann, bringen wir die Teile zu Frau Schulz ans Lager.*

Fr. Schulz (Lager) — *Ich schaue in der EDV-Liste nach, ob die Teile unmittelbar auf einen Fertigungsauftrag kommissioniert werden.*

Wenn die Ware direkt einem Fertigungsauftrag beigestellt werden muss, lege ich sie in die entsprechenden Boxen.

Wenn nicht, lagere ich sie nach dem First-In/First-Out-Prinzip ein.

Als Ergebnis kam folgendes Ablaufdiagramm heraus:

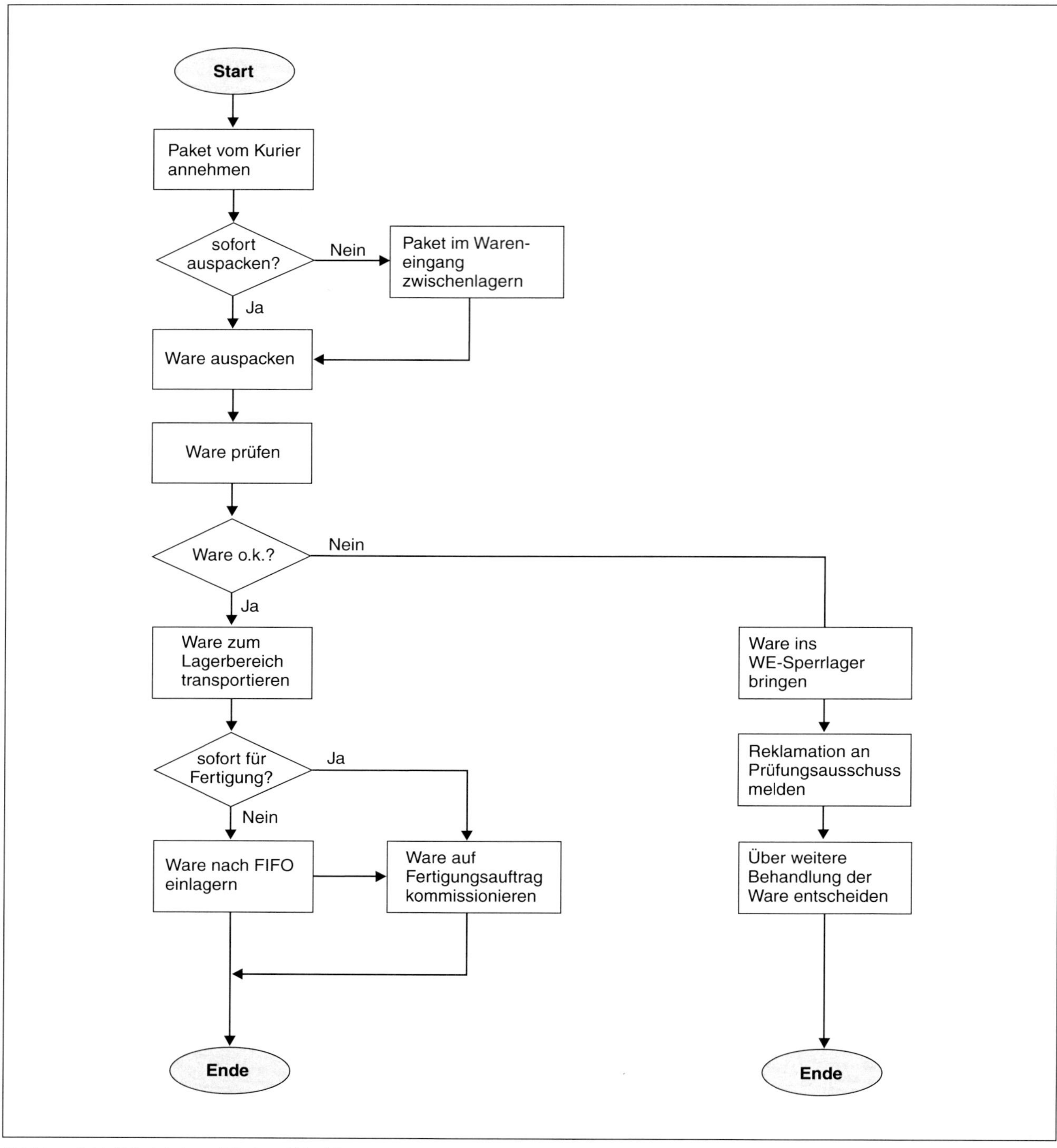

Abbildung 3-14: Beispiel eines einfachen Ablaufdiagramms.

Dieses kleine Beispiel zeigt bereits die Gradwanderung zwischen grober Beschreibung und feinerer Ausarbeitung. So haben die Teilnehmer auf die genauen Tätigkeitsschritte bei der Paketannahme verzichtet. Ebenso wurden die Varianten der Behandlung fehlerhafter Ware nicht beschrieben; stattdessen wurde Wert auf die Hervorhebung der einzelnen Läger gelegt.

Grenzen des Werkzeuges »Ablaufdiagramme«

Ablaufdiagramme sind ein einfach zu erlernendes Werkzeug. Sie haben jedoch gegenüber anderen Methoden, wie z. B. der Netzplantechnik, Schwächen. Sie können keine Zeitinformationen darstellen, sie können Prozessschritte nur sequenziell darstellen, sie können keine Strukturen – Verantwortungen – wiedergeben. Ablaufdiagramme versagen dort, wo die Prozesse viele Verästelungen aufgrund ihrer Komplexität haben und dort, wo Zeitrelationen eine Rolle spielen. Als Werkzeug für die grobe Darstellung sind sie jedoch hervorragend geeignet.

Das folgende Beispiel zeigt ein Ablaufdiagramm einer erstmaligen Bestellung eines Produktes im Prozess Beschaffen/ Einkaufen.

In diesem Beispiel ist das Ablaufdiagramm um eine Tabelle erweitert worden, in der die Zuständigkeiten für jeden Tätigkeitsschritt festgelegt sind. Es sind keine Verzweigungen vorhanden.

Der Ablauf entspricht einer typischen grafischen Darstellung in einer Verfahrensanweisung oder in einem Qualitätsmanagement-Handbuch.

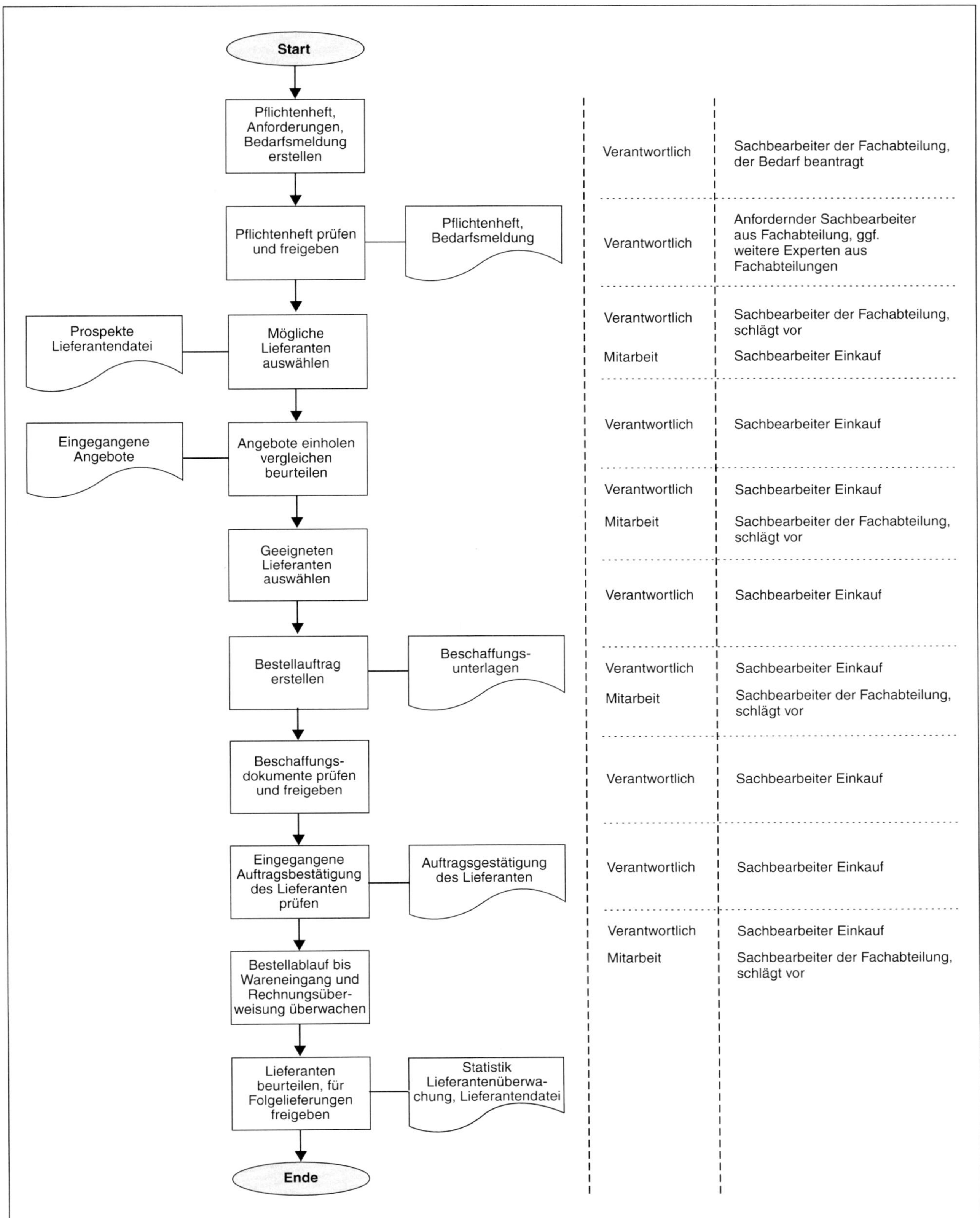

Abbildung 3-15: Beispiel eines Ablaufdiagramms (Flowchart) mit Zuständigkeitstabelle

3.2 Anspruchsvollere Methoden

Lernziele:
- die anspruchsvollen Methoden des Qualitätsmanagements in den Grundzügen verstehen
- wissen, wozu diese Methoden eingesetzt werden können

3.2.1 Netzplantechnik

Die Schwächen von Ablaufdiagrammen zur Planung und Darstellung von Abläufen und Projekten kann ein anderes anspruchsvolles Werkzeug, die »Netzplantechnik«, überwinden. Netzplantechnik ist ein Steuerungsinstrument für komplexe Projekte und Aufträge. Mit dem Verfahren der Netzplantechnik lassen sich Zeit-, Kosten- und Kapazitätsabhängigkeiten darstellen und kritische Pfade im Ablauf berechnen. Das Projekt wird in Vorgänge zerlegt. Es werden die logischen und zeitlichen Abhängigkeiten bestimmt.

Netzpläne setzen sich aus drei Strukturelementen zusammen:

- Ereignisse
- Vorgänge
- Anordnungsbeziehungen (AOB)

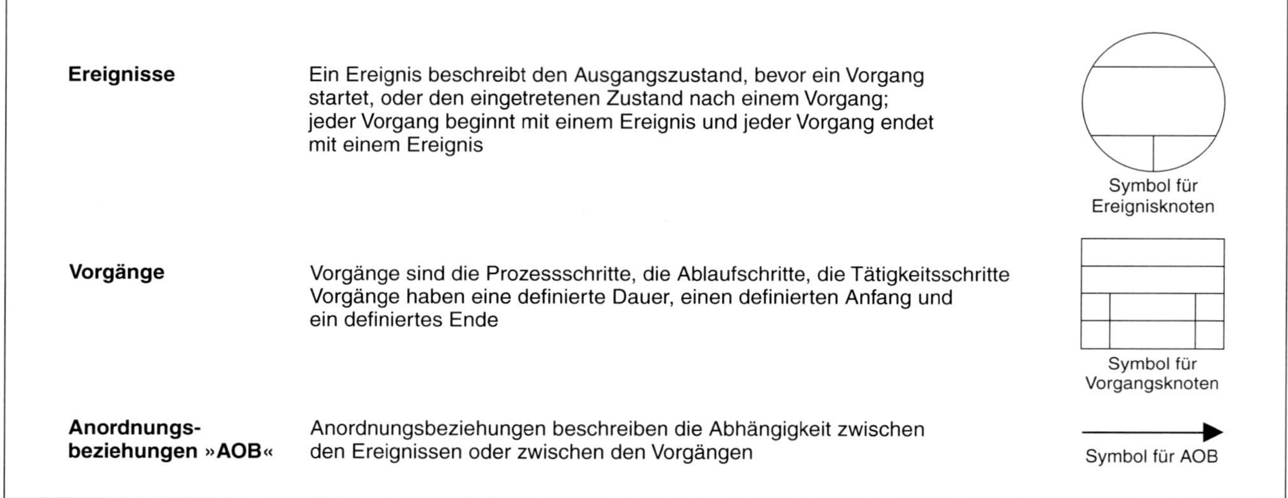

Abbildung 3-16: Strukturelemente von Netzplänen

Es gibt unterschiedliche Darstellungsarten der Strukturelemente und damit verschiedene Netzplanarten (DIN 69900):

- Vorgangspfeilnetz (VPN): Die Vorgänge werden durch Pfeile dargestellt
- Vorgangsknotennetz (VKN): Die Vorgänge werden durch Vorgangsknoten dargestellt
- Ereignisknotennetz (EKN): Die Ereignisse werden durch Ereignisknoten dargestellt

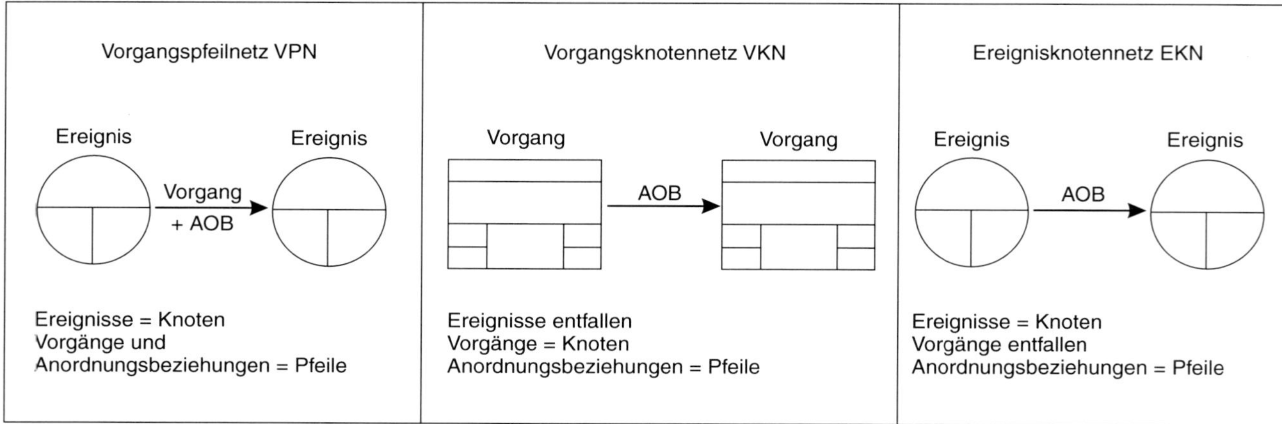

Abbildung 3-17: Netzplanarten

In der Praxis hat sich die Vorgangsknotendarstellung (VKN) weitgehend durchgesetzt.

Für die Darstellung der Vorgänge und Abhängigkeiten gelten folgende Grundregeln:

- --- der Vorgangsschritt hat genau einen Nachfolger
- Und-Verzweigung der Vorgangsschritt hat mehrere Nachfolger
- Zusammenführung der Vorgangsschritt hat mehrere Vorgänger
- Zusammenführung nach einer Und-Verzweigung Vorgangsschritte laufen parallel nebeneinander

Vorgehensweise zur Netzplanerstellung

1. Schritt: Die Vorgänge erfassen und eine Vorgangsliste erstellen
Es müssen alle Vorgänge innerhalb des Projektes bestimmt werden und in einer Liste aufgeführt werden. Es müssen die Zusammenhänge der Vorgänge ermittelt werden. Als Hilfsinstrumente zur Erstellung der Vorgangsliste können ein Projektstrukturplan und ein Balkenplan dienen.

Die Vorgangsliste enthält für jeden Vorgang (Prozessschritt) die Vorgangsnummer, die Vorgangsbezeichnung, die zu erwartende Dauer jedes Vorganges. Darüber hinaus gibt es zwei weitere Spalten, in denen die unmittelbaren Vorgänger (unmittelbar vorgeordnet) und die unmittelbaren Nachfolger (unmittelbar nachgeordnet) definiert werden. Die folgende Vorgangsliste entspricht dem Inhalt der nachfolgenden Abbildung 3-19.

Vorgangs-Nr.	Vorgangsbezeichnung	unmittelbar vorgeordnet	unmittelbar nachgeordnet	Dauer in Tagen
0	Startereignis	--	1	
1	Vorgang A	0	2, 3, 4	5
2	Vorgang B	1	5, 6	3
3	Vorgang C	1	7	2
4	Vorgang D	1	8	4
5	Vorgang E	2	8	6
6	Vorgang F	2	9	7
7	Vorgang G	3	8	3
8	Vorgang H	4, 5, 7	9	4
9	Endereignis	6, 8	---	

2. Schritt: Den Netzplan entwerfen und zeichnen
Zur Zeichnung des Netzplanes werden die Struktursymbole verwendet. Das Vorgangsknotensymbol nimmt die Vorgangsnummer, die Vorgangsbezeichnung und die Dauer auf. Später werden (im 3. Schritt) die frühesten und spätesten Anfangszeiten und Endzeiten für diesen Vorgangsschritt eingetragen.

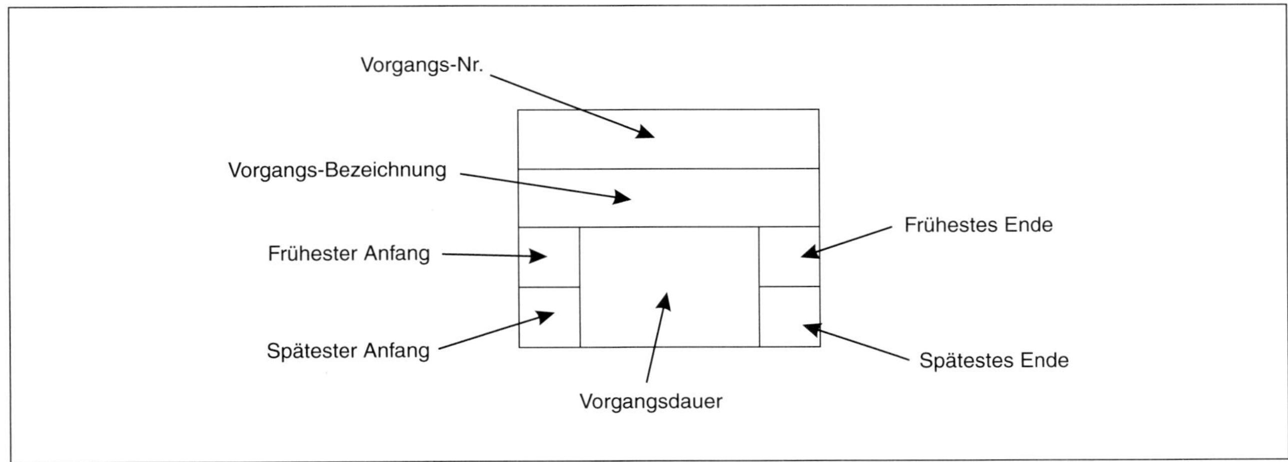

Abbildung 3-18: Die Felder des Vorgangsknotensymbols

Mit Hilfe der Vorgangsliste wird ein Netzplan grafisch dargestellt.

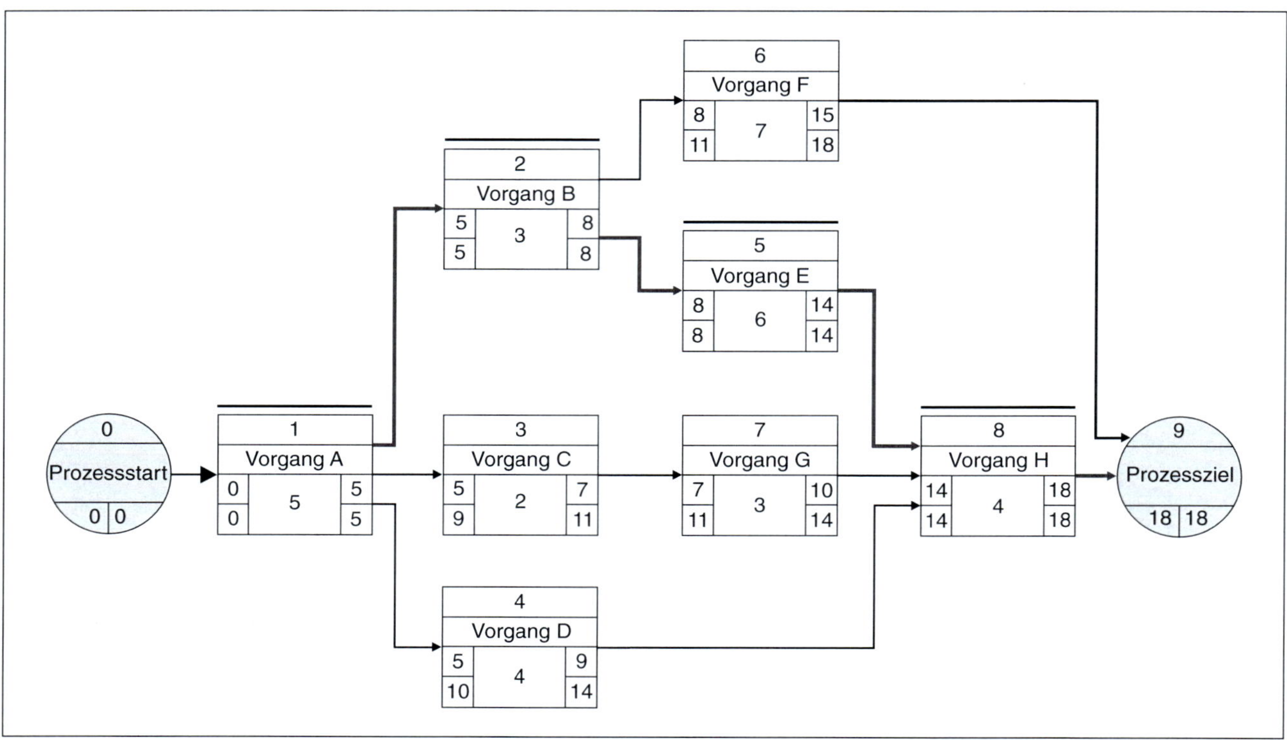

Abbildung 3-19: Beispiel eines Vorgangsknoten-(VKN-) Netzplans

3. Schritt: Die Zeitanalyse durchführen

Die Zeitanalyse ermöglicht, die frühesten und spätesten Anfangszeitpunkte und Endzeitpunkte der einzelnen Vorgänge zu berechnen. Es werden die Zeitreserven für die einzelnen Vorgänge sichtbar, und insbesondere zeitkritische Pfade erkannt.

Vorwärtsrechnung:
Bei der Vorwärtsrechnung ist der Starttermin gegeben. In jeden Vorgangsknoten werden nun frühester Anfangstermin für diesen Knoten und frühester Endtermin eingetragen, bis der letzte Vorgangsknoten abgeschlossen ist. Man erhält den frühest möglichen Projektabschluss. Laufen mehrere Vorgänge zu einem gemeinsamen Vorgang wieder zusammen, so wird mit dem spätesten Endtermin weitergerechnet.

Rückwärtsrechnung:
Anschließend wird eine Rückwärtsrechnung durchgeführt. Gegeben ist in diesem Fall der späteste Endtermin, gesucht wird der spätest mögliche Starttermin.

Die Vorgangszeiten (Dauer) aller Vorgänge werden bei Rückwärtsrechnung von den Endzeiten der Knoten subtrahiert. Treffen mehrere Beziehungen zusammen, so wird mit dem frühesten Wert gerechnet. In vielen Knoten wird sich ein Unterschied der Termine zwischen Vorwärtsrechnung und Rückwärtsrechnung ergeben: Dies sind Pufferzeiten.

Faustregeln:

- Bei der Vorwärtsrechnung: immer mit dem **größten Wert** weiter rechnen (bei mehreren Vorgängern)
- Bei der Rückwärtsrechnung immer mit dem **kleinsten Wert** weiter rechnen (bei mehreren Nachfolgern)

Beispiel in Abbildung 3.19:
Vorwärtsrechnung: Vorgang H übernimmt als frühesten Anfang den größten Wert, das ist Vorgänger E (14 Tage) und nicht Vorgänger G (10 Tage) oder Vorgänger D (9 Tage).
Rückwärtsrechnung: Vorgang B übernimmt als spätestes Ende den kleinsten Wert, das ist Nachfolger E (8 Tage) und nicht Nachfolger F (11 Tage).

4. Schritt: Die Pufferzeiten und den kritischen Weg bestimmen

Aus der Differenz aus frühestem und spätestem Anfangszeitpunkt jedes Vorganges ergeben sich die Pufferzeiten, die Zeitreserven, innerhalb derer sich die Vorgänge verzögern dürfen, ohne dass der Endtermin gefährdet wird.

Der kritische Weg wird durch diejenigen Vorgänge bestimmt, die keine Pufferzeiten haben. Bei diesen Vorgängen sind frühest mögliche und späteste Anfangszeitpunkte immer gleich.

3.2.2 Quality Function Deployment (QFD)

QFD wurde in den 1960er-Jahren von Yoji Akao[78] entwickelt. Er untersuchte Lösungsmethoden für die Industrie, mit denen man Produkte von Anfang an fehlerfrei und narrensicher entwickeln kann.

Quality Function Deployment kann übersetzt werden als: »Bereitstellung der Qualitätsfunktionen«. Mit QFD können Schwachstellen, Zielkonflikte und Risiken sichtbar gemacht werden. Die QFD-Methode ist eine kombinierte Methode aus vielen Einzelfunktionen. Sie ist eine Analyse-, Planungs- und Kommunikationsmethode in einem und stellt die unterschiedlichsten Ergebnisse in einer Gesamtgrafik dar. Sie ist für Außenstehende nicht einfach zu verstehen. Für diejenigen, die diese Methode beherrschen, ist sie jedoch ein sehr effizientes Werkzeug.

Folgende Einzelaufgaben fließen in die QFD-Ergebnisdarstellung ein:

1. Marktanalyse/Forderungsanalyse

- **Kundenforderungen, das »WAS«:**
  Es werden die Kundenforderungen erarbeitet und als Liste aufgetragen
- **Gewichtung der Kundenforderungen:**
  Die Kundenforderungen werden bewertet und gewichtet (zum Beispiel auf einer Skala von 1 bis 10), kritische Forderungen werden dadurch erkannt

2. Designanalyse

- **Lösungsmerkmale, das »WIE«:**
  Es werden die Produktmerkmale – also die geplante Umsetzung auf die Kundenforderungen – erarbeitet und als Liste aufgeführt (die Spezifikation)
- **Zielwertbestimmung:**
  Es werden die angestrebten Zielwerte (Sollwerte) jedes Produktmerkmales aufgeführt
- **Designrisiko Schwierigkeitsgrad:**
  Es wird ein Schwierigkeitsgrad für jedes Merkmal festgelegt (zum Beispiel mit einer Skala von 1 bis 4)
- **Verbesserungsrichtungen:**
  Es wird markiert, ob ein Lösungsmerkmal für Verbesserungen erhöht oder vermindert werden müsste

3. Korrelationsanalysen

- **Korrelation zwischen Kundenforderung und eigenen Produktmerkmalen:**
  Man bewertet über eine Beziehungsmatrix, inwieweit die Lösungen mit den Kundenforderungen korrelieren
- **Autokorrelation unter den eigenen Produktmerkmalen:**
  Man bewertet über eine Korrelationsmatrix, inwieweit die Produktmerkmale voneinander unabhängig sind oder sich gegenseitig verstärken oder behindern

4. Wettbewerbsanalyse

- **Inwieweit erfüllt die Konkurrenz die Kundenforderungen?**
  Man bewertet, inwieweit die Wettbewerbsprodukte die Kundenforderungen erfüllen (zum Beispiel auf einer Skala von 1 bis 5)
- **Inwieweit erfüllt die Konkurrenz die angestrebten eigenen Merkmalszielwerte?**
  Man bewertet, inwieweit der Wettbewerb die Lösungsmerkmale mit den Zielgrößen erfüllt (zum Beispiel auf einer Skala von 1 bis 5)

5. Gesamtbewertungen

- **Relative und absolute Gewichtung der Qualitätsmerkmale:**
  Aus den vorangegangenen Analysen wird eine relative und absolute Gewichtung der Produktmerkmale berechnet. Damit lassen sich kritische Pfade in der Produktentwicklung erkennen

[78] Akao Yoji, QFD The Customer Driven Approach to Quality Planning and Deployment, Hinshitsu Kino Tenkai, Japan 1978

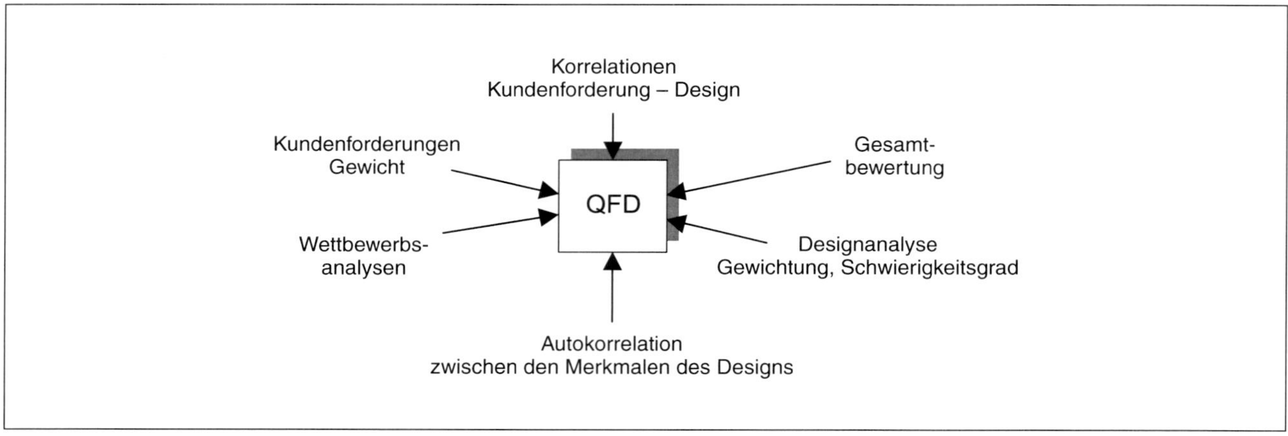

Abbildung 3-20: Teilaufgaben in der QFD-Methode

QFD übersetzt die »Stimme des Kunden« in die Qualitätsmerkmale der Produkte oder der Dienstleistung, die es zu entwickeln gilt. QFD ist ein wichtiges Instrument zur vorbeugenden Sicherung der Qualität. Richtig angewendet werden Defizite und Fehlentscheidungen im frühesten Stadium erkannt und verhindert. Man verhindert die Entwicklung von »Flops« ebenso wie das »Überentwickeln«.

Eingangsgröße sind die Kundenforderungen. Daneben werden die Qualitätsmerkmale aufgetragen, die das zukünftige Produkt bestimmen. Eine Korrelationsmatrix analysiert die Beziehung zwischen den Kundenforderungen als Eingangsgrößen und allen erarbeiteten Lösungsmerkmalen. Man erkennt, in welchem Maße die Forderungen erfüllt werden oder ob sogar Merkmale definiert sind, für die es überhaupt keine Eingangsforderung gibt.

Die Anwendung ist stark teamorientiert. Zum Team werden Mitarbeiter aus allen Funktionsbereichen benötigt, z. B. aus der Vertriebsabteilung, der Entwicklungsabteilung, der Arbeitsvorbereitung, der Produktionsplanung, der Produktion, dem Kundendienst und der Marketingabteilung. Die Unterstützung der obersten Leitung ist wichtige Voraussetzung.

QFD bedarf einer längeren Schulungs- und Einarbeitungszeit.

QFD-Entwicklungsphasen

QFD wird in vier Entwicklungsphasen der Produkterstellung eingesetzt:

- Konzeption des Produktes
- Produktspezifizierung (Konstruktionsphase)
- Prozessplanung
- Produktionsplanung

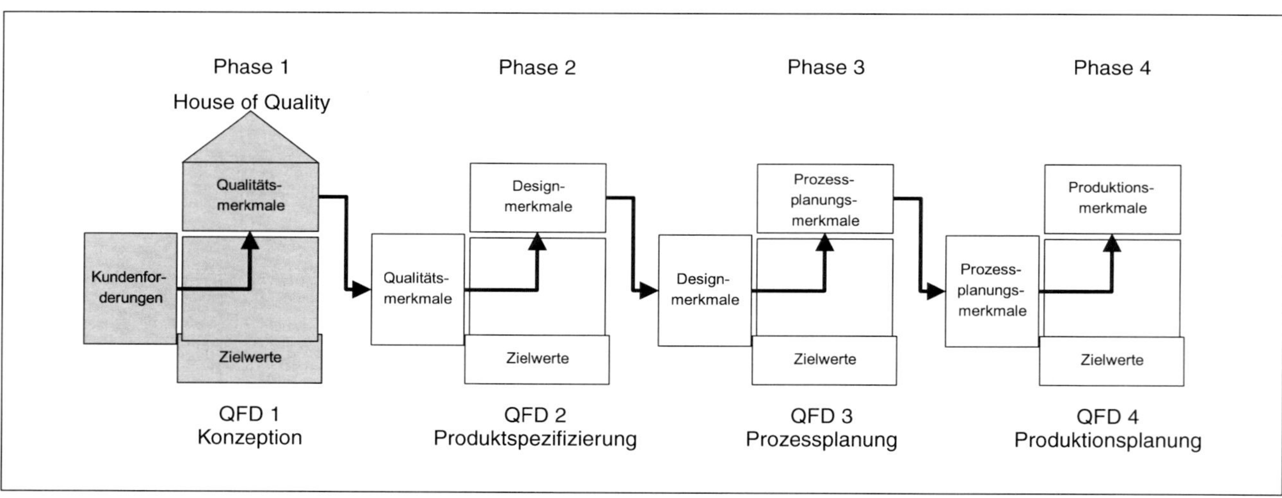

Abbildung 3-21: Einsatz der QFD-Methode in den Entwicklungsphasen

Phase 1: Konzeptionsphase (von den Forderungen des Kunden zu den Qualitätsmerkmalen des Produkts)
Die erste Phase ist die bedeutendste. Hier werden die Kundenforderungen in unternehmensinterne Funktionsmerkmale bzw. Qualitätsmerkmale spezifiziert und das Produktkonzept geprüft. Diese erste Phase wird als »House of Quality« bezeichnet. Die marktseitigen Kundenforderungen werden erfasst. Aus den Kundenerwartungen und Forderungen werden unternehmensinterne Qualitätsmerkmale in einer Spezifikation formuliert.

Phase 2: Phase der Produktspezifizierung (Komponenten-, Teileplanung)
Die Qualitätsmerkmale (Qualitätsanforderungen an die Konstruktion) der Vorphase werden als Eingangsgröße genommen. Daraus werden konkrete Designmerkmale (Baugruppen, Unterbaugruppen, Teile, etc.) erstellt.

Phase 3: Phase der Prozessplanung
Die Designmerkmale (Teilsysteme, Bauteile) sind Eingangsgröße für die Prozessplanung. Mit ihnen als Vorgabe werden Produktionsprozesse definiert.

Phase 4: Phase der Produktionsplanung (Fertigungsplanung, Produktion)
Von den Prozess- und Prüfmerkmalen zu Arbeits- und Prüfanweisungen. Die Produktionsprozesse der Vorphase sind Eingangsgrößen. Aus ihnen werden Qualitätssicherungsmaßnahmen für die Produktion abgeleitet und Arbeitspläne festgelegt.

Die Ergebnisse der jeweiligen Vorphase sind die Forderungen in der QFD-Matrix der Folgephase.

Vorgehen bei der QFD-Methode am Beispiel der ersten Phase

Als Voraussetzung für QFD wird ein funktionsübergreifendes QFD-Team aus Fachleuten des Unternehmens gebildet. Ferner ist ein Moderator notwendig.

Kern der QFD-Methode ist die Beziehungsmatrix zwischen Forderungen (**WAS**) und daraus abgeleiteten Merkmalen (**WIE**). In einer Beziehungsmatrix wird jede Forderung mit jedem Merkmal bewertet, ob sie sich stark, mittel, schwach oder gar nicht beeinflussen.

Die **Beziehungsmatrix** lässt sofort erkennen, ob Merkmale (»=Wie«) fehlen, die die Kundenforderungen (»=Was«) erfüllen würden oder ob Merkmale spezifiziert sind, die gar nicht gefordert werden.

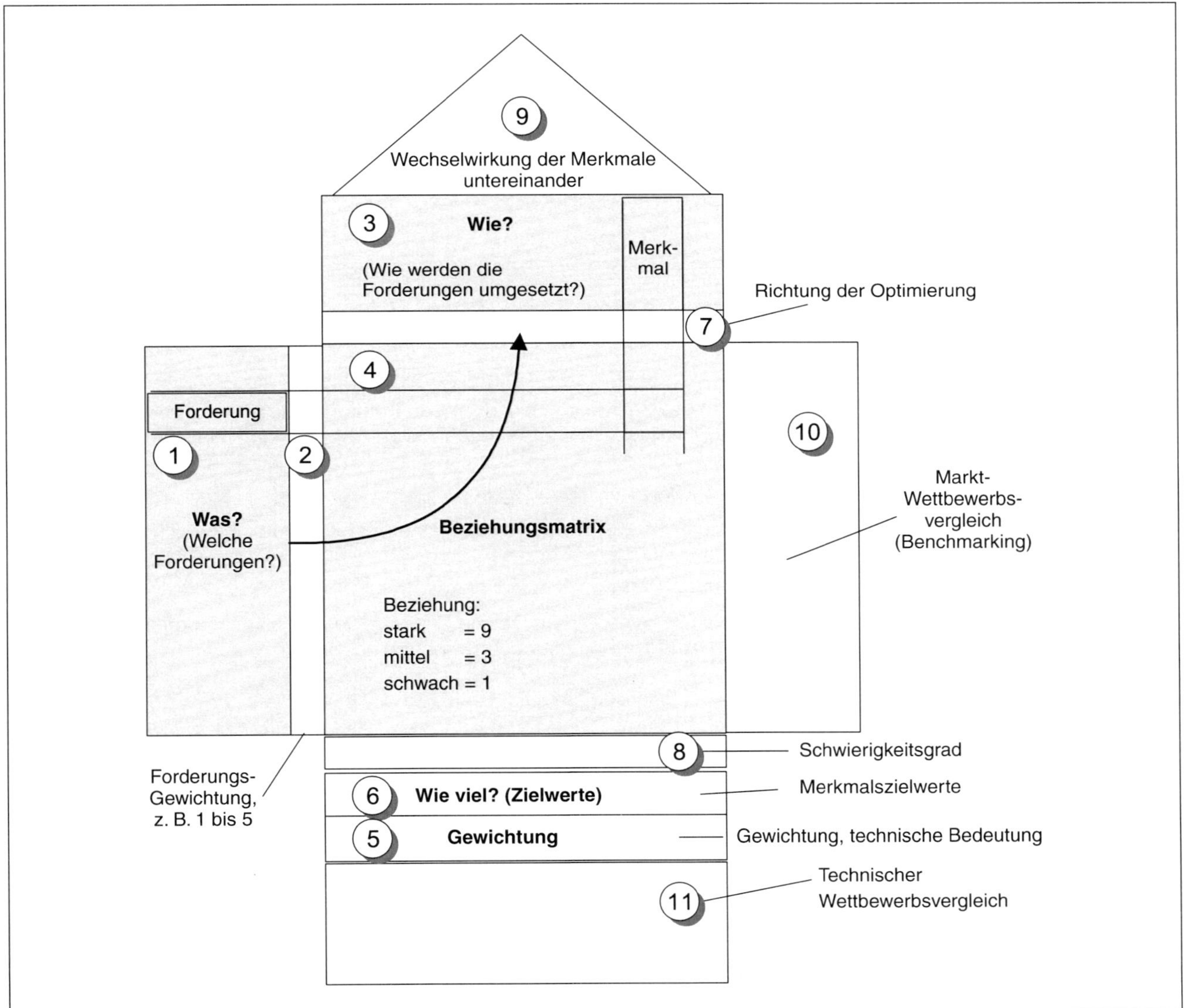

Abbildung 3-22: QFD-Matrixaufbau (Grundprinzip ist grau hinterlegt)

Die Vorgehensweise zur Erarbeitung einer QFD für die erste Phase wird beispielhaft in den folgenden 11 Schritten gezeigt. Die Reihenfolge und auch der Umfang sind nicht festgeschrieben, und jedes Unternehmen kann es individuell anders handhaben.

1. Schritt: Kundenforderungen ermitteln (WAS will der Kunde?)

Die Qualitätsforderungen der Kunden und des Marktes bilden die Eingangsinformationen des QFD-Prozesses. Die Informationen müssen durch Marktforschung oder Marktbeobachtung ermittelt werden. Informationsquellen sind: Kundenbefragungen bei langjährigen Kunden, Messebeobachtungen, Analysen von Reklamationen oder Aussagen von Servicemitarbeitern.

Die Kundenforderungen werden strukturiert, das heißt unter Oberbegriffen geordnet und in einer Anforderungsstruktur aufgezeichnet.

2. Schritt: Kundenforderungen gewichten

Repräsentative, ausgewählte Kunden gewichten den gesamten Satz der Kundenforderungen in einer Rangskala.

3. Schritt: Kundenforderungen in messbare Qualitätsmerkmale der Konstruktion umsetzen (WIE wird es umgesetzt?)

Sie sollen lösungsneutral sein, also noch offen für unterschiedliche Konstruktionslösungen. Die Qualitätsmerkmale sollen quantifiziert und damit messbar sein.

4. Schritt: Beziehungsmatrix zwischen Kundenforderung und Qualitätsmerkmal aufstellen

Es wird der Zusammenhang zwischen Kundenforderungen und den Qualitätsmerkmalen über eine Beziehungsmatrix analysiert.

Beispiel für eine Rangskala in der Beziehungsmatrix:

Beziehung ist ... stark = 9 mittel = 3 schwach = 1 keine = 0

Deutung:

Zeilen *mit ausschließlich schwachen positiven, oder keinen Beziehungen zeigen, dass die Kundenforderung durch keines der Merkmale abgedeckt wird.*

Spalten *mit ausschließlich schwachen positiven oder keinen Beziehungen zeigen, dass die Merkmale keinen tatsächlichen Kundenwunsch widerspiegeln.*

5. Schritt: Bedeutung jedes Qualitätsmerkmals abschätzen: absolute / relative Gewichtung

Die Bedeutung jedes Qualitätsmerkmales (Kritizität) wird berechnet, indem jede Kundengewichtung (aus Schritt 2) mit der Zahl in der Beziehungsmatrix (in Schritt 4) multipliziert wird und alle Ergebnisse zu einer Gesamtzahl summiert werden.

6. Schritt: Zielwerte der Qualitätsmerkmale für die Neuentwicklung festlegen

Für jedes Qualitätsmerkmal ist ein Zielwert festzulegen. Die Werte sind Vorgaben für die Produktentwicklung.

7. Schritt: Optimierungsrichtung der Zielgröße darstellen

Gleichzeitig werden Richtungspfeile eingetragen. Sie zeigen an, in welche Richtung das Qualitätsmerkmal geändert werden muss, um das Produkt zu verbessern, z. B. Verringerung anstreben/Erhöhung anstreben.

8. Schritt: Den Schwierigkeitsgrad der technischen Realisierbarkeit abschätzen

Dabei fließen die Erfahrungen und Kenntnisse des QFD-Teams ein. Hat ein Merkmal eine geringe Bedeutung und einen hohen Schwierigkeitsgrad, ist zu überlegen, ob es verworfen wird.

9. Schritt: Die Wechselwirkung der Qualitätsmerkmale untereinander feststellen (das »Dach des House of Quality«)

Wenn die Optimierung eines Qualitätsmerkmales die Optimierung eines anderen unterstützt, dann korrelieren beide Merkmale positiv.

Der Entwickler muss versuchen, negative Korrelationen zu vermeiden, weil sie beide Qualitätsmerkmale nicht gleichzeitig erreichen lassen.

Beispiel für eine Rangskala mit Symbolen in der Korrelation

Deutung:

Bei negativen Korrelationen können Zielwerte nicht gleichzeitig erreicht werden. Es muss versucht werden, die negativen Korrelationen zu meiden.

Alle Qualitätsmerkmale mit negativen Korrelationen müssen untersucht werden.

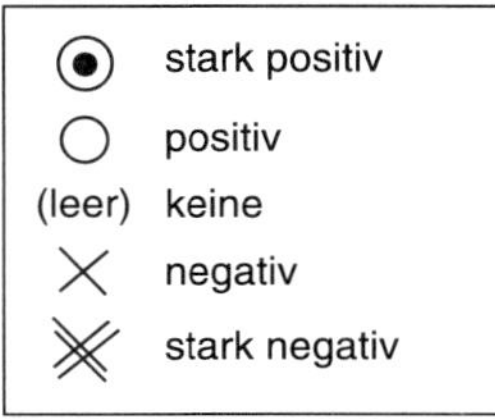

10. Schritt: Das eigene Produkt aus Sicht des Kunden mit Wettbewerbsprodukten vergleichen

Dies kann grafisch in einer Rangskala sichtbar gemacht werden.

11. Schritt: Das eigene Produkt aus Sicht der technischen Merkmale mit den Konkurrenzprodukten technisch bewerten.

Zur Bewertung werden Daten aus dem eigenen Analyse- oder Messlabor genommen.

3.2.3 Fehlermöglichkeits- und Einflussanalyse (FMEA)

FMEA ist eine vorbeugende Methode in der Produkt- und Prozessentwicklungsphase. Planer können mit ihrer Hilfe Risiken bei der Entwicklung von Produkten und von Prozessen in einem sehr frühen Stadium erkennen. Diese Methode kann hinter die QFD-Methode geschaltet werden.

Unternehmen benennen häufig folgende vier Ziele, die sie mit dem Einsatz der Methode FMEA erreichen wollen:

Ziele der FMEA

1. **Produktsicherheit erhöhen** (Gebrauchsfähigkeit erhöhen)
   - Produkt, Dienstleistung oder Prozess sicher und fehlerfrei machen
   - Kritische Komponenten und Schwachstellen frühestmöglich erkennen
   - Risiken erkennen und einschätzen (durch die bisherigen Erfahrungen des Unternehmens)
   - Maßnahmen im Vorfeld definieren, um Risiken von vornherein zu minimieren
   - Sicherheit und Zuverlässigkeit des Produktes, des Prozesses verbessern
2. **Kosten reduzieren**
   - Fehlerkosten durch Fehlentwicklungen vermeiden
   - Anzahl der Konstruktionsänderungen verringern
   - Durchlaufzeiten einer Entwicklung kürzen
   - Spätere Prüfkosten einsparen
3. **Zeit gewinnen**
   - Entwicklungszeiten verringern, frühere Markteinführung erreichen
   - Als Baustein für parallele Bearbeitung der Bereiche (Simultaneous Engineering)
4. **Teamarbeit fördern**
   - Systematisches Arbeiten im Team fördern
   - Fachwissen für alle transparenter machen und erhöhen
   - Bessere Kommunikation, besseren Informationsstand und bessere Abstimmung erreichen
   - Zuständigkeiten durch die formale FMEA eindeutig festlegen
   - Entwicklungs-Projektablauf verbessern

Häufig genannte Gründe für die Einführung von FMEA waren in der Vergangenheit jedoch auch schlichtweg externer Natur. Die Kunden forderten von ihren Zulieferern, eine FMEA bei Neuentwicklungen durchzuführen und vorzulegen. Besonders die Automobilbranche war hier Vorreiter.

Einige Anwender der FMEA-Methode nennen weitere Gründe wie:

- »Wir hatten Entwicklungsprobleme in der Vergangenheit: die Anzahl der Konstruktionsänderungen war zu hoch«.
- »Zur Zeit sind unsere Fehlerkosten und Fehlerzahlen zu hoch«.
- »Durch die FMEA erkennen wir frühzeitig, was wir an Mess- und Prüfmitteln anschaffen müssen«.
- »FMEA setzt unsere TQM-Qualitätsphilosophie mit um«.

Konkrete Anlässe, um eine FMEA durchzuführen

Ein Unternehmen kann nicht alle Produkte oder alle Prozesse mit der FMEA-Methode untersuchen. Es muss stattdessen wenige wichtige FMEA-Projekte auswählen. Auch hier definieren die Unternehmen konkrete Anlässe, bei denen eine FMEA immer durchzuführen ist:

Neue Produkte und Technologien
- Neuentwicklungen, bei neuen Prozessen, neuartigen Verfahren
- Einsatz neuer Anlagen, Maschinen oder neuer Werkzeuge

Geplante Änderungen an Produkten und Technologien
- Produktänderungen, bei Prozessänderungen
- Wesentliche Änderungen in der Unternehmensorganisation
- Einsatzänderungen

Hohe Risiken
- Sicherheitsrisiken, Umwelt- / Arbeitsrisiken, Zulieferrisiko
- Eingeschränkte Prüfbarkeit

Problemteile oder problematische Prozesse
- Wenn die Prozessfähigkeit nicht ausreichend ist
- Bei zu vermutendem Nacharbeitsaufwand
- Bei hohem Ausschussanteil

Man unterscheidet drei FMEA-Arten abhängig von dem Betrachtungsgegenstand:

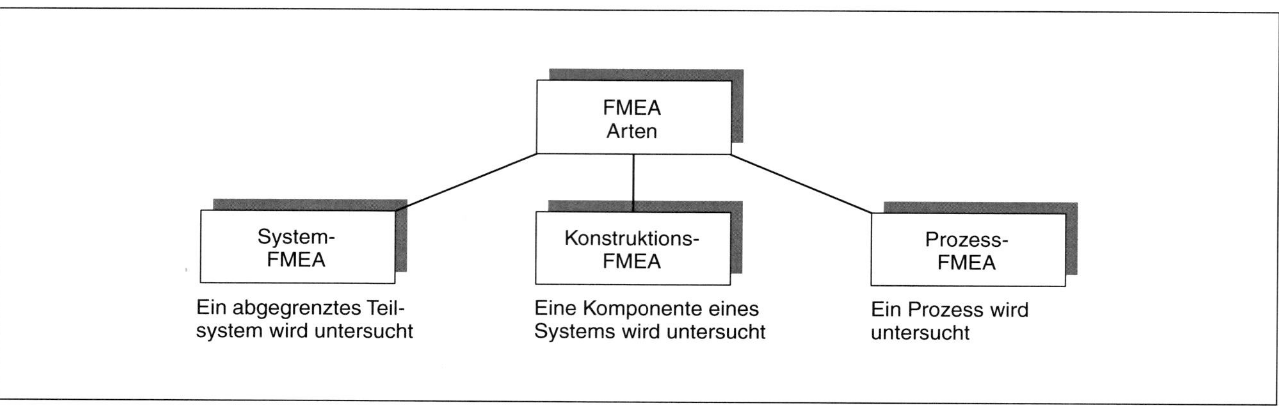

Abbildung 3-23: FMEA-Arten

System-FMEA:
Betrachtungsgegenstand sind ein komplettes System und seine Systemelemente.

Es wird die Funktionstüchtigkeit der einzelnen Elemente eines Gesamtsystems in ihrem Zusammenwirken untersucht.

> ***Beispiel:***
> *Antriebssystem eines Autos = Zusammenwirken der Systemelemente Motor, Kupplung, Getriebe*

Konstruktions-FMEA:
Betrachtungsgegenstand sind die Funktionen einer Produktkomponente. Es werden die einzelnen Komponenten eines Produktes untersucht: ihre Konstruktion, ihre Auslegung für die Fertigung und Montage.

> ***Beispiel:***
> *Getriebe eines Autos*

Prozess-FMEA:
Betrachtungsgegenstand ist ein zukünftiger Fertigungsprozess. Die Prozess-FMEA baut auf die Konstruktions-FMEA auf. Sie wird vor der eigentlichen Herstellung des Produktes, also während der Produktionsplanung angesetzt. Jeder Teilschritt des Herstellungsprozesses wird untersucht.

> ***Beispiel:***
> *Montiervorgang des Getriebes*

Unterschiede zwischen einer Konstruktions-FMEA und einer Prozess-FMEA:
Die Prozess-FMEA folgt zeitlich der Konstruktions-FMEA und baut auf dieser auf; eine Übersicht hierzu folgt.

Konstruktions-FMEA	Prozess-FMEA
Analysiert die konstruktive Auslegung eines Systems / einer Baugruppe	Analysiert die Auslegung eines Fertigungsprozesses
Schwachstellen in der konstruktiven Auslegung sollen identifiziert werden	Schwachstellen im Fertigungsprozess sollen identifiziert werden
Fehler, die in der Fertigung auftreten können, sollen nicht betrachtet werden	Potenzielle Schwachstellen in der Spezifikation werden nicht betrachtet
Annehmen, dass das Teil genau so gefertigt werden kann, wie es in der Konstruktion spezifiziert wurde	Annehmen, dass ein fehlerfreier Entwurf vorliegt
In der Konstruktions-FMEA kann als mögliche Fehlerursache ein »fehlerhafter Herstellungsprozess« angegeben werden	Die Fehlerursache »fehlerhafter Herstellungsprozess« aus der Konstruktions-FMEA wird in der Prozess-FMEA ein Fehler

Ablaufschritte einer FMEA:
FMEA wird im Team erarbeitet. Teamleiter bei Konstruktions-FMEA kann ein Mitarbeiter der Entwicklung oder Konstruktion sein. Bei Prozess-FMEA ist es ein Mitarbeiter aus der Arbeitsplanung.

Das Team verwendet für die Risikoanalyse ein Formblatt. Am weitesten verbreitet ist das Formblatt des VDA[79]. Es ist für Konstruktions-FMEA und Prozess-FMEA gleichermaßen zu benutzen.

[79] VDA: Verband der Automobilindustrie, Berlin

Die Beteiligten gehen bei der FMEA sehr formal in sechs Schritten vor.

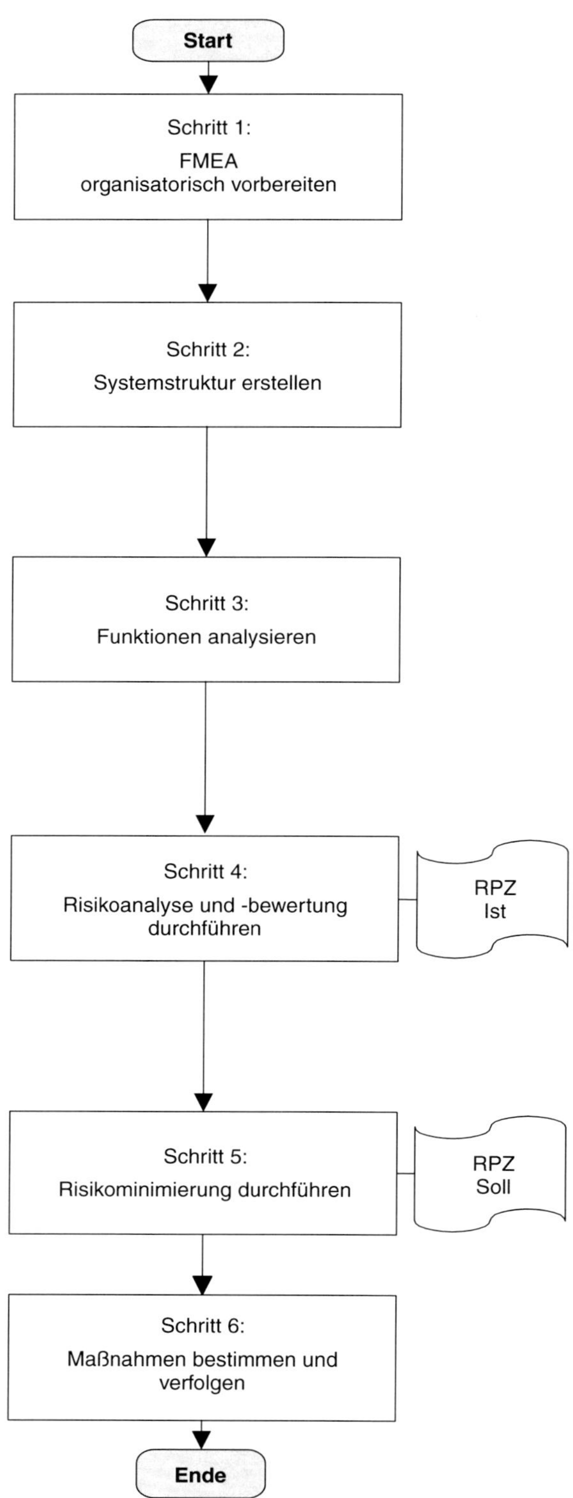

Abbildung 3-24: Ablaufschritte einer FMEA

Schritt 1: (Organisatorische) Vorbereitung der FMEA

FMEA-Teamleiter benennen

FMEA-Team zusammenstellen

Organisatorischen Rahmen festlegen: Zeit, Terminplan, Kosten, Ort der Besprechungen, notwendige Unterlagen, vorheriges Training

Unterlagen zusammentragen

Schritt 2: Systemstruktur bestimmen

Konstruktions-FMEA: System, Produkt, Baugruppe, Bauteile auflisten (Zerlegung des Endsystems in Hauptkomponenten, Komponenten, Teile)

Prozess-FMEA: Prozesse / Arbeitsschritte auflisten

Schritt 3: Funktionen analysieren

Konstruktions-FMEA: Funktionen der Elemente, Teile analysieren

Die zu bearbeitenden Elemente auswählen

Prozess-FMEA: Prozesszusammenhänge beschreiben

Die zu bearbeitenden Prozesse auswählen

Schritt 4: Risiko analysieren und bewerten: Istzustand (FMEA-Formblatt)

Konstruktions-FMEA: Kenndaten der Einheit ermitteln

Prozess-FMEA: Kenndaten des Prozesses ermitteln

Potenzielle Fehler beschreiben

Potenzielle Folgen des Fehlers beschreiben

Potenzielle Ursache erarbeiten

Risikoanalyse »IST«: Risikoprioritätszahl ermitteln

Schritt 5: Risikominimierung durchführen: Lösungsvorschläge (FMEA-Formblatt)

Empfehlungen, Maßnahmen erstellen, Veränderungen planen

Erneute Risikoanalyse »SOLL«: Risikoprioritätszahl ermitteln

Schritt 6: Maßnahmen bestimmen und verfolgen: Erfolgskontrolle

Beschlüsse, Termine, Redesign überwachen

Veränderungen durchführen und kontrollieren

Erst, wenn alle geplanten Maßnahmen umgesetzt sind, wird eine FMEA abgeschlossen

Risikoprioritätszahl RPZ zur Bewertung des Risikos:

Sie ist das Produkt aus den Faktoren

- Bedeutung des Fehlers
- Auftretenswahrscheinlichkeit des Fehlers beim Kunden
- Entdeckungswahrscheinlichkeit im Unternehmen

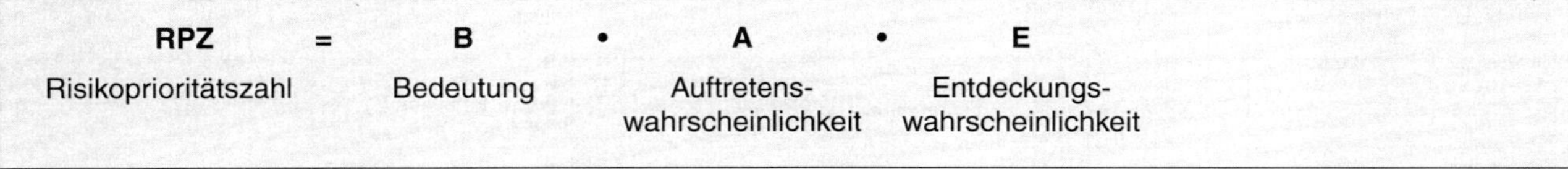

RPZ	=	B	•	A	•	E
Risikoprioritätszahl		Bedeutung		Auftretens-wahrscheinlichkeit		Entdeckungs-wahrscheinlichkeit

Die folgende Bewertungstabelle macht die Schärfe der Bewertungen deutlich.

B	Bedeutung	Konstruktions-FMEA	
1	sehr gering	Wirkung auf den Kunden: keine Fehlerauswirkung, kaum wahrnehmbar	
2–3	gering	Der Kunde wird sich nur geringfügig betroffen fühlen, die Auswirkung ist unbedeutend	
4–6	mäßig schwer	Löst Unzufriedenheit beim Kunden aus, der Kunde fühlt sich belästigt oder ist verärgert	
7–8	schwere Fehlerauswirkung	Löst große Verärgerung beim Kunden aus, Teile funktionieren nicht	
9–10	äußerst schwerwiegend	Führt zum Betriebsausfall, beeinträchtigt Sicherheit oder die Einhaltung gesetzlicher Vorschriften	
A	**Auftreten**	**Wahrscheinlichkeit, aufzutreten**	**ppm**[80]
1	sehr gering	Auftreten ist unwahrscheinlich	1
2–3	gering	Design entspricht bewährten und erprobten Entwürfen, der Prozess ist statistisch beherrscht	100
4–6	mäßig	Gelegentlich auftretende Fehlerursache, Design entspricht früheren Entwürfen mit geringen Schwachstellen	5000
7–8	hoch	Fehlerursache tritt wiederholt auf, Design ist problematisch und unausgereift, vergleichbare Lösungen führten wiederholt zu Fehlern	20.000
9–10	sehr hoch	Sehr häufiges Auftreten, Design ist sehr unsicher	100.000
E	**Entdeckung**	**Wahrscheinlichkeit, zu entdecken**	
1	sehr hoch	Aufgetretene Fehlerursache wird sicher entdeckt	99,99 %
2–3	hoch	Entdeckung ist sehr wahrscheinlich, Prüfungen sind relativ sicher	99,9 %
4–6	mäßig	Entdecken der Fehlerursache ist wahrscheinlich	99,7 %
7–8	gering	Entdecken der Fehlerursache ist weniger wahrscheinlich	98 %
9–10	sehr gering	Fehlerursache wird wahrscheinlich nicht entdeckt, die Fehlerursache kann nicht geprüft werden	90 %

Abbildung 3-25: Beispiel einer Bewertungstabelle für eine RPZ

Das folgende Beispiel zeigt das Formblatt einer Konstruktions-FMEA:

[80] ppm = parts per million: Anteile auf 1 Million

☐ System-FMEA
☒ Konstruktions-FMEA
☐ Prozess-FMEA

Fehlermöglichkeits- und Einfluss-Analyse ①

System/Teil/Prozess: *Getriebe XYZ 1* Ident-Nr.: *0285661*

Komponente / Teilprozess:: *Getrieberad 03* ②

Untersuchte Funktion:. *Radial positionieren / lagern*

Nr. *14a*
Seite *1* von *2*
Abt.: *Entwicklung*
Datum: *14.01.2023*

Lfd. Nr.	Mögliche Fehlerfolgen ④	B ⑧	Mögliche Fehler ③	Mögliche Fehlerursachen ⑤	Bereits festgelegte Vermeidungsmaßnahmen ⑥	A ⑨	Bereits festgelegte Entdeckungsmaßnahmen ⑦	E ⑩	RPZ ⑪	Verantw. Termin ⑫
1	*Verursacht Laufgeräusch*	7	*Nadellaufbahn verschleißt*	*Schmierung ist nicht ausreichend*	*Es ist eine Kerbung an der Anlauffläche vorgesehen*	2	*Tests an einem Prototypen: Beölungslauf*	5	70	*Entwicklung*
2	*Kürzere Lebensdauer*	8	*Rad und Wälzkörper fressen sich fest*	*Oberfächenhärte ist falsch ausgelegt*		2	*Lastlauf an einem Prototypen*	7	112	*Entwicklung*
2.1		8		*Oberfächengüte ist falsch ausgelegt*		1	*Lastlauf an einem Prototypen*	7	56	*Entwicklung*
2.2		8		*Spiel ist falsch ausgelegt*		3	*Lastlauf an einem Prototypen*	7	168	*Entwicklung*

Abbildung 3-26: Ausgefülltes Formblatt einer FMEA

	Spalte	**Eintrag**
①	Stammdaten	Typ, Modell, Fertigung, Charge, Nr. Zuständigkeit, Abteilung, Datum usw.
②	Systemelement/Funktion/Aufgabe	Einheit/Funktion/Aufgabe benennen, die betrachtet wird
③	Mögliche Fehler (Fehlerart)	Jeden denkbaren Fehler auflisten; davon ausgehen, dass der Fehler auftreten kann
④	Mögliche Fehlerfolgen	Annehmen, dass der Fehler aufgetreten ist
⑤	Mögliche Fehlerursachen	Die möglichen Fehlerursachen überlegen; Hilfsmittel: Ishikawadiagramm, Brainstorming
⑥	Vermeidungsmaßnahmen	Maßnahmen, die schon im Einsatz sind oder bereits geplant sind, um den Fehler zu verhüten oder die Auswirkungen gering zu halten
⑦	Entdeckungsmaßnahmen	Maßnahmen, die schon im Einsatz sind oder geplant sind, um den Fehler zu entdecken
⑧	Bedeutung B	Abschätzen, welche Bedeutung die Fehlerfolge hat (Skala 1 bis 10)
⑨	Auftreten A	Abschätzen, mit welcher Wahrscheinlichkeit der Fehler auftritt (Skala 1 bis 10)
⑩	Entdecken E	Abschätzen, mit welcher Wahrscheinlichkeit der Fehler unentdeckt bleibt, wenn das Produkt das Unternehmen verlassen wird (Skala 1 bis 10)
⑪	RPZ	Risikoprioritätszahl: B · A · E
⑫	V/T	Verantwortlich für Verbesserungsmaßnahmen/Termin

3.2.4 Maschinen- und Prozessfähigkeitsuntersuchungen

Bei produzierenden Unternehmen der Serien- und Massenproduktion ist es Ziel, die Prozesse so zu steuern, dass sie beherrscht und fähig sind. Weil man aus ökonomischen Gründen keine 100 %-Prüfungen an den Produkten durchführen kann, greift man auf Methoden der Statistik zurück. Man nimmt Stichproben und schätzt auf die Gesamtheit eines Loses.

Zur Qualitätssicherung führt man Fähigkeitsuntersuchungen durch. Man wählt besondere Merkmale aus, die für die Funktion eines Produktes wichtig sind oder sicherheitsrelevant sind. Für diese Merkmale setzt man Qualitätskriterien, d. h. man legt Grenzwerte (Toleranzen) fest. Die Fähigkeitsuntersuchungen sollen eine Antwort geben, inwieweit eine Maschine oder ein Prozess fähig sind, die festgelegten Vorgaben zu erfüllen.

Man unterscheidet folgende Arten von Fähigkeitsuntersuchungen:

- Maschinenfähigkeitsuntersuchungen
- vorläufige und fortdauernde Prozessfähigkeitsuntersuchungen
- Prüfmittelfähigkeitsuntersuchungen

Die Untersuchungen der Maschinenfähigkeiten und der Prozessfähigkeiten unterscheiden sich nicht in der Art der Berechnungsformeln, sondern nur durch den Zeitpunkt und durch die Größe der Stichproben. Die Beziehungen der einzelnen Fähigkeitsuntersuchungen zueinander zeigt die folgende Abbildung.

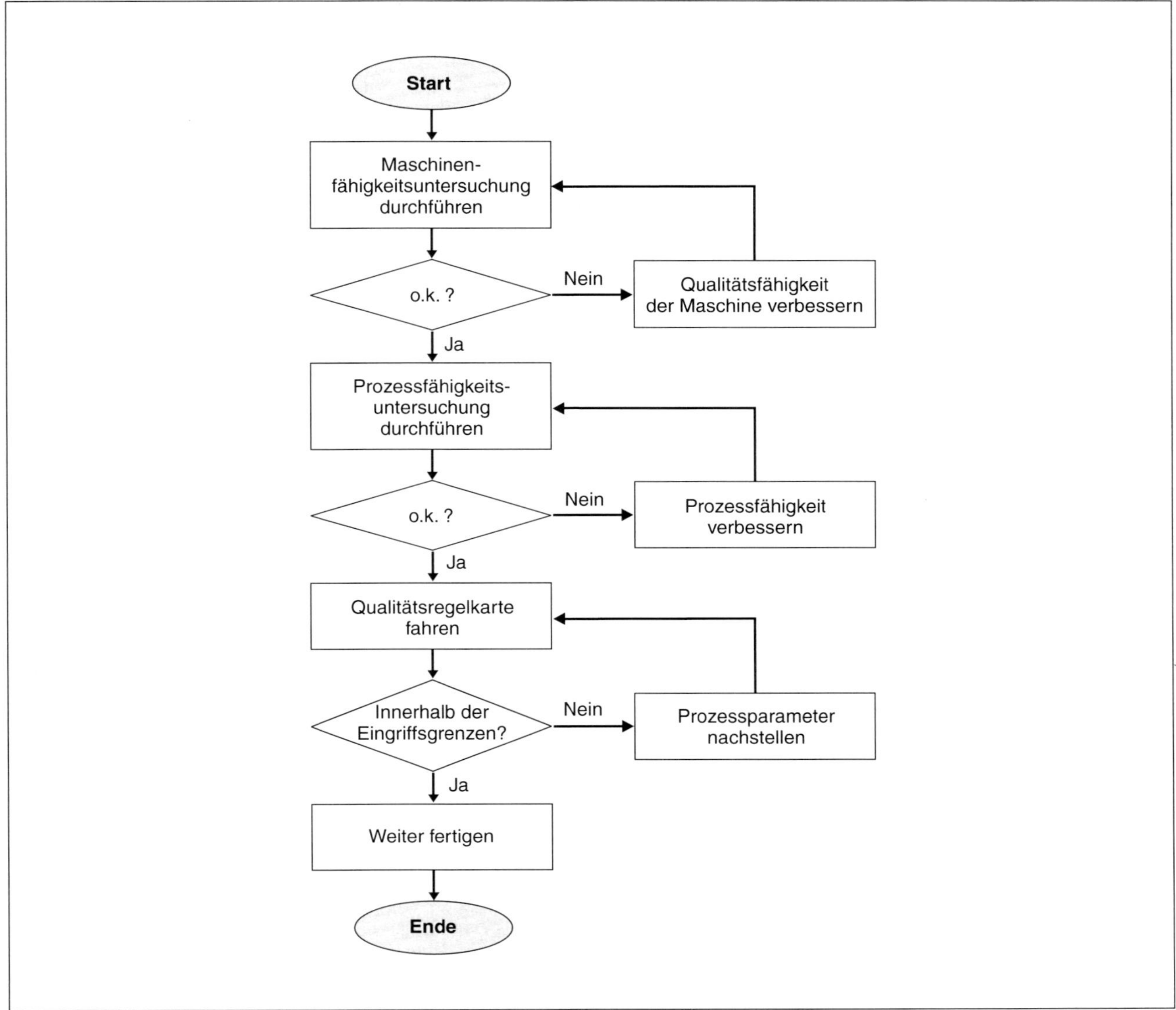

Abbildung 3-27: Fähigkeitsuntersuchungen

Maschinenfähigkeitsuntersuchungen

Maschinenfähigkeitsuntersuchungen werden zur Maschinenabnahme durchgeführt. Sie sind notwendig bei einer Anschaffung einer Maschine oder bei der Auswahl einer vorhandenen Maschine für einen Fertigungsauftrag. Sie werden vor der Freigabe von Prozessen durchgeführt. Die Planung der Maschinenfähigkeit ist Bestandteil der Produktionsplanung.

Maschinenfähigkeitsuntersuchungen sind Kurzzeituntersuchungen. Sie sollen beweisen, dass die Fertigungsmaschinen in der Lage sind, die Anforderungen zu erfüllen.

Ablauf

Zur Fähigkeitsanalyse wird ein funktionsrelevantes oder sicherheitsrelevantes Merkmal ausgesucht. Dieses Merkmal wird in der Regel am Produkt gemessen.

Es wird eine Stichprobe von 50 Teilen unter optimalen Rahmenbedingungen auf der Maschine ohne Unterbrechung gefertigt. Alle Einflussgrößen auf den Fertigungsprozess werden optimal eingestellt und konstant gehalten. Die Prüfmittel, das Bedienpersonal, das Rohmaterial oder die Maschineneinstellungen werden bestmöglich ausgesucht und nicht geändert.

Man berechnet aus der Stichprobe den Mittelwert und die zufällige Streuung und schätzt auf den Gesamtmittelwert und die Gesamtstreuung. Als Streubreite nimmt man die mathematische Standardabweichung. Daraus berechnet man die Maschinenfähigkeitskennwerte c_m und c_{mk}.

Es gelten die Formeln:

$$c_m = \frac{OGW - UGW}{6\hat{\sigma}} = \frac{\text{spezifizierte Toleranz}}{\text{zufällige Streuung}}$$

$$c_{mk} = \frac{OGW - \hat{\mu}}{3\hat{\sigma}} \quad \text{oder } c_{mk} = \frac{\hat{\mu} - UGW}{3\hat{\sigma}}$$

OGW = oberer spezifizierter Grenzwert[81]
UGW = unterer spezifizierter Grenzwert
$\hat{\sigma}$ = Standardabweichung der Stichprobe[82]
$\hat{\mu}$ = Mittelwert der Stichprobe

Es gilt die Gleichung mit der geringeren Differenz im Zähler zwischen einem Grenzwert und dem Mittelwert

Erläuterungen zu den Maschinenfähigkeitskennwerten

Die Maschinenfähigkeit wird mit den Kennwerten c_m und c_{mk} angegeben. Diese Kennwerte setzen sich aus den vorgegebenen Grenzwerten (oberer festgelegter Grenzwert OGW, unterer festgelegter Grenzwert UGW), dem arithmetischen Mittelwert μ und der Standardabweichung σ zusammen.

Die Standardabweichung ist ein Wert für die zufällige Streuung bei mehreren sich wiederholenden Ereignissen. Die Standardabweichung ist aber nicht nur ein Streuwert. Der Wert steht gleichzeitig für eine Wahrscheinlichkeitsaussage, wie viele Teile innerhalb dieses Streuwertes und wie viele Teile außerhalb dieses Streuwertes zu erwarten sind. Man weiß aus der Statistik:

- 68,26 % aller Ereignisse werden innerhalb des Streuwertes »Standardabweichung« $\pm\sigma$ vorkommen
- 99,73 % aller Ereignisse werden innerhalb der sechsfachen Standardabweichung $\pm 3\sigma$ vorkommen
- 99,994 % der Ereignisse werden innerhalb der achtfachen Standardabweichung $\pm 4\sigma$ vorkommen, das heißt umgekehrt die Voraussage: sechzig von einer Million Teile werden die Streugrenzen überschreiten

Der Maschinenfähigkeitskennwert c_m gibt das Verhältnis zwischen der Toleranz (im Zähler der Formel als OGW – UGW) und der absoluten sechsfachen Zufallsstreubreite (im Nenner als 6σ) wieder. Man erkennt an c_m, ob die Maschine von ihrer Streubreite her fähig ist.

Der zweite Maschinenfähigkeitskennwert c_{mk} berücksichtigt die Lage der Streubreite zu den Toleranzgrenzen.

Beispiel für eine Maschinenfähigkeitsuntersuchung:

Ein Kunde beauftragt ein Metallbauunternehmen mit der Fertigung von 20.000 runden Scheiben. Als wichtiges Funktionsmaß wird der Durchmesser von 14 mm mit einer Toleranz von 0,4 mm definiert. Der Kunde fordert eine Maschinenfähigkeit von $c_m > 1,67$ und $c_{mk} > 1,33$. Zur Erlangung des Auftrages führt das Unternehmen eine Maschinenfähigkeitsuntersuchung durch. Man will sicherstellen und auch dem Kunden nachweisen, dass die Maschine die Anforderungen erfüllen kann.

Zur Ermittlung der Maschinenfähigkeit stellt ein Werker die Maschine optimal ein und fertigt 50 Teile nacheinander. Er misst die Durchmesser der Teile und berechnet aus dieser Stichprobe den arithmetischen Mittelwert und als Streuwert die Standardabweichung.

Vorgabe Soll: $\phi = 14^{+0,2}_{-0,2}$ *mm; berechnete Werte aus der Stichprobe:* $\hat{\mu} = 13,981$ *mm und* $\hat{\sigma} = \pm 0,0393$ mm

Das Ergebnis berechnet sich zu: $c_m = \frac{14,2\,mm - 13,8\,mm}{6 \cdot 0,0393\,mm} = 1,70 \quad c_{mk} = \frac{13,981\,mm - 13,8\,mm}{3 \cdot 0,0393\,mm} = 1,54$

Der Nachweis der Maschinenfähigkeit konnte erbracht werden. Die Werte c_m und c_{mk} erfüllen die Forderung, obwohl die Lage der Stichprobe nicht in der Toleranzmitte liegt, sondern näher am unteren Grenzwert UGW. Wären c_m und c_{mk} identisch, so würde sich der Mittelwert der Stichprobe genau in der Mitte der Toleranzgrenzen befinden. c_{mk} kann immer nur gleich oder kleiner als c_m werden. Der Werker wird den Prozess durch Nachstellen in die Toleranzmitte noch verbessern

[81] Die Differenz zwischen oberem und unterem festgelegten Grenzwert OGW – UGW wird auch als Toleranz bezeichnet.

[82] Das Dach auf den Kennwerten $\hat{\sigma}$ und $\hat{\mu}$ kennzeichnet, dass die Werte aus einer Stichprobe stammen. Die Aussage auf die Grundgesamtheit, d. h. alle Ergebnisse, beruht auf Schätzung.

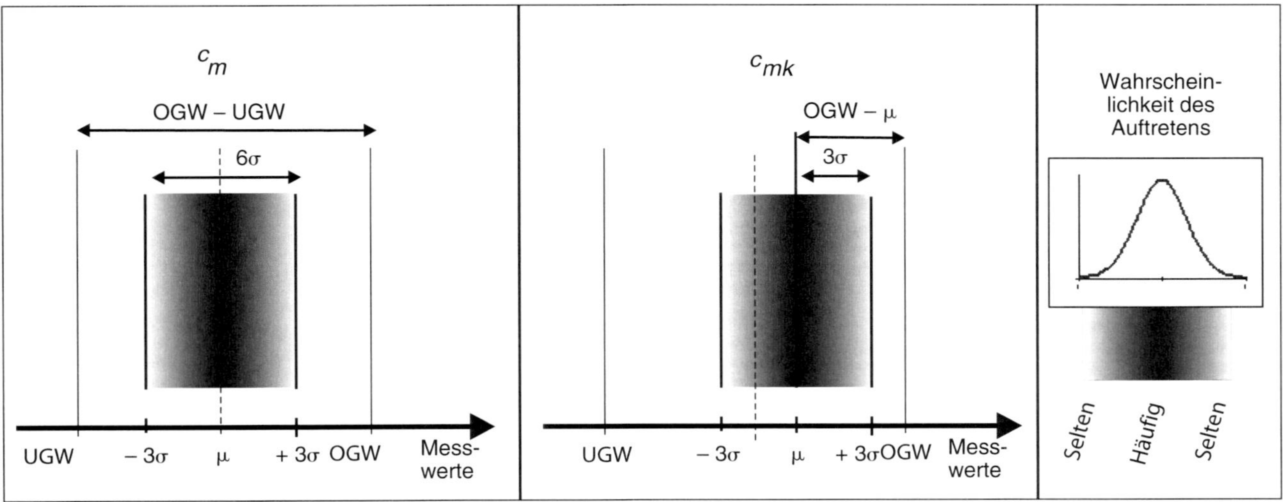

Abbildung 3-28: Maschinenfähigkeitskennwert

Was bedeutet die sechsfache Standardabweichung?
Die mathematische Statistik gibt eine Aussage über die Auftretenswahrscheinlichkeit der Ereignisse. Bei der 6fachen Standardabweichung weiß man, dass 99,73 % aller Ereignisse innerhalb dieses Streumaßes ± 3ó auftreten werden. Es werden also lediglich 0,27 %, d. h. 27 von 10.000 Teilen außerhalb dieser Streugrenzen liegen.

Warum definiert man als Fähigkeitsindex den Wert 1,33?
Eine Maschine gilt als fähig, wenn c_m und c_{mk} größer sind als 1,33. Die Wahl der Zahl 1,33 bedeutet: die ermittelte Streuung darf höchstens 75 % der spezifizierten Toleranz betragen, denn es gilt:

$$\frac{100\,\%}{75\,\%} = \frac{1}{0{,}75} = 1{,}33$$

Oder umgekehrt: die spezifizierte Toleranz muss 1,33fach größer sein als die ermittelte Streuung aus der Stichprobe.

Prozessfähigkeitsuntersuchungen

Prozessfähigkeitsuntersuchungen werden in eine vorläufige Prozessfähigkeitsuntersuchung und eine fortdauernde Prozessfähigkeitsuntersuchung unterschieden. Häufig verlangt ein Auftragnehmer einen vorläufigen Prozessfähigkeitsnachweis.

Vorläufige Prozessfähigkeit:
Die vorläufige Prozessfähigkeitsuntersuchung ist eine Kurzzeituntersuchung. Dabei werden mehrere Stichproben mit z. B. je 5 Teilen pro Stichprobe entnommen. In der Automobilindustrie werden mindestens 100 Teile gefordert. Das bedeutet, dass 20 Stichproben zu nehmen sind.

Die Kennwerte haben die Bezeichnungen vorläufige Prozessfähigkeitskennwerte p_p und p_{pk}

Fortdauernde Prozessfähigkeit:
Die fortdauernde Prozessfähigkeitsuntersuchung ist eine Langzeituntersuchung. Es werden Stichproben über einen längeren Zeitraum (z. B. 20 Produktionstage) während der Serienproduktion entnommen.

Die Kennwerte haben die Bezeichnungen fortdauernde Prozessfähigkeitskennwerte c_p und c_{pk}.

Die Berechnungsformeln sind dieselben wie bei der Maschinenfähigkeitsuntersuchung. Unterschiedlich sind jedoch die Fertigungsbedingungen. Während alle Fertigungsbedingungen bei der Maschinenfähigkeitsuntersuchung optimal gehalten werden, werden die Stichproben bei der Prozessfähigkeitsuntersuchung unter realen Fertigungsbedingungen genommen.

$$c_p = \frac{\text{OGW} - \text{UGW}}{6\hat{\sigma}} = \frac{\text{spezifizierte Toleranz}}{\text{zufällige Streuung}}$$

OGW = oberer spezifizierter Grenzwert[83]
UGW = unterer spezifizierter Grenzwert
$\hat{\sigma}$ = Standardabweichung der Stichprobe[84]
$\hat{\mu}$ = Mittelwert der Stichprobe

[83] Die Differenz zwischen oberem und unterem festgelegten Grenzwert OGW – UGW wird auch als Toleranz bezeichnet.

[84] Das Dach auf den Kennwerten $\hat{\sigma}$ und $\hat{\mu}$ kennzeichnet wieder, dass die Werte aus einer Stichprobe stammen. Die Aussage auf die Grundgesamtheit, d. h. alle Ergebnisse, beruht auf Schätzung.

Der Prozessfähigkeitskennwert c_p gibt das Verhältnis zwischen der vorgegebenen spezifizierten Toleranz und der gesamten Zufallsstreubreite (im Nenner als 6ó) wieder. Als zufällige Streubreite wird üblicherweise die 6fache Standardabweichung genommen.

$$c_{pk} = \frac{OGW - \hat{\mu}}{3\hat{\sigma}} \quad \text{oder } c_{pk} = \frac{\hat{\mu} - UGW}{3\hat{\sigma}}$$

Es gilt die Gleichung mit der geringeren Differenz im Zähler. Der Prozessfähigkeitskennwert C_{pk} berücksichtigt die Lage der Stichprobe zu den Toleranzgrenzen. Man erkennt mit Hilfe dieses Kennwertes, wie weit der Prozess außerhalb der Toleranzmitte liegt.

Bewertung der Prozessfähigkeitskenngrößen

Voraussetzung zur Bestimmung der Prozessfähigkeitskennzahlen ist eine beherrschte Fertigung. Der Prozess muss frei von systematischen Einflüssen sein und er muss steuerbar sein.

Die Mindestforderungen aus der Automobilindustrie zeigt die folgende Tabelle:

Mindestforderung	
Maschinenfähigkeit	$c_m > 1{,}67$
	$c_{mk} > 1{,}33$
Vorläufige Prozessfähigkeit	$p_p > 1{,}33$
	$p_{pk} > 1{,}00$
Langzeit-Prozessfähigkeit	$c_p > 1{,}33$
	$c_{pk} > 1{,}00$

Den Zusammenhang zwischen den Fähigkeitskennwertgrößen und der Auftretenswahrscheinlichkeit (d. h. die zu erwartende Teile innerhalb der Toleranz) zeigt die folgende Tabelle:

Kennwert	Toleranzgrenzen werden erreicht bei	Teile innerhalb der Grenzwerte
$c_p = 0{,}33$	$\pm\sigma$ bzw. (OGW-UGW = $\|2\sigma\|$)	68,27 % aller Teile innerhalb der Toleranz
$c_p = 1{,}00$	$\pm 3\sigma$ bzw. (OGW-UGW = $\|6\sigma\|$)	99,73 % aller Teile innerhalb der Toleranz
$c_p = 1{,}33$	$\pm 4\sigma$ bzw. (OGW-UGW = $\|8\sigma\|$)	99,994 % aller Teile innerhalb der Toleranz
$c_p = 1{,}67$	$\pm 5\sigma$ bzw. (OGW-UGW = $\|10\sigma\|$)	99,99994 % aller Teile innerhalb der Toleranz

3.2.5 Statistische Prozessregelung (SPC)

SPC ist eine der bekanntesten Qualitätsmethoden zur Überwachung und Regelung von Prozessen in der produzierenden Industrie.

Mit der Methode SPC versucht man, laufende bereits beherrschte[85] und fähige[86] Prozesse langfristig stabil zu halten. SPC beinhaltet also (noch) nicht die Philosophie der ständigen Verbesserung.

Messgrößen können Merkmale des Prozesses selbst sein *(Beispiele: Temperatur einer Fertigungsmaschine, Geschwindigkeit des Eincheckens der Passagiere)* oder Merkmale am Produkt, das aus dem Prozess hervorgegangen ist *(Beispiel: Maße eines gespritzten Teiles, Anzahl der eingecheckten Passagiere).*

Regelkarte

Bei der statistischen Prozessregelung werden dem Prozess in Zeitintervallen Stichproben entnommen. Aus jeder Stichprobe werden der Mittelwert und eine Streuung berechnet und in einer Regelkarte aufgetragen.Eine Regelkarte ist ein Formblatt zur grafischen Darstellung von Prozessmerkmalen über die Zeit. Die Regelkarte kann erst eingesetzt werden, wenn der Prozess bereits beherrscht und fähig ist. Vor dem Einsatz muss eine Maschinenfähigkeitsuntersuchung und eine Prozessfähigkeitsuntersuchung erfolgreich gewesen sein. Es gibt Regelkarten für attributive Merkmale und Regelkarten für quantitative Merkmale.

Aufgabe der Regelkarte ist es, Veränderungen am Prozess zu erkennen und den Prozess unter Kontrolle zu halten. Regelkarten sind nur ein Steuerungsinstrument. Sie können nicht Probleme eines Prozesses lösen.

Urwertkarte:
Die einfachste Regelkarte ist eine Urwertkarte. Jeder einzelne Messwert wird in einer Grafik aufgetragen und zeitlich fortgeführt. Die Urwertkarte kann nur einen groben visuellen Eindruck über Abweichungen und Streuung geben.

[85] beherrschter Prozess: keine systematischen Abweichungen erkennbar
[86] fähiger Prozess: zufällige Streuungen des Prozesses innerhalb der geforderten Toleranzgrenzen

Shewart-Regelkarte:
Eine bekannte Regelkarte ist die Shewart-Regelkarte. Sie besteht aus zwei Gafikteilen, einer Grafik, die den arithmetischen Mittelwert der Stichproben aufnimmt und einer darunter liegenden Grafik, in die der Streuwert eingetragen wird.

Abhängig vom gewählten Streuwert nennt man die Regelkarte $\overline{x}$, R-Regelkarte oder $\overline{x}$, s-Regelkarte. Dabei ist $\overline{x}$ der arithmetische Mittelwert der Stichprobe. Als Streubreite nimmt man entweder die Spannweite R oder die Standardabweichung s der Stichprobe.

Der Werker erhält in der Regelkarte Warngrenzen und Eingriffsgrenzen, die er beachten muss. Für die Festlegung der Warn- und Eingriffsgrenzen in der Regelkarte gibt es Berechnungsformeln. Sie können auch aus Tabellen entnommen werden.

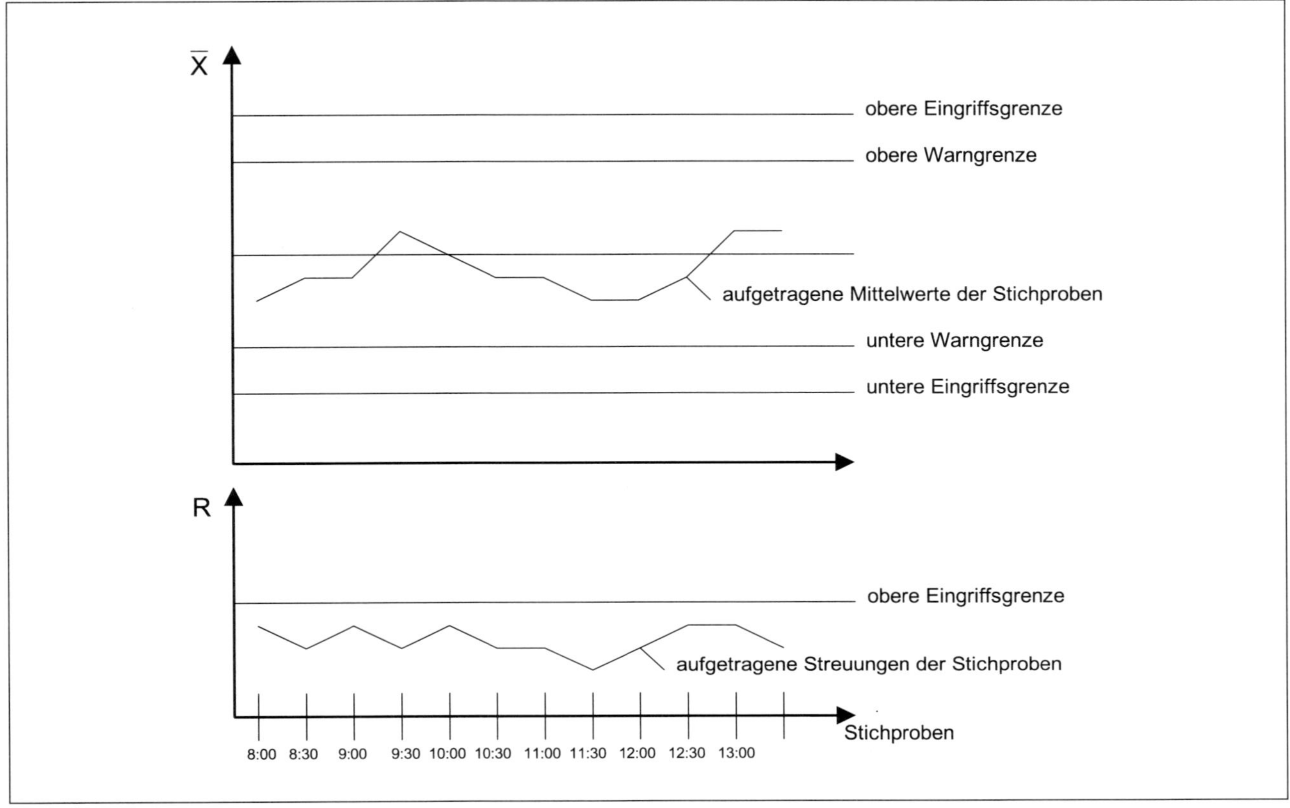

Abbildung 3-29: Schema einer $\overline{x}$R-Regelkarte

In der Grafik wird verfolgt, wie die systematische Abweichung im Laufe des Prozesses verläuft. Auf der Regelkarte sind Warngrenzen und Eingriffsgrenzen festgelegt. Werden die Eingriffsgrenzen überschritten, greift der Verantwortliche in den Prozess ein und regelt. Diese Grenzen sind so berechnet, dass die Toleranzgrenzen nicht überschritten werden können:

- Bei systematischer Abweichung wird man Stellgrößen verändern und damit die Abweichungen korrigieren (= den Prozess regeln)

Die untere Grafik zeigt die zufällige Streuung der Stichproben.

- Bei einer zu großen zufälligen Streuung muss der Prozess angehalten werden (zufällige Streuungen können nicht geregelt werden)

3.2.6 Statistik

Es ist heute meistens aus Kosten- und Zeitgründen nicht möglich, 100 %-Prüfungen durchzuführen. Die moderne Statistik beweist, dass 100 % Prüfungen auch nicht notwendig sind. Die statistische Mathematik stellt Methoden zur Verfügung, bei denen eine kleine Teilmenge der Teile – eine Stichprobe – gleichwertige Aussagen erzielt wie eine 100 %-Prüfung. Man weiß, dass eine 100 %-Prüfung auch nicht fehlerfrei ist. Eine Vollprüfung wird man daher nur bei kritischen Sicherheitsmerkmalen und bei Einzelfertigungen oder sehr geringen Fertigungsstückzahlen durchführen.

Es folgt zunächst ein Exkurs zu Skalenniveaus und Merkmalstypen:

Es gibt vier verschiedene Merkmalstypen. Sie unterscheiden sich in ihrer Aussagefähigkeit. Man spricht von Skalenniveaus, in die ein Merkmalstyp eingeordnet werden kann.

Qualitative Merkmale:
Die Werte sind einer Skala zugeordnet, auf der keine Abstände definiert werden können.

Nominalwerte	Nominalmerkmale haben das niedrigste Niveau. Die Ausprägungen unterscheiden sich nur begrifflich *Beispiel: Farben wie grün, gelb, rot; Baugruppen wie Getriebe, Motor, Elektronik* Attributive Merkmale: Nominalmerkmale, die nur zwei Aussagen zulassen, werden attributiv genannt *Beispiel: ja/nein oder i.O./n.i.O. (gebräuchliche Abkürzung für: in Ordnung, nicht in Ordnung)*
Ordinalwerte	Ordinalwerte lassen sich in einer Reihenfolge ordnen, sie sind sortierbar. Ordinalwerte besitzen ein höheres Aussageniveau als die Nominalskala *Beispiel sind die Schulnoten: sehr-gut-gut-befriedigend-ausreichend-mangelhaft-ungenügend oder 1-2-3-4-5-6, kalt-warm-heiß*

Quantitative Merkmale:
Die Werte sind einer Skala zugeordnet, auf der Abstände definiert sind. Quantitative Merkmale besitzen mehr Informationsgehalt als qualitative Merkmale. Der Aufwand zur Erfassung der Merkmale ist entsprechend höher.

Diskrete Merkmale	Die Merkmale können nur abzählbare (ganze) Werte annehmen *Beispiel: Schneidenzahl eines Fräsers*
Stetige Merkmale	Die Merkmale können alle Werte innerhalb eines Intervalles annehmen. Diese Merkmale werden durch Messvorgänge ermittelt *Beispiel: Länge, Gewicht, Durchmesser*

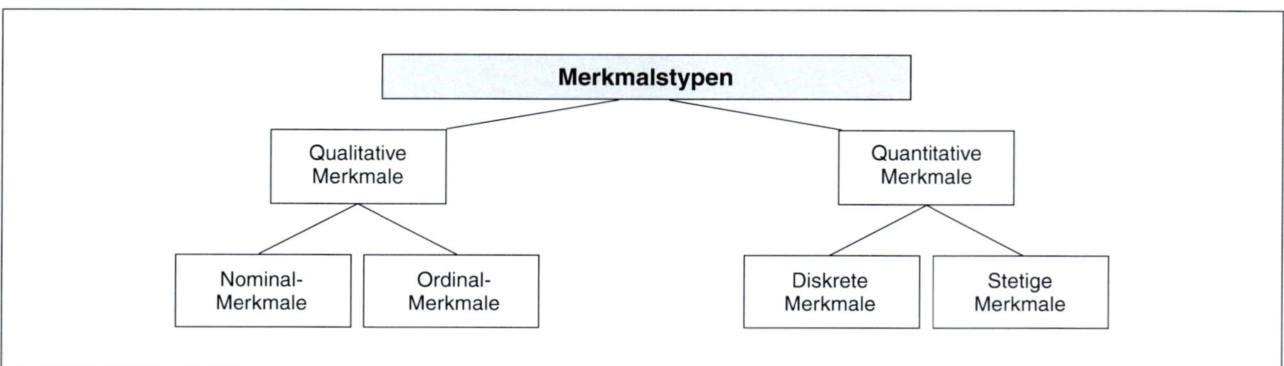

Abbildung 3-30: Merkmalstypen

Man unterscheidet grundsätzlich drei Arten von Abweichungen zum Sollwert:
- Systematische Abweichungen
- Zufällige Streuungen
- Ausreißer

Systematische Abweichungen

Systematische Abweichungen sind in ihrer Ausprägung und in ihrer Richtung vorhersagbar. Die Ursachen der systematischen Abweichungen sind bekannt: Man weiß, woher diese Abweichungen herrühren und man kann den Grad der Abweichung sogar messen und vorhersagen. Systematische Abweichungen können korrigiert werden.

Mathematische Beschreibung der systematischen Abweichungen

Mathematisch ist es die Lage einer Stichprobe, die die systematische Abweichung vom Sollwert repräsentiert. Das bekannteste Lagemaß ist der arithmetische Mittelwert. Der Mittelwert hat dieselbe Maßeinheit wie die Daten der Stichprobe.

arithmetischer Mittelwert: $\bar{x} = \frac{1}{n} \cdot \sum_{i=1}^{n} x_i$

Beim arithmetischen Mittelwert werden alle Werte x_i der Stichprobe addiert, und deren Summe wird durch den Stichprobenumfang n dividiert. Der Mittelwert ist ein Lagemaß der gesamten Stichprobe. Er wird bei quantitativen Merkmalen eingesetzt. Ein Nachteil des arithmetischen Mittelwertes besteht darin, dass er von Ausreißern stark verzerrt wird.

Ein anderes Maß für das Mittel einer Stichprobe ist der Zentralwert oder Median. Er kann bei ordinalskalierten Werten (qualitatives Merkmal) eingesetzt werden.

Der Median teilt eine Stichprobe in zwei Hälften auf: die untere Hälfte ist die Menge aller Daten bis zum Wert des Medians, die obere Hälfte ist die Menge aller Daten, die größer sind als der Median.

Median: $\tilde{x} = x_{\left(\frac{n+1}{2}\right)}$ für ungerade Anzahl n und $\tilde{x} = \frac{1}{2} \cdot \left(x_{\left(\frac{n}{2}\right)} + x_{\left(\frac{n}{2}+1\right)} \right)$ für eine gerade Anzahl n

Um den Median zu ermitteln, ordnet man alle Werte der Stichprobe der Größe nach. Bei einer ungeraden Anzahl der Messwerte ist der Median gerade der Messwert genau in der Mitte der Liste. Bei gerader Anzahl der Messwerte ist der Median das arithmetische Mittel zwischen den beiden Messwerten, die sich die Mitte der Datenliste teilen.

Der Median ist unempfindlich gegenüber Ausreißern in einer Stichprobe. Er kann bei Ausreißern als Mittelwert genommen werden. Der Median ist sinnvoll, wenn man ordinal skalierte Daten verwendet oder wenn der Verdacht auf Ausreißer besteht. Bei symmetrischen Verteilungen stimmen Median und arithmetischer Mittelwert überein.

Beherrschter Prozess:
Ein Prozess, bei dem systematische Abweichungen früh genug korrigiert werden können, wird als »beherrscht« bezeichnet.

> ***Beispiel:***
>
> *Eine typische systematische Abweichung ist der Verschleiß von Werkzeugen. Man weiß, dass ein Fräswerkzeug mit der Zeit abnutzt. Diese Abnutzung geht nur in eine Richtung. Sie kann vom Wert vorausgesagt werden. Ein Maschinenbediener kann die Maschine entsprechend nachstellen und den Verschleiß kompensieren.*

Zufällige Streuungen

Zufällige Streuungen sind die Summe aller derjenigen Abweichungen, die weder vorhersagbar sind noch in ihrer Ausprägung oder Richtung bekannt sind. Trägt man die Häufigkeit der Messwerte (sie müssen hierfür in Klassen oder Mess-intervallen eingeteilt sein) in einem Häufigkeitsdiagramm auf, so entspricht die Verteilung der Häufigkeiten oft einer Glockenkurve. Es gibt einen Mittelwert, den Schwerpunkt, bei dem die Werte am häufigsten auftreten. Je weiter man sich von diesem Mittelwert entfernt, um so seltener wird die Auftretenswahrscheinlichkeit.

Fähiger Prozess:
Ein Prozess, bei dem die zufälligen Streuungen in einem akzeptierten Maß gegenüber festgelegten Toleranzen bleiben, heißt »fähig«.

> ***Beispiel:***
>
> *Die Streuung an der Fräsmaschine zeigt sich in nicht vorhersagbaren Abweichungen des Merkmales vom Sollwert an den einzelnen gefrästen Werkstücken. Man kann nicht voraussagen, ob das Merkmal am nächsten Werkstück größer werden wird oder kleiner sein wird. Solange die Streuung innerhalb eines vorher festgelegten Bereiches bleibt, ist der Prozess fähig. Wegen der Unvorhersagbarkeit der einzelnen Streuwerte macht es keinen Sinn, die Maschine nachstellen zu wollen. Die zufällige Streuung ist ein statistischer Wert aus vielen unbekannten Ursachen. Ist die Streuung zu groß, dann muss der Prozess grundlegend verändert werden (z. B. durch eine andere Maschine).*

Ausreißer

Eine Besonderheit der zufälligen Streuung sind Ausreißer. Es sind sehr seltene Ereignisse, deren Abweichung gegenüber dem Mittelwert und den sonstigen Werten unerwartet groß oder klein ist. Ausreißer können die statistischen Berechnungen sehr stark verfälschen, Der arithmetische Mittelwert und auch die Standardabweichung einer Stichprobe reagieren sehr empfindlich auf Ausreißer. Die Streitfrage in der Praxis ist immer, ab wann ein Wert ein Ausreißer ist.

> **Wie soll man mit Ausreißern verfahren?**
> Bei Ausreißern vermutet man, dass sie unter extremen seltenen Bedingungen entstanden sind. Ausreißer erkennt man sehr schnell optisch, wenn man die Werte grafisch, z. B. in einem Häufigkeitsdiagramm, darstellt. Die Einstufung eines Wertes als Ausreißer kann nicht formal festgelegt werden.
>
> Man sollte zuerst versuchen herauszufinden, wie der Ausreißer entstanden ist. Möglicherweise handelt es sich um eine fehlerhafte Messwerterfassung oder eine fehlerhafte Dokumentation, oder man identifiziert kurzzeitige geänderte Rahmenbedingungen bei der Messwerterfassung. Wenn man solche Ursachen findet, dann schließt man die Ausreißer aus der Auswertung einfach aus.
>
> Findet man keine Erklärung für den Ausreißer, dann ist es sinnvoll, die Auswertung einmal mit und einmal ohne Ausreißer durchzurechnen. Bleiben die Ergebnisse ähnlich, dann spielt der Ausreißer ebenfalls keine Rolle. Wenn sich die Auswertungen mit und ohne Ausreißer jedoch signifikant unterscheiden, dann ist das statistische Auswerteverfahren in Frage zu stellen. Man sollte auf andere statistische Verfahren wechseln, die unempfindlich gegen Ausreißer sind. So ist z. B. der Median als Mittelwert im Vergleich zum arithmetischen Mittelwert unempfindlich gegenüber Ausreißern.

Mathematische Beschreibung der zufälligen Streuungen

Die zufälligen Streuungen werden mit einer Stichprobe, d. h. durch eine begrenzte Zahl von Teilen durch Wiederholungen eines Prozesses ermittelt. Als visuelles Darstellungsinstrument eignet sich das Häufigkeitsdiagramm. Dort unterscheidet man Häufigkeitsverteilungen

- in der Form (z. B. die symmetrische Form einer Glockenkurve, unsymmetrische Form einer schiefen Verteilung)
- in der Lage der Form (mittig oder außermittig zum Sollwert)
- in der Streubreite

Viele Häufigkeitsverteilungen können durch die mathematische Funktion der Normalverteilung beschrieben werden.

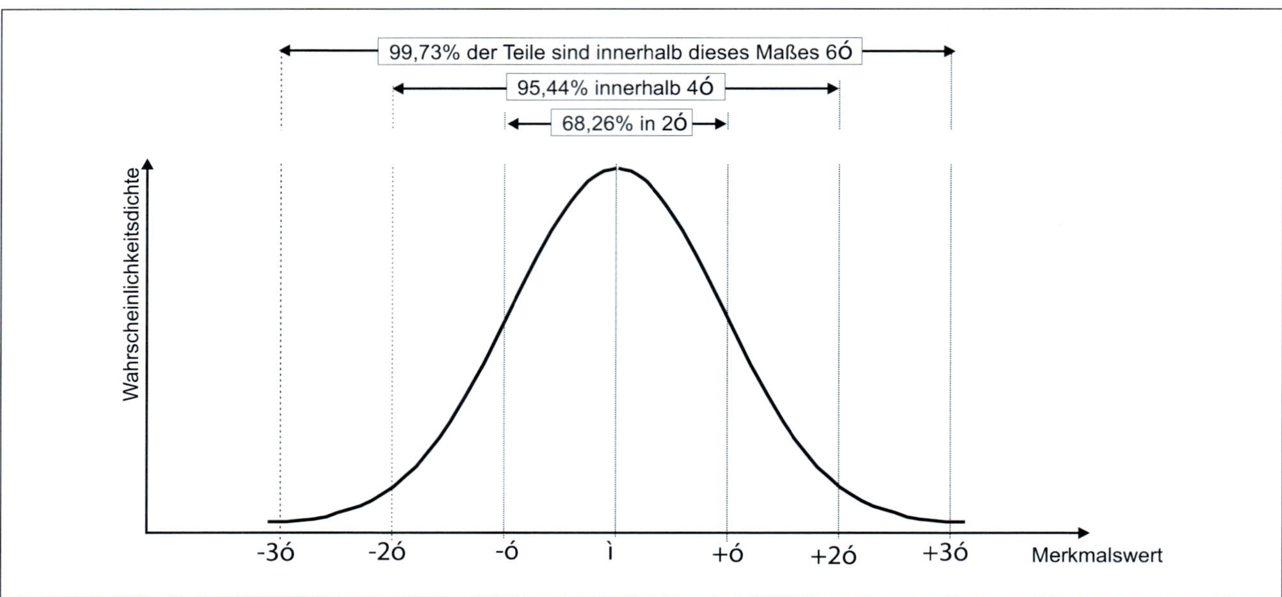

Abbildung 3-31: Gaußsche Glockenkurve enthält Aussagen zu Wahrscheinlichkeiten des Auftretens

Wenn die Normalverteilung gültig ist, lassen sich Häufigkeiten für zu große oder zu kleine Teilemerkmale voraussagen.

Beispiel:

Genau diese Möglichkeit, das Streubild durch eine mathematische Funktion zu beschreiben und daraus Überschreitungsanteile abzuleiten, nutzt man bei den Maschinen- und Prozessfähigkeitsuntersuchungen. Bei zufälligen Streuungen ist häufig die mathematische Funktion der Normalverteilung des Mathematikers Gauß (Gaußfunktion) anwendbar.

$$f(x) = \frac{1}{\sigma \cdot \sqrt{2\pi}} \cdot e^{-\frac{(x-\mu)^2}{2 \cdot \sigma^2}}$$ *mit der Konstanten:* $$\sigma = \sqrt{\frac{1}{n}\sum_{i=1}^{n}(x_i-\mu)^2}$$

Die Normalfunktion ist eine Exponentialfunktion. Sie ist aus der Statistik hergeleitet und hat die Form einer Glockenkurve[87]. Die Konstante σ ist ein Maß für die zufällige Streuung des Prozesses: die Standardabweichung.

Die Standardabweichung σ ist eine Streugröße einer Grundgesamtheit mit folgender statistischer Aussage über die Wahrscheinlichkeit, dass die Ereignisse innerhalb dieses Streuwertes liegen (Auftretenswahrscheinlichkeit):

68,26 % aller Ereignisse liegen innerhalb des Streuwertes ±σ
95,44 % aller Ereignisse liegen innerhalb ±2σ
99,73 % aller Ereignisse liegen innerhalb der Streuung ±3σ

Bei Stichproben sind die Formeln leicht modifiziert. Um deutlich zwischen Gesamtheit und Stichprobe zu unterscheiden, benutzt man bei Stichproben unterschiedliche Buchstaben: statt μ für den arithmetischen Mittelwert den Buchstaben $\bar{x}$, statt σ für die Standardabweichung den Buchstaben s.

Standardabweichung s einer Stichprobe: $$s = \sqrt{\frac{1}{n-1}\sum_{i=1}^{n}(x_i-\bar{x})^2}$$

[87] Anmerkung: Die Gaußfunktion f(x) beschreibt eine Wahrscheinlichkeitsdichte in Abhängigkeit vom Merkmalswert. Die Wahrscheinlichkeit selbst ist die Fläche unter der Glockenkurve. Damit die Fläche unter der Kurve maximal 1 wird (die gesamte Wahrscheinlichkeit kann nur 100 % sein), ist der Normierungsfaktor vor der e-Funktion notwendig. Der Wert f(x) selbst spielt keine praktische Rolle bei Auswertungen, ausgewertet wird die Standardabweichung.

Wahrscheinlichkeitsnetz

Es gibt Formblätter, die eine einfache Überprüfung der Normalverteilung ermöglichen. Sie stellen das Integral der Wahrscheinlichkeitsdichtefunktion dar. Die Wahrscheinlichkeitsnetze sind so aufgebaut, dass die saldierten (aufsummierten) Häufigkeiten der Messwerte über dem Messwert aufgetragen werden. Wenn die summierten Häufigkeiten nahe oder auf einer Geraden liegen, handelt es sich um eine Normalverteilung. Wenn sie eine irgendwie geartete Kurve bilden, liegt keine Normalverteilung vor.

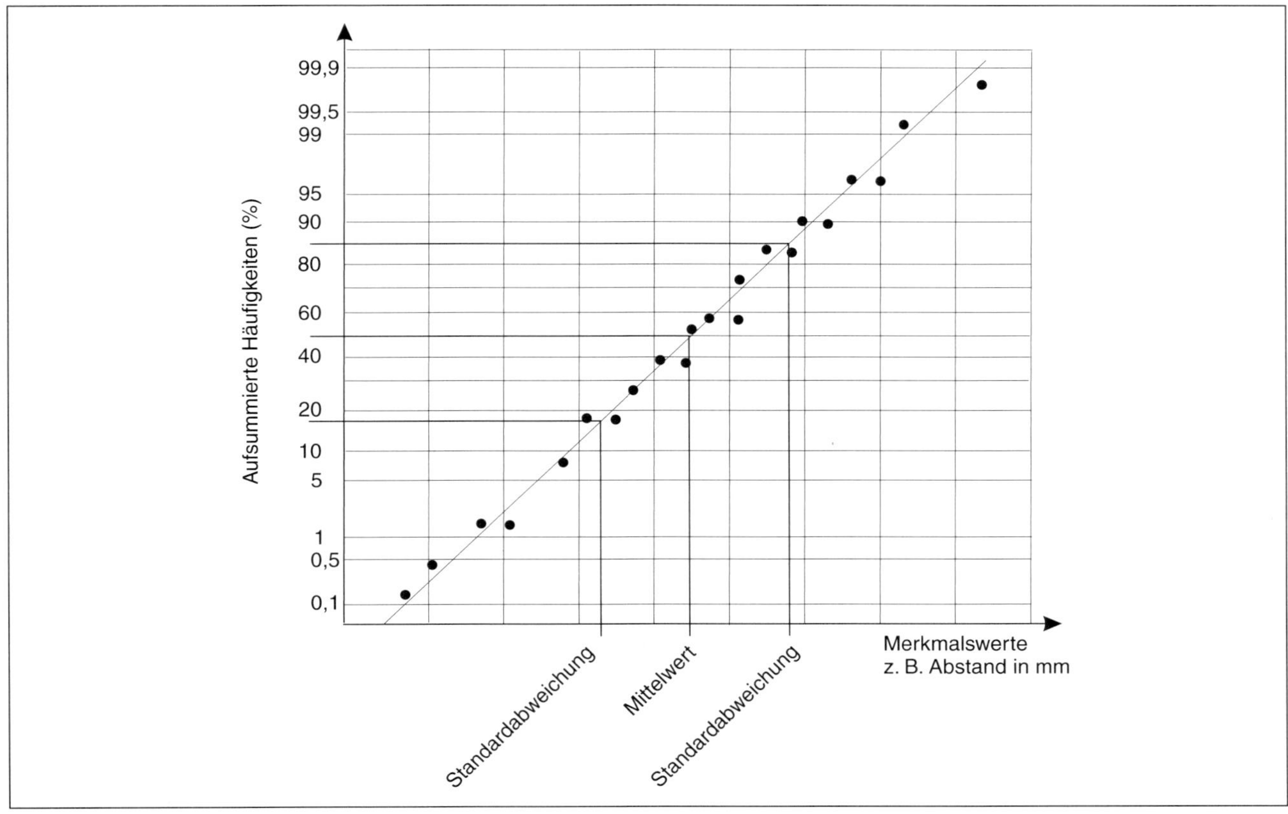

Abbildung 3-32: Wahrscheinlichkeitsnetz

Man kann im Wahrscheinlichkeitsnetz unmittelbar die unteren und oberen Werte der Standardabweichung und den Wert des arithmetischen Mittelwertes auf der Merkmalsskala ablesen. Der arithmetische Mittelwert schneidet die Gerade immer bei 50 % der Häufigkeit. Die untere Standardabweichung schneidet die Gerade bei 18,26 % der Häufigkeit und die obere Standardabweichung bei 84,13 %.

Wenn die Häufigkeitspunkte der Stichprobe keine Gerade ergeben, ist die zufällige Streuung nicht normalverteilt.

Arten von Streuungen am Beispiel »Zielscheibe«

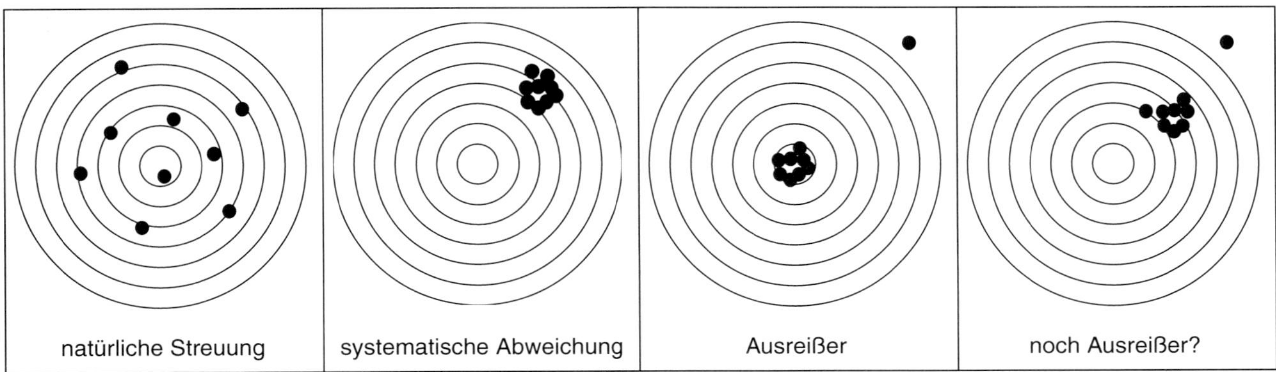

Abbildung 3-33: Arten von Streuungen

Um einen Prozess zu beurteilen, benötigt man vier Werte:

1. Sollwert 2. spezifizierte Toleranz 3. Mittelwert 4. Streubreite

Was besagt der Mittelwert?
Über den arithmetischen Mittelwert erkennen wir, wie weit die Werte vom Sollwert systematisch abweichen. Den Mittelwert können wir zum »Einregulieren« und »Korrigieren« benutzen.

Was besagt die Streubreite?
Die Streubreite ist ein Wert für die zufällige Streuung. Er gibt statistisch an, wie viele Teile voraussichtlich in dem Bereich der Streubreite gefertigt sein werden.

Ein Näherungswert für eine Streubreite ist die Spannweite R. Sie ist die Differenz zwischen dem größten Wert in der Stichprobe und dem kleinsten Wert.

Statistisch genauer ist die Standardabweichung s als Streubreite. Sie kann über eine mathematische Formel berechnet werden. Sie gibt eine Wahrscheinlichkeitsaussage über die Streuung des Prozesses.

Die Statistik sagt für die mathematische Standardabweichung aus:

- 68,26 % aller gefertigten Teile werden voraussichtlich innerhalb der Standardabweichung ± s liegen
- 95,44 % werden voraussichtlich innerhalb der doppelten Standardabweichung ± 2s liegen
- 99,73 % werden voraussichtlich innerhalb der 3fachen Streubreite ± 3s liegen.

Ein Rechenbeispiel:

Es geht um das Schneiden kleiner Stifte. Ihre Länge ist vorgegeben.

Sollwert: *21,0 mm*
Toleranz: *± 1,0 mm, (also maximal 22,0 mm, minimal 20,0 mm)*

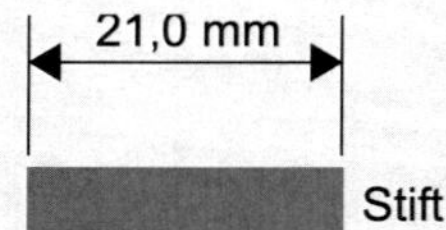

Solange die Teile in dieser Toleranz liegen, funktionieren sie und sind angenommen.

Es wird eine Stichprobe von n = 10 Teilen vermessen. Daraus werden der Mittelwert und die Spannweite berechnet.

Stift 1:	*20,3 mm*	*Stift 6:*	*20,3 mm*
Stift 2:	*19,5 mm*	*Stift 7:*	*20,1 mm*
Stift 3:	*19,8 mm*	*Stift 8:*	*20,5 mm*
Stift 4:	*20,6 mm*	*Stift 9:*	*20,9 mm*
Stift 5:	*21,1 mm*	*Stift 10:*	*20,7 mm*

Daraus berechnet sich der arithmetische Mittelwert zu: $\overline{x} = \frac{1}{n} \cdot \sum_{i=1}^{n} x_i$
und explizit eingesetzt:

$$\overline{x} = \frac{1}{10} \cdot (20,3 + 19,5 + 19,8 + 20,6 + 21,1 + 20,3 + 20,1 + 20,5 + 20,9 + 20,7)mm$$

$$\overline{x} = 20,38\ mm$$

Spannweite R: *Differenz zwischen dem größten Wert und dem kleinsten Wert*
größter Wert: *21,1 mm*
kleinster Wert: *19,5 mm*
R: *1,6 mm*

oder Standardabweichung s: *s = 0,49 mm*
3s = 1,47 mm

$$s = \sqrt{\frac{1}{n-1} \sum_{i=1}^{n} (x_i - \overline{x})^2}$$

Es gilt näherungsweise zwischen den beiden Streuwerten R und s bei einer Stichprobe von 10 Teilen die Beziehung: R ~ 3s

Die Statistik sagt zur Streuung Folgendes voraus:

- *69 von 100 Teilen (68,26 %) werden innerhalb der Streubreite liegen zwischen 19,89 mm (= 20,38 mm – 0,489 mm) und 20,87 mm (= 20,38 mm + 0,489 mm)*
- *95 von 100 Teilen (95,44 %) werden innerhalb der doppelten Streubreite liegen, also zwischen 19,40 mm (= 20,38 mm – 2 · 0,489 mm) und 21,36 mm (= 20,38 mm + 2 · 0,489 mm)*
- *997 von 1000 Teilen (99,73 %) werden innerhalb der dreifachen Streubreite liegen, also zwischen 18,9 mm (= 20,38 mm – 3 · 0,489 mm) und 21,85 mm (= 20,38 mm + 3 · 0,489 mm)*

3.2.7 Benchmarking

Benchmarking ist ein professionelles Vergleichen, um Möglichkeiten zur Verbesserung zu finden. Es gibt verschiedene Benchmarkingarten:

- Internes Benchmarking: Vergleich von Abteilungen, Bereichen, Niederlassungen innerhalb eines Unternehmens
- Wettbewerbsorientiertes Benchmarking: Vergleich der eigenen Leistungsfähigkeit mit den besten Wettbewerbern
- Funktionales Benchmarking: Vergleich bestimmter Abläufe mit den besten Abläufen anderer – auch branchenfremder – Unternehmen
- Generisches Benchmarking[88] : Vergleich mit den Besten aller Industriegruppen

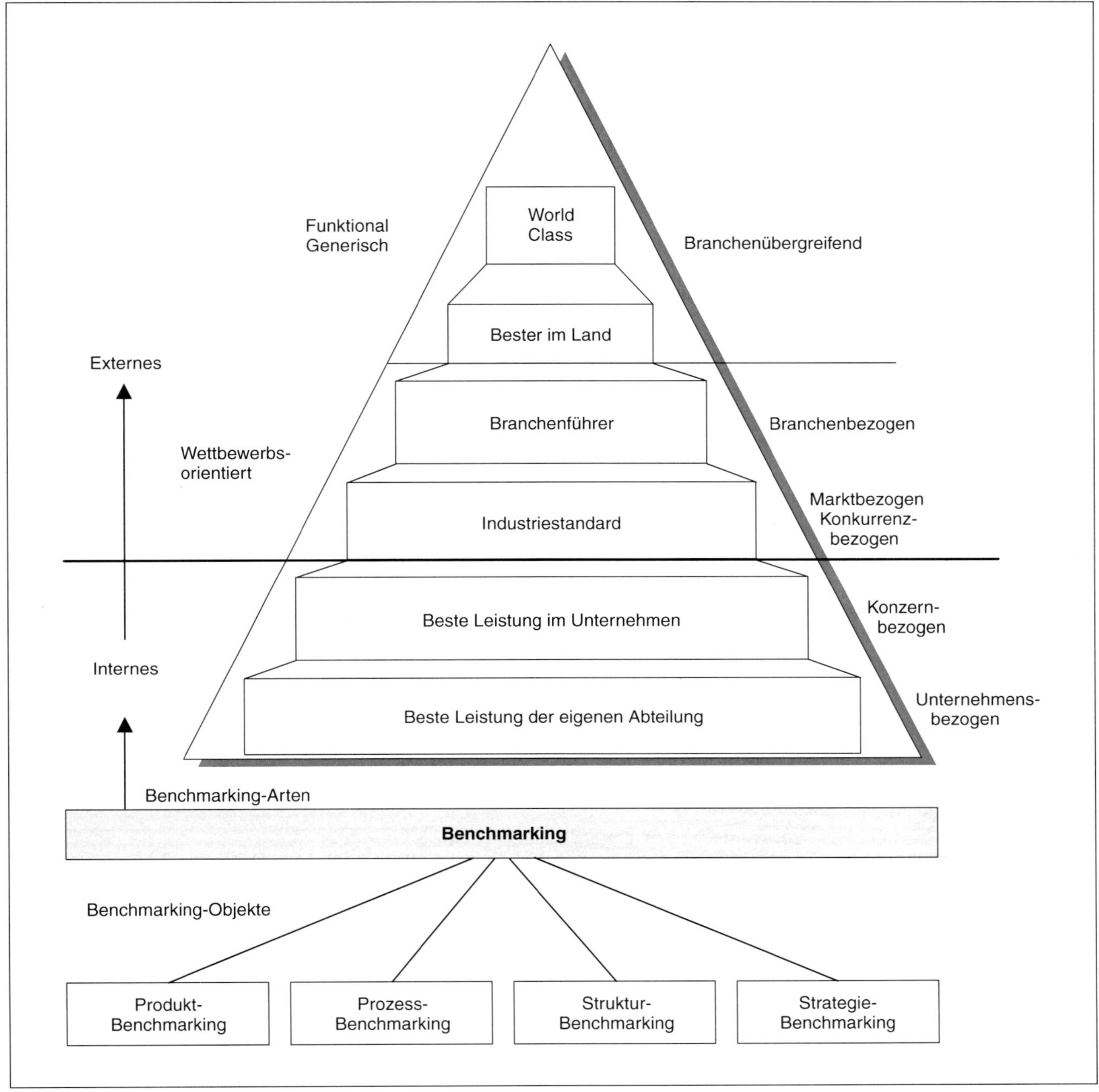

Abbildung 3-34: Arten von Benchmarking

Das interne Benchmarking ist häufig eine Vorstufe für das eigentliche wettbewerbsorientierte Benchmarking. Die Beteiligten machen sich mit der Methode innerhalb des Konzerns oder des Unternehmens vertraut. Die Ergebnisse erbringen in der Regel keine Erkenntnisse über weltweite Spitzenleistungen.

[88] generisch wörtlich: »die Gattung betreffend«

Seit einigen Jahren wird ein Benchmarking Award vom American Productivity & Quality Center vergeben.

Historie:
Benchmarking ist aus der Praxis entstanden. Unternehmen haben sich freiwillig gemeinsam einem Vergleichstest unterzogen, um eigene Schwächen und die Stärken der »Besten« zu erkennen und zu übernehmen.

in den 1970er-Jahren	Datenverarbeitung: die Leistung zweier Computer oder zweier Programme wurden verglichen; Messgröße war die Laufzeit oder die Geschwindigkeit
Ende der 1970er-Jahre	Man wendet Benchmarking als Methode für den Unternehmenserfolg an. Ausgearbeitet wurde es von Fa. Rank Xerox, die auch den Begriff prägte; Benchmarking beschränkt sich noch auf wenige Großkonzerne
1989	Das Buch von Robert C. Camp[89], Fa. Xerox, »Benchmarking – The Search for Industry best Practices that lead to Superior performance« macht die Methode bekannt und verbreitet sie

Gegenstände des Benchmarkings

Benchmarking wird bei Produkten oder Prozessen angewendet.

Beispiele:
Eingangslogistik, Produktion, Ausgangslogistik, Vertrieb, Kundendienst, Personalwirtschaft, Technologieentwicklung, Beschaffung.

Hauptgegenstände des Benchmarkings sind:

Cost Benchmarking:	Wertschöpfung ermitteln Kostentreibende Faktoren ermitteln Kostenstrukturen der Vergleichsbetriebe ermitteln Quellen von Kostenunterschieden ermitteln
Generisches Benchmarking: (mit branchenfremden Unternehmen)	z. B. Logistik vergleichen

Auslöser für Benchmarking

Benchmarking wird in der Regel ausgelöst, wenn ein Unternehmen Schwachstellen feststellt.

Externes Benchmarking ist nicht gleichzusetzen mit einer Konkurrenzanalyse oder »Industriespionage«, bei der ein Unternehmen die Produkte des Wettbewerbs zerlegt und mit eigenen Produkten vergleicht. Konkurrenzanalysen sind häufig der Ausgangspunkt und Anlass für Benchmarking.

Das Unternehmen fragt sich:

- Wie machen es andere?
- Warum machen es andere anders und besser?
- Unter welchen Rahmenbedingungen machen es andere besser?

Unternehmen lassen sich in der Regel für externes Benchmarking gewinnen, wenn:

- Mehrere Bereiche untersucht werden und die Partner wechselseitig in Teilbereichen ihre Stärken haben, sodass jeder Vorteile haben wird
- Die Idee verfolgt wird, mit einem Wettbewerber zukünftig partnerschaftlich zusammenzuarbeiten, um gemeinsam in speziellen Bereichen Ablaufverbesserungen zu erhalten
- Benchmarking zusammen mit branchenfremden Unternehmen durchgeführt wird. Hier ist der direkte Wettbewerb nicht gegeben und die Gefahr der »Spionage« gering

Benchmarking führt also auch zu Vertrauensbildung zwischen den Unternehmen.

Zum Ablauf des Benchmarkings folgt eine Abbildung mit ergänzenden Erläuterungen:

[89] Camp, Robert C. Benchmarking, Carl Hanser Verlag, München 1994

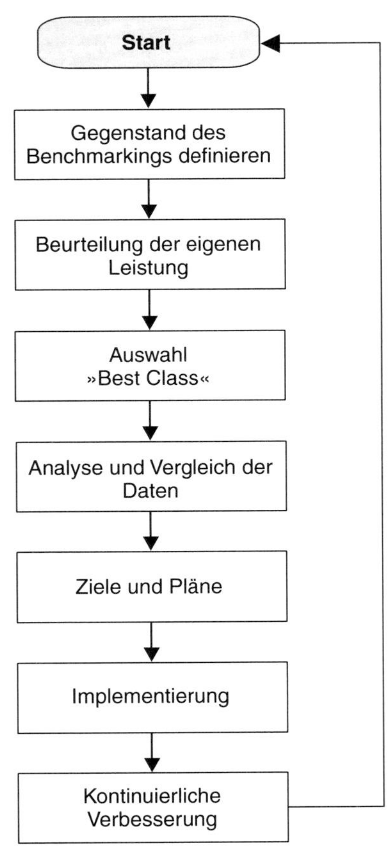

Abbildung 3-35: Ablaufschritte beim Benchmarking

Aus der Sicht des Kunden:

Stärken-Schwächen-Analysen für das eigene Unternehmen und die wichtigsten Wettbewerber durchführen. Merkmale, Vergleichskennzahlen, Vorgehensweisen festlegen.

Die Problemfelder erkennen. Hauptdefizite benennen.

Den Klassenbesten ermitteln. Den geeigneten Vergleichspartner auswählen.

Kern des Benchmarkings:

Ursachenforschung und Methodenstudium führen. Frage: Was macht den Klassenbesten zum Besten? Harte Fakten und weiche Fakten zusammentragen.

Ziele und Aktionspläne festsetzen. Meilensteine definieren. Mit den Betroffenen absprechen.

Die neuen Ideen im eigenen Unternehmen umsetzen.
Mitarbeiter schulen und sie zu Veränderungen und Übernahme neuer Methoden motivieren.

Nicht einmalig Verbesserungen suchen, sondern kontinuierlich!

3.2.8 Kontinuierliche Verbesserungsprozesse

Einer der zentralen Grundsätze des Total Quality Management Konzeptes ist die »Ständige Verbesserung«. In Japan spricht man von KAIZEN = ständige Verbesserung in kleinen Schritten.[90]

Der Grundsatz der ständigen Verbesserung ist sehr schwierig in die Praxis umzusetzen, denn es gilt, die Aufmerksamkeit und die innere Einstellung der Mitarbeiter hierfür zu gewinnen. Man versucht, Programme aufzusetzen und Verhaltensänderungen bei den Mitarbeitern einzufordern.

Die drei bekanntesten Programme sind unter den folgenden Schlagworten bekannt geworden:

- KVP
- KAIZEN
- SIX SIGMA

KVP

Der **kontinuierliche Verbesserungsprozess (KVP[91])** ist Schlagwort in Deutschland für die praktische Umsetzung dieses Grundsatzes geworden. Ständige Verbesserung ist zunächst eine Geisteshaltung und erstreckt sich auf alle Mitglieder eines Unternehmens. Es geht darum, die Strukturen, die Abläufe und letztlich die Produkte und Dienstleistungen ständig zu verbessern.

Von dem kontinuierlichen Verbesserungsprozess in kleinen Schritten zu unterscheiden sind Innovationen:

- Innovation:
  große, grundlegend verändernde Maßnahmen
  sind sporadische und seltene Verbesserungssprünge
- Kontinuierliche Verbesserung:
  Beseitigung von Fehlleistungen in vielen kleinen Schritten, oft und ständig

[90] KAIZEN: 1986 in den westlichen Ländern bekannt geworden durch das Buch von Mazaaki Imai, Kaizen
[91] KVP: häufig genutzte Abkürzung für »Kontinuierlicher Verbesserungsprozess«

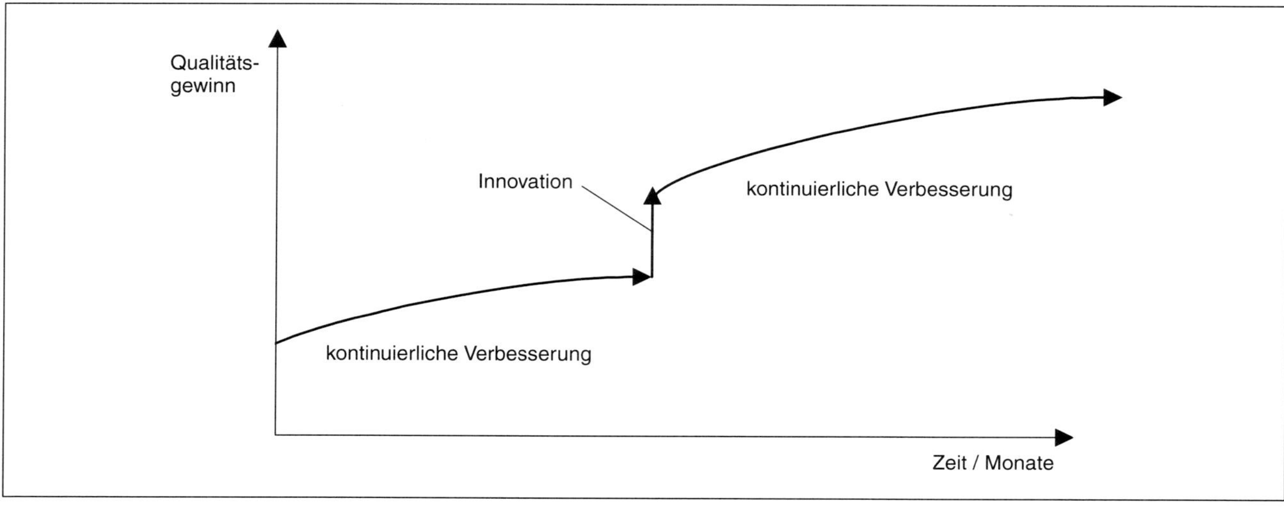

Abbildung 3-36: Kontinuierliche Verbesserung in kleinen Schritten und Innovationssprung

Zielsetzung von KVP:

KVP bedeutet Verbesserungen »in kleinen Schritten«. Alle Mitarbeiter sollen über ihr Tagesgeschäft hinaus Veränderungsprozesse gestalten und vorantreiben:

- Verbesserungsmanagement systematisch in allen Bereichen etablieren
- Fehlleistungen, Verschwendung vermeiden
- Arbeitsabläufe optimieren

Merkmale von KVP:

- Jeder Mitarbeiter ist bei der Umsetzung von Verbesserungsideen gefordert
- Keine strikte (personelle) Trennung von Planen und Ausführen
- Mitarbeiter sollen eigeninitiativ handeln
- Jeder Mitarbeiter soll Problemlöser innerhalb seines Aufgabengebietes sein
- Immer wieder operative neue Ziele mit den Mitarbeitern vereinbaren
- Immer wieder neue Etappenziele erreichen

Voraussetzung für diesen ständigen Verbesserungsprozess ist die Geisteshaltung. Entscheidend ist auch die Unternehmenskultur, in der eine Atmosphäre der Zusammenarbeit und des Vertrauens herrschen muss.

Letztlich ist die Kenntnis der geeigneten Qualitätsinstrumente und Qualitätsmethoden unabdingbare Voraussetzung für die Umsetzung von KVP. Wichtig ist das systematische Vorgehen nach dem Deming-Zyklus: Plan-Do-Check-Act:

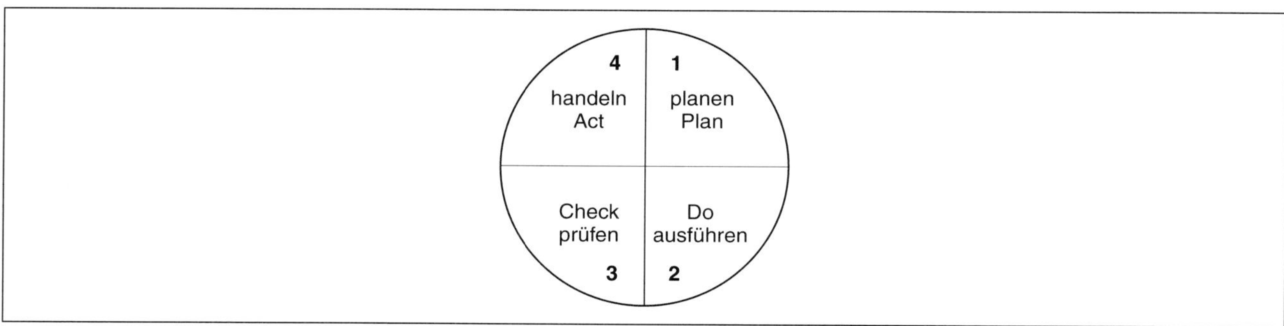

Abbildung 3-37: Deming-Zyklus der ständigen Verbesserung

Es gibt unterschiedliche Varianten der Gruppenarbeit, um KVP-Prozesse im Unternehmen einzuführen.

Qualitätszirkel:

Ständige Gremien
Arbeitsplatz verbessern
Freiwillige Teilnahme
Das Team wählt Themen selbst aus
Abteilungsintern
Mitarbeiter und untere Führungsebene
(Meister, Vorarbeiter, Schichtleiter, Gruppensprecher)

Problemlösungsteams:

Einmalig gebildet, Ad-hoc-Einberufung
Verbesserungsteams, die Problemlösungen finden
Thema ist durch das aufgetretene Problem gegeben
Abteilungsübergreifend nach Notwendigkeit
Mittlere Führungsebene (Gruppenleiter, Abteilungsleiter)

Projektteams:

Immer wieder neu befristet problembezogen einberufen
KVP-Workshops, die Arbeitsabläufe optimieren
Thema ergibt sich aus aktueller Problematik oder Verbesserungsvorschlägen, Tätigkeitsanalysen
Zusammensetzung nach Prozessbeteiligten
Untere Führungsebene

KAIZEN

Das japanische Wort KAI bedeutet »verändern« und ZEN bedeutet »zum Besseren«. KAIZEN ist ein Managementprogramm zur ständigen Verbesserung, das in Japan entwickelt worden ist. Im Mittelpunkt steht die ständige und systematische Verbesserung der Prozesse in kleinen Schritten. Es ist eine Unternehmensphilosophie, bei der alle Mitarbeiter eines Unternehmens einbezogen werden und einen Beitrag leisten sollen[92] .

KAIZEN ist nicht nur eine Methode zur Verbesserung von Prozessen. Es ist auch eine Denkhaltung der Mitglieder eines Unternehmens, eine innere Einstellung aller Mitarbeiter, noch so kleine Verbesserungen zu finden und durchzusetzen. KAIZEN nutzt den Einsatz jedes Mitarbeiters.

Bei KAIZEN werden die Prozesse selbst nicht in Frage gestellt, wie es bei Innovationen der Fall wäre. Vielmehr werden die Prozesse in kleinen Schritten ständig verbessert. Die methodische Vorgehensweise für KAIZEN orientiert sich am »Plan-Do-Check-Act-Zyklus« (PDCA) von Deming.

Ziel von KAIZEN ist es, Verschwendungen zu identifizieren und schrittweise die Prozessleistungen zu verbessern. Dabei wird großer Wert auf die interne Kunden-Lieferantenbeziehung gelegt.

KAIZEN fußt auf einfachen Grundlagen:

- Verschwendung eliminieren
- prozessorientiert denken, auf Prozesse konzentrieren
- Kundenorientierung, die interne Kunden-Lieferantenbeziehung anwenden
- Mitarbeiterorientierung, Mitarbeiter einbeziehen und an Entscheidungsprozessen teilhaben lassen

Mit Verschwendung sind alle Arten von Abweichungen, Behinderungen, Nichtkonformitäten, Probleme bei Tätigkeiten gemeint. Man unterscheidet zwischen wertschöpfenden Prozessen und nicht-wertschöpfenden Prozessen, die keinen Wert für den Kunden beinhalten. Letztere wiederum sind zu bewerten, ob sie als Unterstützungsprozesse notwendig sind oder ob sie schlicht Verschwendung sind.

Es werden Verantwortliche für die Prozesse festgelegt (»Prozesseigner«). Diese Verantwortlichen gründen KAIZEN-Teams. Alle betroffenen Mitarbeiter werden in die Verbesserungsprojekte und Problemlösungen eingebunden.

Die Teams erhalten zeitliche Freiräume. Sie setzen sich z. B. regelmäßig für 75 Minuten in der Woche zusammen und suchen Verbesserungen ihrer Prozesse. In den Sitzungen werden Verschwendungen analysiert. Es werden Verbesserungsziele aus den Prozesszielen abgeleitet und Maßnahmen für Verbesserungen erarbeitet. Verbesserungsvorschläge beziehen sich unmittelbar auf den Arbeitsplatz eines KAIZEN-Teams und seine Arbeitsumgebung. Nicht ein einzelner Mitarbeiter, sondern das gesamte Team wird für erfolgreiche Arbeit finanziell und durch gemeinsame Anerkennung belohnt.

Die bei KAIZEN eingesetzten Methoden sind einfache Qualitätswerkzeuge, die unter dem Begriff Q7 zusammengefasst werden, und grundsätzliche Verhaltensregeln sowie ein systematisches Vorgehen zur Problemlösung:

- Q7: Kenntnisse der typischen Qualitätswerkzeuge, z. B.
  Paretodiagramm,
  Ursache-Wirkungsdiagramm,
  Histogramm,
  Visualisierungen,
  Fehlersammelliste,
  Korrelationsdiagramm,
  Qualitätsregelkarte
- 5S: *Seiri:* notwendige von überflüssigen Dingen unterscheiden
  Seiton: Ordnung
  Seiso: Sauberkeit des Arbeitsplatzes
  Seiketsu: Sauberkeit der eigenen Person
  Shitsuke: Disziplin

[92] Vgl. Imai, Maazaki KAIZEN, Wirtschaftsverlag Langen Müller/Herbig München 1991

- 3Mu: Vermeidung der »drei Mu«
  Muda: Verschwendung
  Muri: Überlastung
  Mura: Abweichung
- 6W: systematische Ursachenanalyse durch Hinterfragen mit »6W«: wer – was – wo – wann – warum – wie
- Teamarbeit

Problemursachen werden intensiv recherchiert (3 MU, 6W). Das systematische Vorgehen führt zu den Wurzeln eines Problems. Typische Arten von Verschwendung wie Wartezeiten, Engpässe, Nachbesserungen, Wiederholungen, überflüssige Vorschriften oder lange Wege werden aufgespürt und hinterfragt. Eine wichtige Komponente von KAIZEN ist die Teamarbeit. Sie zwingt zu einem hohen Maß an Kommunikation und Transparenz.

Statt KAIZEN werden in den westlichen Ländern die Begriffe »Kontinuierlicher Verbesserungsprozess«, »Null-Fehlerprogramm«, »Six Sigma« oder »Qualitätszirkel« geführt.

Six Sigma

Die amerikanische Firma Motorola entwickelte 1985 ein kontinuierliches Verbesserungsprogramm unter dem Schlagwort »Six Sigma«. Oft wird dieses Programm mit einem Lean-Managementprogramm verknüpft. Bei der Methode spielt eine Fehlerkennzahl eine zentrale Rolle. Das Ziel von Six Sigma ist es, die Fehlerrate von Prozessen auf 3,4 Fehler pro Millionen Fehlermöglichkeiten (nicht Fehler pro Million Produkte oder Teile!) zu verringern.

Mit dem griechischen Buchstaben ó (Sigma) wird in der Statistik das Maß der zufälligen Streuung eines sich wiederholenden Prozesses bezeichnet. Bei einer zufälligen Verteilung (Gaußverteilung), wie sie in der Natur oft vorkommt, kann berechnet werden, mit welcher Wahrscheinlichkeit die Werte, die um einen Mittelwert herum streuen, auftreten werden (Varianz oder Standardabweichung).

Die Statistik sagt voraus, dass bei Prozesswiederholungen 68,3 % aller Ergebnisse eines Merkmales innerhalb einer Streubreite ± ó liegen werden. Innerhalb von ± 6ó (Six Sigma) liegen 99,9999998 % aller Ergebnisse. Das sind 0,02 Ereignisse pro Million. Man erlaubt jedoch eine Abweichung des Mittelwertes und fordert als Six-Sigma-Ziel 3,4 Fehler pro Millionen Fehlermöglichkeiten. Das gilt dann als fehlerfrei.

Die einzige Maßeinheit ist bei einem Six-Sigma Programm der Wert: »Fehler pro Million Möglichkeiten« FpMM[93].

Der Kennwert »Fehler pro Million Möglichkeiten« (FpMM) wird zum Mittelpunkt allen Handels gemacht:

$$FpMM = \frac{Fehler}{Fehlermöglichkeiten} \cdot 1.000.000$$

Im Unternehmen muss hierfür die ständige Verbesserung als Unternehmenskultur geschaffen werden.

Das Programm beginnt mit einer intensiven Schulung der Mitarbeiter und Mitarbeiterinnen. Es muss eine kritische Mindestmenge von ausgebildeten Mitarbeitern erreicht werden, bevor das Programm offiziell eingeführt wird.

Im Unternehmen wird im Laufe der Zeit eine »Six-Sigma«-Hierarchie aufgebaut. Die Rolle der Mitarbeiter ist in Qualifikationsstufen festgelegt. Die Qualifikationen werden in Form von verschiedenfarbigen Gürteln definiert, die aus den japanischen Kampfsportarten übernommen wurden.

- Master Black Belt: Experte in Vollzeit als Trainer, Ausbilder, Unterstützer für Six Sigma
- Black Belt: Vollzeit-Projektmanager und Methodenexperte
- Green Belt: Mittlere Führungskraft, Teammitglied in Projekten, Leiter kleiner Projekte

Es werden in einer Analysephase die Messmerkmale definiert. Es werden Fehler der Prozesse gemessen und die Kennzahlen (Fehler pro Million Möglichkeiten: FpMM) berechnet.

Nach der Bestandsaufnahme werden Zielwerte formuliert und Verbesserungsprojekte beschlossen. Die Projekte werden nach Kundennutzen und nach Unternehmensnutzen ausgewählt.

Anschließend werden Projektteams gebildet, die diese Verbesserungsprojekte angehen. Die Projekte werden nach dem üblichen Schema des Projektmanagements mit Hilfe vieler Methoden und Problemlösungsverfahren ausgeführt. Als Prozessmodell dient eine abgewandelte Form des PDCA-Kreises von Deming, die als DMAIC-Methode (Define – Measure – Analyze – Improve – Control) bezeichnet wird.

Die Six-Sigma-Methode hat einen großen Bekanntheitsgrad erfahren. Von der Methode lebt mittlerweile eine eigenständige Six-Sigma-Beratungsbranche.

---

[93] FpMM wird nach bestimmten Regeln berechnet. Statt 6 Sigma werden tatsächlich 4,5 Sigma zugrundegelegt. Es werden Langzeiteffekte einer Mittelwertverschiebung eingerechnet.

3.2.9 Problemlösungsverfahren

Die intuitive[94] Vorgehensweise zur Problemlösung

Die intuitive Vorgehensweise ist die von Versuch und Irrtum. Sie ist die »natürliche« gefühlsmäßige Vorgehensweise und die, die uns am liebsten ist. Der drängende Wunsch nach der Lösungsfindung steht im Vordergrund: Das Hauptaugenmerk sind Lösungsschritte und Aktionen, Ursachen werden eher vermutet.

Vorteile des Vorgehens sind der geringe Aufwand, die Kreativität, die uns motiviert, und die Schnelligkeit. Intuitive Vorgehensweisen sind der Ursprung von Innovationen. Die Schwäche dieses Verfahrens liegt in der geringen Trefferquote der Ursachenschwerpunkte und der daraus folgenden unbefriedigenden Maßnahmen. Intuitives Vorgehen ist meist dann erfolgreich, wenn die Beteiligten einen großen Erfahrungsschatz haben.

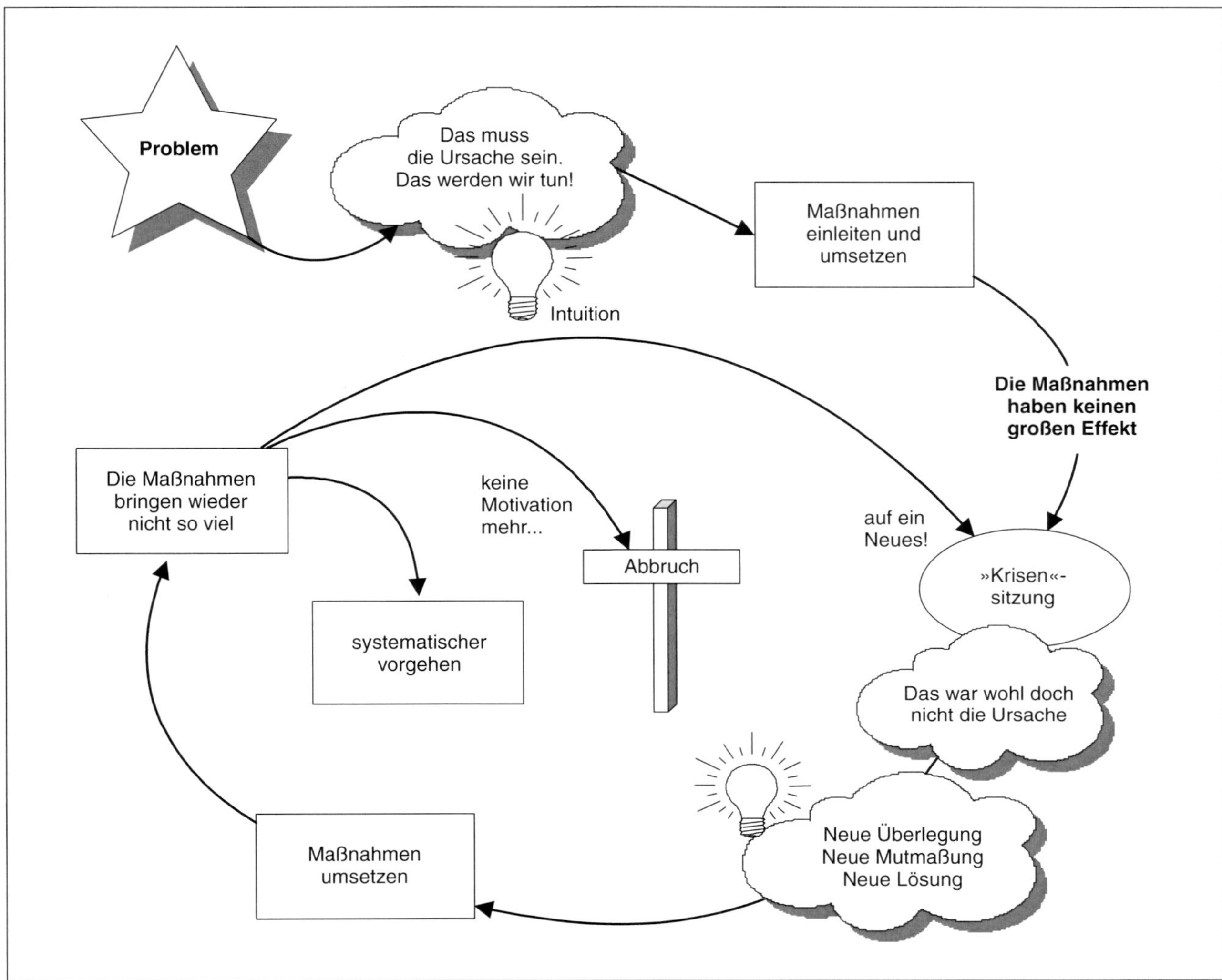

Abbildung 3-38: Intuitive Problemlösung

Die systematische Vorgehensweise zur Problemlösung

Bei der Lösung von komplexen Problemen ist eine systematische Vorgehensweise Erfolg versprechender. Sie benötigt jedoch viel Zeit und viel Disziplin.

Diese Vorgehensweise untergliedert sich in die Phase des Problemverständnisses, die Phase der Analyse des Problems mit seinen Ursachen, die Lösungsphase mit der Lösungsfindung und der Lösungsumsetzung und zuletzt die Phase der Kontrolle über den Erfolg.

Der erste Schritt, das Problemverständnis, ist entscheidend: Beteiligte, die das Problem nicht anerkennen und nicht akzeptieren, werden kaum die nachfolgenden Schritte unterstützen.

[94] intuitiv: das Wesentliche eines Vorgangs erkennen, ohne darüber nachzudenken

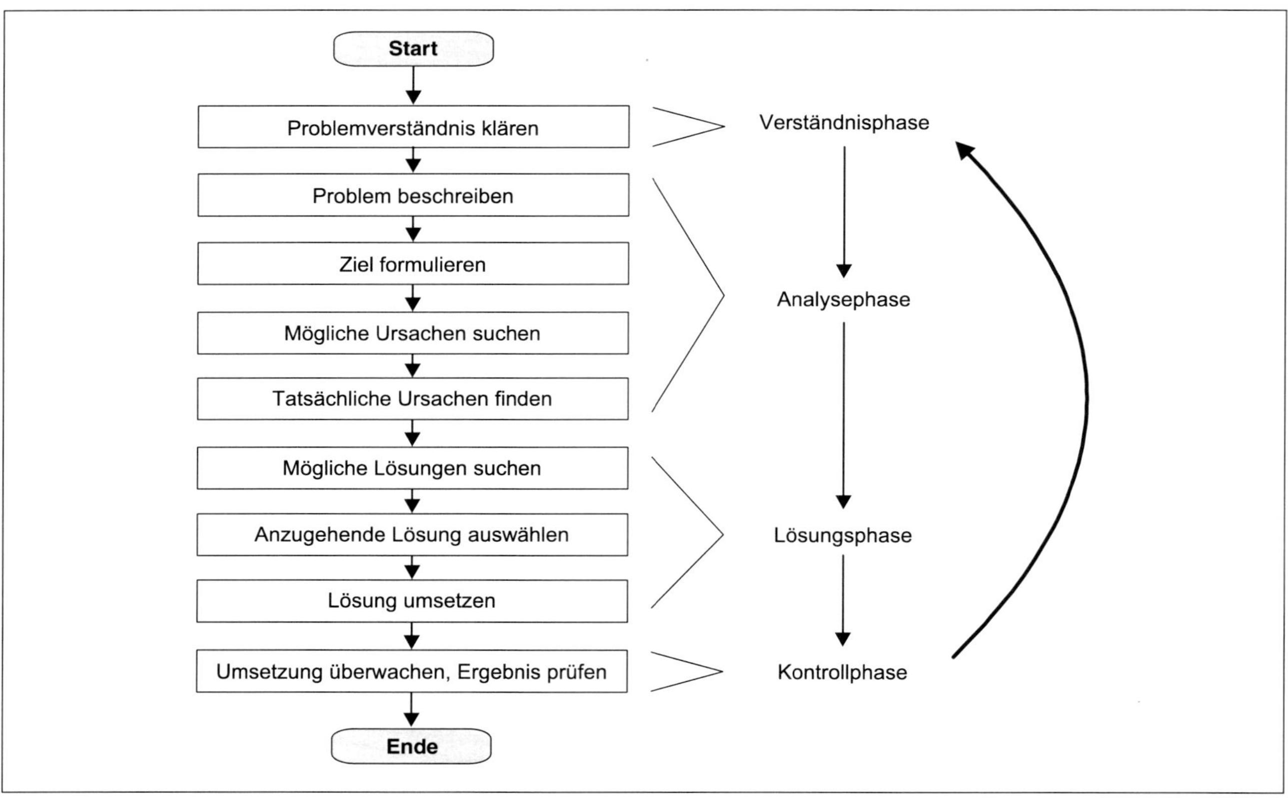

Abbildung 3-39: Allgemeine Schritte der geplanten (diskursiven) Problemlösung

Die 8D-Methode zur Problemlösung

Die 8D-Methode ist keine neue Erfindung, sondern eine modifizierte Formulierung der obigen systematischen Vorgehensweise. Sie stammt aus der Automobilbranche.

Kern der 8D-Methode ist ein Report-Formular, das die Schritte festlegt und dokumentiert. Das 8D-Report-Formular wird häufig bei Reklamationen an den Lieferanten verschickt.

Vorteile der 8D-Methode sind:

- Teamarbeit
- Die Analysen fordern Daten und Fakten
- Es werden die Grundursachen gesucht
- Es besteht eine große Chance, die Lösungen für Grundursachen zu finden
- Eine einfache Berichtsform auf einem Formblatt

Nachteile der Methode sind:

- Die Methode erfordert Disziplin
- Die Methode fordert Zeit
- Lösungen sind nur wirkungsvoll, wenn genügend Sachverstand der Teilnehmer vorhanden ist

Im Folgenden sind die 8 Schritte, die auch den Aufbau des Formulars bestimmen, beschrieben:

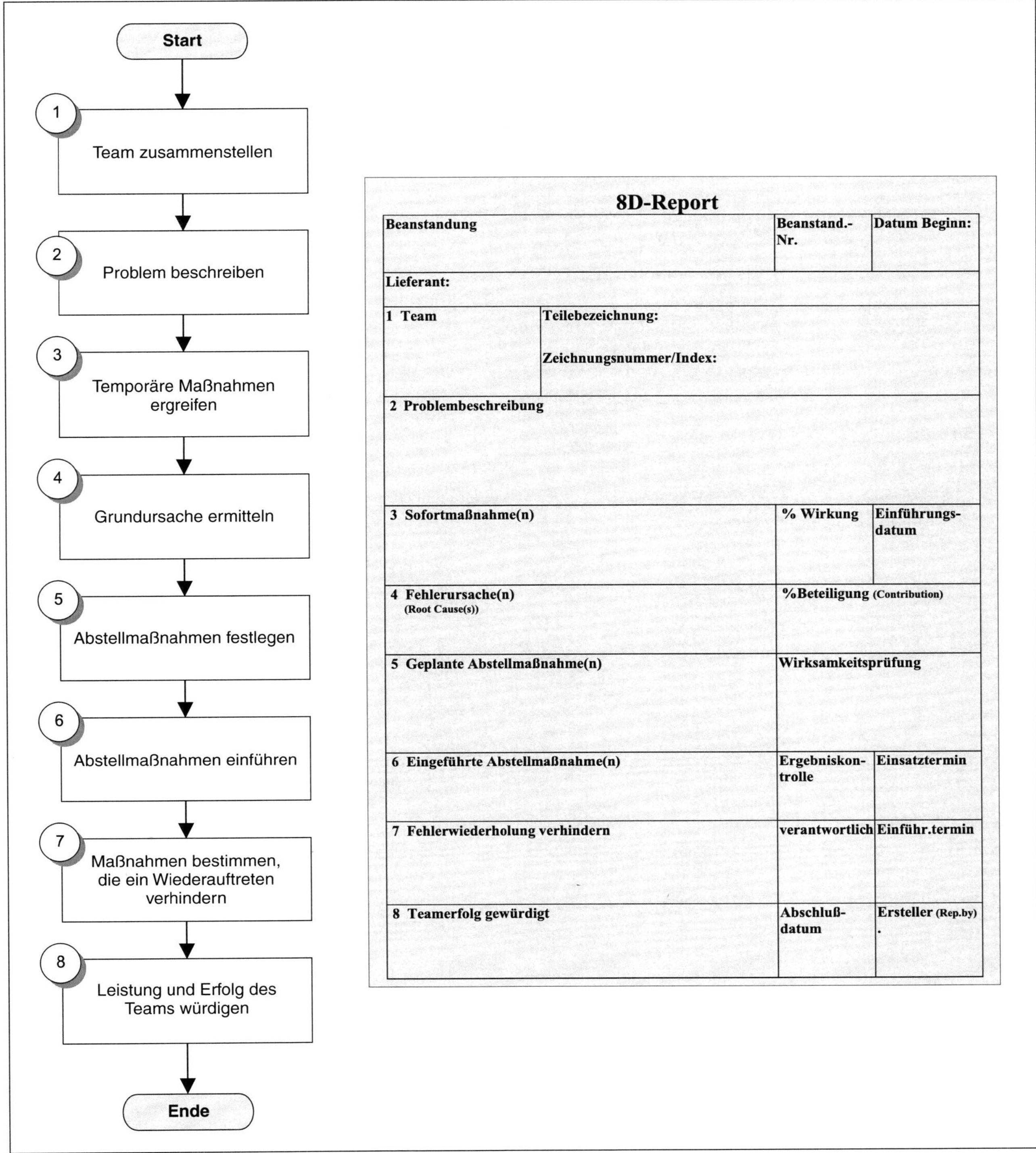

8D-Report

Beanstandung		Beanstand.-Nr.	Datum Beginn:
Lieferant:			
1 Team	Teilebezeichnung: Zeichnungsnummer/Index:		
2 Problembeschreibung			
3 Sofortmaßnahme(n)		% Wirkung	Einführungs-datum
4 Fehlerursache(n) (Root Cause(s))		%Beteiligung (Contribution)	
5 Geplante Abstellmaßnahme(n)		Wirksamkeitsprüfung	
6 Eingeführte Abstellmaßnahme(n)		Ergebniskon-trolle	Einsatztermin
7 Fehlerwiederholung verhindern		verantwortlich	Einführ.termin
8 Teamerfolg gewürdigt		Abschluß-datum	Ersteller (Rep.by)

Abbildung 3-40: 8 Disziplinen-Schritte[95]

[95] nach: Verband der Automobilindustrie VDA, Berlin

3.2.10 Poka Yoke

Autor des Begriffes Poka Yoke[96] ist S. Shinga, ein Mitentwickler des Just-In-Time-Prinzips bei Toyota in Japan.

Bei Poka Yoke werden die Prozesse so gestaltet, dass Irrtümer und Unachtsamkeit der Mitarbeiter zu keinen Fehlern führen können.

Poka Yoke besteht aus einfachen Maßnahmen, die Fehlhandlungen des Menschen (Unaufmerksamkeit, Vergessen, Verwechseln, falsches Ablesen) erkennen lassen und von vornherein vermeiden oder sofort beheben.

Das Besondere der Poka-Yoke-Methode besteht darin, den Mitarbeiter durch eine spezielle Gestaltung eines Produktes oder eines Prozesses von der Aufmerksamkeit her zu entlasten. Poka Yoke bietet sich bei wiederholenden Tätigkeiten oder besonders zu überwachenden Tätigkeiten an.

Ein Poka-Yoke System besteht aus drei Komponenten:

- Detektionsmechanismus: Schalter, Sensoren, Zähler
- Auslösemechanismus: Kontakt, Zahl, Menge überprüfen, Bewegungsabfolgen zählen
- Reaktionsmechanismus: abschalten, Alarm auslösen, regulieren

Beispiele:

Fehlhandlungen	***Poka Yoke Lösung***
An einem Teil werden 10 Punkte manuell geschweißt. Der Schweißer vergisst gelegentlich einen Schweißpunkt.	*Das Teil wird in eine hydraulische Spannbacke geklemmt. Ein elektrischer Zähler zählt die Anzahl der Schweißungen und löst die Spannbacke erst, wenn die Anzahl stimmt.*
Bei der Montage werden Teile vergessen.	*Es werden die Entnahmebehälter am Montageplatz mit optoelektrischen Schaltern und Signallampen ausgestattet. Zu Beginn eines Montagegangs sind alle Signalllampen an. Wenn der Monteur ein Teil aus einem Behälter entnimmt, schaltet dort die Lampe aus. Er erkennt am Ende der Montage, ob alle Lampen aus sind.*
Ein Bearbeitungsteil ist symmetrisch und kann falsch eingelegt werden.	*Das Teil wird so gestaltet, dass es nur in der richtigen Richtung eingelegt werden kann.*

In vielen Fällen sind Poka-Yoke-Lösungen das Ergebnis von Qualitätszirkeln, bei denen die Betroffenen stark einbezogen werden.

[96] Poka = Irrtümer, unbeabsichtigter Fehler; yokeru = vermeiden

3.3 Methoden für Dienstleistungen

Lernziele:
- erkennen, dass besondere Instrumente für Dienstleistungen entwickelt worden sind
- einige Analyseinstrumente für Dienstleistungen in ihren Grundzügen darlegen können

3.3.1 Service Blue Printing

Service Blue Printing[97] ist ein modifiziertes Ablaufdiagramm (Flowchart). Diejenigen Prozessschritte, die der Kunde ausführt, werden grafisch von denen getrennt dargestellt, die Angehörige des Unternehmens ausführen. Die Prozessschritte werden von links nach rechts auf einer horizontalen Achse dargestellt. Flusslinien zeigen die Ablaufrichtungen. Die Organisationsstruktur wird auf der senkrechten Achse dargestellt. Man unterscheidet drei Ebenen der Unternehmensstruktur:

- Mitarbeiter an der Schnittstelle zum Kunden
- Unterstützende Mitarbeiter im Unternehmen
- Managementmitarbeiter

Das Blue Printing ermöglicht es, die Kontaktpunkte zum Kunden genau zu identifizieren und einen Dienstleistungsprozess transparent zu machen. An der Interaktionslinie ereignen sich die »Augenblicke der Wahrheit«. Die Sichtbarkeitslinie trennt die für den Kunden sichtbaren Mitarbeiter von denen im Hintergrund, zum Beispiel die Kellner im Restaurant und die Köche in der Küche.

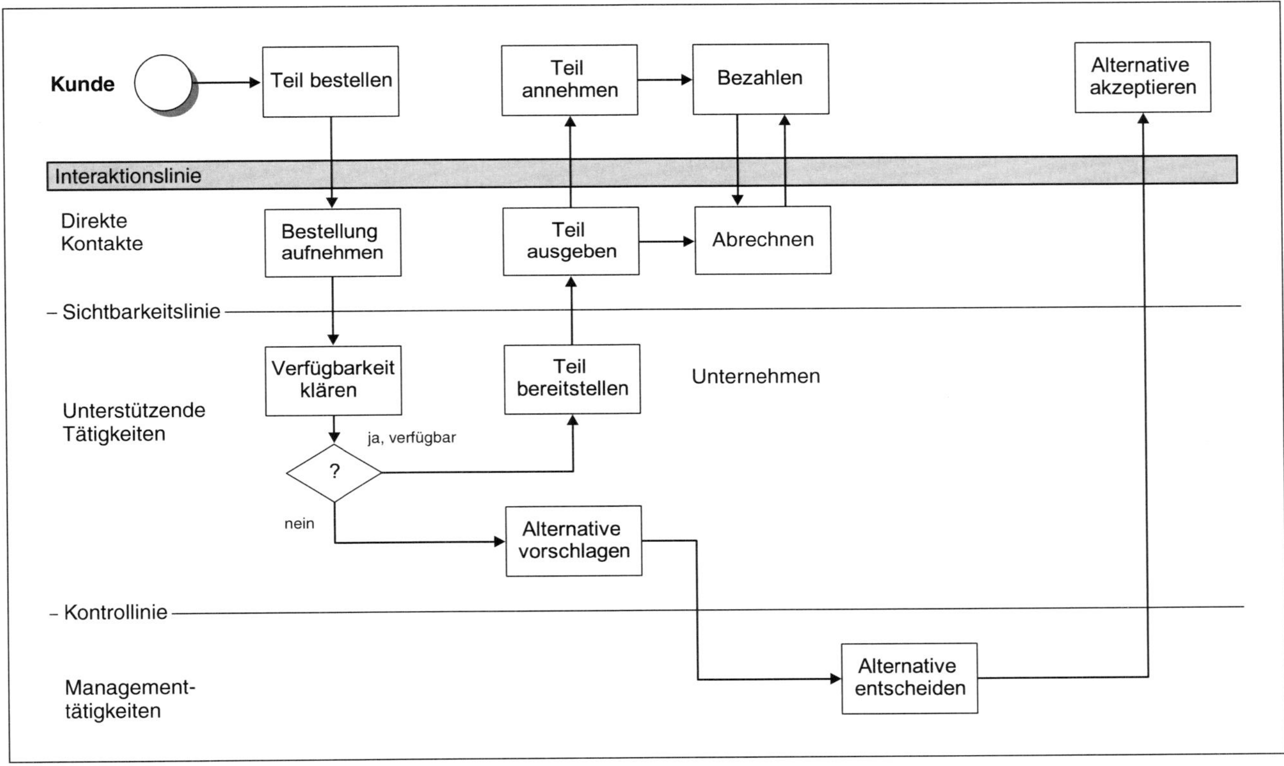

Abbildung 3-41: Blue-Printing-Grafik

Blue Printing wird auch bei der Entwicklung neuer Dienstleistungen angewendet, um Dienstleistungsprozesse zu visualisieren.

3.3.2 Messinstrument SERVQUAL

Aus dem Gap-Modell (siehe Abschn. 1.4.5) wurde ein Messinstrument für Dienstleistungsqualität unter dem Namen SERVQUAL[98] entwickelt. Dabei wurden empirisch fünf Qualitätsdimensionen festgelegt, die hinterfragt werden.

[97] Blue Printing = Blaupause; entwickelt und veröffentlicht von Shostack, G.L. How to Design a Service, in: Doneely, J.H. et al. Marketing of Services, American Marketing Association, 1981

[98] Parasuraman, A., Zeithaml, V. A., Berry, L. L. SERVQUAL, Journal of Retailing, 64 (1988)

Innerhalb dieser fünf Dimensionen liegt dem SERVQUAL-Verfahren ein Katalog von insgesamt 22 Fragen zugrunde. Das Verfahren soll zur Bestimmung der Qualität jeder Art von Dienstleistung geeignet sein.

Dimension 1: Physisches Umfeld, Ausrüstung, Erscheinung (tangibles)

1. Die Betriebs- und Geschäftsausstattung ist modern
2. Die Einrichtung fällt angenehm ins Auge
3. Die Arbeitnehmer sind adrett gekleidet
4. Unternehmensbroschüren und sonstige Mitteilung für die Kunden sind gut gestaltet

Dimension 2: Zuverlässigkeit (reliability)

5. Die Zusage, etwas zu einem bestimmten Termin zu erledigen, wird eingehalten
6. Die Mitarbeiter haben aufrichtiges Interesse, das Problem eines Kunden zu lösen
7. Der Service wird gleich beim ersten Mal richtig ausgeführt
8. Dienste werden zu den versprochenen Terminen geleistet
9. Kunden erhalten fehlerfreie Belege

Dimension 3: Reagiblität, Bereitschaft, dem Kunden zu helfen (responsiveness)

10. Kunden bekommen gesagt, wann genau der Service geleistet wird
11. Kunden werden prompt bedient
12. Die Mitarbeiter sind stets bereit, den Kunden zu helfen
13. Die Mitarbeiter sind nie zu beschäftigt, um auf Kundenwünsche einzugehen

Dimension 4: Souveränität, Wissen, Höflichkeit, Fähigkeit der Mitarbeiter (assurance)

14. Das Verhalten der Mitarbeiter flößt den Kunden Vertrauen ein
15. Aktionen werden sicher ausgeführt
16. Kunden werden stets höflich behandelt
17. Die Mitarbeiter beantworten Kundenfragen fachkompetent

Dimension 5: Einfühlungsvermögen, individuelle Aufmerksamkeit (empathy)

18. Jedem Kunden wird individuelle Aufmerksamkeit gewidmet
19. Die Betriebszeiten werden allen Kunden gerecht
20. Die Mitarbeiter widmen sich persönlich den Kunden
21. Die Kundeninteressen stehen im Mittelpunkt
22. Die Kunden fühlen sich in ihrem spezifischen Servicebedürfnis von den Mitarbeitern verstanden

Beim SERVQUAL-Verfahren werden die Kunden in zwei Stufen befragt. Die Fragen werden zuerst als Idealzustand formuliert, um die Erwartung des Kunden zu erkennen. Der Kunde bewertet die Fragen auf einer Skala (z. B. 1–5). Eine zweite Stufe hinterfragt die konkrete Erfahrung des Kunden.

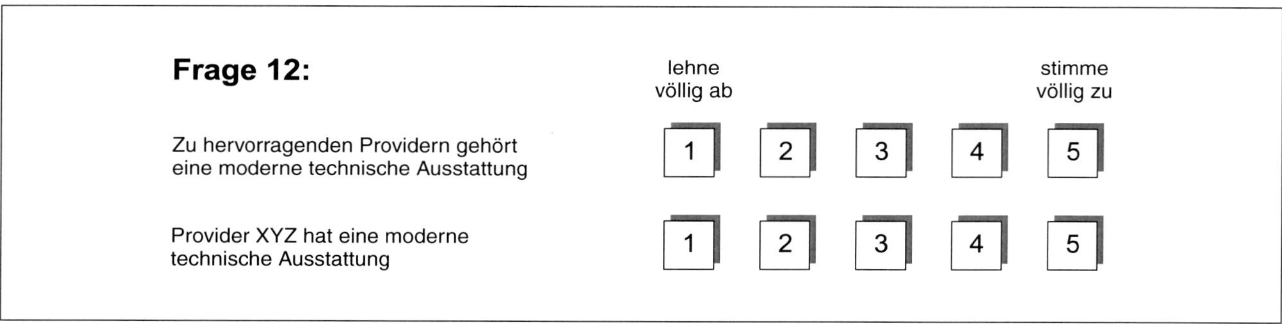

Abbildung 3-42: Beispiel einer Frage des SERVQUAL-Verfahrens

3.3.3 Problem-Detecting-Methode

Die Problem-Detecting-Methode ist ebenfalls eine Interviewmethode. Ziel dieser Methode ist es, festzustellen

- Auf welche Probleme der Kunde bei der Inanspruchnahme der Dienstleistung gestoßen ist
- Welche Bedeutung er den Problemen beimisst
- Inwieweit die Lösung des Problems sein Kaufverhalten beeinflusst

Bei der Methode geht man in drei Schritten vor, siehe die folgende Abbildung:

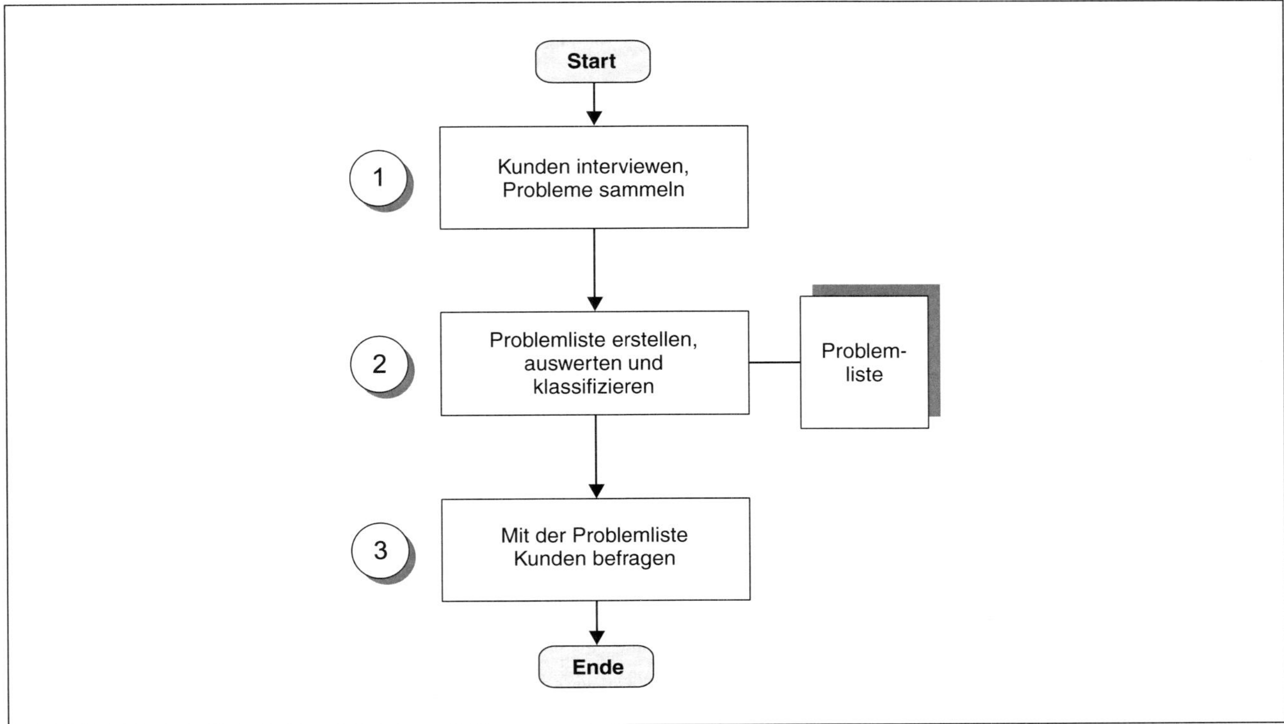

Abbildung 3-43: Schritte der Problem-Detecting-Methode

1. Schritt: Problemsammlung

Kunden werden in Interviews befragt, oder Branchenkenner werden befragt, oder Kunden werden beobachtet, welche Probleme sie bei der Inanspruchnahme der Dienstleistung im allgemeinen wahrgenommen haben, wie sie die Dienstleistung bewerten

2. Schritt: Problemliste zusammenstellen, auswerten und klassifizieren

Probleme, die sich aus der Dienstleistung ergeben, Probleme, die bei der Inanspruchnahme der Dienstleistung entstanden sind, Probleme, die auf den individuellen Lebensstil des Kunden zurückzuführen sind

3. Schritt: Kundenbefragung mit der Problemliste

Häufigkeit des Auftretens des Problems für den Kunden, Bewertung der Unannehmlichkeit (Störgrad), Bewertung der wahrgenommenen Lösung, die die Dienstleister auf dem Markt bieten

3.3.4 Critical-Incident-Technik

Die Critical-Incident-Technik[99] ist eine alte Befragungsmethode (Interviewtechnik), um Kundenzufriedenheit zu ermitteln. Die Methode wird auf bereits existierende Dienstleistungen angewendet.

In einem Interview sollen Kunden diejenigen kritischen Ereignisse beschreiben, die zu außergewöhnlicher Zufriedenheit oder Unzufriedenheit geführt haben.

Die Fragen an die Kunden sind standardisiert. Es sind aber offene Fragen; das heißt, der Kunde antwortet nicht nur mit ja oder nein, sondern in ausführlicher Form, etwa folgendermaßen:

[99] Flanagan, The Critical Incident Technique, in Psychological Bulletin, 51 (1954)

Beispiel:

1. *Denken Sie an ein besonderes Ereignis, das Sie in guter Erinnerung haben: eine Situation, wo Sie im Kontakt mit dem Unternehmen einen besonders zufriedenstellenden oder besonders unbefriedigenden Eindruck gewonnen haben!*
2. *Wann war dieses Ereignis?*
3. *Beschreiben Sie bitte, welche Umstände zu dieser Situation geführt haben!*
4. *Wie haben sich die Mitarbeiter genau verhalten?*
5. *Was waren die Ursachen für Ihr Gefühl, dass es für Sie ein besonders zufriedenes oder unzufriedenes Ereignis gewesen ist?*

Die Aussagen aus der Befragung werden analysiert.

Die Antworten zeichnen ein umfassendes Bild der Kundenwahrnehmung auf. Es lassen sich kritische Bereiche erkennen, in denen Handlungsbedarf besteht, aber auch Kriterien ableiten, die eine Wahrnehmung der Serviceleistung aus Kundensicht beeinflussen.

Teil 4
Qualitätsmanagement – Konflikte

Die vielfältigen Aufgaben des Qualitätsmanagements haben immer mit zwischenmenschlichen Interaktionen und daher auch mit Konflikten zu tun. Wir haben leider oft keine optimale Strategie, wie mit Konflikten umzugehen ist. Viele kennen nicht die Möglichkeiten, sie zu entschärfen oder gar zu bewältigen.

Und: Konflikte lassen sich manchmal lösen – aber eben auch nicht jeder Konflikt ist lösbar.

Im Folgenden werden einige grundlegende Ansätze der Konflikttheorie und der Konfliktpraxis aufgezeigt. Sie können helfen, Konfliktmechanismen besser zu verstehen und Konflikte vielleicht besser zu handhaben.

Nun kann man sich fragen, was Konfliktbewältung eigentlich mit Qualitätsmanagement zu tun habe? Die Antwort darauf ergibt sich eigentlich aus den vorangegangenen drei Kapiteln: Neben technischem Wissen geht es doch stets um die Organisation betrieblicher Abläufe und die Vermittlung oder Durchsetzung des gemeinsamen Ziels »Qualität«. Hier sind immer auch die Menschen, die Mitarbeiter einzubeziehen, sie sind »betroffen« von und bei der Zielerreichung.

Konflikte, deren Analyse und Bewältigung gehören beim Qualitätsmanagement also dazu!

4.1 Konflikttheorie

Lernziele:
- verstehen, was Konflikte sind
- wie man sie in der Praxis löst

Im Berufsalltag gibt es immer wieder Konfliktsituationen, denen wir uns stellen müssen.

Beispiel: Ausschnitt aus einer bayerischen Lokalzeitung

Staatsanwalt: Das war kein geplanter Mord

... Nach Ansicht des Staatsanwaltes ist der Angestellte einfach ausgerastet, als es am Mittwoch wieder einmal zu einem Streit wegen einer Nichtigkeit zwischen ihm und seinem Arbeitskollegen gekommen war. Vor allem in letzter Zeit sei es immer häufiger zum Streit zwischen beiden gekommen, berichteten die Kollegen. Am Mittwoch hatte der Mann während des jüngsten Streits seinen Kollegen mit einem Schraubenschlüssel auf den Kopf niedergestreckt und so schwer verletzt, dass er auf dem Weg zum Krankenhaus seinen Verletzungen erlegen ist ...

Das traurige Ende einer Konfliktaustragung am Arbeitsplatz, die bis zum Totschlag eskaliert ist. Musste es so weit kommen? Oder hätte es vielleicht doch Möglichkeiten oder Techniken gegeben, um diesen Konflikt zu begrenzen und positiv zu beeinflussen?

4.1.1 Was ist ein Konflikt?

Konflikte sind Bestandteil unseres Lebens. Unsere Welt ist nicht harmonisch. Im Gegenteil: im Alltag erfahren wir ständig Konflikte in uns selbst und mit anderen. Und im Berufsalltag gibt es immer Konflikte, denen wir uns stellen müssen.

Wir handeln in Konflikten meistens ohne viel zu überlegen. Konfliktsituationen brechen über uns herein. Sie haben uns im Griff und wir sind ihnen eher völlig ausgeliefert, als dass wir die Konflikte im Griff hätten.

Wenn wir über eine abgelaufene Konfliktsituation nachdenken – ja, wenn wir das überhaupt ertragen können, darüber nachzudenken – dann können wir feststellen, dass unser Verhalten immer nach einem gleichen Muster abläuft. Unser Verhalten in Konflikten ist von Kind auf gelernt und eingefahren. Konfliktsituationen spulen sich immer wieder wie ein Film nach gleichem Muster ab. Unser Konfliktverhalten bei einem Konflikt ist ein Ausdruck unserer Persönlichkeit.

Fragt man die Menschen, was sie spontan bei dem Begriff »Konflikt« fühlen, dann sind ihre Antworten immer ähnlich:

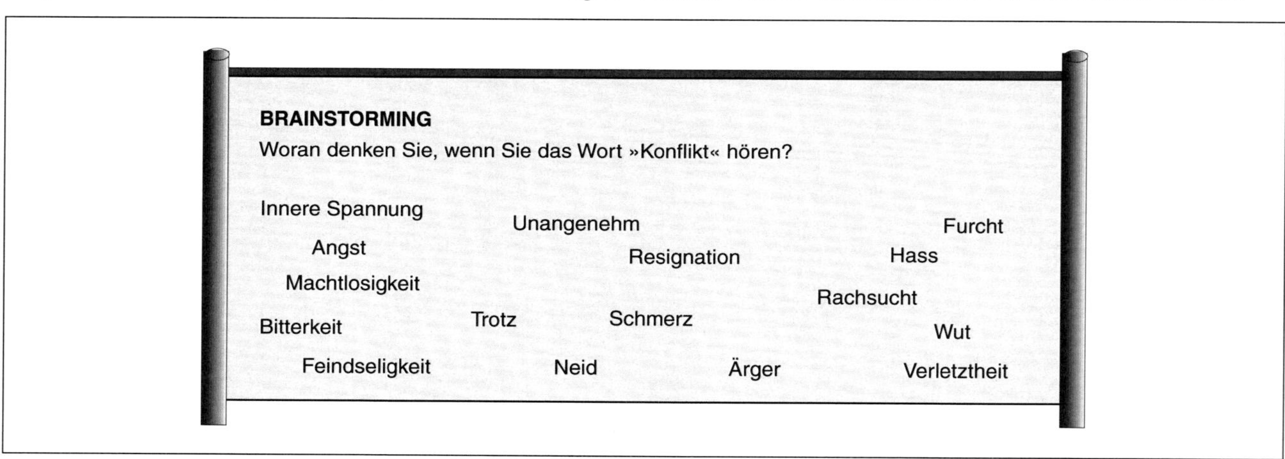

Abbildung 4-1: Genannte Gefühle bei Konflikten

Konflikte wecken negative Gefühle. Da läuft etwas neben dem Verstand, das wir nicht beherrschen. Wir empfinden Konflikte als Belastung. Konflikte lösen bedrückende Gefühle aus. Konflikte machen uns betroffen.

Warum sind wir verletzbar?

Wir haben ein grundlegendes Bedürfnis nach Sicherheit und Dazugehörigkeit in unserer sozialen Umgebung; dieses Bedürfnis ist lebensnotwendig für unser psychisches Wohlbefinden.

Wir benötigen soziale Anerkennung. Wir brauchen das Gefühl, akzeptiert zu werden und das Gefühl der Wertschätzung. Nichts erscheint schlimmer als Schmach oder Demütigung in unserer sozialen Umgebung.

Konfliktmerkmale

Was bedrückt uns so sehr bei einem Konflikt?

Die Antworten auf diese Frage sind mehrschichtig:

- Konflikte zwingen uns immer zur Stellungnahme
- Haben wir einen Konflikt wahrgenommen, dann können wir ihn nicht mehr ungeschehen machen. Wir können nicht die Zeit zurückdrehen. Wir können nicht sagen: »Gefühl zurück, tun wir so, als wäre nichts gewesen!«
- Konflikte wecken Ängste

Unser gewohnter Tagesablauf wird durch einen Konflikt gestört. Eine Konfliktsituation macht unsere Zukunft unbekannt und ungewiss. Diese Unsicherheit über den weiteren Ablauf macht Angst.

Das Angstgefühl spielt eine zentrale Rolle bei Konflikten. Unsere inneren Ängste sind im Unterbewusstsein und wir können mit Ängsten schlecht umgehen. Aus den Ängsten entwickeln wir negative Gefühle wie Wut, Ärger oder Zorn.

Drei Merkmale zeichnen immer einen Konflikt aus:

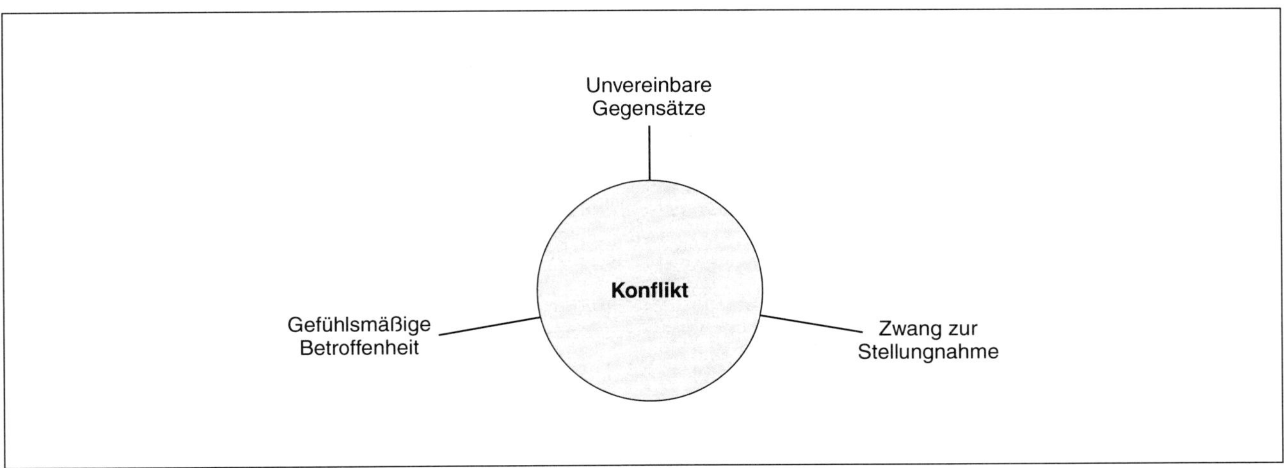

Abbildung 4-2: Drei Merkmale eines Konfliktes

Erstes Merkmal eines Konfliktes: Unvereinbarkeit
Unvereinbar können z. B. Ziele sein, die nicht gleichzeitig zu verwirklichen sind. Es können Bedürfnisse sein, die nicht zugleich erfüllbar sind. Es können Interessen sein, die sich gegenseitig ausschließen. Es können unvereinbare Verhaltensneigungen sein: Gewohnheiten, sich in einer bestimmten Weise zu verhalten. Es können unvereinbare Wertorientierungen sein.

Beispiele:

Unvereinbare Ziele:
(eine Stelle – zwei Bewerber)
Zwei Mitarbeiter bewerben sich um eine frei werdende Stelle im Unternehmen. Jeder möchte die Stelle einnehmen, es kann aber nur einer die Stelle bekommen. Somit kann höchsten nur einer von ihnen sein Ziel befriedigen, aber nie beide gleichzeitig.

Unvereinbare Bedürfnisse:
Raucher und Nichtraucher in einem Raum. Der eine möchte sein Nikotinbedürfnis stillen, der andere hat das Bedürfnis nach sauberer Luft.

Unvereinbare Interessen:
Fliesenlegermeister Maier will einen Auftrag bis zum Montag fertig haben und möchte seinen Gesellen verpflichten, am Samstag zu arbeiten. Der aber möchte am Samstag frei haben, weil er am Wochenende verreisen möchte.

Unvereinbares Verhalten:
In schmalen Gängen pflegt Herr Müller immer auf der rechten Seite zu gehen. Frau Schulz dagegen hat sich angewöhnt, immer auf der linken Seite zu laufen. Beide Verhalten, die sich im Laufe der Zeit festgesetzt haben, sind unvereinbar, wenn sich beide begegnen.

Unvereinbare Wertorientierungen:
Herr Müller legt großen Wert auf Ordnung. Alles muss an seinem Platz sein. Für Herrn Schultz ist Ordnung völlig nebensächlich. Er kann gut mit Unordnung leben. Herr Müller ist streng religiös, Herr Schultz ist Atheist.

Die intensivsten und am schwierigsten zu handhabenden Konflikte entstehen durch unvereinbare Wertorientierungen, z. B. Moralvorstellungen, Prinzipien, Lebensauffassungen, Religiosität. Diese Konflikte sind durch Vernunft nicht lösbar. Konflikte können immer dort auftreten, wo Unvereinbarungen aufeinanderprallen. Aber sie müssen nicht auftreten. Das Merkmal der Unvereinbarkeit führt nicht zwangsläufig zu Konflikten. Es muss ein zweites Merkmal erfüllt sein.

Zweites entscheidendes Merkmal eines Konfliktes:[100] Ich bin gefühlsmäßig betroffen
Das Gefühl, die Emotion, spielt die entscheidende Rolle bei Konflikten. Konflikte machen betroffen. Konflikte machen Angst. Sie bedrücken und belasten, sie verunsichern.

Wenn mich die Situation gefühlsmäßig nicht trifft, dann habe ich keinen Konflikt.

Drittes Merkmal eines Konfliktes: Konflikte zwingen immer zur Stellungnahme
Konflikte sind Störungen im gewohnten sicheren Ablauf unseres Alltages. Sie zwingen uns zur Stellungnahme. Konflikte sind immer eine Herausforderung »an mich als Person. Wenn ich einen Konflikt wahrgenommen habe, kann ich mich ihm nicht entziehen. Ich spiele immer eine Hauptrolle im Konflikt!« Greifen wir das Beispiel der Unvereinbarkeit zwischen einem Meister mit seinem Gesellen auf.

Beispiel:

Fliesenlegermeister Maier spricht seinen Gesellen am Freitag Vormittag an. »Heinz, ich möchte, dass Du den Auftrag fertig stellst und deshalb auch morgen am Samstag zum Kunden gehst und das Bad fertig fliest.« Der Geselle hat mit seiner Familie jedoch am Samstag einen Wochenendausflug geplant.

Zwischen dem Meister und dem Gesellen liegen unvereinbare Ziele vor, die nicht gleichzeitig verwirklicht werden können: Das erste Merkmal für einen Konflikt ist damit erfüllt. Diese Unvereinbarkeit der Ziele muss aber noch keinen Konflikt auslösen. Spielen wir die Situation weiter durch.

Wenn das zweite Merkmal ebenfalls zutrifft: die gefühlsmäßige Betroffenheit mindestens bei einem von beiden Parteien, dann ist (für einen oder für beide) ein Konflikt entstanden.

Nehmen wir an, dies ist der Fall:

Der Geselle hat einen Konflikt, sobald er negative Gefühle empfindet. Er fühlt sich angegriffen, er fühlt sich machtlos, er fühlt Angst. Sein Puls erhöht sich, der Körper wird angespannt, er wird aufgeregt, er kann nicht mehr klar denken. Was soll er jetzt tun? Wie kann er dem Vorgesetzten widersprechen, ohne Schaden zu nehmen? Seine Gesichtsmimik verrät seine Betroffenheit.

Nehmen wir an, das Merkmal der emotionalen Betroffenheit ist nicht erfüllt:

Der Geselle ist emotional überhaupt nicht betroffen. Er bleibt gelassen. Die Unvereinbarkeit der Interessen löst bei ihm keine Ängste, keine negativen Gefühle aus. Warum? Er hat bereits in der Vergangenheit ähnliche Situationen zufriedenstellend bewältigt. Er ist sich bewusst, dass es sich um eine Ausnahme und um einen wichtigen Kunden handelt. In seiner Wertorientierung ist es selbstverständlich, dass er das berufliche Pflichtbewusstsein über seine privaten Interessen stellen wird.

Kommen wir zum dritten Merkmal. Es ist das Gefühl, im Mittelpunkt zu stehen und sich nicht entziehen zu können. Der Geselle kann sich der Situation nicht entziehen. Er ist gezwungenermaßen eine Hauptperson bei der Auseinandersetzung. Er steht im Mittelpunkt. Er muss Stellung beziehen – egal welche. Wenn er nicht voraussehen kann, welche Folgen seine Reaktion haben wird, entwickeln sich Ängste.

Zusammenfassung

Dort, wo Menschen zusammenleben und -arbeiten, treten immer Situationen auf, in denen Interessen, Ziele, Meinungen unvereinbar sind oder wo unterschiedliche Vorstellungen über Werte und Moralvorstellungen aufeinanderprallen.

Macht uns eine solche Situation in unserem Selbstwertgefühl betroffen und erleben wir die Situation als innere Spannung, dann sprechen wir von einem Konflikt.

Wenn wenigstens einer von Konfliktgegnern einen Konflikt wahrnimmt, dann besteht er auch, egal, ob bewusst oder unbewusst, ob tatsächlich aus der Sicht anderer vorhanden oder nicht.

Folgende praktische Konsequenzen ergeben sich aus der Konfliktdefinition:

Wie ein Konflikt verläuft, hängt davon ab, wie die Beteiligten gefühlsmäßig mit ihnen umgehen können. Bei Konflikten erlebe ich immer Gefühle wie Betroffenheit, Angst, Wut, Zorn, Ärger. Bei Konflikten brauche ich deshalb

- eine sinnvolle Strategie, den Konflikt auszutragen
- eine Methode, meine Ängste zu überwinden

Ich brauche eine Methode, um mit meinen Gefühlen umzugehen, sie mir bewusst zu machen und in Bahnen zu lenken.

[100] Dieses Modell der Konfliktmerkmale beschreibt z. B. Berkel, Karl, Konflikttraining (2020) 2, S. 43.

4.1.2 Unsere Einstellung zu Konflikten

Vor 50 Jahren herrschte bei Verhaltenswissenschaftlern die Einstellung, dass Konflikte zerstörerisch und bösartig sind[101]. Konflikte würden die Entwicklung hemmen und die Betroffenen lähmen. Personen, die zu Konflikten beitrügen, wären Aufwiegler, schwierige Personen – ja als krankhaft anzusehen. Die Konfliktstrategie hieß deshalb, Konflikte vermeiden: alles tun, damit keine Konflikte aufkommen. Das Umfeld harmonisch gestalten, um Konfliktauslöser gar nicht aufkommen zu lassen. Ein harmonisches Schlaraffenland wäre das Ideal.

Die Verhaltenswissenschaftler vertreten demgegenüber heute die Auffassung, dass Konflikte normal und für das Überleben notwendig sind. Es sind nicht krankhafte oder auffällige Personen, die Konflikte auslösen – es ist jeder von uns.

Die wissenschaftliche Einstellung zu Konflikten hat sich durch die Konfliktforschung grundlegend gewandelt. Konflikte sind für die Weiterentwicklung der Menschen notwendig. Sie zeigen deshalb nicht ausschließlich zerstörerische Kräfte, die zu vermeiden sind, im Gegenteil:

- Konflikte sind häufig treibende Kraft für notwendige Änderungen
- Konflikte können Missstände aufdecken
- Konflikte erzeugen einen Druck bei den Beteiligten, neue Regelungen zu suchen
- Konflikte führen zum Aufbrechen von verkrusteten Strukturen

Aus der Definition lassen sich bereits Erkenntnisse für eine Bewältigung von Konflikten erkennen: Wir brauchen eine positivere Einstellung zu Konflikten. Wir müssen Konflikte als eine Herausforderung ansehen, der wir uns stellen. Wir müssen Konflikte als Chance für Veränderungen und Weiterentwicklung sehen. Nicht das Meiden von Konflikten ist das oberste Ziel, sondern das Vermeiden der Konflikteskalation.

4.1.3 Konfliktelemente

Man kann einen Konflikt als komplexes System betrachten. Ein vereinfachtes Modell beschreibt ein Konfliktsystem mit acht Konfliktelementen:

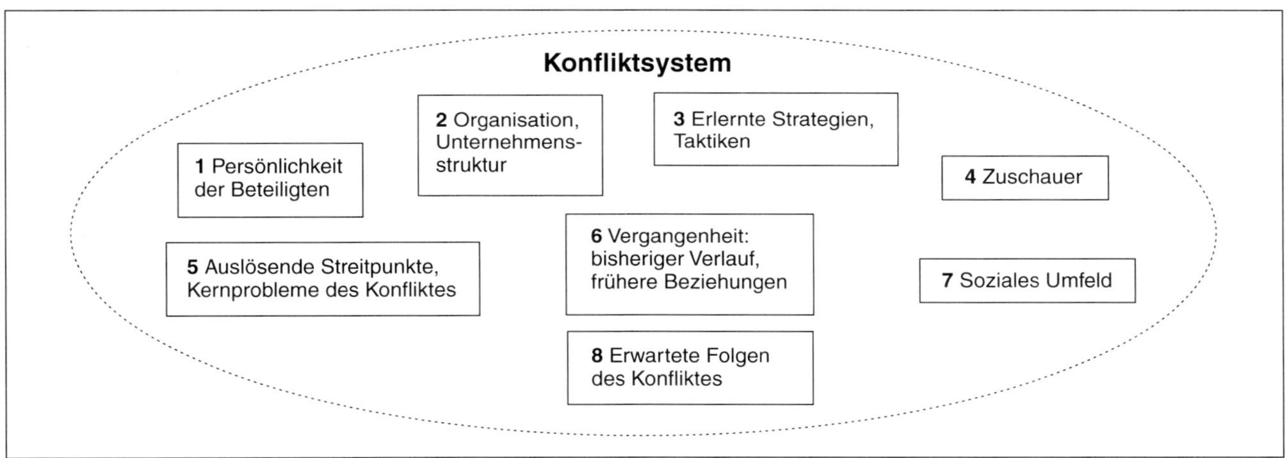

Abbildung 4-3: Elemente eines Konfliktsystems

Konfliktelement: Persönlichkeit der Beteiligten

Die Persönlichkeit der am Konflikt Beteiligten spielt eine entscheidende Rolle bei der Konflikthandhabung: die Grundeinstellungen und die Überzeugungen eines jeden. Die Persönlichkeit eines Menschen ist geprägt durch seine physischen Möglichkeiten, durch seine Wertauffassungen und seine Bestrebungen und Ziele. Die Persönlichkeit prägt die Strategie und Taktik bei der Konflikthandhabung.

In der Literatur gibt es eine große Zahl von Modellen, um die Persönlichkeit des Menschen zu erklären und damit das Verhalten des Menschen begreifbar zu machen. Persönlichkeit hat immer mit dem Selbstwertgefühl zu tun. Das Selbstwertgefühl ist die Ich-Stärke des Menschen. Das Selbstwertgefühl entwickelt sich im Laufe eines Lebens und ist beeinflussbar. Jeder Mensch braucht z. B. Anerkennung.

Zurückgehend auf Sigmund Freud setzt sich vereinfacht die psychische Persönlichkeit eines Menschen aus drei »inneren Instanzen« zusammen, einem

- Über-Ich (mein Ideal von mir, meine »Engelszüge«)
- Alltags-Ich (so bin ich im Alltag)
- Doppelgänger-Ich (meine schlechten Seiten)

[101] z. B. die Wissenschaftler: Mayo 1947, March/Simon 1958, Deutsch 1976

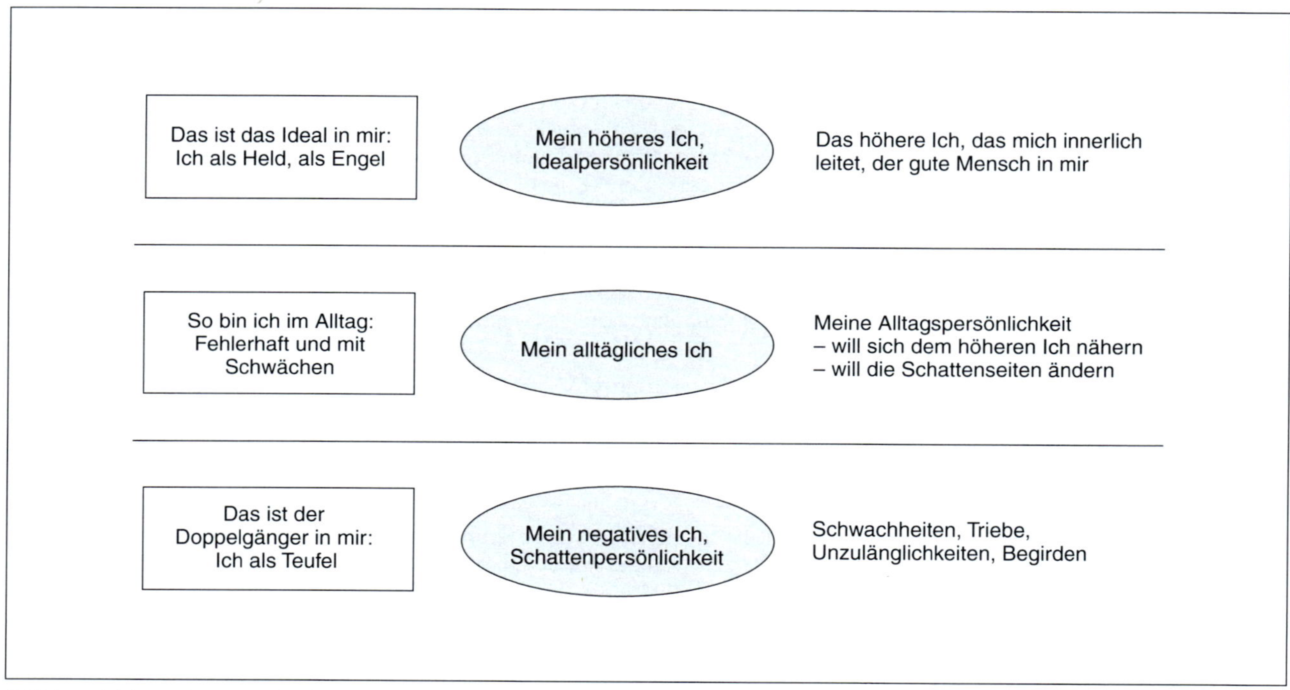

Abbildung 4-4: Innere Instanzen der Persönlichkeit des Menschen nach Freud

Diese drei Instanzen helfen, bestimmte Persönlichkeitszüge zu erklären. Wichtiger aber ist, dass mit dem Bild der Instanzen erklärt werden kann, wie Konflikte von innen heraus entstehen.

Die drei Persönlichkeitszüge sind innere Wesen in mir. Ich habe innerseelische Spannungen: denn mein höheres Ich, meine Idealpersönlichkeit, werde ich nie erreichen. Mein negatives Ich, meine Schattenpersönlichkeit, werde ich nie ganz ablegen.

Meine innere Grundhaltung zu diesen drei Wesen in mir prägt meinen äußeren Umgang mit den Mitmenschen.

Destruktive innere Grundhaltung

Zum Ideal:
Unerbittlichen Strenge gegen mich selbst, um das Ideal zu erreichen
Angst vor dem Ideal, Flucht in Ersatzhandlungen
Verdrängen, Verleugnen und Vergessen der Ideale, weil sie so unerreichbar erscheinen
Eingenommenheit, das Ideal erreicht zu haben; andere müssen das anerkennen und einsehen

Zur Schattenpersönlichkeit:
Kompromisslose Bekämpfung meiner Schattenpersönlichkeit, ich verzeihe die Schwächen nicht
Selbsthass gegen mich selbst, ich ertrage meine Schwächen nicht, ich hasse meine eigenen Schwächen
Flucht vor der Verantwortung, ich bin zu schwach, um gegen meine Schattenpersönlichkeit anzugehen, ich bin ihr ausgeliefert und deshalb nicht mehr verantwortlich
Ich weiß um meine Schwächen und bin ihnen total ausgeliefert, ich bin halt die Bestie

Konstruktive ausgewogene innere Grundhaltung

Zum Ideal:
Das Ideal als Herausforderung für meine Entwicklung sehen
Ich akzeptiere, dass ich das Ideal nur in kleinen Schritten mit Ausdauer anstreben kann

Zur Schattenpersönlichkeit:
Die Schattenseiten als Herausforderung zur Verbesserung sehen
Akzeptieren, dass ich für die Schattenpersönlichkeit verantwortlich bin
Wissen, dass das Negative nur ein Teil meiner Persönlichkeit ist

Es hängt also von meinem inneren Gleichgewicht ab, ob die Spannungen gegenüber dem Ideal oder gegenüber der schlechten Schattenpersönlichkeit zu übertriebenen Grundhaltungen führen.

Bei solchen übertriebenen Grundhaltungen verlagere ich meine inneren Konflikte nach außen. Ich verdränge, verleugne und übertrage sie und projiziere sie auf andere.

> ***Beispiele:***
>
> *Wenn ich mich außerstande fühle, die Ansprüche meines inneren Ideals zu erfüllen, dann werde ich als Ersatz andere Personen nach meinem Ideal beurteilen, beeinflussen, kritisieren. Ich werde zum Richter über andere.*
>
> *Wenn ich die Spannung zu meiner negativen Schattenpersönlichkeit nicht ertrage, werde ich sie auf andere übertragen. Ich mache in der Familie, in der Gruppe, im Unternehmen jemanden zum »schwarzen Schaf«. Ich suche einen Sündenbock, dem ich alle Eigenschaften zuschreibe, die meinen guten Idealen widersprechen. Dem Sündenbock schreibe ich genau die Merkmale zu, die ich an mir heftig verurteile.*

Welche Konsequenzen hat die Einteilung in die Instanzen für Konflikte?

Der Mensch ist die Summe aus Denken, Gefühlen und Trieben. Gefühle und Triebe spielen die herausragende und entscheidende Rolle bei Konflikten. Sie laufen außerhalb des Verstandes ab. Wir müssen uns daher unsere Gefühle bei Konflikten bewusst machen, um Konflikte handhaben zu können. Konflikte können wir nur bewältigen und auflösen, wenn unsere Gefühlswelt den Konflikt bewältigt.

Konfliktelement: Organisation/Unternehmensstruktur

Organisationen bestimmen die formellen Beziehungen der Mitarbeiter und Arbeitsgruppen. Unternehmen können sehr unmenschlich gestaltet sein. Je mehr Parteien gezwungen sind, bei ihren Handlungen andere zu berücksichtigen, um so eher entstehen Konflikte. Knappe Mittel, fehlende Parkplätze, ungenügende Räumlichkeiten führen zu Unvereinbarkeiten.

Wenn Unternehmenskulturen stark vernunftorientiert sind, werden die Mitarbeiter zuweilen durch übertriebene Prinzipien beschnitten. Sie geraten in Konflikt mit den Verfechtern der Prinzipien. Typische Prinzipien beziehen sich auf soziale Werte wie Ordnung, Sauberkeit, Pünktlichkeit. Viele Vorschriften, Regeln, Verbote wecken Widerstand, der Konflikte nach sich zieht.

Auch unklare Machtverhältnisse sind Bedingungen zur Auslösung von Konflikten (keine klare Unterstellung/Überstellung).

Auch verschiedenartige inhomogene Gruppen mit unterschiedlichen Wertevorstellungen oder stark unterschiedlichem Wissen können immer wieder Konflikte auslösen. Konkurrierende Belohnungssysteme, bei denen die Belohnung einer Partei zur Bestrafung der anderen führt, sind Nährboden für Konflikte.

Konfliktelement: Erlernte Strategien/Taktiken

Fast jeder hat aus der Vergangenheit Strategien und Taktiken bei Konflikten erlernt. Unser Verhalten bei Konflikten wird von den subjektiven Erfolgsaussichten beeinflusst. Die Abschätzung, die andere Partei beeinflussen zu können oder die Freiheitsgrade der Entscheidungen sind Bestandteile von Strategien, ebenso die Einschätzung der Glaubwürdigkeit der Gegenpartei in der Kommunikation.

Konfliktelement: Zuschauer

Die Zuschauer sind Mitspieler im Konfliktverlauf, ob sie es wollen oder nicht. So haben die Zuschauer Beziehungen zu den Konfliktparteien und zueinander (auch die Zuschauer verfolgen eigene Interessen am Konflikt und an seinen Ergebnissen).

Konfliktelement: Auslösende Streitpunkte/Kernprobleme des Konfliktes

Die Streitpunkte sind häufig nur die Symptome für tiefer liegende Konfliktursachen. Vordergründig und offensichtlich sieht man die aktuellen Streitpunkte, die Konflikthandlungen auslösen. Sie sind jedoch oft der Tropfen, der das Fass aus zurückliegenden Konfliktsituationen zum Überlaufen bringt. Die Kernprobleme des Konfliktes wird man dann ganz woanders finden.

Konfliktelement: Vergangenheit – bisheriger Verlauf/frühere Beziehungen

Die Beziehung der Konfliktparteien zueinander aus der Vergangenheit und der bisherige Verlauf der Beziehungen zueinander ist ein wichtiges zu beachtendes Element im Konfliktsystem; denn die aktuelle Konfliktaustragung und das Verhalten der Konfliktpartner ist davon geprägt, wie die Konfliktparteien in der Vergangenheit miteinander umgegangen sind.

Konfliktelement: Soziales Umfeld

Das soziale Umfeld bestimmt Möglichkeiten und Beschränkungen zur Konflikthandhabung. Strategien und Taktiken werden durch gesellschaftliche Normen und die Unternehmenskultur geprägt. Zum beeinflussenden Umfeld gehören auch festgelegte Konfliktregeln oder -einrichtungen.

Konfliktelement: Erwartung an die Folgen des Konflikts

Für einen Konfliktverlauf spielen auch die Erwartungen der Betroffenen an die Folgen des Konfliktes eine große Rolle. Die Erwartung, aus dem Konflikt als Gewinner herauszugehen, bestimmt wesentlich den Konfliktverlauf, ebenso die Erwartung auf Veränderungen oder das erwartete Ansehen, das man sich bei den Beobachtern erwerben will.

4.1.4 Zwei extreme innere Konfliktgrundhaltungen

Wir haben von unserer Evolution her zwei mögliche innere Grundhaltungen gegenüber Konflikten geerbt. Die eine Grundhaltung ist die Tendenz zur Flucht; die zweite ist die Tendenz zum Kampf.

Abbildung 4-5: Flucht oder Kampf als extreme Grundhaltungen zu Konflikten

Menschen, deren Haltung grundsätzlich zur Flucht tendiert, sind konfliktscheu. Sie flüchten vor Streit. Sie verdrängen und unterdrücken den Konflikt, so weit es geht. Durch ihre Vermeidungsstrategie führen sie einen »kalten Konflikt«, der von Außenstehenden nicht oder nur schwer wahrgenommen wird.

Kampfcharaktere dagegen scheuen sich nicht, ihren Konflikt offen und impulsiv auszutragen. Der Kämpfer verfolgt von vornherein das Ziel, seine Interessen durchzusetzen. Er lässt seinen negativen Gefühlen wie Ärger, Zorn oder Wut freien Lauf und zeigt die Gefühle lautstark. In diesem Fall ist der Konflikt ein »heißer Konflikt«, der für alle sichtbar und hörbar ist. Beide Extremhaltungen gründen auf unbewältigten und unbewussten inneren Ängsten.

In der folgenden Tabelle sind typische Merkmale der beiden Extremhaltungen aufgeführt.

Flucht	Kampf
Äußeres Verhalten Ich ziehe mich zurück, ich räume das Feld Ich verberge meinen Konflikt vor der Öffentlichkeit Ich werte mich selbst ab Ich ordne meine Interessen denen der anderen unter	**Äußeres Verhalten** Ich handle blind vor Wut Ich bin aggressiv und zeige dies offen Ich verletze und beleidige die anderen Ich verfolge nur meine Interessen ohne Rücksicht auf andere
Gefühle Ich unterdrücke meine Gefühle nach außen Ich verdränge sie in mir selbst	**Gefühle** Ich lasse meinen Gefühlen freien Lauf
Unbewusste Ängste Ich habe Angst vor einer Auseinandersetzung Ich habe Angst, verletzt zu werden Ich habe Angst, andere zu verletzen, etwas zu zerstören	**Unbewusste Ängste** Ich habe Angst, als unsicher oder feige gehalten zu werden Ich habe Angst, in meiner Persönlichkeit verletzt zu werden
Wahrnehmungsfähigkeit Ich nehme die geringsten Reaktionen und Signale des Gegners übertrieben wahr Ich deute hinter den Signalen des Gegners mehr als er tatsächlich meint	**Wahrnehmungsfähigkeit** Ich nehme Reaktionen und Rückmeldungen des Gegners überhaupt nicht wahr Ich schränke meine Wahrnehmung ein, Signale des Gegners nehme ich nicht wahr
Unterschätzung der Folgen Ich übertreibe in meinen Gedanken den möglichen Schaden, wenn ich den Konflikt austragen werde	**Überschätzung der Folgen** Ich verharmlose den tatsächlichen Schaden, den ich mit meinen Angriffen bei dem anderen ausrichte
Die tatsächlichen Folgen Die Teilnehmer erstarren, alle Energie wird gelähmt Man geht nur formell freundlich miteinander um	**Die tatsächlichen Folgen** Jegliche Gemeinsamkeit und gegenseitige Achtung wird zerstört; die Konfrontation nimmt zu

Beide Haltungen zu Konflikten sind zerstörerisch und schaukeln Konflikte auf, wenn sie extrem sind. Beide Haltungen führen dann zu verzerrter Wahrnehmung der Konflikte.

4.1.5 Innere Veränderungen bei zwischenmenschlichen Konflikten

Konfliktsituationen lösen intensive Erregungen aus. Sie schränken unser rationales Denken ein. Zunehmend vereinfachen wir die Wirklichkeit durch unsere emotionale Betroffenheit. Wir sehen nur noch das, was unsere innere Sichtweise stärkt. Wir nehmen nicht mehr wahr, was tatsächlich geschieht, sondern nur noch das, was wir uns vorstellen, dass es sein muss. Wir radikalisieren unseren Willen und wir verändern unser Verhalten bis zu extremen primitiven destruktiven Handlungen. Wir polarisieren unser Selbstbild (wir sehen uns als fair, gutwillig, konstruktiv) mit dem Fremdbild des Gegners (er ist unsachlich, aggressiv, destruktiv): Eine zunehmende Verzerrung in der Wahrnehmung tritt ein.

Verengte Wahrnehmung der Umwelt:
Wir verengen unseren Blick auf die Umwelt. Wir bauen Filter auf. Alles Trennende zum Gegner, alles uns Gefährdende sehen wir besonders scharf. Alles Verbindende mit dem Gegner filtern wir aus. Wir setzen uns Scheuklappen auf und nehmen die Vielfalt der Umwelt immer weniger wahr.

Wir verkürzen unser Vorstellungsvermögen in die Zukunft. Wir können uns mittelfristige oder langfristige Folgen unseres Tuns immer weniger vorstellen. Wir denken nur noch an das kurzfristige Behaupten. Wir gefährden sogar langfristige Überlebenschancen.

Verdrängung und Projektion auf den anderen:
Im Verlauf des Konfliktes neigen wir immer mehr dazu, störende Eigenschaften an uns selbst zu verdrängen. Wir übertragen unsere Schwächen auf den anderen.

Verarmung der Gefühle:
Im Laufe des Konfliktes verarmt unsere Gefühlsvielfalt. Wir kapseln uns von unseren vielfältigen Gefühlen her ab, damit wir nicht so verwundbar nach außen werden. Wir werden gefühlskälter. Wir werden unfähig, uns in die Person des Anderen einzufühlen. Der Andere wird zunehmend zum bedrohenden und zu vernichtenden Feind.

Wir nehmen unsere eigenen Gefühle übersteigert wahr. Die Überzeichnung der eigenen Gefühle verringert immer mehr die Wahrnehmung der Außenwelt. Es wird mehr und mehr ein Leben in den inneren Gedanken und Gefühlen.

Radikalisierung des Durchsetzungswillens:
Bei einer Konflikteskalation wollen wir unseren eigenen Willen immer radikaler durchsetzen. Wir versteifen uns auf ein bestimmtes Mittel, mit dem wir unser Interessensziel erreichen wollen. Unsere Bereitschaft für andere Lösungen zur Erreichung unseres Zieles verkümmert. Andere Möglichkeiten des Vorgehens lehnen wir ab. Wir fordern »unsere Vorgehensweise oder gar nicht«.

Die verzerrte Konfliktwahrnehmung stimmt mit der objektiven Wirklichkeit nicht überein. Die Verzerrungen geschehen unbewusst. Sie sind aus der Vergangenheit erlernt. Die Verzerrungen werden um so stärker, je mehr die Konfliktparteien gegeinander konkurrieren.

Beispiele für Verzerrungen:

Doppelmaßstab
Unterschiedliche Maßstäbe für die eigene Person und die des Gegners setzen: »Wenn ich es tue, ist es etwas völlig anderes, als wenn er es tut«

Projektion
Eigene Schwächen und Fehler auf die gegnerische Seite projizieren: »Es ist die andere, die aggressiv ist, die kein Verständnis zeigt, die nicht zuhören kann«

Spiegelbild
Gegner als negatives Gegenteil der eigenen Position sehen: »Ich bin kooperativ – er ist auf Konfrontation; ich bin fair – er ist hinterhältig«

Fehlgewichtung
Das Verhalten des Gegners unterschätzen oder überschätzen: »Ich halte sie für unzuverlässig und intrigant, also ist sie es auch«

4.1.6 Äußere Veränderungen bei zwischenmenschlichen Konflikten

Was fällt einem Außenstehenden auf, wenn zwei Parteien einen Konflikt miteinander austragen? Es sind folgende Verhaltensweisen, die ein aufmerksamer Dritter bei den Konfliktparteien erkennen kann:

Kommunikation:
Die Kommunikation der Betroffenen miteinander ist auffällig verzerrt. Konfliktbeteiligte betonen ihre eigenen Ziele besonders auffällig. Sie halten Informationen zurück. Sie werden gegenüber der gegnerischen Konfliktpartei verschwiegen. Sie legen ihre eigenen Interessen und Wünsche nicht mehr offen dar.

Konkurrenzverhalten:
Die Betroffenen nennen intensiver das Trennende. Gemeinsamkeiten blenden sie aus. Die Betroffenen betonen viel intensiver, was unvereinbar ist, worin sie sich unterscheiden.

Misstrauen:
Bei kalten Konflikten fällt oft eine unnatürliche maskierte Höflichkeit zwischen den Konfliktparteien auf. Ein Außenstehender kann dennoch erkennen, dass sich die Betroffenen mit Misstrauen behandeln. Sie sind argwöhnisch. Im fortgeschrittenen Stadium des Konflikts begegnen sie sich mit offener Feindseligkeit. Sie drohen einander. Ihre unterschiedlichen Positionen verteidigen sie mit unsachlicher Rhetorik, den so genannten »Killerphrasen«, und willkürlichen Behauptungen.

4.1.7 Konflikttypen

Es gibt viele Bemühungen, Konflikte in Typen oder Klassen zu unterscheiden. Die Unterscheidungen sollen helfen, Konflikte besser zu analysieren und ihre Ursachen zu verstehen.

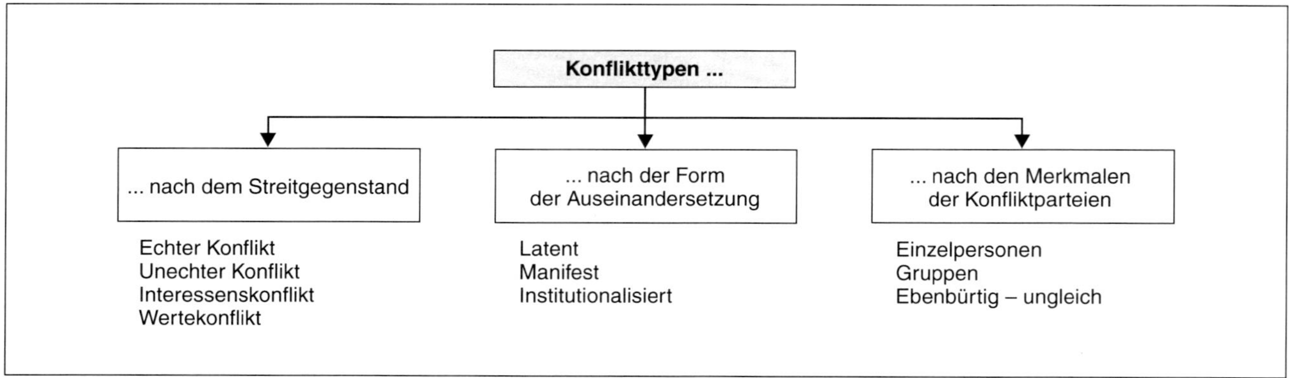

Abbildung 4.6: Konflikttypen

Unechte Konflikte:
Bei unechten Konflikten bestehen die Gründe und die Auslöser des Konfliktes nicht zwischen den Beteiligten. Der Konflikt ist Folge eines hereingetragenen, unbewältigten Konfliktes mit einem anderen.

> ***Beispiel:***
>
> *Der Vorgesetzte rügt lautstark einen Mitarbeiter. Tatsächlich reagiert er nur seinen Ärger am unterstellten Mitarbeiter ab: sein Ärger stammt aus einer für ihn schlecht gelaufenen Besprechung mit dem Geschäftsführer.*

Hinweis: Wenn ich erkenne, dass der Konflikt nicht an meiner Person oder meinem Verhalten liegt, kann ich Distanz zur Konfliktsituation herstellen. Es ist für mich einfacher, deeskalierend einzuwirken und meine Emotion abzubauen.

Interessenskonflikte:
Bei Interessenskonflikten sind Unvereinbarkeiten in der Zielsetzung vorhanden.

Wertekonflikte:
Wertekonflikte sind meist unlösbar. Hier prallen tiefe Überzeugungen aufeinander. Es kann der Versuch unternommen werden, gegenseitiges Verständnis für die unterschiedlichen Werteauffassungen zu schaffen. Die innere Werthaltung eines Menschen zu verändern kommt aber einer Gehirnwäsche gleich.

Kalte und heiße Konflikte:
Kalte Konflikte sind verdrängte Konflikte. Einer oder beide Konfliktparteien leugnen den Konflikt. Sie gehen der Stellungnahme aus dem Weg. Sie versuchen, die Situationen auszusitzen. Kalte Konflikte müssen zu heißen Konflikten aufgebrochen werden, damit sie konstruktiv gehandhabt werden.

Umfang der Konfliktparteien:
Konflikte neigen, fortschreitend, den Umfang der Beteiligten zu erhöhen. Je mehr Personen in den Konflikt verstrickt sind, um so komplexer und schwieriger wird die Konflikthandhabung.

4.1.8 Modell der Konflikteskalation

Konflikte schaukeln sich immer auf, wenn nicht mindestens eine Seite willentlich aktiv gegen die Eskalation angeht. Es gibt viele verschiedene Erklärungsmodelle von Konfliktverläufen[102], die eine Eskalation in bis zu 40 Schritten beschreiben. Von einer Eskalationsstufe zur nächsten gibt es oft erkennbare Schwellen, die durch eine Handlung überschritten werden. Es tritt eine jeweils sprunghafte Steigerung des Gewaltausmaßes auf die nächste Konfliktstufe ein. Ein vereinfachtes Stufenmodell zeigt die folgende Abbildung. Sie besteht aus acht Stufen:

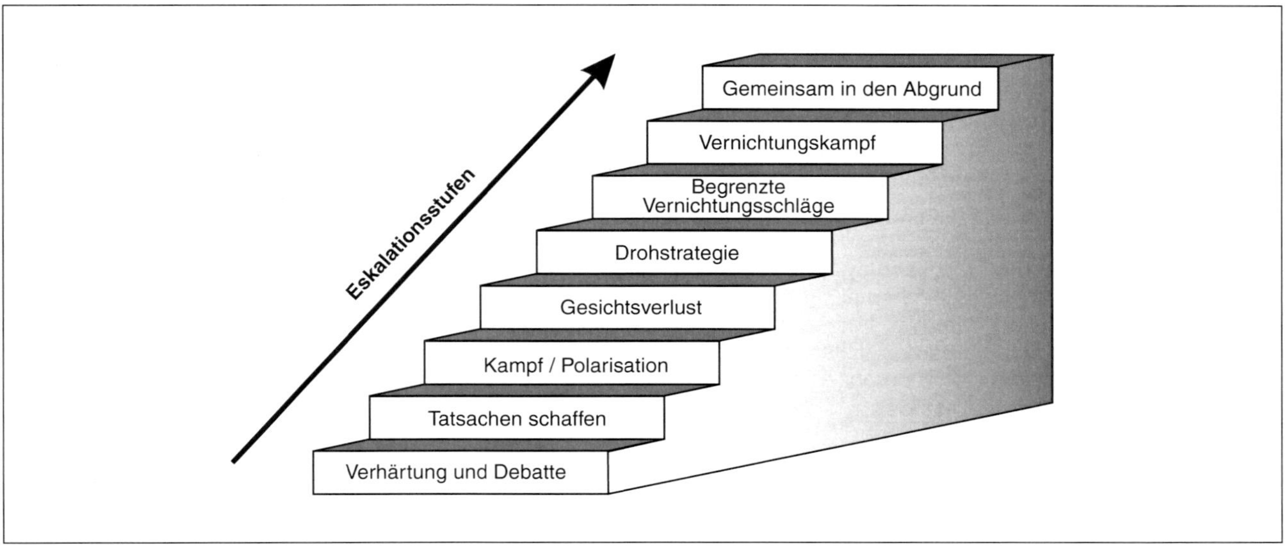

Abbildung 4-7: Eskalationsstufen eines Konfliktes

Stufe 1: Debattieren, Verhärtung der Standpunkte
In der ersten Stufe debattieren die Konfliktgegner und versuchen, mit Argumenten zu überzeugen. Mehr und mehr beharren die Parteien jedoch auf ihren Vorstellungen. Die unterschiedlichen Vorstellungen schließen sich zunehmend gegenseitig aus. Es beginnt eine Verzerrung der Wahrnehmungen. Es bilden sich Rollenerwartungen aus. Man glaubt, die Reaktion des anderen schon voraussehen zu können.

Die Interessen werden zunehmend unvereinbar gesehen. Die Parteien nehmen sich voreinander in Acht. Es lassen sich die bereits beschriebenen Verhaltensweisen für Außenstehende erkennen. Die Teilnehmer werden verschlossener, reizbarer. Es geschehen einzelne verbale Entgleisungen.

Die Schwelle zur nächsten Konfliktstufe ist eine gezielte Handlung statt der Debatte.

Stufe 2: Tatsachen schaffen (Taten statt Worte)
Einer der Konfliktteilnehmer schafft Fakten durch eine Handlung und stellt den Gegner vor vollendete Tatsachen. Er sieht keine Lösung mehr, mit dem Konfliktgegner zu debattieren, sondern er handelt. Die Parteien versuchen nun auf dieser Stufe, ihre Positionen durch Taten zu festigen. Dabei sind die inneren Gefühle widersprüchlich. Für sich selbst ist niemand bereit, nachzugeben. Von der Gegenpartei erwartet er es aber. In dieser Stufe erkennen die Parteien häufig ihre gegenseitige Abhängigkeit. Die Kommunikation wird irreführend weitergeführt.

Die Schwelle zur nächsten Konfliktstufe ist die Fixierung des negativen Bildes des Gegners. Der Gegner wird zum Bösewicht im Unterschied zum eigenen positiven Selbstbild.

Stufe 3: Kampf und Polarisation
Es geht den Konfliktparteien nur noch um die Bestätigung des aufgebauten negativen Musters des Gegners. Die Wahrnehmung ist nur noch eingeschränkt. Es ist ein Kampf um Sieg oder Niederlage geworden. Jeder versucht, sich nicht unterkriegen zu lassen. Ein Außenstehender erkennt eindeutig feindseliges Verhalten der Konfliktparteien gegeneinander. Die verzerrte Wahrnehmung reduziert die Gedanken zu einem Schwarz-Weiß-Denken. Es geht nicht mehr um inhaltliche Unvereinbarkeiten, sondern um die Wahrung des Gesichtes. Man handelt fanatisch. Es kommt zu Provokationen. Der Konfliktgegner wird zum gefühlslosen Feind, zur Sache degradiert.

Die Schwelle zur nächsten Stufe ist eine vermeintliche Demaskierung des Gegners.

Stufe 4: Gesichtsverlust einer Partei
Eine Partei glaubt, die wahren niederträchtigen Motive des Gegners aufgedeckt zu haben. Man glaubt, man habe den Gegner demaskiert. Der menschliche Wert des Gegners wird in Frage gestellt. Frühere Ereignisse werden umgedeutet und der nun radikalen Sichtweise angepasst. Auf dieser Stufe wird der Konflikt zur Ideologie. Der Gegner ist die Schattenpersönlichkeit. Man will den Gegner vor der Öffentlichkeit »demaskieren«. Man versucht, ihn zu Handlungen zu provozieren, mit denen er bloßgestellt wird, sodass er sein Gesicht verliert.

[102] Verschiedene Modelle vergleicht F. Glasl in »Konfliktmanagement«, Verlag Freies Geistesleben, Stuttgart 1997.

Außenstehende verstehen die Konflikthandlungen nicht mehr. Die Partei, die ihr Gesicht verloren hat, versucht mit allen Mitteln, sich zu rehabilitieren. Sie versucht ihrerseits, den überlegenen Gegner zu irrationalen, entlarvenden Handlungen zu reizen. Hier können die Auseinandersetzungen bereits in »Gewalt« ausarten.

Die Schwelle zur nächsten Eskalationsstufe sind offene Drohungen.

Stufe 5: Drohgebärden
Die nächste Konfliktschwelle wird überschritten, indem die Parteien offene Drohgebärden annehmen. Gewaltdenken steht im Vordergrund der Konfliktparteien. Die Drohungen werden im Laufe der Zeit entschlossener und massiver. Ein Hineinversetzen in den Gegner ist keinem der Parteien mehr möglich. Mögliche verheerende Auswirkungen der eigenen Drohungen auf den Gegner werden ausgeblendet. Jede Kommunikation wird missverstanden und verschärft die Auseinandersetzung. Gleichzeitig nimmt das Konfliktumfeld zu und wird unübersichtlicher. Der Drohende muss seine Entschlossenheit hervorheben und den Bedrohten einschüchtern. Der Bedrohte muss die Entschlossenheit der Drohung und die Folgen der Drohgefahr abwägen und darf keine Nachgiebigkeit zeigen. Die Drohungen werden schließlich ultimativ zum »Entweder – Oder«. Es ist kein Raum mehr für andere Lösungen. Selbstbild und Feindbild manifestieren sich.

Die nächste Schwelle ist die tatsächliche Ausübung von begrenzten Vernichtungsschlägen.

Stufe 6: Begrenzte Vernichtungsschläge
Durch die Drohungen ist das Sicherheitsgefühl der Konfliktparteien zerstört. Die Konfliktparteien können sich eine gemeinsame Lösung des Konfliktes überhaupt nicht mehr vorstellen. Der Gegner wird zum Objekt degradiert, das bekämpft werden muss. Im Vordergrund steht die Absicht, dem Gegner zu schaden. Auf dieser Stufe können die Beteiligten selbst den Konflikt nicht mehr begrenzen oder entschärfen.

Stufe 7: Vernichtungskampf
Mit dem Überschreiten der nächsten Schwelle radikalisiert sich das Denken zum vollständigen Eliminieren des Gegners; man möchte ihn ins Herz treffen. Die Parteien schrecken einzig noch vor Gewalthandlungen zurück, wenn sie dadurch die eigene Existenz gefährdet sehen.

Stufe 8: Gemeinsam in den Abgrund
Die Konfliktparteien nehmen keine Rücksicht mehr. Sie führen einen vollständigen Vernichtungskrieg gegeneinander. Sie nehmen dabei den eigenen Untergang in Kauf. Ihre Genugtuung ist das Wissen, dass sie den Feind mit in den Abgrund reißen werden.

Dieses Eskalationsmodell zeigt, dass Konflikte unvorstellbar zerstörerisch sein können.

Daher lautet die wichtigste Frage: Bis zu welcher Stufe lassen sich Konflikte noch lösen?

Meist ist es den Konfliktparteien bereits auf der dritten Eskalationsstufe (Kampf und Polarisation) nicht mehr möglich, den Konflikt eigenständig zu bewältigen. Der Konflikt hat sie zu stark ergriffen, als dass sie deeskalierend und für beide gewinnbringend austragen könnten. Auch außenstehende Laien schaffen es nicht mehr, noch schlichtend oder vermittelnd einzugreifen. Es besteht allenfalls noch die Chance, über professionelle Hilfe die Konfliktparteien zur Deeskalation zu bewegen.

Ab Stufe vier sind Konflikte kaum noch zufriedenstellend handhabbar. Die emotionalen Wunden sind zu tief, die Konflikte sind nicht mehr wirklich lösbar.

4.2 Konfliktpraxis

Lernziele:
- die Rollen in einem Konfliktteufelkreis abschätzen können
- Teilaspekte einer Konfliktdiagnose benennen können
- Instrumente und mögliches Vorgehen zur konstruktiven Konflikthandhabung kennenlernen

4.2.1 Der Konfliktteufelskreis

Wenn nicht mindestens eine Konfliktpartei Anstrengungen zur Konfliktbegrenzung unternimmt, dann eskalieren Konflikte immer. Ein einfaches, aber sehr praxisnahes Modell eines Konfliktablaufes in Unternehmen ist der Konfliktteufelskreis.

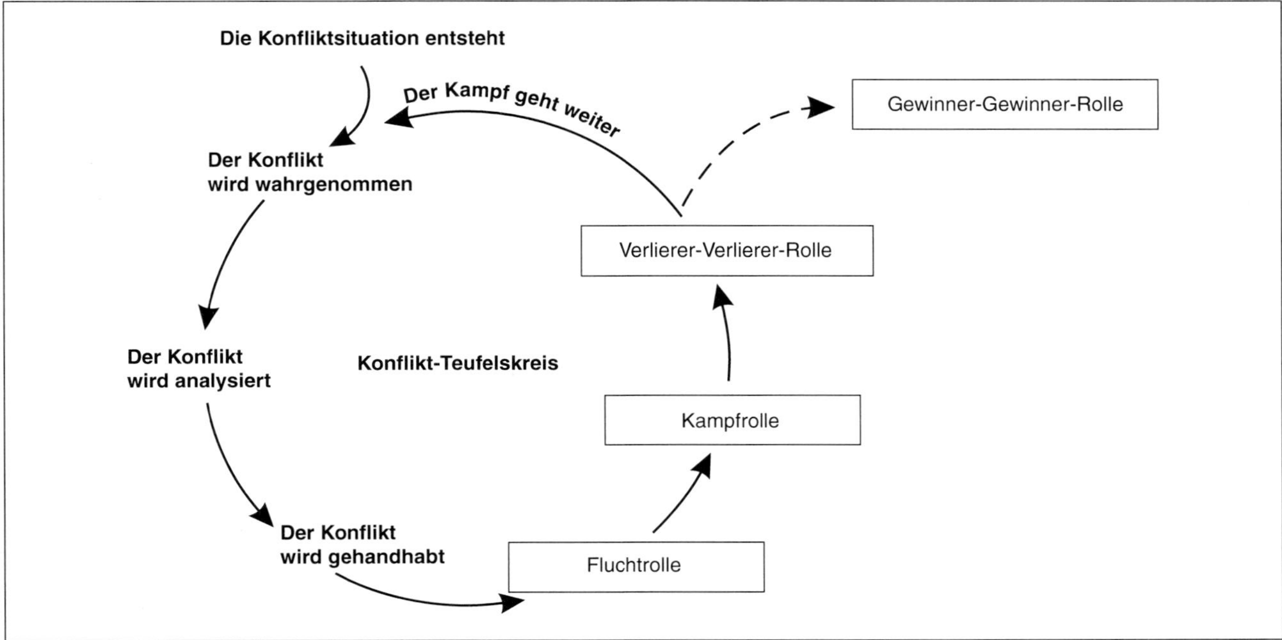

Abbildung 4-8: Der Konfliktteufelskreis

Der Konflikt wird von mindestens einer oder von beiden Parteien als solcher wahrgenommen. Die Parteien analysieren den Konflikt und handhaben ihn mit erlernten Strategien aus der Vergangenheit. Während des Konfliktverlaufes werden unterschiedliche Rollen nacheinander eingenommen.

Fluchtrollen

Häufig ist die erste Bewältigungsstrategie bei zumindest einer Partei eine Vermeidungsstrategie. Sie kann als eine Verlierer-Gewinner-Rolle[103] bezeichnet werden. Eine oder auch beide Parteien versuchen, die Auseinandersetzung zu meiden. Das ist ein Herunterspielen des Konfliktes. Derjenige, der die Vermeidungsrolle einnimmt, zeigt ein Wohlverhalten. Er akzeptiert, dass der Gegner einen Vorteil haben wird und sich als Gewinner fühlen kann.

Er rechtfertigt sein Vermeidungsverhalten vor sich selbst. Er sagt sich, dass er der Vernünftige, moralisch Überlegene ist, indem er nachgibt. Er hofft, dass er die Außenstehenden auf seiner Seite hat und dass alle erkennen werden, wie er moralisch im Recht ist. Oder er redet die Bedeutung des Konfliktes herunter. Jedenfalls will er den Frieden wahren. Er hofft, dass der Gegner den Vorteil erkennen wird und die Feindseligkeiten unterlassen wird.

Die Flucht vor der Konfliktaustragung führt zu einer Verlierersituation. Die Verliererrolle kann in bestimmten Fällen eine sinnvolle Konfliktstrategie sein, nämlich dann, wenn die Parteien zukünftig wenig oder gar keinen weiteren Kontakt miteinander haben werden.

Wenn beide Parteien zukünftig aber weiter miteinander zu tun haben, führt das Zurückstecken einer Partei zu einer Eskalation des Konfliktes. Mit jeder neu auftretenden Konfliktsituation sieht der Gewinner eine Bestätigung seiner Position und baut sie aus. Der Nachgebende dagegen fühlt sich bei jeder neuen Konfliktsituation zunehmend durch sein Vermeidungsverhalten als Verlierer. Seine Fluchtstrategie verschlechtert zunehmend seine Position. Im Extremfall bringt dann der geringste neue Streitpunkt das emotionale Fass zum Überlaufen und der vermeintlich Schwächere wird zum blinden Amokläufer. Außenstehende können diese überzeichnete Reaktion nicht nachvollziehen.

[103] siehe z. B. Hirzel, M. Arbeiten mit System, Mosaik Verlag GmbH, München 1993

Das wiederholte Nachgeben in Konfliktsituationen führt nicht zu einer befriedigenden Bewältigung des Konfliktes. Konfliktvermeidungshaltungen heizen den Konflikt zwischen den Parteien an. Der Konflikt entwickelt sich weiter. Die Fluchtrolle wird irgendwann aufgegeben zugunsten einer Kampfrolle.

Kampfrollen

Derjenige, der die Gewinner-Rolle spielt, versucht von vornherein, den Konflikt zu seinen Gunsten auszutragen. Er erwartet, dass der Gegner ebenfalls den Kampf aufnehmen wird.

Wenn der Gewinner in einer Streitsituation erfolgreich ist, kann er dem Verlierer seine Bedingungen zur Auflösung der Unvereinbarkeiten aufzwingen und seine Interessen durchsetzen. Er kann seinen Sieg aber nicht wirklich genießen; denn er muss ständig auf der Hut bleiben. Er muss entweder seinen Konfliktgegner »versklaven« oder »vernichten«; denn der Verlierer wird auf Rache sinnen.

Eine Vernichtung im Arbeitsleben kann die erzwungene Kündigung oder Versetzung des Gegners sein. Selbst dann muss der Gewinner aber damit rechnen, dass der Konflikt für ihn nicht beendet ist. Die Rolle des Gegners wird häufig von einem anderen übernommen werden, der bisher Zuschauer war. Der Kampf geht mit anderer Besetzung weiter.

Die »Versklavung« bedeutet zwar eine hierarchische Herabstufung des Gegners. Der Gewinner muss aber ständig damit rechnen, dass der versklavte Gegner den Kampf wieder aufnimmt.

Verlierer-Verlierer-Rollen

Häufig tritt eine Pattsituation ein. Keiner kann seine Interessen durchsetzen und Sieger werden. Der Konflikt verschärft sich und kann von keiner der Parteien mehr gelöst werden.

Die Parteien kommen aus dem Konflikt nicht mehr eigenständig heraus. Es schalten sich Dritte ein, um eine Auflösung der Feindseligkeiten zu erzwingen. Diese dritte Partei kann der Vorgesetzte sein, um als Vermittler oder Schlichter zu agieren. Die Konfliktparteien sind in diesem Moment beide Verlierer des Konfliktes. Beide Konfliktparteien haben ihre Handlungsfreiheit eingebüßt. Sie stehen schlechter da als zu Beginn, und ihnen werden Lösungen diktiert.

Der Vorgesetzte hat zwei Handlungsmöglichkeiten:

- Er übernimmt die Entscheidung über den Streitpunkt, z. B. zugunsten einer Partei
- Er erzwingt einen Kompromiss zwischen den Beteiligten

Wenn er eine Lösung vorgibt, dann wird in der Regel eine Partei einen größeren Vorteil davontragen. Vielleicht entscheidet er auch gegen beide Konfliktteilnehmer. Damit aber schließt sich der Konfliktteufelskreis. Der vermeintlich Unterlegene wird den Konflikt bei dem nächsten Anlass wieder aufleben lassen und den Kampf verstärken. Der Konflikt schraubt sich mit jedem neuen Streitpunkt wieder weiter hoch.

Auch ein Kompromiss nach dem Motto »Rauft Euch zusammen und gebt Euch die Hand« zwischen den Parteien ist keine Lösung. Er lässt im Gegenteil den Konflikt weiter schwelen und bei der nächsten Gelegenheit wieder ausbrechen; denn beide Parteien haben einen Gesichtsverlust davongetragen. Sie wurden zu Unmündigen degradiert. Jede Partei steht in der Verlierer-Verlierer-Rolle schlechter da als zuvor. Es bedarf nur eines neuen Streitpunktes, und der Konfliktkreislauf beginnt wieder von vorne. Vermutlich werden wieder die Phasen der Flucht, des Kampfes, der Übertragung der Entscheidungen auf Dritte oder des vorgeschriebenen Kompromisses durchlaufen.

Der Teufelskreis kann lange anhalten, und er wird so lange anhalten, bis die Parteien endgültig getrennt werden. Eine Chance, den Konfliktteufelskreis zu unterbrechen, besteht darin, dass beide Parteien erkennen, dass sie voneinander abhängig sind und deshalb eine Bewältigung des Konfliktes brauchen, von denen beide profitieren.

Gewinner-Gewinner-Rollen

Nach mehreren Durchläufen des Konfliktteufelskreises werden die Konfliktkontrahenten häufig erkennen, dass sie so nicht weiterkommen. Dies ist eine Chance zur konstruktiven Handhabung des Konfliktes.

Wenn beide Konfliktpartner erkennen, dass sie voneinander abhängig sind und dass alle ihre Konfliktbewältigungsstrategien zu keinem Erfolg führten, besteht die Chance, dass sie kreativ an einer beständigen Bewältigung der Streitpunkte arbeiten wollen. Die gefundenen Lösungen müssen so gestaltet sein, dass beide etwas davon haben. Die Abhängigkeit der Konfliktparteien voneinander kann dabei die Ausgangsbasis für eine konstruktive Konfliktbewältigung sein.

Erst wenn diese Einsicht der gegenseitigen Abhängigkeit vorhanden ist und wenn die Eskalation des Teufelskreises eine bestimmte Konfliktstufe noch nicht überschritten hat, können die Parteien die »Gewinner-Gewinner-Rolle« einnehmen. Sie raufen sich zusammen und suchen Auswege, bei denen jeder als Gewinner hervorgehen kann. Diese Gewinner-Gewinner-Lösung unterscheidet sich von einer aufdiktierten Kompromisslösung. Erst wenn die Konfliktparteien selbst einen Weg aus dem Konflikt mühsam erarbeiten, kann die Konfliktspirale unterbrochen werden. Beide Parteien müssen kreativ nach neuen Wegen suchen und eine konstruktive zufrieden stellende Lösung aus dem Konflikt finden.

Fazit: Das Bewusstsein der gegenseitigen Abhängigkeit der Konfliktparteien ist eine Chance, aus dem Konflikt-Teufelskreis auszusteigen und den Konflikt aufzulösen.

4.2.2 Konfliktdiagnose

Es hängt davon ab, ob man selbst Teilnehmer eines Konfliktes ist oder als unbeteiligter Dritter einen Konflikt zu schlichten oder in ihm zu vermitteln hat. Als Betroffener ist man kaum in der Lage, den Konflikt unparteiisch zu analysieren. Ab einer bestimmten Stufe der Konflikteskalation ist es für Betroffene nicht mehr möglich, über den Konflikt rational nachzudenken. Ein Außenstehender ist eher in der Lage, einen Konflikt rational zu analysieren. Er hat jedoch das Problem, dass er meist nicht genügend Information erhalten kann. Und: die Informationen sind subjektiv und verzerrt, und es fehlt ihm an Zeit, objektive Informationen zu erlangen.

Es macht wenig Sinn, die Konfliktursachen finden zu wollen. Statt nach dem »Warum« zu fragen, sollten eher die Motive und die Ziele der einzelnen Konfliktparteien hinterfragt werden.

Folgende Aspekte sind bei der Diagnose von Konflikten von Belang:
- Streitpunkte
- Konfliktverlauf
- Konfliktbeteiligte
- Beziehungen der Konfliktgegner
- Grundeinstellung der Parteien zum Konflikt

Streitpunkte:
Ein Außenstehender sollte die Streitpunkte der Konfliktparteien zusammentragen. Welcher Streitpunkt ist mit welcher Partei verknüpft? Er kann erfragen, ob die Parteien die Standpunkte der Gegenseite überhaupt wahrgenommen haben. Wie emotionsbeladen sind die Parteien hinsichtlich der unterschiedlichen Streitpunkte? Welche Bedeutung messen sie den Streitpunkten zu?

Konfliktverlauf:
Man soll sich ein Bild der Eskalationsstufe des Konfliktes machen. Gab es bereits überschrittene Schwellen im Verlauf? Die Frage nach exemplarischen Gegebenheiten im Konfliktverlauf hilft bei der Analyse. Wie hat sich der Konflikt ausgedehnt? Wie und wann ist der Konflikt eskaliert?

Konfliktbeteiligte:
Wer sind die Konfliktparteien? Wie sind sie organisiert? Wer sind die Schlüsselpersonen, wer bildet ggf. die Hintermannschaft und welchen Einfluss haben die einzelnen Mitspieler? Sind die Konfliktparteien scharf voneinander abzugrenzen oder gibt es Doppelzugehörigkeiten? Welche Rollen spielen die einzelnen Teilnehmer? Wie groß ist das Konfliktumfeld bereits geworden? Welche Zuschauer zu den Konfliktparteien gibt es? Welche Interessen verfolgen diese?

Beziehungen der Konfliktgegner:
Gibt es ungeschriebene gegenseitige Rollenerwartungen? Wie versuchen die Konfliktparteien, den anderen zu beeinflussen (Zwang, Überredung, Erpressung, Schmeicheln, etc)? Bei der Analyse ist immer die subjektive Haltung der Konfliktparteien ausschlaggebend. Wie offen und glaubwürdig kommunizieren die Parteien noch miteinander? Welche formellen Beziehungen bestehen zwischen den Konfliktparteien?

Grundeinstellung der Parteien zum Konflikt:
Wie bewerten die Beteiligten ihre subjektiven Erfolgsaussichten?

Man kann eine Konfliktlandkarte erstellen, um so die »Mitspieler« und die Konfliktzusammenhänge anschaulich zu machen.

4.2.3 Die Rolle der Kommunikation bei Konflikten

Die Kommunikation spielt die entscheidende Rolle bei Konflikten. Konstruktive Konfliktbewältigung setzt nämlich Kommunikation voraus. Sie ist das A und O bei der Konfliktentstehung, bei der Austragung und bei der Konfliktbewältigung. Kommunizieren heißt: mit anderen in Verbindung stehen und sich mitteilen. Kommunikation ist nicht nur das gesprochene Wort. Auch Gestik des Körpers, Mimik des Gesichtes, sogar Schweigen kann eine Form der Kommunikation, das heißt der Mitteilung sein.

Die Art der Kommunikation wirkt sich entscheidend auf den Ablauf von Konflikten aus. Menschliche Kommunikation findet auf einer Inhaltsebene und einer Beziehungsebene statt.

Ein einfaches Kommunikationsmodell besteht aus fünf Elementen.

1. Sender: gibt Information, eine Nachricht
2. Empfänger: nimmt die Information auf
3. Mittel: Sprache und nichtsprachliche Zeichen: Blicke, Mimik, Gestik, Schrift
4. Übertragungskanäle: akustisch, optisch, taktil
5. Kommunikationsinhalt: Sachinformation, Information über Beziehungen, Gefühle

Jedes Element kann die Ursache für eine fehlerhafte Kommunikation sein: Der Empfänger nimmt etwas anderes auf als der Sender mitteilen wollte.

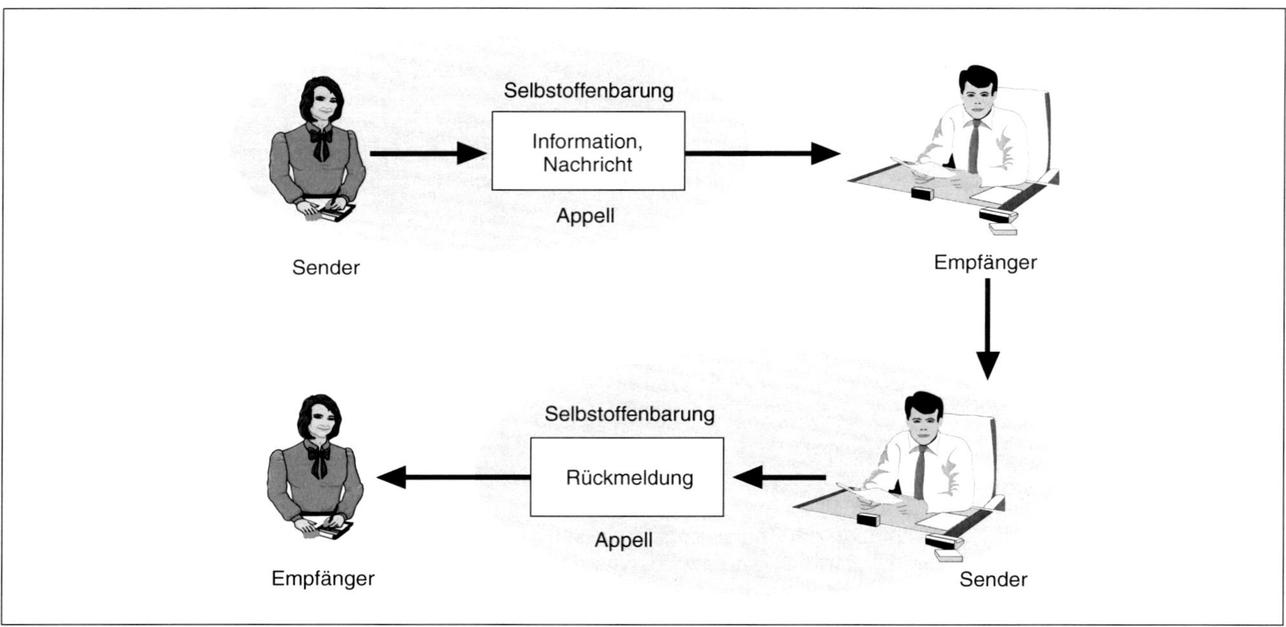

Abbildung 4-9: Kommunikationsmodell

Wenn zwei Personen miteinander kommunizieren, tauschen sie nur zu einem geringen Teil sachliche Informationen aus. Jede Kommunikation beinhaltet

- Sachinformationen
- Selbstoffenbarung des Senders
- Appell des Senders an den Empfänger

Durch die Selbstoffenbarung gibt der Sender etwas von sich preis. Er lässt den anderen erkennen, wie er sich selbst sieht und was er gerade fühlt. In der Selbstoffenbarung zeigt sich seine Beziehung zum Gesprächspartner, ob er sich z. B. überlegen, unterlegen oder gleichwertig fühlt.

Der Appell ist ein Wunsch, eine Aufforderung an den anderen.

Der Zuhörende antwortet und sendet dabei ebenfalls neben der Nachricht seine Gefühle und seine Einstellung zum Gegenüber (Selbstoffenbarung) und eine Aufforderung (Appell) an den Gesprächspartner zurück.

Beispiel:

Ein Mitarbeiter betritt die Werkstatt. Der anwesende Meister sagt ihm: »Es ist sechs Minuten nach acht Uhr.« Dies ist zunächst eine Sachinformation. Gleichzeitig kann folgende Selbstoffenbarung in der Kommunikation des Meisters stecken: »Ich lege Wert auf Pünktlichkeit. Ich ärgere mich, dass Sie zu spät kommen.« und »ich habe als Vorgesetzter einen höheren Status; ich weise Sie zurecht.« Als Drittes steckt in der Aussage der Appell: »Seien Sie pünktlich!« oder »Ich erwarte eine Stellungnahme von Ihnen.«

Sehr häufig entstehen Konflikte durch Fehler in der Kommunikation, weil der Empfänger Botschaften des Senders falsch deutet. Bei der Diagnose eines Streitpunktes sollte man als erstes prüfen, ob zwischen den Parteien ein Missverständnis vorliegt.

4.2.4 Instrumente konstruktiver Konflikthandhabung

Unsere Persönlichkeit und unsere Erfahrung aus früheren Konflikten ist maßgebend dafür, wie wir einen Konflikt handhaben.

Aktives Zuhören

Als Unbeteiligter kann ich helfen, die Konfliktparteien zur Lösungssuche über den Konflikt anzuregen. Ein sehr wirkungsvolles Instrument dabei ist das aktive Zuhören.

Aktives Zuhören ist die Rückmeldung der empfangenen Botschaft an den Sender. Bei aktivem Zuhören ist nicht nur der Sender aktiv (der eine Botschaft mitteilt), sondern auch der Empfänger (der die Botschaft erhält).

Aktives Zuhören ist sehr schwierig. Aktives Zuhören ist ein bewusst einzusetzendes rhetorisches Instrument, Es bedarf großer Erfahrung.

Die drei Schritte des aktiven Zuhörens:

1. Schritt
Als Zuhörer versuche ich, die tatsächlich gemeinte Botschaft des anderen zu entschlüsseln. Wenn jemand mit mir spricht, sind es die Information (Sachwissen), die er mir weitergibt, sein Selbstbild, seine Gefühle mir gegenüber (Selbstoffenbarung), seine Einstellung zu unserer Beziehung und ein Appell an mich (Was möchte er, dass ich tue, fühle, denke?)

2. Schritt
Ich melde ihm das, was ich als Botschaft entschlüsselt habe, zurück. Ich formuliere es dabei mit meinen Worten. Aktives Zuhören ist kein Nachplappern des Anderen, sondern das Bemühen, die empfangene Botschaft zurückzumelden

3. Schritt
Der Sprecher bestätigt meine Rückmeldung oder korrigiert mich, wenn ich seine Botschaft nicht richtig verstanden habe

Ich äußere also nur mein Verständnis darüber, was ich empfangen habe: Habe ich die Botschaft des anderen richtig entschlüsselt? In der Rolle des aktiven Zuhörers sende ich keine eigene neue Information oder Interpretation von mir an ihn zurück; denn

- ich gebe *nicht* meine Meinung wieder
- ich gebe *keinen* Rat
- ich gebe *keine* Analyse, ich mache *keine* Bewertung
- ich gebe *keine* Lösung, ich schlage *keine* Maßnahme vor
- ich stelle *keine* neue Frage

Was erreiche ich mit aktivem Zuhören?

Zwischen Sender und Empfänger können durch aktives Zuhören Missverständnisse verhindert werden: Durch die Rückmeldungen werden Kommunikationsfehler sofort korrigiert. Wertvoller ist jedoch, dass der Sender seine Empfindungen und Gefühle verarbeiten kann. Der Sender spricht seine Empfindungen aus und verarbeitet sie damit gleichzeitig. Aktives Zuhören hilft dem Sender, bewusster festzustellen, was er empfindet. Aktives Zuhören hilft, negative Empfindungen zu bewältigen.

Der Sender behält bei reiner Rückmeldung die Verantwortung über seinen Konflikt. Der Sender entwickelt selbst weitere Einsichten und wird sich seines Konfliktes bewusster. Der Sender entwickelt seine Gedanken weiter. Aktives Zuhören hilft dem Sender, eigene Lösungen zu seinem Konflikt zu entwickeln.

Wann setze ich aktives Zuhören ein und wann nicht?

Aktives Zuhören kann ich nur einsetzen, wenn ich selbst nicht innerlich betroffen bin. Selbst betroffen bin ich in dem Moment, in dem ich in mir selbst das Gefühl des Ärgers, Frustes, Zorns über den Konflikt spüre.

Voraussetzung ist, dass ich zuhören will und mich in den anderen hineinversetzen will. Ich muss bereit sein, dem anderen bei der Lösung seines Konfliktes helfen zu wollen. Das schließt die Bereitschaft ein, die Meinung des anderen zu respektieren, auch wenn sie von meiner Meinung abweicht. Aktives Zuhören macht keinen Sinn, wenn ich nicht genügend Zeit für das Gespräch habe oder wenn der andere das Gespräch ablehnt.

Nur wenige sind fähig, das Instrument des aktiven Zuhörens gut einzusetzen. Ich brauche eine innere Grundeinstellung zum aktiven Zuhören. Ich muss den Konfliktparteien zutrauen, dass sie ihren Konflikt selbst lösen können. Ich muss sie unterstützen wollen und ihre Gefühle akzeptieren können. Ich muss offen sagen können, wenn das Gespräch für mich emotional und heikel wird. Zum aktiven Zuhören gehört Vertrauen und Vertraulichkeit.

ICH-Botschaften

Wenn ich betroffen bin, kann ich eine Methode anwenden, die gerne als »Ich-Konfrontation« bezeichnet wird. Die Methode ist einfach. Ich formuliere meine Sätze gegenüber dem Konfliktgegner in der ersten Person Einzahl: »ICH«. Ich sende ICH-Botschaften und bringe damit meine gefühlsmäßige Betroffenheit zum Ausdruck. Auf diese Weise greife ich den anderen in seiner Persönlichkeit nicht an. Mit der Anwendung der ICH-Botschaft vermeide ich z. B. die Eskalation eines Konfliktes. Ich kann aber gleichzeitig meinen Standpunkt vertreten.

Eine ICH-Botschaft ist nicht angreifend. Sie lässt die Verantwortung und das Problem bei dem Sender, während die DU-Botschaft die Verantwortung der Konfliktsituation auf den Empfänger abwälzt.

Ideale ICH-Botschaften haben drei aufeinander folgende Teile:

- Das Problem, die sachliche Information, was mein Problem ist; Tatsache, die mich behindert, stört, ärgert *»Wenn Sie den Auftrag am Wochenende nicht fertig stellen werden, ...«*
- Die konkrete Auswirkung, die ich für mich erwarte *»dann wird der Kunde den Terminverzug reklamieren, und ich habe meine Zusage ihm gegenüber nicht gehalten«*
- Mein Gefühl, meine Betroffenheit *«Darüber ärgere ich mich und ich bin frustriert.«*

Unsere Kultur bestraft das Zeigen von Gefühlen. Unsere gesellschaftlichen Normen schreiben vor, sich bei Konflikten ruhig und sachlich zu verhalten. Das Zeigen von Gefühlen wird oft als Schwäche gedeutet. Durch die Mitteilung meiner Gefühle in der ICH-Botschaft mache ich mich angreifbar. ICH-Botschaften sind deshalb risikoreich. Sie enthüllen meine Gefühle und Bedürfnisse. Der Gegner kann meine Aussagen aufgreifen und ins Lächerliche ziehen. Ich kann zum Spielball meines Konfliktgegners werden und mich durch meine Gefühlsäußerungen »blamieren«. Wenn der Gegner die Kampfrolle im Konflikt anstrebt, wird er versuchen, mich in meinem Selbstwertgefühl anzugreifen.

DU-Botschaften

Typische Kommunikation bei Betroffenheit in Konflikten besteht in angreifenden DU-Botschaften. Ich verschlüssele und packe meine Gefühle fast immer in Botschaften, die mit »DU« beginnen. Mit DU-Botschaften greife ich den anderen an. Meine DU-Botschaften zielen auf seine ganze Person (nicht auf einen konkreten Sachverhalt) und auf sein Selbstwertgefühl. DU-Botschaften lösen beim anderen das Gefühl des Angegriffenseins und des Schuldgefühls aus. Sie rufen immer Abwehr hervor.

Ich kleide insbesondere Zorn oder Frust in eine DU-Botschaft. Eine DU-Botschaft ist ein negatives Urteil über einen anderen. Über DU-Botschaften verstecke ich meine innere Empfindung. Mit DU-Botschaften schiebe ich die Verantwortung meines Gefühls auf den anderen. DU-Botschaften signalisieren, dass die Schuld beim anderen liegt.

Beispiele typischer DU-Botschaften:

• *befehlen, anordnen*	*Mache! Tue!*
• *warnen, drohen, ermahnen*	*Wenn Du ..., dann ...*
• *moralisieren, zureden*	*Du solltest besser ...*
• *belehren*	*Du weißt doch, dass ...*
• *Lösungen, Ratschläge geben*	*Warum tust Du nicht ...*
• *verhören*	*Warum hast Du ...*

Entsprechend fühlt sich der andere angegriffen. Er fühlt sich herabgewürdigt.

Beispiele für die Unterschiede bei DU- und ICH-Botschaften:

DU-Botschaft	***ICH-Botschaft***
Sie sind aggressiv	*Ich empfinde Ihre Aussagen als aggressiv*
Sie sind unordentlich	*Ich bin ärgerlich darüber, dass Sie den Arbeitsplatz nicht aufgeräumt haben*
Sie haben mich versetzt	*Ich ärgere mich, dass Sie nicht zum Termin gekommen sind*
Sie sind wieder mal zu spät	*Ich bin ziemlich verärgert, dass Sie nicht pünktlich gekommen sind*

Welche Regeln kann ich aus den DU- und ICH-Botschaften ziehen?

- ICH-Botschaften statt DU-Botschaften senden, wenn ich ärgerlich, wütend, zornig bin
- Mir selbst bewusster zuhören. Meine DU-Botschaften bewusst erkennen. Wenn ich DU-Botschaften sende, sollte ich mich fragen, was in mir vorgeht
- Wenn ich Du-Botschaften meide, vermeide ich die Eskalation von Konflikten

Killerphrasen erkennen und neutralisieren

Killerphrasen werden sehr häufig bei konfliktbeladenen Gesprächen verwendet. Killerphrasen sind ein Kampfinstrument. Ziel der Killerphrasen ist es, zu blockieren, zu attackieren, den anderen »auflaufen« zu lassen. Killerphrasen, wie der Name schon sagt, töten das Gespräch. Viele Menschen benutzen Killerphrasen aber unbewusst.

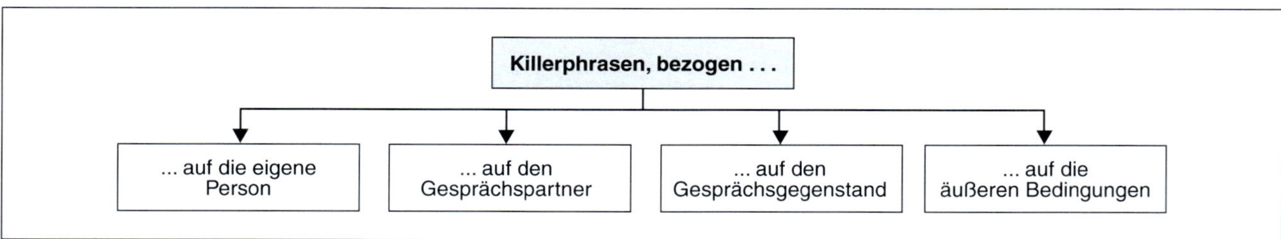

Abbildung 4-10: Objekte, auf die sich Killerphrasen beziehen können

Es ist oft schwierig, Killerphrasen als solche zu erkennen und von echten Argumenten zu unterscheiden. Killerphrasen verstecken sich als vermeintliche Sachargumente und überrumpeln den Gesprächspartner. Derjenige, der mit einer Killerphrase konfrontiert wird, tappt häufig in die Falle und versucht, die Phrase auf der Sachebene zu beantworten. Die Killerphrase ist jedoch eine gefühlsmäßige manipulierende Botschaft auf der Beziehungsebene.

Um Killerphrasen zu neutralisieren, ist es zunächst notwendig, sie zu erkennen. Man kann versuchen herauszufinden, welche Absicht der Sprecher mit der Killerphrase hat.

Der »Ja, aber...«-Einwand

Es kommt in Gesprächen vor, dass der Gesprächspartner konstruktive Vorschläge nicht annehmen will und mit Einwänden entkräftet. Dies führt bei dem Vorschlaggebenden zu Enttäuschung und manchmal Wut. Denn er ist von seinem Argument überzeugt ist und versteht nicht, warum der andere ihn ablehnt. Es können drei Einwandmotive unterschieden werden.

Rationaler Einwand:
Der Gesprächspartner hat rationale Gründe. Der Vorschlag birgt aus Sicht des Gesprächspartners Schwierigkeiten und Risiken, die ihn davon abhalten, ihn anzunehmen. Er hat entweder den Vorschlag nicht hinreichend analysiert und sieht nicht die Vorteile, oder der Vorschlag hat Schwächen, die einen Einwand rechtfertigen.

Emotionaler Einwand:
Der Gesprächspartner hat Angst zu handeln. Der Vorschlag ist zwar rational annehmbar. Die Angst vor negativen Folgen oder Nachteilen überwiegt.

Motivationaler Einwand:
Der Gesprächspartner will überhaupt nicht handeln. Er ist nicht motiviert etwas zu tun. Oder er will, dass ein anderer für ihn handelt.

Bei Einwänden sollte man also versuchen, herauszufinden, aus welchem Motiv heraus der andere den Einwand vorbringt.

Killerphrasen lassen sich durch zwei Strategien neutralisieren:

- Hinterfragen, Fragetechniken anwenden, die den anderen auf die Sachebene zurück leiten und zur Stellungnahme zwingen. Eine typische Fragetechnik gegen Killerphrasen ist die »Warum..?«-Frage; der Gegner wird gezwungen, seine Phrase zu überdenken
- Von der Sachebene auf die Beziehungsebene wechseln, seine Gefühle ansprechen (sich und seine Gefühle offenbaren)

Eine heilende Wirkung kann die Zeit bewirken. Sie muss es aber nicht. Es ist immer ratsam, wenn man »eine Nacht über den Konflikt schläft«. Die Emotionen bauen sich ab, und man hat die Chance, vernunftbezogener über den Konflikt nachzudenken. Eine emotionale Wunde kann durch die Zeit geheilt werden. Und eine Bewältigungsstrategie kann durch die Zeit aufgebaut werden, die Bedeutung der Streitpunkte herabzustufen.

Der emotionale Verlauf des Konfliktes brennt sich jedoch in das Gedächtnis ein und eine Narbe der unguten Erinnerung bleibt immer zurück.

4.2.5 Modell zur eigenen kooperativen Konfliktbewältigung

Das Modell bezieht sich auf eine rationale Konfliktbewältigung zwischen unmittelbar betroffenen Konfliktparteien, wie sie von Pikas und später Berkel vorgeschlagen wird[104]. Es werden sechs Schritte vorgeschlagen, die den Weg zu einer zufrieden stellenden dauerhaften Konfliktbewältigung ermöglichen.

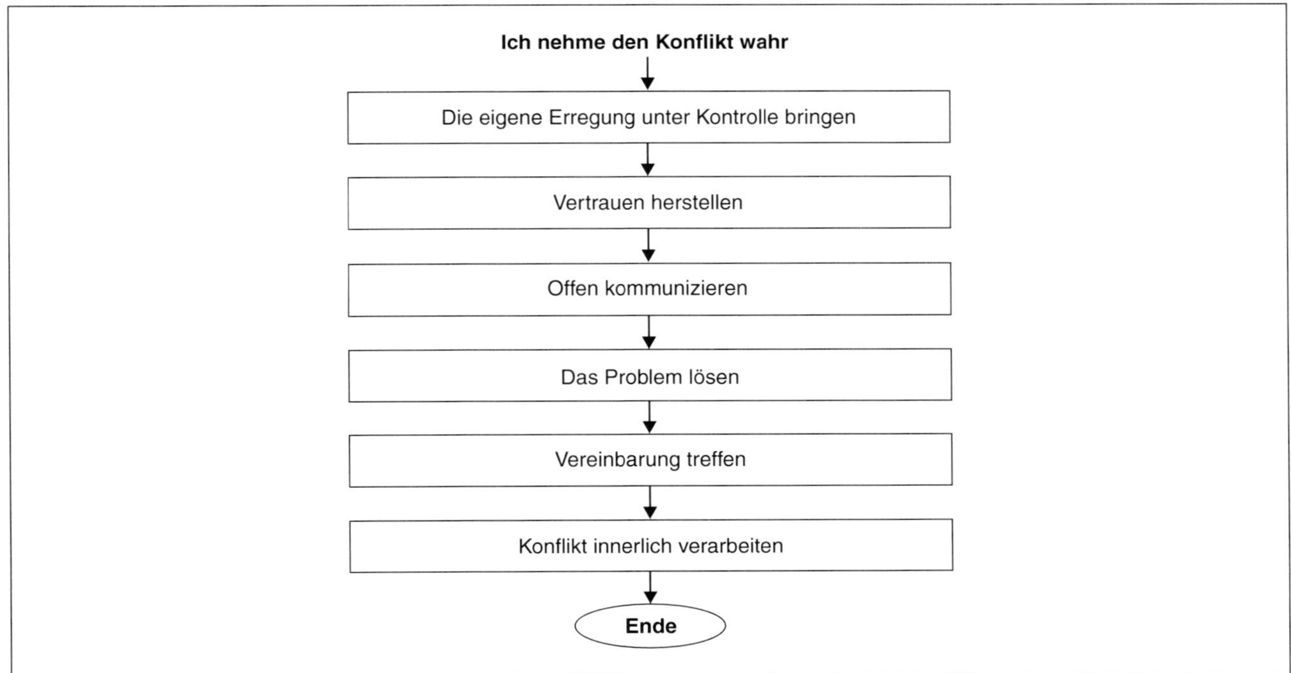

Abbildung 4-11: Ein Modell zur eigenen kooperativen Konfliktbewältigung

[104] Pikas, Rationale Konfliktlösung, Verlag Q&M Schule, 1974 und Berkel, Konflikttraining, Edition Windmühle, 2020

Die eigene Erregung unter Kontrolle bringen

Das größte Problem in einer Konfliktsituation besteht darin, die eigene Wut zu dämpfen. Man muss wenigstens ein bisschen den Wunsch haben, aus dem Erregungszustand herauszukommen. Man kann versuchen, die eigene Erregung unter Kontrolle zu bringen, indem man konstruktiven Gedanken nachgeht. Man kann versuchen, die Gedanken dahin zu lenken, wie man diesen Konflikt am besten in den Griff bekommen kann. Man kann die Erregung durch eine Ersatzhandlung (»mit der Faust auf den Tisch schlagen«) abbauen.

Vertrauen herstellen

Erst wenn man seine gefühlsmäßige Erregung unter Kontrolle hat, kann der nächste Schritt sein, eine Vertrauensgrundlage durch Selbstoffenbarung anzubieten. Genau hierfür ist die Methode der ICH-Botschaften hilfreich. Man äußert seine Betroffenheit, Hoffnungen, Befürchtungen. Man schont die Persönlichkeit des Gegners, indem man sein Verhalten kritisiert, aber nicht ihn.

Offen kommunizieren

Man versucht zu beschreiben, statt zu bewerten. Man teilt seine eigenen Motive und Absichten mit und respektiert die Persönlichkeit des anderen. Man sucht die Kommunikation auf gleichberechtigter Basis. Hierzu müssen beide Parteien bereit sein.

Das Problem lösen

In diesem Schritt steht der Wunsch im Vordergrund, rationale Lösungen zu finden. Hierfür können die Parteien das Problemlösungsverfahren (siehe Abschnitt 3.2.9) anwenden. Sie vereinbaren Ziele, suchen mögliche und tatsächliche Ursachen für die unvereinbaren Probleme und suchen Lösungen.

Vereinbarung treffen

Wenn mögliche Lösungswege formuliert sind, treffen die Parteien verbindliche Vereinbarungen und Regeln für die Zukunft, die regelmäßig zu überprüfen sind.

Konflikt persönlich innerlich verarbeiten

Der Konflikt ist in diesem Schritt äußerlich gelöst. Innerlich muss er jedoch von den einzelnen bewältigt werden. Auch dies ist ein notwendiger Prozess in der Konfliktbewältigung!

4.3 Empfehlungen zur Konflikthandhabung

Lernziel: Empfehlungen zur Konflikthandhabung kennen und kritisch abwägen

Empfehlungen für den einzelnen Betroffenen

Der Einzelne bewältigt Konflikte besser, wenn er Folgendes anstrebt:

- Konflikte bewusster wahrnehmen und hinterfragen
- Konflikte als normal ansehen, denen man sich zu stellen hat
- Analysieren, welches die konfliktauslösenden Bedingungen sind; sich bewusst machen, dass nicht allein die Persönlichkeiten der Beteiligten, sondern auch die Organisation Ursache für Konflikte sind
- Sich bewusst machen, warum man sich in Konfliktsituationen so und nicht anders verhält
- Die eigene Wahrnehmung hinterfragen, Verzerrungen erkennen
- Konflikte nicht abwehren oder fliehen, sondern in frühem Stadium austragen
- Konflikte austragen, d. h. nicht schwelen lassen

Insgesamt muss man sich bewusst machen, dass Konfliktflucht und Abwehr keine langfristigen Lösungen sind.

Konflikte also offen austragen!

Empfehlungen für Unternehmen

Für Vorgesetzte und Kollegen ist es sehr wichtig, Konflikte frühzeitig anzusprechen – bevor sie eskalieren.

Konstruktive Konfliktbewältigung braucht einen kooperativen Rahmen.

Umgekehrt schafft positive Konflikbewältigung eine Kultur der Zusammenarbeit.

Die organisatorische Struktur in Unternehmen ist oft alles andere als ideal für eine kooperative Rahmenbedingung:

Fürstentümer, Statussymbole, Karrierestreben und Konkurrenzdenken, dazu ungeregelte Zuständigkeiten und mangelnde Kommunikationsschnittstellen zwischen den Abteilungen und innerhalb der Arbeitsgruppen sind nicht selten, manchmal die Regel. Sie sind Nährboden für Teufelskreise ungelöster Konflikte und schwächen die Leistungsfähigkeit der Mitarbeiter bis hin zur Resignation – und damit die Leistungsfähigkeit des Unternehmens.

Genau hier ist die Brücke zu den Grundsätzen des unternehmensweiten Qualitätsmanagements sichtbar!

Konfliktkultur

Den größten Einfluss auf die Konfliktkultur haben die Führungskräfte. Sie bestimmen die Organisationsstruktur, sie prägen die Unternehmens- oder Abteilungskultur. Sie spielen eine Vorreiterrolle für die Mitarbeiter.

Zukunftsorientierte Führungskräfte werden deshalb:

- Eine kooperative Unternehmenskultur schaffen
- Vertrauen und Offenheit statt Konkurrenz als Unternehmensphilosophie vorleben und damit schaffen
- Zuständigkeiten festlegen und dabei organisatorische Strukturen ständig hinterfragen und anpassen
- Andere Führungskräfte entsprechend motivieren und Mitarbeiter schulen

Der einzelne Mitarbeiter hat zwar wenig Einfluss auf die Unternehmensstrukturen. Seine Aufgabe kann es aber sein, organisatorische Defizite zu erkennen und offen und sachlich anzusprechen.

Teil 5
Qualitätsmanagement – Aspekte im Handwerk

Das Handwerk ist durch Besonderheiten gegenüber industriellen Unternehmen gekennzeichnet:

- Die höhere Bedeutung der Auftragsabwicklung gegenüber der Produktentwicklung
- Die enge Verzahnung von Dienstleistungstätigkeiten und Produkten
- Der persönliche Kontakt zum Kunden
- Die Mitwirkung des Kunden und die Beistellung seines Eigentums
- Einzelfertigungen statt Serien- oder Massenproduktion
- Nicht nur das Ergebnis, sondern auch der Ablauf der Tätigkeiten spielt eine entscheidende Rolle für die Kundenzufriedenheit
- Hoher Aufwand für Planung und Steuerung von Kapazität und Termin
- Notwendige Improvisationen während der Leistungserbringung
- Die Schwierigkeit, Termine zu fixieren und einzuhalten

Ein Kunde ist auf die Beratung des Handwerksbetriebes angewiesen. Er muss sich auf das Fachwissen und das fachliche Können des Handwerksmeisters verlassen. Der Kunde erwartet deshalb hohe Beratungskompetenz und Erfahrung für die Lösungsfindung vom Handwerker.

Der Kunde setzt als Basisqualität [105] voraus, dass das Ergebnis der handwerklichen Arbeit fehlerfrei sein wird. Eine besondere Rolle für die Kundenzufriedenheit spielen darüber hinaus Faktoren wie Pünktlichkeit, Termintreue, Sauberkeit, Zuverlässigkeit, Freundlichkeit, Kommunikationsfähigkeit. Diese Faktoren spielen eine ebenso große Rolle für den Kunden wie das Endergebnis der Handwerkstätigkeit.

[105] Vergleiche die Qualitätskategorien nach Noriaki Kano in Abschnitt 1.1.4

5.1 Qualitätsbewusstsein im Handwerk

Lernziel: Das Qualitätsbewusstsein im Handwerk als einen kritischen Erfolgsfaktor erkennen

Das Bewusstsein, dass die Qualität der zu erbringenden Leistungen eine entscheidende Rolle für das Überleben eines Handwerksbetriebes spielt, hat lange Tradition im Handwerk. Es war schon im Spätmittelalter zur Zeit der Zünfte das Selbstverständnis und die Ehre eines Meisters, fehlerfreie Arbeit abzuliefern.

Das Qualitätsbewusstsein im Handwerk ist deshalb im Allgemeinen sehr ausgeprägt. Dennoch äußern Handwerker häufig Bedenken, ein dokumentiertes Qualitätsmanagementsystem mit den vielen Forderungen aus den Normenwerken in einem kleineren Handwerksbetrieb aufzubauen. Sie sehen ein solches Qualitätsmanagementsystem nach DIN EN ISO 9001-Forderungen als praxisfremd an.

Beispiel: Kritische Äußerung eines Schreinermeisters zum Qualitätsmanagement

Qualitätsmanagementsysteme nach den Forderungen der DIN EN ISO 9001 sind in Industrieunternehmen entwickelt worden. Unser Betrieb mit 12 Mitarbeitern kann sich den zeitlichen und finanziellen Aufwand nicht leisten. In unserem Betrieb können wir unsere Abläufe nicht wie in der Industrie standardisieren und dokumentieren.

Bei dieser beispielhaften Aussage verkennt der Schreinermeister, dass Qualitätsmanagement zu seiner ureigenen Aufgabe gehört, einen Betrieb zu führen. Häufig sind es mangelnde Kenntnisse der Grundsätze des Qualitätsmanagements und ein Missverständnis, industrielle Lösungen übernehmen zu müssen oder alle Abläufe und Strukturen detailliert dokumentieren zu müssen. Tatsache bleibt jedoch, dass ein Qualitätsmanagementsystem die gesamte Aufbauorganisation und die betrieblichen Abläufe übergreifend berührt. Qualitätsmanagement ist eine aufwendige Querschnittsaufgabe.

Handwerksbetriebe mit einem nachweisbaren hohen Qualitätsbewusstsein sind an ihrer Unternehmenskultur erkennbar. Der »Chef« ist vom Nutzen eines Qualitätsmanagementsystems persönlich überzeugt und hat eine Qualitätskultur entwickelt (vergl. die Anmerkungen zum Begriff Kultur in Abschnitt 2.3). Er hat die Grundsätze des Total Quality Managements verstanden und er hat es als seine Aufgabe angesehen, diese Grundsätze in seinem Betrieb zu verwirklichen. Er und seine Mitarbeiter haben sich auf die wertschöpfenden Abläufe konzentriert und ihr Qualitätsmanagementsystem in einem mittelfristigen Zeitraum nach ihren Bedürfnissen entwickelt. Der Handwerksleiter ist die treibende Kraft bei der Realisierung der Qualitätsgrundsätze.

Fragt man erfolgreiche Handwerksbetriebe nach dem Nutzen eines Qualitätsmanagementsystems, so finden sich dieselben Antworten wie in der Industrie. In den Antworten erkennt man immer wieder die Grundsätze des Qualitätsmanagements.

Beispiele von Antworten zum Nutzen eines Qualitätsmanagementsystems

- *Unsere Meister und Gesellen gehen auf die Kundenbedürfnisse ein*
- *Das Qualitätsmanagementsystem fördert das Vertrauen bei unseren Kunden*
- *Die Zuständigkeiten in unserem Betrieb werden geklärt und sind eindeutig*
- *Es werden Ziele und Leitlinien festgelegt, die unsere Zukunft sichern*
- *Durch die Prozessanalysen werden Schwächen in den Abläufen erkannt*
- *Wechselwirkungen einzelner Prozesse auf andere werden sichtbar*
- *Wir beherrschen unsere Prozesse, Fehler werden verringert*
- *Wir verringern Haftungsrisiken*
- *Wir erzielen eine bessere Teamarbeit*
- *Unsere Mitarbeiter sind zufriedener und motivierter*
- *Die Mitarbeiter verbessern ständig die Prozesse*
- *Unsere Mitarbeiter lernen ständig dazu, sie sind kreativ*
- *Wir können Auswirkungen von Fehlern besser begrenzen*
- *Wir haben zuverlässigere, partnerschaftlichere Lieferanten*
- *Das Qualitätsmanagementsystem schafft Transparenz für alle Mitarbeiter*
- *Wir haben weniger Fehlleistungen, weniger Kosten für Fehlaufwand*
- *Wir erhöhen unsere Wettbewerbsfähigkeit*

Die Fragestellung nach dem Nutzen eines Qualitätsmanagementsystems wird oft und unberechtigterweise mit der Fragestellung nach dem Nutzen eines Zertifikates nach DIN EN ISO 9001 gleichgesetzt. Diese Gleichsetzung wertet die Zertifizierung unangemessen auf. Denn ein kleiner Betrieb kann ein hervorragendes Qualitätsmanagementsystem aufbauen, ohne sich zertifizieren lassen zu müssen.

5.2 Qualitätsgrundsätze im Handwerk

Lernziel: Die wesentlichen Qualitätsgrundsätze bezogen auf das Handwerk anwenden können

Die Forderungen an ein Qualitätsmanagementsystem, z. B. aus der Norm DIN EN ISO 9001 oder dem EFQM-Modell, treffen auf alle Unternehmensarten zu und sind auch in kleinen und kleinsten Handwerksbetrieben relevant. Die bekannten Umsetzungen aus der Industrie sind jedoch in der Regel nicht auf Handwerksbetriebe übertragbar.

Die in Abschnitt 1.3.1 aufgeführten Grundsätze sind aber allgemeingültig und gelten deshalb auch uneingeschränkt im Handwerk. Sie zeigen auch dort, dass das Verständnis des Qualitätsmanagements eine umfassende unternehmensweite Sichtweise sein muss. Die Intensität, mit der diese Grundsätze in die Praxis überführt werden, unterscheidet sich jedoch von industriellen Unternehmen.

Im Folgenden werden vier Grundsätze für das Handwerk näher betrachtet.

Grundsatz der Kundenorientierung

Der Grundsatz der Kundenorientierung ist unter den heutigen Marktbedingungen einer der wichtigsten Grundsätze und spielt auch die zentrale Rolle im Handwerk (vergl. Abschnitt 1.4):

- Der Kunde im weitesten Sinne soll im Mittelpunkt stehen
- Die Zufriedenheit des Kunden soll eine Maxime des betrieblichen Handelns sein

Eine Ausrichtung auf den Kunden ist im Handwerk in der Akquisitionsphase sichtbar. Bei der Anwerbung von Aufträgen ist das Verhalten des Handwerksmeisters und seiner Mitarbeiter in der Regel fürsorglich. Der Kunde wird umworben, ihm wird geschmeichelt, er wird hofiert. In kleinen Handwerksunternehmen ist es der »Chef«, der sich intensiv um die Kundengewinnung kümmert.

Sobald der Kunde den Vertrag unterschreibt, begibt er sich in die Abhängigkeit des Handwerkers. Dann stehen häufig betriebsinterne Prioritäten wie Arbeitsplanung, Kapazitätsverteilung, Kostenminimierung, Terminänderungen und ein möglichst reibungsloser interner Betriebsablauf mehr im Fokus als die Zufriedenheit des Kunden. Die Ausrichtung auf den Kunden wird vernachlässigt, denn der Kunde ist vermeintlich vom Handwerksunternehmen abhängig. Diese kurzfristige Denkweise kann jedoch fatale Folgen haben. Nicht nur die Unzufriedenheit der Kunden, sondern auch Kundenabwanderung und negative Mundpropaganda können dem Unternehmen zu schaffen machen.

Die Bedeutung der Kundenorientierung, d. h. den Kunden in den Mittelpunkt zu stellen, muss deshalb intensiv an die Mitarbeiter vermittelt werden. Dabei muss den Mitarbeitern auch der Aspekt der internen Kunden/Lieferantenbeziehung nähergebracht werden, d. h. die Kollegen im Betrieb als interne Kunden anzusehen, die es gilt, zufrieden zu stellen. Auch der dritte Aspekt einer Kundenorientierung kann bei kleinen Unternehmen aufgegriffen und systematisch verfolgt werden: Informationen über Kunden zu sammeln.

Im Handwerk sind deshalb Schulungen zur Bewusstseinsbildung der Kundenorientierung ein wichtiges Schulungselement.

Grundsatz der Führung

Einen wichtigen Rahmen setzt die Führungskultur des Betriebes. Ein väterlicher patriarchalischer oder autoritärer Führungsstil im Handwerk zeigt sich oft in einer Kultur von Ängsten, Misstrauen und Konkurrenz in der Belegschaft. Das Verhalten der Leitungskräfte ist entscheidend, insbesondere ihre Vorbildfunktion und ihre Einstellung zu ihren Mitarbeitern.

Zur Entwicklung eines Qualitätsmanagementsystems gehört immer zu Beginn die Information der Leitung über moderne Führungskonzepte. Es ist eine große Herausforderung an die Führungskräfte, sich weiter zu qualifizieren (siehe Abschnitt 2.4).

Grundsatz der Prozessorientierung im Handwerk

Die Prozesslandschaft in Handwerksbetrieben unterscheidet sich im Umfang und in der Komplexität naturgemäß von industriellen Unternehmen. Die Anzahl der Primär- und Sekundärprozesse ist überschaubarer. Statistische Verfahren zur Prozesslenkung (AQL, Regelkarte, statistische Maschinen- und Prozessfähigkeitsuntersuchung und statistische Prozessregelung »SPC«) können aber nicht oder nur begrenzt eingesetzt werden.

Ein Handwerksbetrieb wird in jedem Fall eine Bestandsaufnahme seiner Abläufe durchführen müssen. Eine Möglichkeit bietet eine systematische Vorgehensweise mit Methoden zur Prozessbeschreibung.

Ein einfaches Instrument zur Prozessanalyse ist die »Abteilungs-Aktivitätenanalyse«. Die Analyse ist ein strukturiertes Hilfsmittel, um sich die Abläufe und insbesondere die interne Lieferanten-Kunden-Beziehung bewusst zu machen. Die Istsituation wird transparent. Darüber hinaus zwingt die Analyse zur Reflexion über die Wertschöpfung jeder Tätigkeit. Aktuelle Probleme in den Prozessen werden erkannt, und es werden Ansätze zur Qualitätsverbesserung gelegt.

Das Instrument der Abteilungs-Aktivitätenanalyse wird in Teamarbeit durchgeführt. Es ist ein geschulter und möglichst erfahrener Moderator notwendig. Die Analyse ist ein ideales Instrument, um die Unternehmenskultur im Sinne des Total Quality Managements zu fördern. Die Analyse kostet jedoch Zeit, die den Mitarbeitern zur Verfügung gestellt werden muss. Die überaus positiven Ergebnisse gerade auch in kleinen Unternehmen wiegen den Aufwand und die Kosten aber um ein Mehrfaches auf.

Die folgende Abbildung zeigt einen Ablauf der Abteilungs-Aktivitätenanalyse.

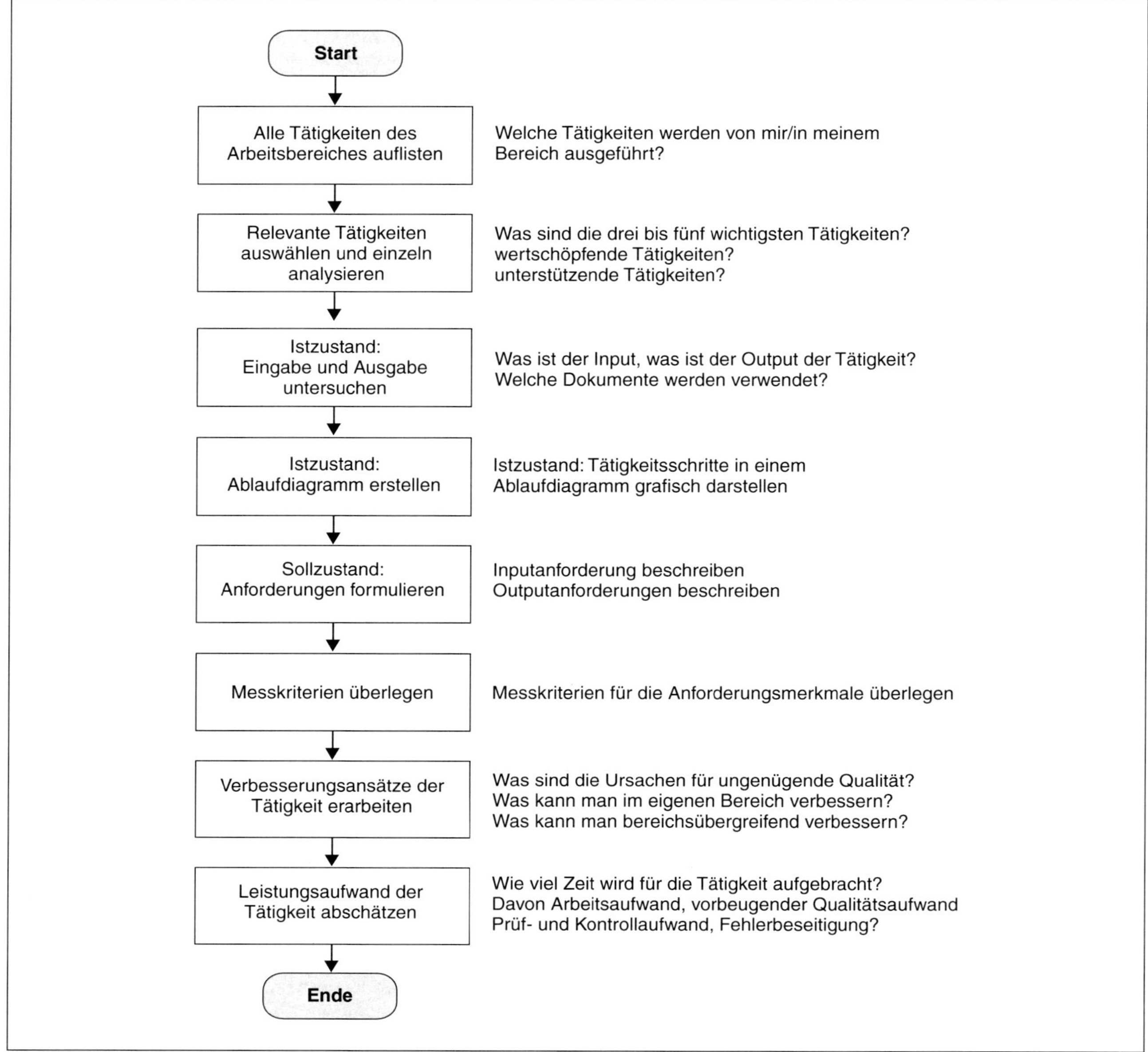

Abbildung 5-1 Ablauf einer Abteilungs-Aktivitätenanalyse

Die Unterscheidung in wertschöpfende Primärprozesse und nichtwertschöpfende Sekundärprozesse ist sehr hilfreich bei der Analyse.

Grundsatz der ständigen Verbesserung im Handwerk

Das Bewusstsein der internen Kunden-Lieferantenbeziehung und die Einstellung, Abläufe ständig zu hinterfragen und zu optimieren, muss allen Mitarbeitern nähergebracht werden.

Und: ein Handwerksbetrieb muss Schulungsmaßnahmen durchführen, um die Problemlösungsfähigkeit der Mitarbeiter zu verbessern. Im Idealfall bildet sich eine innere Einstellung in den Köpfen der Mitarbeiter, sich nicht mit den vorhandenen Zuständen und Abläufen zufrieden zu geben. Die einfachen Instrumente sind im Handwerk einsetzbar und sollten bekannt werden (siehe Kapitel 3).

Ein wichtiger Baustein im Rahmen der ständigen Verbesserung ist ein gut strukturiertes Beschwerdemanagementverfahren, das Fehlleistungen ohne Schuldzuweisungen verarbeiten kann (siehe Abschnitt 2.6).

5.3 Aufbau eines QM-Systems im Handwerksbetrieb

Lernziel: Die grundsätzlichen Projektaufgaben zum Aufbau eines Qualitätsmanagementsystems kennen

Oft ist die Nachfrage eines gewerblichen oder behördlichen Auftraggebers nach einem Zertifikat über DIN EN ISO 9001 der Auslöser dafür, dass sich der Inhaber eines Handwerksbetriebes für das Thema »Qualitätsmanagementsystem« überhaupt interessiert. Seltener erkennt er von selbst, dass der Aufbau des Qualitätsmanagementsystems zu seiner ureigensten Führungsaufgabe gehört.

Der Aufbau eines Qualitätsmanagementsystems ist gerade in kleinen Betrieben ein ungeliebtes Projekt, das sich wegen den begrenzten Ressourcen über Monate hinzieht. Der Geschäftsführer muss sich bewusst werden, dass er die treibende Kraft beim Aufbau des Qualitätsmanagementsystems sein muss. Er muss seine Mitarbeiter für das Projekt motivieren, gewinnen und schulen.

Zum Aufbau fehlen einem kleinen Unternehmen in der Regel die Kenntnisse des Projektmanagements und der Qualitätslehre, sodass externe Hilfe in Anspruch genommen werden muss.

Folgende Unwägbarkeiten machen das Projekt »Qualitätsmanagementsystem aufbauen« so schwierig:

- Der Aufbau des Qualitätsmanagementsystems ist eine unbekannte Aufgabe
- Der Aufbau des Qualitätsmanagementsystems ist risikobehaftet, er kann scheitern
- Der Aufbau des Qualitätsmanagementsystems muss neben dem Tagesgeschäft laufen

Es gibt keine fest vorgeschriebene Vorgehensweise. Dennoch kann man eine Reihe von Aufgabenpaketen definieren, die das Projekt »Aufbau des Qualitätsmanagementsystems« beinhalten muss. Das Beispiel eines Projektstrukturplanes zeigt Abbildung 5.2.

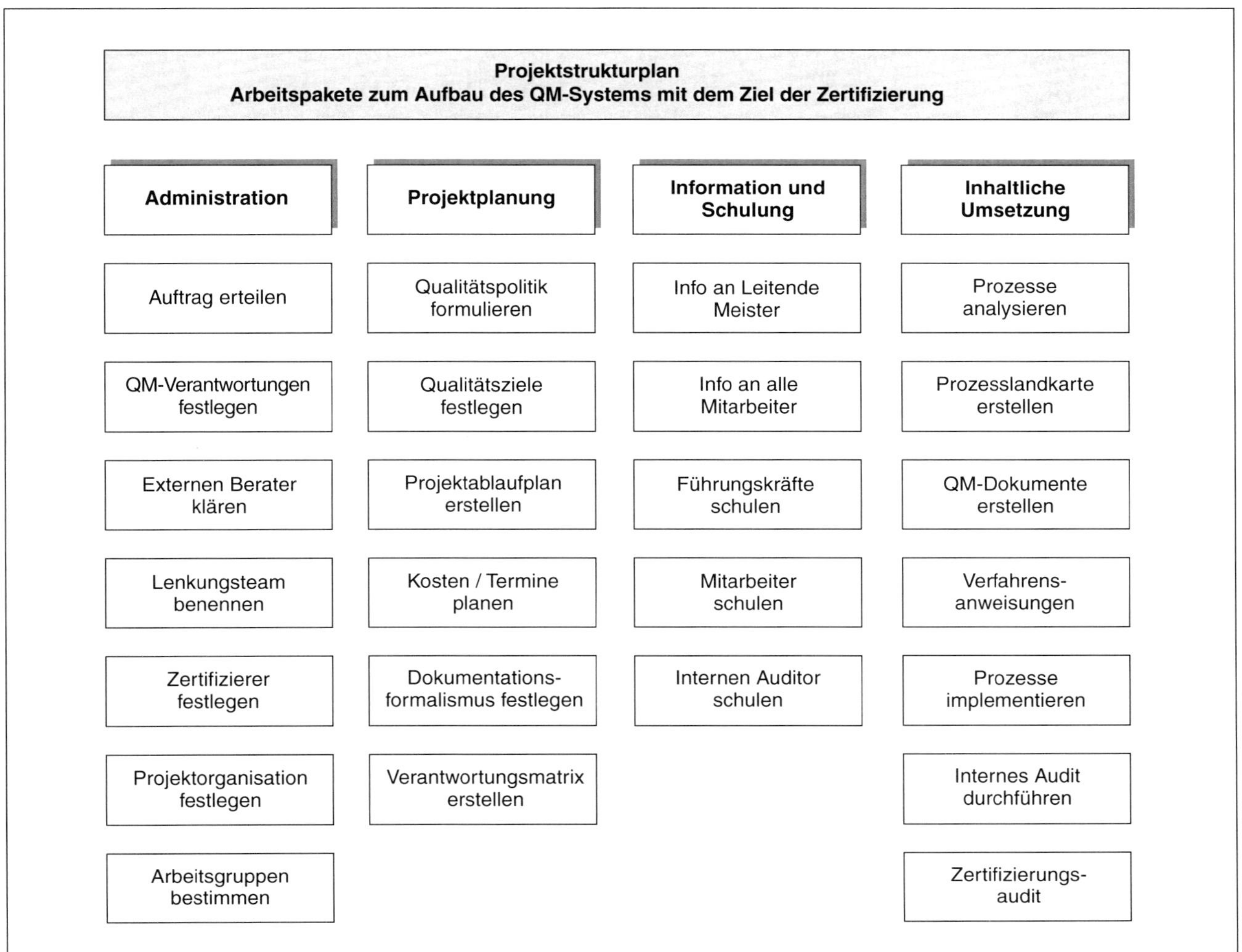

Abbildung 5-2 Beispiel eines Projektstrukturplans zur Entwicklung eines Qualitätsmanagementsystems

Bei der Analyse der Prozesse hat sich folgende Vorgehensweise unter Zuhilfenahme des Instruments der Abteilungs-Aktivitätenanalyse als nützlich erwiesen:

In einem ersten Schritt werden die Prozesse (Tätigkeiten) definiert und in die Kategorien

- Managementprozesse (Sekundärprozesse)
- Geschäftsprozesse (Primärprozesse)
- Unterstützungsprozesse (Sekundärprozesse)

unterschieden. Die so zusammengetragenen Prozesse werden in eine zeitlich logische Reihenfolge geordnet.

Daraufhin analysieren die Verantwortlichen die Tätigkeitsabfolgen und entwickeln oder verbessern sowohl die Aufbauorganisation als auch eine Prozessorganisation. Das Ergebnis wird in einer Prozesslandkarte grafisch dargestellt (vergl. Abschnitt 2.3). Die Prozesslandkarte beschreibt, welche Prozesse vorhanden sind, wie sie logisch zusammenhängen und welche Kommunikationsschnittstellen auftreten.

Die folgende Abbildung zeigt einen groben Ablaufplan (»Balkenplan«) des Projektes zum Aufbau des Qualitätsmanagementsystems mit dem Ziel, ein Zertifikat zu erlangen.

	Zeitplan / Monate											
Arbeitspakete	**1**	**2**	**3**	**4**	**5**	**6**	**7**	**8**	**9**	**10**	**11**	**12**
Leitende Handwerksmeister informieren und schulen												
Projektmanagementaufgaben festlegen												
Externen Berater festlegen												
Zertifizierer auswählen und kontaktieren												
Qualitätspolitik, Qualitätsziele gemeinsam erarbeiten												
Das Projekt bekannt machen, Mitarbeiter informieren												
Projektplan ausarbeiten (Arbeitspakete)												
Führungskräfte und Mitarbeiter schulen												
Dokumentationsformalismus festlegen												
Verantwortungsmatrix für die Aufgaben festlegen												
Istanalyse durchführen, Abteilungs-Aktivitätenanalyse												
Abläufe überarbeiten												
Dokumentierte Informationen des QM erstellen												
Dokumentation freigeben												
Erstes internes Audit planen und durchführen												
Korrekturen durchführen												
Externes Systemaudit durchführen lassen												

Abbildung 5-3 Beispiel eines Balkenplanes zur Entwicklung eines Qualitätsmanagementsystems

Im Folgenden wird ein Negativbeispiel beschrieben, d. h. »wie es nicht laufen soll«.

Beispiel: Ein Szenarium, wie es nicht ablaufen sollte

Ein Schlossereibetrieb wird damit konfrontiert, dass sein wichtigster Kunde ein Zertifikat nach DIN EN ISO 9001 verlangt. Der Geschäftsführer beschließt, dass dieses Zertifikat innerhalb eines Jahres erreicht werden soll.

Er unterrichtet seine Meister. Aus diesem Kreis beauftragt er einen Mitarbeiter, sich um die Zertifizierung zu kümmern. Der Mitarbeiter muss diese zusätzliche Aufgabe neben seinen sonstigen Aufgaben ausüben.

Der Mitarbeiter bemüht sich zunächst als Einzelkämpfer, um die Aufgabe anzugehen. Die Kollegen kann er kaum einbinden. Er hat keine Befugnisse, Aufgaben zu verteilen, sondern er ist auf die Gutwilligkeit seiner Kollegen angewiesen. Bald erkennt er, dass es sich nicht um eine Verwaltungsaufgabe handelt, sondern um ein großes Projekt, das alle im Unternehmen einbeziehen muss. Er erkennt, dass er die Aufgabe nicht schaffen kann. Auch hat er nicht das Wissen und die notwendige Projekterfahrung.

Der Geschäftsführer beschließt, einen externen Berater hinzuzuziehen, der den Mitarbeiter unterstützen soll.

Der Berater ist fachkundig und findet folgende Situation im Betrieb vor:

- *es gibt die klassischen althergebrachten Teilbereiche eines Qualitätsmanagementsystems, Wareneingangsprüfungen, Laufkontrollen, Abnahmeprüfungen*
- *viele Tätigkeiten sind nicht beherrscht, ständige Probleme fordern Improvisationen und Krisenlösungen*
- *es gibt keine Dokumentation über das Qualitätsmanagement*
- *Tätigkeiten und Abläufe sind zwar eingespielt, sie sind aber nicht dokumentiert*
- *Verantwortungen sind nicht eindeutig zugeordnet*
- *die Mitarbeiter haben vom Projekt »Aufbau eines Qualitätsmanagementsystems und Zertifizierung« gehört, kennen aber die Gründe nicht und sehen das Projekt als lästige Zusatzaufgabe, die ihnen übergestülpt wird*

Das Projekt wird nun mit Hilfe des Beraters allen Mitarbeitern bekannt gemacht. Das Projekt wird als Bürde empfunden. Es ist Zusatzarbeit und sinnlose Dokumentation, um einen Zertifizierer zufrieden zu stellen.

Es fehlen die notwendigen Freistellungen und Ressourcen. Der Berater bemüht sich redlich, das Qualitätsmanagementsystem am Schreibtisch zu dokumentieren. Er erstellt ein Qualitätsmanagementhandbuch und formuliert die Verfahrensanweisungen. Die Verfahren entsprechen nicht der Wirklichkeit. Sie werden den Mitarbeitern aufgezwungen, »weil es die Norm DIN EN ISO 9001 so verlangt«.

Das gesamte Projekt wird von den meisten Mitarbeitern nicht beachtet. Die Hauptarbeit macht der Berater mit einigen wenigen Mitstreitern. Der Geschäftsführer zeichnet das Qualitätsmanagementhandbuch schlussendlich ab. Eine Qualitätspolitik war mehr oder weniger vom Berater vorgeschlagen worden und pflichtgemäß abgesegnet worden. Man braucht sie ja für das Zertifikat, die Qualitätspolitik spielt für die alltäglichen Sorgen keine Rolle.

Das Unternehmen wird schließlich vom externen Zertifizierer auditiert. Der Zertifizierer verleiht das Zertifikat mit einer Reihe von Auflagen bis zum nächsten Audittermin in einem Jahr.

Man hat es geschafft!

Alle lehnen sich zurück, und das Thema »Qualitätsmanagementsystem« verschwindet in der Vergessenheit des Alltags. Die Qualität sowohl der Tätigkeiten als auch der Produkte des Unternehmens hat sich nicht verändert. Gearbeitet wird wie immer. Die Abläufe wurden nicht wirklich verändert. Die Mitarbeiter zeigen auch kein großes Engagement, das Qualitätsmanagementsystem besser zu gestalten.

Auch die Kunden erkennen keinen Unterschied bei den Produkten und den Dienstleistungen vor und nach der Zertifikatserteilung.

Erst einige Wochen vor dem nächsten Überprüfungsaudit entsteht dann wieder Hektik, und das Thema wird wieder hervorgekramt.

Dieses Schein-Qualitätsmanagementsystem kann auf diese Weise für Jahre dem Zertifizierer vorgeführt werden, ohne dass die Mitarbeiter ordentlich geschult und sensibilisiert sind und von dem Nutzen eines Qualitätsmanagementsystems überzeugt sind.

Nach einigen Jahren stellt sich der Geschäftsführer die Frage:

Was hat die Zertifizierung unserem Betrieb außer den Kosten gebracht?

Entweder verzichtet er zukünftig auf das Zertifikat. Oder er beginnt ein ernsthaftes inneres Interesse, die Qualität des Unternehmens zu verbessern. Dies ist dann der erste Schritt des »Erwachens« für Total Quality Management.

5.4 Prüfungen im Handwerk

Lernziel:	Die gängigen Prüfungen im Handwerk kennen

Im Handwerk werden in der Regel keine hohen Stückzahlen und keine Massenprodukte hergestellt. In mittleren oder kleinen Unternehmen werden eher Einzelaufträge, Kleinserien und die damit verbundenen Dienstleistungen und Montageleistungen abgearbeitet. Entsprechend sind statistische Werkzeuge wie AQL, SPC [106] im Handwerk weniger einsetzbar.

Typische Prüfaufgaben sind die althergebrachten Aufgaben der Qualitätssicherung:

- Lieferantenauswahl und Lieferantenüberwachung
- Wareneingangsprüfungen/Erstmusterprüfungen
- Endprüfungen nach Montagen
- Abnahmeprüfungen beim Kunden
- Prüfmittelüberwachung

5.4.1 Lieferantenauswahl und Lieferantenüberwachung

Make or Buy [107] – Selbermachen oder Beschaffen

Vor der Lieferantensuche und der Lieferantenauswahl steht die Entscheidung des »Selbermachens oder Einkaufens« (»Make or Buy«). Für Handwerksbetriebe stellt sich oft die Frage, ob eine Leistung selbst gefertigt werden soll, ob sie fremdgefertigt werden soll (»verlängerte Werkbank«) oder ob sie als Ware komplett eingekauft werden soll.

Die wichtigsten Kriterien für die Entscheidung »Fremdbezug oder die Selbstherstellung« sind

- die Kosten eines Teiles bei Eigenfertigung und ggf. die Kostenvorteile bei Fremdbezug
- die Beschäftigungslage des eigenen Betriebes, z. B. hohe Auslastung, die zur Vergabe nach draußen zwingt
- die Qualitätsmerkmale
- die Versorgungssicherheit und die Terminsicherheit
- das Risiko, Betriebswissen nach Außen zu vergeben
- der Wissensgewinn bei Eigenfertigung
- die finanzielle Belastung bei einer Eigenfertigung, z. B. durch notwendige Investitionen
- das unternehmerische Risiko, z. B. die Abhängigkeit von einem Lieferantenmonopol

Beispiel ökonomischer Entscheidungsregeln für Eigenfertigung oder Fremdvergabe:

Wenn ein Unternehmen freie Kapazitäten hat, gilt folgende Regel:

Das Unternehmen wird auf Fremdbezug verzichten, solange die Kosten für die Fremdleistung größer sind als die Grenzkosten[108] für die Eigenleistung.

Wenn ein Unternehmen ausgelastete Kapazitäten hat, gilt folgende Regel:

Das Unternehmen wird diejenigen Aufträge und Erzeugnisse fremdvergeben, bei denen die Verdrängungskosten durch die Fremdvergabe minimal werden. Es wird derjenige Auftrag herausgegeben, der den kleinsten Deckungsbeitrag erwirtschaftet.

Wenn sich das Unternehmen zur Fremdbeschaffung entschließt, muss es Lieferanten auswählen, bewerten und überwachen.

Lieferantenauswahl

Für die Auswahl möglicher neuer Lieferanten müssen Bewertungskriterien zugrundegelegt gelegt werden. Bei der Auswahl möglicher Lieferanten wird das Unternehmen vorzugsweise auf bereits zugelassene Lieferanten zurückgreifen.

Es folgen einige Bewertungskriterien und deren weitere Inhalte.

[106] AQL: Acceptible Quality Level, SPC: Statistical Process Control
[107] aus dem Englischen: to make = hier: selbermachen, to buy = hier: hinzukaufen
[108] Bei der Teilkostenrechnung setzen sich die Grenzkosten (»direct costs«) aus allen variablen Kosten zusammen: den Materialeinzelkosten, den variablen Gemeinkosten und den variablen Personalkosten.

Kaufmännische und finanzielle Bewertung	Rechtlicher Status des Lieferanten Vermögensstruktur (Beschaffungsrisiko) Qualifikation des Lieferanten Marktstrategie des Lieferanten, Handelspolitik Produktsortiment (führt er Markenprodukte?)
Bewertung des QM-Systems des Lieferanten	Formal eingeführtes QM-System beim Lieferanten Von akkreditierter Zertifizierungsstelle zertifiziert Nachweis über Prüfungen vor der Auslieferung Eigene Prüfungen beim Lieferanten
Bewertung technischer Aspekte	Prozesse und Verfahren Fachkompetenz des Lieferanten Form, Aufmachung der Kataloge, Unterlagen, Datenblätter
Preiswürdigkeit	Hat der Lieferant ein wettbewerbsfähiges Preisniveau? Werden vereinbarte Preise eingehalten? (Nachforderungen) Preisverbesserungsangebote (geht auf Forderung der Preissenkung ein) Zahlungsvereinbarungen
Lieferfristen, Liefermengen	Vereinbarte Lieferfristen Wiederbeschaffungszeiten Frühzeitige Benachrichtigung bei Verzögerung/Behinderung Einhalten der bestellten Mengen (Überlieferung/Unterlieferung)
Qualität der Produkte	Einhalten der Bestellspezifikation Zuverlässigkeit Qualität der Lieferungen
Kundendienst	Umgehende Behebung von Mängeln Zusammenarbeit: Offenheit/Einhalten von Zusagen Akzeptanz gegenüber vorgebrachten Beanstandungen Kundendienst

Bewertungsmethoden, mit denen Erstlieferanten bewertet werden können

Dem Handwerksunternehmen stehen verschiedene Beurteilungsmethoden zur Verfügung, die zur Lieferantenbewertung eingesetzt werden können. Nicht alle sind gleich gut geeignet. Das Unternehmen muss jeweils festlegen, für welche Lieferanten welche Methoden einzeln oder kombiniert verwendet werden können

Vorgeschichte und bisherige Erfahrungen beurteilen
Bereits vorhandene Informationen über den Lieferanten werden bewertet. Sie können sich auf Unterlagen des Lieferanten, Referenzen des Herstellers, Lieferspektrum usw. beziehen. Insbesondere frühere Erfahrungen mit dem Lieferanten werden zur Beurteilung herangezogen

Muster anfordern und beurteilen
Der Lieferant stellt Erstmuster oder ähnliche Muster zur Verfügung, die vom Unternehmen geprüft werden. Eine Beurteilung kann durch die Ergebnisse von Erstmusterprüfungen ähnlicher Teile sinnvoll sein

Referenzen auswerten
Referenzen, die der Lieferant nennt, oder Referenzen von unabhängigen Drittkunden können ausgewertet werden

Nachweise, Zertifikate des Lieferanten akzeptieren
Das sind Werkszeugnisse, Warenausgangszertifikate, DIN EN ISO 9001 Zertifikat

Fragebogen verschicken
Es wird ein Fragebogen zur Selbstauskunft an den Lieferanten gesandt. Der Fragebogen wird bei einer Besichtigung des Betriebes des Lieferanten durch Angaben über den Gesamteindruck ergänzt

Lieferantenbesuche durchführen, Lieferantenaudits
Es wird ein Qualitätsaudit (strukturierte Prüfung des QM-Systems) beim Lieferanten durchgeführt

Laufende Lieferantenüberwachung

Der Handwerksbetrieb muss seine Lieferanten ständig überwachen und bewerten. Zur laufenden Bewertung von Lieferanten werden die vier Hauptfaktoren

- Preiswürdigkeit
- Lieferfristen und Liefermengen
- Qualität/Fehlerfreiheit der Produkte
- Kundendienstleistungen

zugrundegelegt.

Beispiel für Bewertungsstufen:			
Stufe	*Bewertung*	*Umfang der Zulassung*	*Maßnahmen*
A-Lieferant	*sehr gut*	*zugelassen*	*Der Lieferant erfüllt alle Anforderungen. Er wird vorzugsweise beauftragt*
B-Lieferant	*gut*	*zugelassen unter Vorbehalt*	*Geringfügige Mängel. Eine Beseitigung der Mängel innerhalb eines Zeitraumes wird mit dem Lieferanten vereinbart*
C-Lieferant	*mangelhaft*	*zugelassen mit verschärfter Prüfung*	*Dem Lieferanten wird eine Frist zur Beseitigung deutlicher Mängel oder zur Verbesserung seines Qualitätsmanagementsystems gegeben. Gleichzeitig alternativen Lieferanten suchen*
D-Lieferant	*ungenügend*	*nicht zugelassen*	*Der Lieferant weist so erhebliche Mängel auf, dass er als nicht qualitätsfähig gilt. Bestehende Verträge oder Bestellungen werden überprüft und wenn möglich storniert oder aufgelöst* *Der Lieferant wird in der Liste zugelassener Lieferanten gesperrt*

Das Handwerksunternehmen kann eine einfache Liste zugelassener Lieferanten führen, um die Forderungen aus der Norm DIN EN ISO 9001 zu erfüllen. Diese Liste kann gegebenenfalls handschriftlich geführt sein, wenn die Anzahl der Lieferanten überschaubar ist.

Die folgende Abbildung zeigt ein Beispiel eines einfachen Formblatts einer Lieferanteneinstufung. In diesem Beispiel handelt es sich um einen neuen Lieferanten, dessen Waren zum ersten Mal angenommen und geprüft wurden. Vorausgegangen waren ein Besuch beim Lieferanten und die Prüfung eines zugesandten Erstmusters, die beide positiv bewertet worden waren. Das Ergebnis ist auf dem Formular erkennbar und nachvollziehbar.

GJ

Formblatt

Lieferanteneinstufung

Datum: 21.7.2023

Erstfreigabe [X] **Laufende Überwachung** [ ]

Lieferant: Fa. Maier GmbH Lieferanten-Nr.: 70019

Produkt(e): Passstück Id.-Nr. 4711-001

Der Lieferant wurde durch folgende Verfahren beurteilt:

- [ ] den Fragebogen an den Lieferanten
- [X] einen Firmenbesuch, Firmenbefragung
- [ ] ein systematisches Qualitätsaudit
- [X] Nachweis eines zertifizierten Systems
- [ ] veröffentlichte Erfahrungen anderer
- [ ] Referenzen von anderen Kunden
- [X] eine Erstmusterprüfung
- [ ] vorgestellte Muster ähnlicher Teile
- [ ] eine frühere Lieferung ähnlicher Teile
- [ ] eine frühere Lieferung gleicher Teile
- [ ] ausgewertete Statistiken (Ausschuß, Nacharbeit)
- [ ] eine aktuelle Lieferung
- [ ] Sonst:

Der Lieferant wird eingestuft:

bisher	neu	
[ ] A	[ ] A	frei ohne Beanstandung
[ ] B	[ ] B	frei unter Vorbehalt
[ ] C	[X] C	frei mit verschärfter Prüfung
[ ] D	[ ] D	gesperrt

A = sehr gut
B = gut
C = mangelhaft
D = ungenügend

Bemerkungen:

Zweitlieferant
Erstfreigabe für 50 Passstücke
Lieferung in KW 30 verschärfte Wareneingangsprüfung für die Erstlieferung

erstellt von:

21.7.2023
Datum

Name und Unterschrift

© E:\Dr_Jobs\FIRMA\VAS_JOBS\06\06020004.DOC 22.10.2000

Abbildung 5-4 Beispiel eines Formblattes zur Lieferanteneinstufung

Bewertung der Qualität im Wareneingang

Ein Qualitätsmanagementsystem fordert, dass ein Unternehmen Tätigkeiten bestimmen muss, die notwendig sind, um sicherzustellen, dass beschaffte Produkte die Beschaffungsanforderungen erfüllen [109].

Selten wird der Handwerksbetrieb Prüfungen beim Lieferanten vereinbaren können, die dieser dann vorzeigt. Er wird selbst Qualitätsprüfungen beim Eingang der Waren durchführen.

Die einfachsten Merkmale bei der Prüfung im Wareneingang sind die Identitäts- und Mengenprüfung. Abhängig vom beschafften Teil sind maßliche Prüfungen oder Funktionsprüfungen notwendig. Die jeweiligen Prüfungen müssen in einem Verfahren im Wareneingang festgelegt sein.

Wareneingangsprüfungen nach AQL

Vielfach wird noch ein altes Abnahmeverfahren unter dem Kürzel AQL[110] gepflegt. AQL steht für eine mit dem Lieferanten vereinbarte akzeptierte Fehlerquote in einem Wareneingangslos. Über eine Stichprobenprüfung eines Loses wird über die Annahme oder Rückweisung entschieden. Die AQL-Zahl bedeutet einen prozentualen Anteil fehlerhafter Teile bezogen auf eine (theoretische unendliche) Grundgesamtheit.

> ***Beispiel:***
>
> *AQL = 0,65 bedeutet:*
>
> *65 pro 10.000 Teile (0,65 %) dürfen bei einer Grundgesamtheit, d. h. einem angenommenen unendlich großen Teilelos defekt sein, und das Los muss trotzdem im Wareneingang angenommen werden*

Die AQL-Methode legt vertraglich fest, wie groß eine Stichprobe genommen werden muss und wie viele Teile innerhalb der Stichprobe entdeckt werden müssen, um das Los zurückzuweisen.

> ***Beispiel aus einem Vertrag mit dem Lieferanten:***
>
> *»Wenn nichts anderes vereinbart wurde, gelten Verfahren und Tabellen für Attributstichprobenprüfungen nach DIN 2859«*

Attributstichprobenprüfungen nach (DIN ISO 2859)

Die Attributstichprobenprüfung nach der Norm DIN ISO 2859 wird angewendet, wenn das Prüfverfahren nur Gut/Schlecht-Entscheidungen trifft.

Bei Abnahmeprüfungen unterscheidet man zwischen Einfachstichprobenanweisungen und Doppel- und Mehrfachstichprobenanweisungen. Die Auswahl der Stichprobenanweisung ist kompliziert:

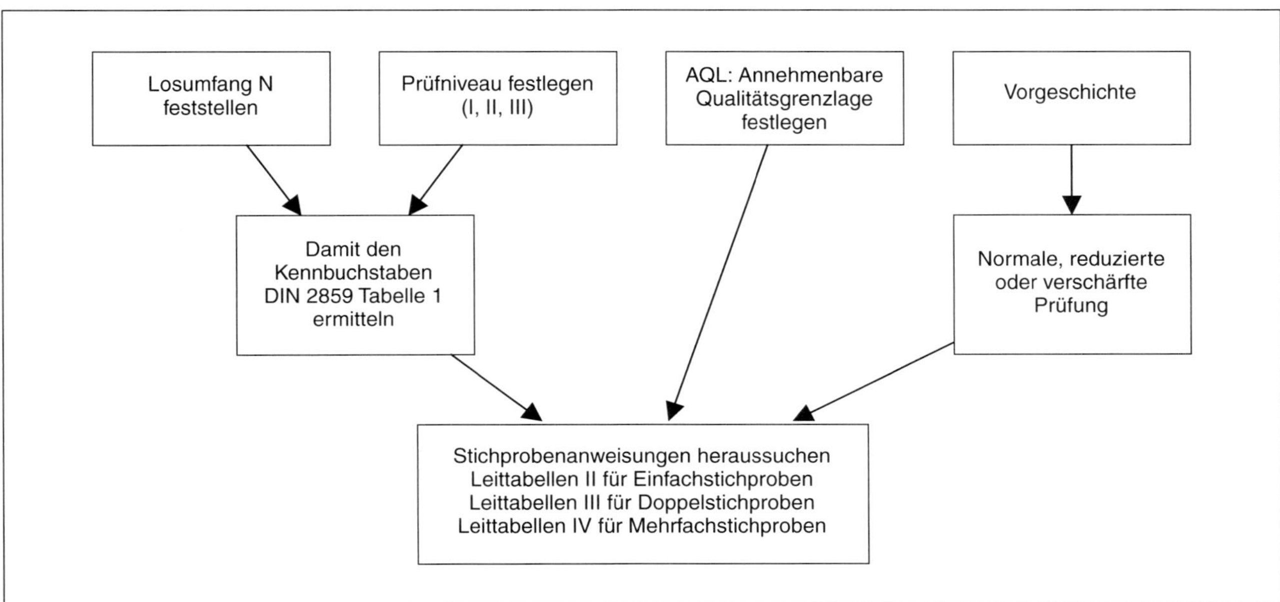

Abbildung 5-5 Abnahmeprüfung nach AQL

[109] Forderung aus DIN EN ISO 9001, Kapitel 8.4.2 zur Verifizierung von beschafften Produkten

[110] AQL ist das Kürzel für »Acceptible Quality Level«, übersetzt: »akzeptierte Qualitätsgrenzlage«.

Erläuterungen zur Abbildung:

Prüfniveau	Das Prüfniveau bestimmt das Risiko, das das Unternehmen eingehen will (das Trennvermögen zwischen Annehmen und Rückweisen)
AQL-Wert	AQL-Werte geben den Anteil fehlerhafter Einheiten in einer Grundgesamtheit an, der akzeptiert wird
Vorgeschichte	Die Ergebnisse der vergangenen Prüfungen werden herangezogen, um reduziert, normal oder verschärft zu prüfen

Allgemeingültige Richtlinien darüber, welches Stichprobenverfahren ausgewählt werden soll, lassen sich nicht festlegen. Bei der Auswahl der Stichprobenverfahren spielen aber die Prüfkosten eine große Rolle.

Variablenstichprobenprüfungen (DIN ISO 3951):
Variablenstichprobenprüfung wird angewendet, wenn die Qualitätsmerkmale in Zahlen gemessen werden. Die Messergebnisse haben einen höheren Informationsgehalt als attributive Merkmale. Der Stichprobenumfang für variable Stichprobenprüfungen ist deshalb wesentlich geringer als bei attributiven Merkmalen.

Prüfsteuerung:
Abhängig vom Verlauf der Stichprobenprüfungen und der Vorgeschichte vergangener Prüfergebnisse wird der Umfang der Stichproben gesteuert. Man unterscheidet normale, reduzierte oder verschärfte Prüfungen.

Die Stichprobenanweisung kann somit an den veränderten Prozess angeglichen werden. Reduzierte Prüfung bedeutet eine Verkleinerung des Stichprobenumfanges.

Den Ablauf einer Stichprobenprüfung nach AQL zeigt die folgende Abbildung:

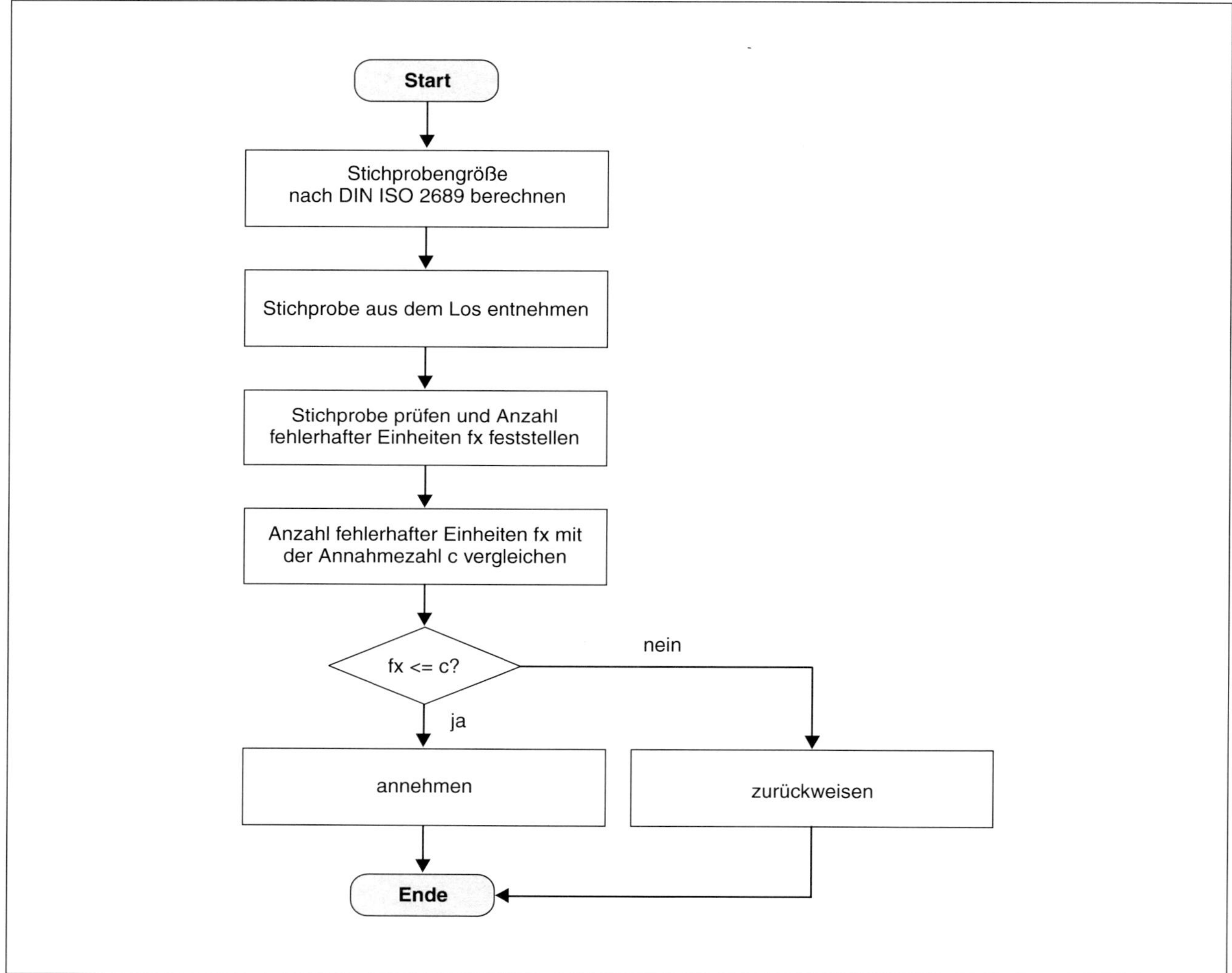

Abbildung 5-6 Ablauf einer Einfachstichprobenanweisung nach AQL

Prüfungen nach AQL widersprechen der Philosophie des Total Quality Managements. Denn:

Die Akzeptanz fehlerhafter Teile widerspricht dem heutigen Qualitätsziel. Die Anforderung an Zulieferteile lautet heute: Völlige Fehlerfreiheit.

Fehlerfreiheit wird gleichgesetzt mit einem Fehleranteil von maximal 40 bis 100 ppm[111]. Dieser Wert ist so gering, dass eine Stichprobenprüfung nicht mehr sinnvoll ist. Die Stichprobe muss bei dieser Forderung so groß wie nahezu die Gesamtheit eines Loses sein, um eine statistisch relevante Aussage zu erhalten. Das AQL-Stichprobenverfahren würde auf eine 100%-Prüfung hinauslaufen.

Eine Forderung der Fehlerfreiheit im ppm-Bereich kann nur noch durch präventive Maßnahmen, d. h. fehlerfreie Prozesse und eine konsequente Verbesserungsstrategie erreicht werden.

5.4.2 Abnahmeprüfungen mit dem Kunden

Abnahmeprüfungen zwischen Auftragnehmer und Auftraggeber sind im Handwerk häufig. Abnahme ist die körperliche Entgegennahme des Werkes durch den Kunden als Auftraggeber. Man unterscheidet verschiedene Arten der Abnahme:

- konkludente Abnahme
- ausdrückliche Abnahme
- förmliche Abnahme

Eine Abnahme ist verbunden mit der Erklärung, dass der Auftraggeber die Leistung als im Wesentlichen vertragsgemäß anerkennt. Diese Erklärung kann konkludent sein: dadurch, dass der Kunde das Werk ohne Widerspruch annimmt, gilt es als abgenommen. Bei einer ausdrücklichen Abnahme bringt der Auftraggeber seinen Abnahmewillen gegenüber dem Auftragnehmer »wörtlich« zum Ausdruck.

Die ausdrückliche Abnahme kann auch mündlich erfolgen. Bei größeren Aufträgen wird die Abnahme aber schriftlich in einem Abnahmeprotokoll festgehalten (»förmlich«).

Ziel einer Abnahmeprüfung

Mit förmlichen Abnahmeprüfungen holt man folgende Informationen ein:

- Aussage über die technische Funktionsfähigkeit eines Werkes erhalten
- Aussage über die Sicherheit des Werkes erhalten (bezogen auf den bestimmungsgemäßen Verwendungszweck)

Rechtliche Folgen einer Abnahmeprüfung

Die rechtlichen Konsequenzen einer Abnahmeprüfung sind erheblich sowohl für den Kunden als auch für den Handwerksbetrieb. Sie beruhen auf dem bürgerlichen Gesetzbuch:

- Beweislastumkehr:
  Die Beweislast des Auftragnehmers (Herstellers) endet, der Auftraggeber (Kunde) muss nach der Abnahme dem Auftragnehmer beweisen, dass Mängel und Schäden vom Auftragnehmer stammen
- Beginn der Gewährleistung:
  Vor der Abnahme kann der Kunde Ansprüche wegen mangelhafter Ausführung geltend machen, nach der Abnahme hat er nur Ansprüche aus Gewährleistung
- Verjährungsfrist:
  mit der Abnahme beginnt die Verjährungsfrist (§ 634a BGB Verjährung der Mängelansprüche)
- Übergang der Gefahrentragung:
  Der Unternehmer trägt die Gefahr bis zur Abnahme des Werkes (§644 BGB Gefahrtragung, Werkvertrag), mit der Abnahme geht die Gefahr auf den Kunden über
- Fälligkeit der Vergütung:
  Die Vergütung ist bei der Abnahme des Werkes zu entrichten, der Anspruch des Auftragnehmers (Herstellers) auf den Werklohn wird fällig (§641 BGB Abnahme, Werkvertrag)
- Vorleistungspflicht des Auftragnehmers (Herstellers):
  Sie entfällt nach der Abnahme
- Keine Kündigung nach Abnahme:
  Vor der Abnahme kann ein Vertrag gekündigt werden, nach der Abnahme nicht mehr

Bedeutung eines Abnahmeprotokolls

Die Ergebnisse der Abnahmeprüfung werden in einem Abnahmeprotokoll festgehalten. Das Abnahmeprotokoll ist eine Beweissicherungsmaßnahme. Im Abnahmeprotokoll wird die Abnahme des Werkes mit den oben genannten rechtlichen Folgen von den Vertragspartnern rechtsverbindlich bestätigt.

[111] ppm = parts per million, Anzahl Teile pro einer Million Teile

5.5 Prüfmittelüberwachung im Handwerk

Lernziel: Die Notwendigkeit und die Möglichkeit einer einfachen Prüfmittelüberwachung kennen

Häufig existiert kein systematisches Prüfmittelüberwachungsverfahren in Handwerksbetrieben. Man hat keine regelmäßigen Überwachungsprüfungen und auch keine Listen freigegebener Prüfmittel.

Die folgenden Forderungen der Prüfmittelüberwachung müssen erfüllt sein.

Eignungsprüfungen

Bevor ein Prüfmittel eingesetzt wird, muss festgestellt worden sein, dass es für den geplanten Einsatz geeignet ist. Neue Prüfmittel müssen freigegeben sein, bevor sie benutzt werden. Diese Forderung der Überwachung gilt auch für die einfachen Prüf- und Messmittel wie Meterstäbe, Messschieber.

Die Auswahl der Prüf- und Messmittel richtet sich nach den Messbedingungen am Prüfort und der spezifizierten vorgegebenen Toleranz.

Als Faustregel zur Messmittelfähigkeit gilt:

Messmittel gelten als fähig, wenn die Messunsicherheit des Messmittels höchstens 10 % der geforderten Maß- oder Formtoleranz beträgt.

$$U_{zulässig} = \frac{1}{10} T$$

U = Messmittelunsicherheit
T = spezifizierte Toleranz des Prüfobjektes

Prüfmittelkennzeichnung

Jedes Prüf- und Messmittel in einem Unternehmen muss eindeutig von den anderen unterscheidbar sein und identifizierbar sein. Jedes Prüfmittel muss deshalb registriert werden und in einer Prüfmittelliste erfasst sein. Die Registrierung geschieht in der Regel durch eine Identifizierungsnummer, die dem Prüfmittel eingeprägt oder aufgeklebt wird.

Laufende Überwachungsprüfungen

Prüfmittel müssen in festgelegten Intervallen überwacht werden. Eine laufende Überwachung der Prüfmittel stellt sicher, dass sie einsatzfähig bleiben und verschlissene oder defekte Mittel erkannt werden. Sie müssen kalibriert, verifiziert oder bei Bedarf justiert werden. Die Überwachungsintervalle hängen von der Nutzung ab. Sie können in Zeitintervallen festgelegt sein oder nach Häufigkeitsintervallen des Gebrauchs.

Die Prüfmittel müssen hinsichtlich der Kalibrierung gekennzeichnet sein (Überwachungskennzeichen). Es müssen ein Verantwortlicher benannt und ein Prüfmittelüberwachungsverfahren eingeführt sein, das in regelmäßigen Abständen die Prüfmittel abruft und prüft.

Überwachungskennzeichnung

Die Überwachung muss am Prüfmittel erkennbar sein. Eine häufige Art der Überwachungskennzeichnung ist eine Plakette, aber auch Farbpunkte oder Banderolen werden verwendet. Das Beispiel einer Überwachungsplakette zeigt die Abbildung.

Abbildung 5-7 Aufkleber für die Überwachung eines Prüfmittels mit Jahreszahl und Monatsrosette

Dokumentation

Die Überwachung der Prüfmittel muss aufgezeichnet werden.

Auch im Handwerk muss ein »Prüfmittelbeauftragter« benannt werden, der sich um das Verfahren kümmert. Die Verwaltung und Überwachung von Prüfmitteln kann aufwändig sein. Und sie trägt nicht unbedingt zur unmittelbaren Wertschöpfung eines Produkts oder einer Leistung bei. Sie ist jedoch ein wichtiger Baustein zur Risikominimierung.

Auch muss bei fehlerhaften Prüfmitteln sichergestellt werden, dass solche Prüfungen wiederholt werden.

Kleine Unternehmen versuchen, den organisatorischen Aufwand der Prüfmittelüberwachung gering zu halten. Eine häufige Methode ist die Übertragung der Überwachung der Prüfmittel in die Eigenverantwortung der Mitarbeiter. Entsprechende Lösungen erfordern jedoch eine hohe Verantwortungsbereitschaft und eine starke Beteiligung aller Mitarbeiter. Es gibt außerdem eine Vielzahl von EDV-gestützten Prüfmittelüberwachungsprogrammen auf dem Markt, die alle Anforderungen an ein Verfahren zur Überwachung berücksichtigen.

Beispiel für den Aufbau einer einfachen Prüfmittelüberwachung

Das Handwerksunternehmen wird als Erstes eine Bestandsaufnahme durchführen und alle Prüf- und Messmittel in einer Liste zusammenfassen. Für viele übliche Messmittel gibt es bereits Normen und Vorschriften zur Überprüfung und Kalibrierung. Die Prüfmittel werden den Mitarbeitern, d. h. den Nutzern zugeordnet, sofern sie nicht zentral gelagert werden und nur bei Bedarf ausgeliehen werden.

Es wird ein Prüfmittelbeauftragter benannt, der die Beschaffung und Freigabe und die turnusmäßige Überwachung kontrolliert.

Im einfachsten Fall kann eine Überwachung anhand von farblichen Klebebändern durchgeführt werden, die jeder Mitarbeiter zu beachten hat. Jedes Prüfmittel wird mit einem farbigen Klebeband beklebt, das ein bestimmtes Zeitintervall kennzeichnet. Das Prüfmittel darf innerhalb dieses Intervalls benutzt werden.

Sobald ein neues Zeitintervall beginnt, werden die Prüfmittel eingezogen und geprüft. Das neue Zeitintervall erhält eine neue Farbe.

Die Farbe des Klebebandes wird damit turnusmäßig nach Ablauf der Zeit gewechselt. Die aktuell gültige Farbe wird ausgehängt und allen Mitarbeitern bekannt gegeben. Man erkennt anhand des Farbklebebandes sofort an jedem Prüfmittel, ob es noch innerhalb des Überwachungsintervalls überwacht ist oder ob das Prüfmittel zur Prüfung gegeben werden muss.

Die Verantwortung für die Abgabe des Prüfmittels zur Kalibrierung liegt beim einzelnen Nutzer des Prüfmittels.

Literaturhinweise

Akao, Y, Mizuno, S.	QFD, The Customer Driven Approach to Quality Planning and Deployment, Hinshitsu Kino Tenkai, Japan 1978
Baumast, A. Pape, J.	Betriebliches Umweltmanagement, Verlag Eugen Ulmer, 2008
Berkel, K.	Konflikttraining, Edition Windmühle, Hamburg 2020
Blake, R. R. Mouton, J. S.	The Managerial Grid, Houston, 1964, S. 10
Bruhn, M.	Internes Marketing als Baustein der Kundenorientierung, in: Die Unternehmung 49(1995)6, S. 381–402
Bruhn, M.	Kundenorientierung, Beck-Verlag 1999
Bruhn, M.	Qualitätsmanagement für Dienstleistungen: Grundlagen, Konzepte, Methoden, Springer Verlag Berlin, 2011
Camp, R. C.	Benchmarking, Carl Hanser Verlag, München 1994
Deming, W. E.	Productivity and Competitive Position, Cambridge 1982
DIN	DIN EN ISO 9000er Reihe, Beuth-Verlag, Berlin DIN EN ISO 14000er Reihe, Beuth-Verlag, Berlin DIN EN ISO 19011, Beuth-Verlag, Berlin
Flanagan, J. C.	The Critical Incident Technique, in Psychological Bulletin, 51(1954)7, 327–358
Franke, W.	Der Weg zu EMAS, Ministerium für Umwelt und Verkehr Baden-Württemberg, Stuttgart 2009
Garvin, D. A.	What does Product Quality really mean? Sloan Management Review, 26(1984)1, 25–43
Geiger, W.	Handbuch Qualität, Vieweg-Verlag 2008
Glasl, F.	Konfliktmanagement, Verlag Freies Geistesleben, Stuttgart 1997
Hirzel, M.	Arbeiten mit System, Mosaik Verlag, München 1993
Homburg, C. Werner, H.	Ein Messsystem für Kundenzufriedenheit, in: Absatzwirtschaft (1996)11, S. 92
Imai, M.	Kaizen, Wirtschaftsverlag Langen Müller/Herbig, München 1991
Juran, J. M.	Handbuch der Qualitätsplanung, miVerlag moderne Industrie (1991)2, S. 27
Kaplan, R. S. Norton, D. P.	The Balanced Scorecard - Measures That Drive Performance, Harvard Business Review, 1992
Kano, N.	Attractive Quality and Must-be Quality, in: Hinshitsu, Journal of the Japanese Society for Quality Control, 14(1984), S. 39
Maslow, A.	Motivation and Personality, New York 1954, S. 388
Morganski, B.	Balanced Scorecard, Verlag Dahlen 2003
N.N.	Sicherheits Certificat Contractoren SCC, DGMK Deutsche Wissenschaftliche Gesellschaft für Erdöl, Erdgas und Kohle e.V., Hamburg 2011
N.N.	Das EFQM Modell, EFQM Brussels Representative Office, 2019
Palda, K.	The Measurement of Cumulative Advertising Effects, Prentice-Hall, Englewood Cliffs, N.J. 1964
Parasuraman, A. Zeithaml, V. A. Berry, L. L.	A Conceptual Model of Service Quality and Its Implications for Future Research in: Journal of Marketing 49(1985)1, 41–50
Parasuraman, A. Zeithaml, V. A. Berry, L. L.	SERVQUAL, Journal of Retailing 64 (1988)
Pikas, A.	Rationale Konfliktlösung, Q & M Schule Verlag, 1974
Rosenstiel, L.	Grundlagen der Organisationspsychologie, Verlag Poeschel 1980
Schmelzer, H. J.	Geschäftsprozessmanagement in der Praxis, Carl Hanser Verlag, München 2010
Seghezzi, H. D.	Integriertes Qualitätsmanagement, Carl Hanser Verlag, München 2013
Womack, J. P. Jones, D. T. Roos, D.	Die zweite Revolution in der Autoindustrie, Verlag Campus 1992
Zollondz, H. D.	Grundlagen Qualitätsmanagement, Oldenbourg Verlag 2011

Stichwortverzeichnis

Über den Autor

Dipl.-Phys. Dr. Günter Jobs, geboren 1952, studierte Physik und Betriebswirtschaft. In seinen jungen beruflichen Jahren war er wissenschaftlicher Mitarbeiter an der Technischen Hochschule Aachen und promovierte dort auf dem Gebiet der berührungslosen Messtechnik. Er wechselte zum Fraunhofer-Institut für Produktionstechnologie IPT und betreute als Oberingenieur die Abteilungen Messtechnik und Qualitätsprüfung.

Günter Jobs arbeitete nach seiner Hochschultätigkeit als Qualitätsleiter bei Mannesmann Tally in Süddeutschland. Er baute dort das Qualitätsmanagementsystem auf und entwickelte ein mehrjähriges Total Quality Management-Schulungskonzept für die Konzerntochter.

Schon früh begann Jobs, nebenberuflich als Dozent an verschiedenen Bildungseinrichtungen in der Erwachsenenbildung tätig zu werden. Er war jahrzehntelang Dozent bei Industrie- und Handelskammern, war Mitglied in Prüfungsausschüssen für Fortbildungsprüfungen und unterrichtete das Fach Qualitätsmanagement an angehende Meister der verschiedenen Fachrichtungen an einer Handwerkskammer.

1994 machte sich der Autor selbstständig. Seit fast 30 Jahren betreut er mittlere und kleinere Unternehmen als Unternehmensberater für Qualitätsmanagement und betriebliches Konfliktmanagement.

Im Jahr 2006 verfasste er dieses Lehrbuch, das inzwischen in 6. Auflage vorliegt.

Die Wissensvermittlung der Qualitätslehre an junge Nachwuchskräfte ist und bleibt Günter Jobs bis heute ein großes Anliegen.